工业和信息化部“十二五”规划教材

CAILIAO WULI

材料物理

刘正堂　李阳平　冯丽萍　樊慧庆　主编

西北工业大学出版社

西　安

【内容简介】 本书主要内容包括固体电子理论、固体中原子的结合(化学键理论)、非晶态结构、半导体基础、超导电性、材料的光学性质、介电特性和磁学性质等。全书在取材上注意反映学科的新进展，叙述上力求简洁，突出基本概念。

本书可作为高等院校材料科学与工程学科研究生的教材，也可供该领域大专院校教师和科技工作者参考。

图书在版编目(CIP)数据

材料物理 / 刘正堂等主编. —西安 ：西北工业大学出版社，2017.9

(工业和信息化部“十二五”规划教材)

ISBN 978-7-5612-5668-8

Ⅰ. ①材… Ⅱ. ①刘… Ⅲ. ①材料科学—物理学—研究生—教材 Ⅳ. ①TB303

中国版本图书馆 CIP 数据核字(2017)第 239329 号

策划编辑： 杨 军
责任编辑： 张珊珊

出版发行： 西北工业大学出版社
通信地址： 西安市友谊西路 127 号 邮编：710072
电 话： (029)88493844 88491757
网 址： www.nwpup.com
印 刷 者： 陕西金德佳印务有限公司
开 本： 787 mm×1 092 mm 1/16
印 张： 16
字 数： 387 千字
版 次： 2017 年 9 月第 1 版 2017 年 9 月第 1 次印刷
定 价： 40.00 元

前　言

材料科学与工程所探讨的是材料的制备、结构、性能和功效之间的相互关系，涉及的领域十分宽广、内容非常丰富，其中材料物理是将固体物理与材料科学相结合形成的一门课程，从宏观和微观两方面分析材料的内部结构及其运动规律、固体材料的性质，在大多数院校的材料类研究生培养中作为一门专业基础课。

学习材料物理课程需要具备一定的量子力学基础知识。本课程是在本科的大学物理、普通化学、材料科学基础等课程基础上开设的，因此，有关固体材料的晶体结构及缺陷、扩散与相变等内容将不再赘述。全书主要内容包括固体电子理论、固体中原子的结合(化学键理论)、非晶态结构、半导体基础、超导电性、材料的光学性质、介电特性和磁学性质等。

本书具体编写分工如下:第四章由冯丽萍教授编写，第七章由樊慧庆教授编写，第八章和第九章由李阳平副教授编写，其余各章均由刘正堂教授编写。谭婷婷副教授绘制了部分插图。

本书承蒙西安理工大学赵康教授和西北工业大学陈长乐教授精心审阅，两位专家对本书的编写提出了不少宝贵意见。在编写本书的过程中还参考了相关教材和专著，在此谨向两位评审者和被引用参考文献的作者表示衷心感谢!

本书已列入工业和信息化部“十二五”规划教材，同时得到西北工业大学研究生高水平课程建设项目支持。

由于水平和经验所限，书中不当之处在所难免，恳请读者批评指正。

编　者

2017 年 6 月

目　录

第一章　金属自由电子理论

第二章　固体能带理论

第三章　原子间的键合

第四章　非晶态固体的结构

第五章 半导体基础

第六章 超导电性

第七章 固体的介电性质

第八章 材料的光学性质

第九章 材料的磁性

第一章　金属自由电子理论

金属是日常生活中使用较多的固体材料，对金属的研究一直处在固体材料研究的中心。众所周知，金属具有良好的导电性和导热性。为什么金属容易导电和导热？这曾经是物理学家极其关心的问题。1897 年电子被发现以后，20 世纪初，特鲁德(Drude)和洛仑兹(Lorentz)等人受气体分子运动论的启发，假想金属中存在自由电子气，提出了金属的经典自由电子理论(简称特鲁德模型)，并用这一理论来说明金属的导电和导热性质。1928 年，在量子力学和量子统计的概念建立以后，索末菲(Sommerfeld)提出了量子自由电子理论(简称索末菲模型)，给出了电子能量和动量分布的基本图像。

本章扼要介绍自由电子理论以及应用，重点介绍量子自由电子理论，并用该模型解释金属的电导、热导、热容、功函数等基本概念。

第一节　经典自由电子理论

特鲁德认为，当金属原子凝聚在一起时，原子封闭壳层内的电子(芯电子)和原子核一起在金属中构成不可移动的离子实，原子封闭壳层外的电子(价电子)脱离原子而会在金属中自由运动。这些电子构成自由电子气系统，可以用理想气体的动力学理论进行处理。在这种假设下，把价电子和离子实分离开来。例如，金属钠原子的电子组态是 $1s^2 2s^2 2p^6 3s^1$，其中 $3s^1$ 是自由的价电子，其余的束缚电子称作芯电子，与原子核一起称作离子实。金属是电中性的，价电子在金属中自由运动，当其试图离开金属时，就会被留在金属中的净的正电荷拉回来。也就是说，要使电子离开金属必须对它做功，这样金属中的价电子就犹如关在一个方盒子中的自由电子。

特鲁德模型还有如下假设：①电子在没有发生碰撞时，电子与电子、电子与离子实间的相互作用完全被忽略，电子的能量只是动能；②电子只与离子实发生弹性碰撞，碰撞过程用平均自由时间 τ 和平均自由程 l 来描述；③电子气是通过和离子实的碰撞达到热平衡的，碰撞前后电子速度毫无关联，运动方向是随机的，速度是和碰撞发生处的温度相适应的，其热平衡分布遵从玻耳兹曼统计。

特鲁德把理想气体的动力学理论运用于自由电子气，由此可立刻得出金属中每个自由电子的平均能量是 $\frac{3}{2}k_B T$，即有

$$E_m = \frac{3}{2}k_B T = \frac{m v_m^2}{2}$$

式中，m 是电子质量，k_B 是玻耳兹曼常数，据此可算出在室温下电子热运动的平均速度 v_m 为

10^7 cm/s。下面根据特鲁德理论讨论金属的电导和热导。

一、直流电导

金属电导的实验规律是

$$J=\sigma E \tag{1-1}$$

式中,E 是外加电场,J 是电流密度,σ 是电导率。按照特鲁德模型,在无外电场的情况下,金属中的每个电子作无规则的热运动,同时不断地与离子实发生碰撞,这种碰撞后电子运动的方向是随机的。显然这时在金属中不存在电流。

在有外电场 E 时,金属中的自由电子在电场作用下,不断沿电场方向加速运动,同时也不断受到离子实的碰撞而改变运动方向。结果导致电子在原有的平均热运动速度的基础上沿电场方向获得一个额外的附加平均速度 υ_D,金属中产生电流,υ_D 常称为漂移速度。作用在每个电子上的力除电场力 $-eE$ 外,还有由于碰撞所导致的阻力 $-\frac{m}{\tau}\upsilon_D$,这里的 e 和 m 分别是电子的电荷和质量,τ 是两次碰撞之间的平均自由时间,电子的经典运动方程为

$$m\frac{d\upsilon_D}{dt}=-eE-\frac{m}{\tau}\upsilon_D \tag{1-2}$$

在稳定条件下 $\frac{d\upsilon_D}{dt}=0$,方程式(1-2)的解为

$$\upsilon_D=-\frac{e\tau}{m}E \tag{1-3}$$

若金属中的电子浓度为 n(单位体积中的自由电子数),那么电流密度可写成为

$$J=-ne\upsilon_D=\frac{ne^2\tau}{m}E \tag{1-4}$$

取

$$\sigma=\frac{ne^2\tau}{m},\quad \rho=\frac{1}{\sigma}=\frac{m}{ne^2\tau} \tag{1-5}$$

则

$$J=\sigma E,\quad E=\rho J \tag{1-6}$$

式(1-6)是微分形式的欧姆定律,σ 为电导率,ρ 为电阻率,与实验结果一致。

二、金属的热容

电子气既然和离子晶格之间建立起热平衡关系,电子必然要参与晶体的热行为。按照玻耳兹曼统计规律的能量按自由度均分原理,每个电子有 3 个自由度,每个自由度对应的平均热动能为 $\frac{1}{2}k_BT$,每摩尔金属所含自由电子的内能为

$$U=\frac{3}{2}N_0Zk_BT \tag{1-7}$$

式中,N_0 为阿伏伽德罗常数,Z 为每个原子的价电子数,k_B 为玻耳兹曼常数,T 为热力学温度。每摩尔电子对定容热容的贡献应该是

$$C_{V,m}^e=\left(\frac{\partial U}{\partial T}\right)_V=\frac{3}{2}N_0Zk_B \tag{1-8}$$

在室温下,一价金属的摩尔定容热容为

$$C_V=C_{V,m}^e+C_{V,m}^a=\frac{3}{2}N_0k_B+3N_0k_B=\frac{3}{2}R+3R \tag{1-9}$$

式中，$C_V^a=3N_0k_B$ 为晶格(原子)贡献的热容，R 为气体普适常数。实验表明，在室温下金属的热容恒接近于 $3R$，也就是说热容几乎全部是由晶格所贡献。精确的实验还指出，每个电子对热容的贡献要比 $\frac{3}{2}k_B$ 小两个数量级。金属中自由电子起着电和热的传导作用，对热容却几乎没有贡献，这是经典自由电子理论无法解释的主要困难之一。

三、威德曼-弗朗兹定律

1853 年，威德曼(Wiedemann)和弗朗兹(Franz)确定了一个经验公式：

$$\frac{\kappa}{\sigma}=C_{WF}T$$

这个公式将金属的热导率 κ 和电导率 σ 联系起来，称作威德曼-弗朗兹定律。式中 C_{WF} 为普适常数，称为洛仑兹数。对金属进行精确测定，其平均值为 $2.31\times10^{-8}\,\mathrm{W\cdot\Omega/K^2}$。

根据理想气体分子运动理论，可得自由电子气热导率的表达式为

$$\kappa=\frac{1}{3}n_e v_m l C_V^e$$

式中，n_e 为自由电子浓度，v_m 为电子热运动平均速度，l 为电子平均自由程，C_V^e 为电子对热容的贡献。考虑到 $l=v_m\tau$，可得

$$\kappa=\frac{1}{3}n_e C_V^e v_m^2\tau \tag{1-10}$$

由此可得出

$$\frac{\kappa}{\sigma}=\frac{1}{3}\frac{C_V^e m v_m^2}{e^2} \tag{1-11}$$

根据气体动力学原理，每个电子对热容的贡献为 $C_V^e=\frac{3}{2}k_B$，$\frac{1}{2}mv_m^2=\frac{3}{2}k_BT$，代入式(1－11)可得

$$\frac{\kappa}{\sigma}=\frac{3}{2}\left(\frac{k_B}{e}\right)^2T \tag{1-12}$$

上式中 $\frac{3}{2}\left(\frac{k_B}{e}\right)^2$ 是一个普适常数，这样就得到威德曼-弗朗兹定律。通常用 L 表示洛仑兹数，即

$$L\equiv\frac{\kappa}{\sigma T}=\frac{3}{2}\left(\frac{k_B}{e}\right)^2 \tag{1-13}$$

把 k_B 和 e 的值代入得 $L=1.11\times10^{-8}\,\mathrm{W\cdot\Omega/K^2}$。由式(1－13)计算出的理论值只有实验值的一半，考虑到特鲁德模型的简化程度，这样的结果是比较令人满意的。从式(1－13)也可以看出，热导率大的金属电导率也大，这与特鲁德的假设也是一致的。

经典自由电子理论取得了较大的成功，在当时较好地解释了金属的导电、导热等问题。但这一理论受限于当时的科学水平，存在不少问题。例如，推导的电子气对金属热容的贡献与实验不符，也无法解释洛仑兹数与温度有关等。这些问题产生的根本原因是把电子气当作经典理想气体处理的结果。实际上电子是一种微观粒子，它是不遵守经典力学理论的。量子力学建立后，人们开始从电子的波动性出发来讨论金属中自由电子的运动，把量子力学用于自由电子气，这就是下面要讨论的量子自由电子理论。

第二节 量子自由电子理论

1928年，索末菲借鉴特鲁德模型的假设，重新考虑了金属中电子气的性质。他认为金属中自由电子的运动应服从量子力学规律和相应的能量分布规律。价电子在金属内恒定势场中彼此独立地自由运动，只是在金属表面处被势垒反射，这个势垒就是该金属的功函数。求解电子运动的薛定谔方程，得到电子的波函数和能量分布状态。按照量子力学的泡利不相容原理以及费米-狄拉克统计，可求出在不同温度时的电子能量分布。据此可从理论上计算由价电子所决定的金属性质。

一、自由电子的波函数和能量

根据索末菲模型，金属中的价电子为自由电子，彼此之间没有相互作用，各自独立地在离子实和其他电子建立的平均势场中运动。作为近似，假设金属晶体内的势场 $V(r)$ 是一个常数，势能的零点可以任意选择，不妨选取这个常数为零。金属中的电子要逸出金属表面则必须克服一个势垒，这就是我们熟知的功函数。为方便计算，设势垒的高度是无限的。根据这样的近似，金属中的自由电子就像是在三维无限深势阱中运动的粒子。设金属是边长为 L 的立方体，体积 $V_c=L^3$。这样电子的势能函数可写为

$$V=\begin{cases}0<x,y,z<L\\0,\\\infty,x,y,z\leqslant 0;x,y,z\geqslant L\end{cases}\tag{1-14}$$

在方箱内，电子的薛定谔方程为

$$-\frac{\hbar^2}{2m}\nabla^2\psi(x,y,z)=E\psi(x,y,z)\tag{1-15}$$

用分离变量法来解方程(1-15)，令

$$\psi(x,y,z)=\varphi_1(x)\varphi_2(y)\varphi_3(z)$$

电子的能量 E 可写为

$$E=\frac{\hbar^2k^2}{2m}=\frac{\hbar^2}{2m}(k_x^2+k_y^2+k_z^2)$$

上式中 k 是自由电子的波矢，k_x,k_y,k_z 是波矢的三个分量。将波函数 $\psi(x,y,z)$ 和能量 E 的表达式代入式(1-15)，可得到三个方程式

$$\begin{cases}\dfrac{d^2\varphi_1(x)}{dx^2}+k_x^2\varphi_1(x)=0\\\dfrac{d^2\varphi_2(y)}{dy^2}+k_y^2\varphi_2(y)=0\\\dfrac{d^2\varphi_3(z)}{dz^2}+k_z^2\varphi_3(z)=0\end{cases}\tag{1-16}$$

$$\begin{cases}\varphi_1(x)=A_1e^{ik_x\cdot x}\\\varphi_2(y)=A_2e^{ik_y\cdot y}\\\varphi_3(z)=A_3e^{ik_z\cdot z}\end{cases}\tag{1-17}$$

根据周期性边界条件 $\varphi_1(x+L)=\varphi_1(x)$，可得

$$k_x=\frac{2\pi n_x}{L}\tag{1-18}$$

同理可得
$$k_y=\frac{2\pi n_y}{L} \tag{1-19}$$

$$k_z=\frac{2\pi n_z}{L} \tag{1-20}$$

n_x,n_y,n_z 为零及正负整数。电子的波函数
$$\psi(r)=Ae^{ikr}=Ae^{i(k_x x+k_y y+k_z z)} \tag{1-21}$$

利用归一化条件$\int_V\psi^*(r)\psi(r)\mathrm{d}r=1$,可得
$$A=L^{-\frac{3}{2}}=\frac{1}{\sqrt{V_c}}$$

电子能量
$$E=\frac{2\hbar^2\pi^2}{mL^2}(n_x^2+n_y^2+n_z^2) \tag{1-22}$$

由波函数的统计解释知道,在金属中发现电子的概率与波函数的模方成正比。波函数的模方
$$|\psi(r)|^2=\psi^*(r)\psi(r)=A^2=\frac{1}{L^3}=\frac{1}{V_c}$$
这表明,电子在金属中各处出现的概率一样,电子是自由的。

式(1-22)说明金属中自由电子的能量依赖于一组量子数(n_x,n_y,n_z),能量 E 是不连续的,只能取一系列分立的值,这些分离的能量称为能级。

电子波函数式(1-21)是行进的平面波,波矢 $\boldsymbol{k}$ 只能具有确定的分立值。每一组许可的 $\boldsymbol{k}$ 值(k_x,k_y,k_z)或量子数(n_x,n_y,n_z)确定了电子的一个可能的空间运动状态 $\psi(r)$。处于这个状态中的电子沿 $\boldsymbol{k}$ 方向运动,具有确定的动量 $\hbar k$ 和确定的速度 $\upsilon=\hbar k/m$,并对应着一定的能量$\frac{\hbar^2k^2}{2m}$。这种由波矢 $\boldsymbol{k}$ 所代表的自由电子可能的空间运动状态称为空间电子态。在以 k_x,k_y,k_z 为坐标轴的空间(通常称为波矢空间或 k 空间),每一电子态(k_x,k_y,k_z)可用一个点来代表,点的坐标由式(1-18)~式(1-20)确定。图 1-1 为二维波矢空间中电子态分布图。沿 k_x 轴和 k_y 轴相邻两个代表点的间距为$\frac{2\pi}{L}$。

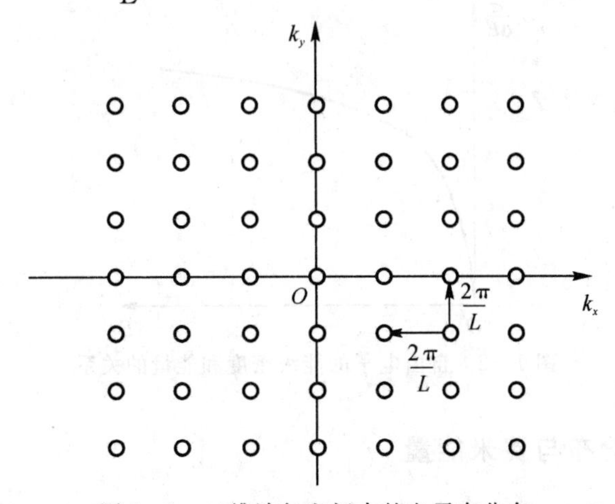

图 1-1　二维波矢空间中的电子态分布

在三维波矢空间每个状态的代表点占有体积为
$$\frac{2\pi}{L}\times\frac{2\pi}{L}\times\frac{2\pi}{L}=\left(\frac{2\pi}{L}\right)^3$$

k 空间单位体积中含有代表点的数目为

$$\frac{1}{(\frac{2\pi}{L})^3}=(\frac{L}{2\pi})^3$$

在 k 到 $k+\mathrm{d}k$ 的体积元 $\mathrm{d}k=\mathrm{d}k_x\mathrm{d}k_y\mathrm{d}k_z$ 中含有的状态数目为$(\frac{L}{2\pi})^3\mathrm{d}k$，考虑到每个状态可容纳自旋相反的两个电子，在体积元 $\mathrm{d}k$ 中可容纳的电子数是

$$\mathrm{d}z=2(\frac{L}{2\pi})^3\mathrm{d}k=\frac{V_c}{4\pi^3}\mathrm{d}k$$

式中 $V_c=L^3$ 是晶体的体积。

自由电子的能量 $E=\frac{\hbar^2k^2}{2m}$，在 k 空间等于某个定值的曲面是一个球面，其半径是 $k=\sqrt{2mE}/h$，在图 1-1 中的二维波矢空间是一个圆。在能量 E 到 $E+\mathrm{d}E$ 之间的区域，是半径为 k 和 $k+\mathrm{d}k$ 的两个球面之间的球壳层，其体积是 $4\pi k^2\mathrm{d}k$。状态数目为

$$\mathrm{d}z=\frac{V_c}{4\pi^3}\times 4\pi k^2\mathrm{d}k$$

$$\mathrm{d}k=\frac{\sqrt{2m}}{h}\frac{\mathrm{d}E}{2\sqrt{E}}$$

$$\mathrm{d}z=4\pi V_c\left(\frac{2m}{h^2}\right)^{\frac{3}{2}}E^{\frac{1}{2}}\mathrm{d}E$$

$g(E)=\frac{\mathrm{d}z}{\mathrm{d}E}$定义为态密度函数（能级密度），由此可得自由电子的态密度函数为

$$g(E)=\frac{\mathrm{d}z}{\mathrm{d}E}=4\pi V_c\left(\frac{2m}{\hbar^2}\right)^{\frac{3}{2}}E^{\frac{1}{2}}=CE^{\frac{1}{2}} \tag{1-23}$$

式中 $C=4\pi V_c\left(\frac{2m}{\hbar^2}\right)^{\frac{3}{2}}$。

式(1-23)所表示的自由电子的能级密度和能量的关系可用图 1-2 表示。

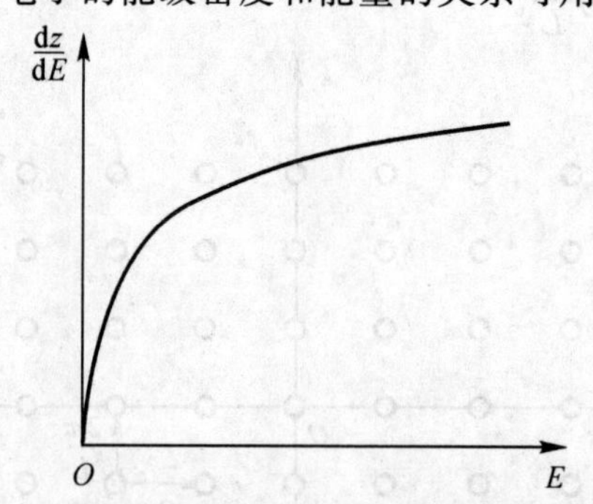

图 1-2　自由电子的能级密度和能量的关系

二、电子的费米分布与费米能量

自由电子满足泡利不相容原理。索末菲首先提出自由电子的分布应服从费米-狄拉克(Fermi-Dirac)统计。在热平衡时，电子占据能量为 E 的状态的概率为

$$f(E)=\frac{1}{\mathrm{e}^{\frac{E-E_F}{k_BT}}+1} \tag{1-24}$$

式中 $f(E)$称为电子的费米分布函数，它是有关能量 E 和温度 T 的函数；E_F 称为费米能量或化学势，是一个很重要的物理量，其意义是在体积不变的条件下，系统增加一个电子所需要的自由能。

将 $f(E)$乘以能量为 E 的电子态密度函数 $g(E)$，可得到电子态密度分布

$$N(E)=f(E)g(E) \tag{1-25}$$

表示在温度 T 时，分布在能量 E 附近单位能量间隔内的电子数目。在能量 $E\sim E+\mathrm{d}E$ 间的电子数为

$$\mathrm{d}N=N(E)\mathrm{d}E=f(E)g(E)\mathrm{d}E$$

系统中的总电子数可表示为

$$N=\int_0^{\infty}N(E)\mathrm{d}E=\int_0^{\infty}f(E)g(E)\mathrm{d}E \tag{1-26}$$

下面讨论在绝对温度为零或大于零时电子的分布及能量状态。

(1) $T=0\mathrm{K}$ 时。

在 $T=0\mathrm{K}$ 时的费米能量用 E_F^0 表示，由式(1-24)可得出此时的费米分布函数为

$$f(E)=\begin{cases}1, E\leqslant E_F^0\\ 0, E>E_F^0\end{cases} \tag{1-27}$$

其曲线如图 1-3 中 a 所示。

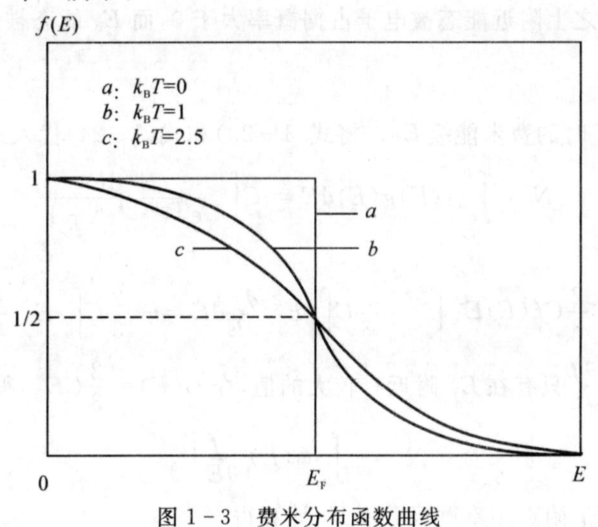

图 1-3　费米分布函数曲线

式(1-27)和图 1-3 表明，在 0K 时所有低于 E_F^0 的能量状态都填满电子，而所有高于 E_F^0 的能量状态都是空的。E_F^0 是 0K 时电子填充的最高能级。由式(1-26)和式(1-27)有

$$N=\int_0^{\infty}f(E)g(E)\mathrm{d}E=\int_0^{E_F^0}g(E)\mathrm{d}E$$

再将式(1-23)代入上式，可得

$$N=C\int_0^{E_F^0}E^{\frac{1}{2}}\mathrm{d}E=\frac{2}{3}C(E_F^0)^{\frac{3}{2}} \tag{1-28}$$

用 $n=\dfrac{N}{V_c}$ 代表系统的电子浓度，则 0K 时的费米能量 E_F^0 可表示为

$$E_F^0=\frac{\hbar^2}{2m}\left(\frac{3n}{8\pi}\right)^{\frac{2}{3}} \tag{1-29}$$

一般金属中的电子浓度为 $10^{28}/\mathrm{m}^3$ 数量级，则 E_F^0 的数量级为几个电子伏特。每个电子的平均能量（即平均动能）为

$$\overline{E}_0 = \frac{1}{N}\int_0^{\infty} E\mathrm{d}N = \frac{1}{N}\int_0^{E_F^0} Eg(E)\mathrm{d}E = \frac{C}{N}\int_0^{E_F^0} E^{\frac{3}{2}}\mathrm{d}E$$

$$= \frac{C}{N}\,\frac{2}{5}(E_F^0)^{\frac{5}{2}} = \frac{3}{5}E_F^0 \tag{1-30}$$

这说明即使在绝对零度，电子仍具有相当大的平均能量，而按经典统计理论此时电子的平均能量等于零。这是由于电子必须满足泡利不相容原理，每个状态只允许容纳两个自旋相反的电子。因此，在绝对零度时，不可能所有电子都填充在最低的能量状态。

(2) $T>0\mathrm{K}$ 时。

当温度高于绝对零度时，费米分布函数 $f(E)$ 随能量的变化如图 1-3 中 b,c 所示。结合式(1-24)可发现，如果温度很低，$f(E)$ 从 $E\ll E_F$ 时接近于 1 下降到 $E\gg E_F$ 时的接近于零，在 $E=E_F$ 附近发生很大的变化；温度上升时，$f(E)$ 发生变化的能量范围变宽，但在任何情况下，此能量范围约为 E_F 附近 $\pm k_B T$；当 $E=E_F$ 时，$f(E)=\frac{1}{2}$。

这表明在 $T>0\mathrm{K}$ 时，有一部分在费米能级 E_F 附近能量低于 E_F 的电子，获得了大小为 $k_B T$ 数量级的热能跃迁到了能量高于 E_F 的能态上去，使得在 E_F 之下附近能态被电子占据的概率小于 1，而在 E_F 之上附近能态被电子占据概率大于 0，而 E_F 能态被电子占据的概率正好是 $\frac{1}{2}$。

下面计算温度 T 时的费米能级 E_F。将式(1-23)和式(1-24)代入式(1-26)得

$$N = \int_0^{\infty} f(E)g(E)\mathrm{d}E = C\int_0^{\infty}\frac{E^{\frac{1}{2}}\mathrm{d}E}{\mathrm{e}^{(E-E_F)/k_B T}+1}$$

利用分部积分法

$$N = \frac{2}{3}Cf(E)E^{\frac{3}{2}}\Big|_0^{\infty} - \frac{2}{3}C\int_0^{\infty}E^{\frac{3}{2}}\frac{\partial f}{\partial E}\mathrm{d}E = -\frac{2}{3}C\int_0^{\infty}E^{\frac{3}{2}}\frac{\partial f}{\partial E}\mathrm{d}E$$

当 $k_B T\ll E_F$ 时，$\frac{\partial f}{\partial E}$ 只有在 E_F 附近有较大的值，令 $G(E)=\frac{2}{3}CE^{\frac{3}{2}}$，得

$$N = -\int_0^{\infty}G(E)\frac{\partial f}{\partial E}\mathrm{d}E$$

将 $G(E)$ 在 $E=E_F$ 附近用泰勒级数展开，计算得

$$N=\frac{2}{3}CE_F^{3/2}\left[1+\frac{\pi^2}{8}(k_B T/E_F)^2\right] \tag{1-31}$$

利用式(1-28)得

$$(E_F^0)^{3/2}=E_F^{3/2}\left[1+\frac{\pi^2}{8}(k_B T/E_F)^2\right] \tag{1-32}$$

一般温度下总满足 $k_B T\ll E_F$，可得

$$E_F\approx E_F^0\left[1-\frac{\pi^2}{12}\left(\frac{k_B T}{E_F^0}\right)^2\right] \tag{1-33}$$

式(1-33)表明，费米能级 E_F 是温度 T 的函数，温度升高 E_F 下降，而且 E_F 小于 E_F^0。电子的平均能量可由下式给出

$$\overline{E} = \frac{1}{N}\int E\,\mathrm{d}N = \frac{C}{N}\int f(E)\,E^{\frac{3}{2}}\mathrm{d}E \tag{1-34}$$

将 $E=-\frac{2}{5}\frac{C}{N}\int_0^\infty \frac{\partial f}{\partial E}E^{\frac{5}{2}}\mathrm{d}E$ 代入上式,求得

$$\overline{E}=\frac{2}{5}\frac{C}{N}E_F^{5/2}[1+\frac{5}{8}(\frac{\pi k_B T}{E_F})^2]$$

$k_B T \ll E_F$,并用 E_F^0 代替上式括号中的 E_F,结合式(1-28),得

$$\overline{E}=\frac{3}{5}E_F^0[1+\frac{5}{12}(\frac{\pi k_B T}{E_F^0})^2]=\overline{E}_0[1+\frac{5}{12}(\frac{\pi k_B T}{E_F^0})^2] \tag{1-35}$$

上式 $\overline{E}_0=\frac{3}{5}E_F^0$ 是绝对零度时每个电子的平均能量,第二项表示热激发的能量。在温度 T 时,只有 E_F 附近大约 $k_B T$ 能量范围内的电子受到热激发,被激发的电子数目与总电子数之比约为$\frac{k_B T}{E_F^0}$。每个激发电子获得的热能为 $k_B T$,故金属中平均每个电子的热激发能应正比于 $k_B T(\frac{k_B T}{E_F^0})$。

在 k 空间具有相同能量的 k 值所构成的曲面为等能面。自由电子的等能面是球面,能量为费米能 E_F 的等能面称为费米面。由前面的讨论可知,自由电子的费米面是半径为 $|k_F|=\sqrt{\frac{2mE_F}{h}}$ 的球面,k_F 称为费米波矢,又称为费米半径。

如果把电子的费米能全部看作电子的动能,此时对应的速度称为费米速度 v_F,由 $\frac{1}{2}mv_F^2=E_F$,$E_F=\frac{k_F^2\hbar^2}{2m}$,可知电子的费米速度为 $v_F=\frac{\hbar k_F}{m}$。如果把电子的费米能看作是在温度 T_F 时的热能($k_B T_F=E_F$),T_F 称为费米温度。表 1-1 列出了室温下一些金属自由电子费米面参数的计算值,其中 Ca,K,Rb,Cs 为在 5K 时的值,Li 为 78K 下的值。

表 1-1　室温下金属自由电子费米面参数的计算值

原子价	金属	电子浓度 n/cm^{-3}	半径参数[①] r_s	费米波矢 k_F/cm^{-1}	费米速度 $v_F/(\mathrm{cm\cdot s^{-1}})$	费米能 E_F/eV	费米温度 $T_F=E_F/k_B(\mathrm{K})$
1	Li	4.70×10^{22}	3.25	1.11×10^{8}	1.29×10^{8}	4.72	5.48×10^{4}
	Na	2.65	3.93	0.92	1.07	3.23	3.75
	K	1.40	4.86	0.75	0.86	2.12	2.46
	Rb	1.15	5.20	0.70	0.81	1.85	2.15
	Cs	0.91	5.63	0.64	0.75	1.58	1.83
	Cu	8.45	2.67	1.36	1.57	7.00	8.12
	Ag	5.85	3.02	1.20	1.39	5.48	6.36
	Au	5.90	3.01	1.20	1.39	5.51	6.39

续 表

原子价	金属	电子浓度 n/cm^{-3}	半径参数[1] r_s	费米波矢 k_F/cm^{-1}	费米速度 $v_F/(\mathrm{cm}\cdot\mathrm{s}^{-1})$	费米能 E_F/eV	费米温度 $T_F=E_F/k_B(\mathrm{K})$
2	Be	24.2	1.88	1.93	2.23	14.14	16.41
	Mg	8.60	2.65	1.37	1.58	7.13	8.27
	Ca	4.60	3.27	1.11	1.28	4.68	5.43
	Sr	3.56	3.56	1.02	1.18	3.95	4.58
	Ba	3.20	3.69	0.98	1.13	3.65	4.24
	Zn	13.10	2.31	1.57	1.82	9.39	10.90
	Cd	9.28	2.59	1.40	1.62	7.46	8.66
3	Al	18.06	2.07	1.75	2.02	11.63	13.49
	Ga	15.30	2.19	1.65	1.91	10.35	12.01
	In	11.49	2.41	1.50	1.74	8.60	9.98
	Pb	13.20	2.30	1.57	1.82	9.37	10.87
4	Sn(w)	14.48	2.23	1.62	1.88	10.03	11.64

注:①无量纲半径参数定义为 $r_s=r_0/a_H$,其中 a_H 是第一波尔半径,r_0 为包含一个电子的球的半径。

三、金属的热容和电导

根据经典自由电子理论,每摩尔金属中自由电子对热容的贡献为$\frac{3}{2}N_0Zk_B$,其中 N_0 为阿伏伽德罗常数,Z 为每个原子的价电子数,k_B 为玻耳兹曼常数。但实验中观察到的电子对金属热容的贡献远小于此值。下面利用量子自由电子理论的结果讨论金属的热容。

金属的热容 C_V 应当包括晶格(原子)振动对热容的贡献 C_V^a 和自由电子对热容的贡献 C_V^e。根据金属晶格振动理论,已经得到晶格摩尔热容 C_V^a 在室温时接近杜隆-珀替定律,即

$$C_V^a \approx 3N_0k_B=3R \tag{1-36}$$

而在温度低于德拜温度 Θ_D 时,C_V^a 符合德拜定律,即

$$C_V^a=\frac{12}{5}\pi^4R(\frac{T}{\Theta_D})^3=bT^3 \tag{1-37}$$

对于电子的热容 C_V^e,由式(1-35)所表示的一个自由电子所具有的平均能量,根据摩尔热容的定义,得到自由电子的摩尔定容热容为

$$C_{V,\mathrm{m}}^e=ZN_0\frac{\partial E}{\partial T}=\frac{\pi^2}{2}ZN_0k_B(\frac{k_BT}{E_F^0})=\frac{\pi^2}{2}ZR(\frac{k_BT}{E_F^0})=\gamma T \tag{1-38}$$

$$\gamma=\frac{\pi^2 ZRk_B}{2E_F^0} \tag{1-39}$$

式中，N_0 为每摩尔的原子数，Z 为原子的价电子数，γ 称为电子的热容系数。式(1-38)所表示的 C_V^e 值与经典电子理论所得的 C_V^e 值（$\frac{3}{2}ZN_0k_B$）相比，大约要低两个数量级，同时指出了电子比热容与温度成正比的关系。这同实验结果是符合的。在温度 T 时，由于只有费米面附近的 k_BT 范围的电子参与热激发，对热容有贡献，它们只是全部电子的极小一部分，因此对热容的贡献很小，这就解决了经典电子理论对电子热容估计过高的困难。

在室温或当温度大于德拜温度 Θ_D 时，电子热容与晶格热容相比很小，可以忽略，金属热容近似就是晶格热容 $C_V\approx C_V^a=3R$。但是在低温，电子热容是不容忽略的。在温度远低于德拜温度时，式(1-38)与式(1-37)之比为

$$\frac{C_V^e}{C_V^a}=\frac{5Z}{24\pi^2}\frac{k_BT}{E_F^0}\left(\frac{\Theta_D}{T}\right)^3 \tag{1-40}$$

式(1-40)表明，随着温度的下降比值 $\frac{C_V^e}{C_V^a}$ 增加，即电子对金属热容的贡献只有在低温时才是重要的，低温时金属的热容可写为

$$C_V=C_V^e+C_V^a=\gamma T+bT^3 \tag{1-41}$$

或

$$\frac{C_V}{T}=\gamma+bT^2 \tag{1-42}$$

式(1-42)表明，只要从实验中测得不同温度下的热容，作出 $\frac{C_V}{T}\sim T^2$ 的关系图，就可得到一条直线，从直线的斜率可确定系数 b，将直线延伸至 $T=0\text{K}$ 的范围，可得直线的截距 γ，即电子的热容系数。

自由电子的动量与波矢之间的关系为 $p=m\upsilon=\hbar k$。在无外加电场的情况下，为讨论方便设金属中自由电子都处于基态，即 k 空间费米面内所有电子态均被电子占有，则电子在费米球中的分布相对于原点是对称的。对应于一个 k，电子的速度为 $\upsilon_k=\frac{\hbar k}{m}$，必然有一个 $-k$，电子的速度 $\upsilon_{-k}=-\frac{\hbar k}{m}$，它们成对相消，电子的平均速度为零，因而金属在宏观上不显现电流。

当给金属加上一个均匀而恒定的电场 E 时，作用于电荷为 $-e$ 的电子上的力为 $F=-eE$，牛顿第二定律可以写成

$$F=m\frac{d\upsilon}{dt}=\hbar\frac{dk}{dt}=-eE \tag{1-43}$$

显然，这时电子波矢 k 将随时间 t 而变化。在不考虑碰撞时，恒定的外加电场 E 使 k 空间中的费米球以匀速率运动。考虑在时刻 $t=0$ 到时刻 t 时电子波矢的改变，即对式(1-43)进行积分，则得

$$\Delta k=k(t)-k(0)=-\int_0^t\frac{eE}{\hbar}dt=-\frac{et}{\hbar}E \tag{1-44}$$

上式表明，恒定的外加电场 E 使金属中费米面内的所有电子的波矢都改变了 Δk，这相当于整个费米球沿电场 E 的相反方向移动了距离 $|\Delta k|$，电子占据电子态的分布相对于 k 空间的

原点不再是对称的，如图 1-4 所示。结果一部分电子的速度不能抵消，电子的平均速度不为零，金属中产生宏观净电流。

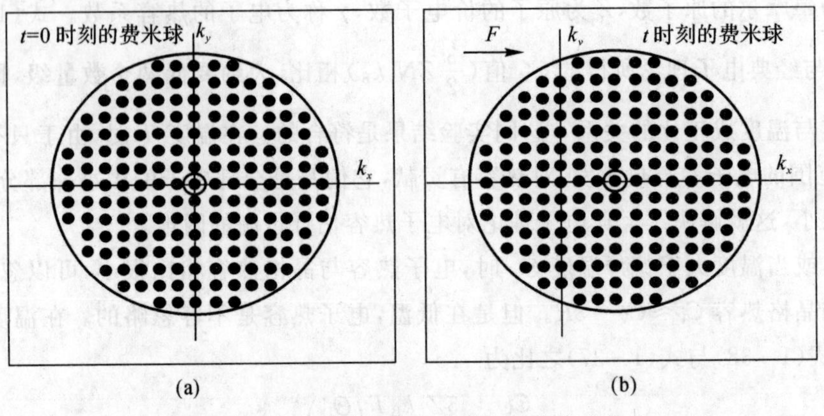

图 1-4　恒定的电场使 k 空间中的费米球移动

如果外加电场保持不变，那么电子的状态将不断按式(1-44)的规律变化。从波矢空间来看，电子占据态的球形分布将越来越偏心，也就是说净电流将不断地增加。但是，Δk 不会随时间 t 而无限变化，这是由于除了电场 E 作用外，还有电子与离子实、杂质和缺陷等的碰撞与散射，使得有些高波矢 k 态的电子散射到能量较低或 k 值较小的状态中去，当外场的漂移作用与碰撞散射作用这两者达到动态平衡时，电子占据的球形分布将保持稳定的偏心。如果经过平均时间 τ 可以使位移的球在电场中维持一种稳定，则在稳态下费米球的位移量为

$$\Delta k=-\frac{e\tau}{h}E \tag{1-45}$$

τ 实际上是电子两次碰撞之间的平均时间，称为弛豫时间。令与波矢改变量 Δk 对应的速度改变量为 υ_D，即电子的漂移速度。根据波矢与动量的关系，则有

$$\upsilon_D=\frac{\hbar\Delta k}{m}=-\frac{e\tau}{m}E \tag{1-46}$$

若电子浓度为 n，则电流密度

$$J=ne\upsilon_D=\frac{ne^2\tau}{m}E=\sigma E \tag{1-47}$$

这就是所谓的欧姆定律。电导率为

$$\sigma=\frac{ne^2\tau}{m} \tag{1-48}$$

上式电导率的表达式是易于理解的。被输运的电荷量正比于电荷密度 $-ne$，式(1-48)中出现因子 $-e/m$ 是因为在给定电场中的加速度正比于 $-e$，而反比于质量 m，弛豫时间 τ 描述电子在外场作用下两次碰撞之间的平均自由运动时间。

式(1-48)与从经典自由电子理论推导出的金属电导率公式(1-5)形式上虽然相同，但物理意义不同。式(1-48)突出了费米面附近电子对导电的贡献。由于 τ 决定于电子所发生的碰撞，而碰撞所引起的电子状态的变化，除满足能量守恒和动量守恒外，还要服从泡利原理。电子从波矢 k 的状态跃迁到 k' 状态时，要求 k' 状态是空的，否则这种过程就不能发生。由于费米面内大部分电子难以获得足够大的能量跃迁到费米面外的空状态，所以能够由于碰撞而改

变状态的只是费米面附近的电子。因此，对电导有直接贡献的只是费米面附近的少量电子，并非所有电子都能起到同等作用。

习　题

1. 比较经典的和量子的金属自由电子理论。

2. 分析讨论费米能量(E_F)的物理意义。计算金属 Cu 在 0K 和 300K 时的费米能量(Cu 晶体中自由电子浓度 $n=8.45\times10^{22}\text{cm}^{-3}$)。

3. 一般将真空能级与费米能级之差定义为功函数(逸出功)，以此为基础分析讨论金属的热电子发射。

4. 在边长为 L 的二维正方形势阱中的 N 个自由电子，能量为

$$E(k_x,k_y)=\frac{h^2}{2m}(k_x{}^2+k_y{}^2)$$

试求：(1)能量从 E 到 $E+\mathrm{d}E$ 之间的状态数；(2)费米能量的表达式。

第二章　固体能带理论

在金属自由电子理论中，我们把电子看作是自由的，忽略了离子的作用，认为电子是在金属内部的均匀势场中运动的。由此得出的结果较合理地解释了金属的电导、热导及电子的比热容等实验现象，但其存在局限性。特别是它不能解释固体为什么会有导体、绝缘体和半导体之分。事实上，固体中的每个电子都受到组成固体的原子核及核外其他电子的作用，是在非均匀势场中运动的。对此问题的量子力学处理，得到的能带理论可以用来对导体、绝缘体和半导体的电子结构进行统一描述。

本章讨论晶格势场中电子的能量状态——能带理论，在引入布洛赫(Bloch)定理和能带基本概念后，主要介绍近自由电子和紧束缚两种近似模型、能带的计算及应用等。

第一节　布洛赫(Bloch)定理

1928 年，布洛赫(Bloch)提出了他的单电子能带理论。布洛赫采用的单电子模型认为，在包含 N 个电子的晶体中，任意一个电子是在一个周期性势场中运动的，这个周期性势场是所有原子核及其他($N-1$)个电子对这个电子作用的平均结果。图 2-1 给出了一维单原子晶格的周期势场示意图。

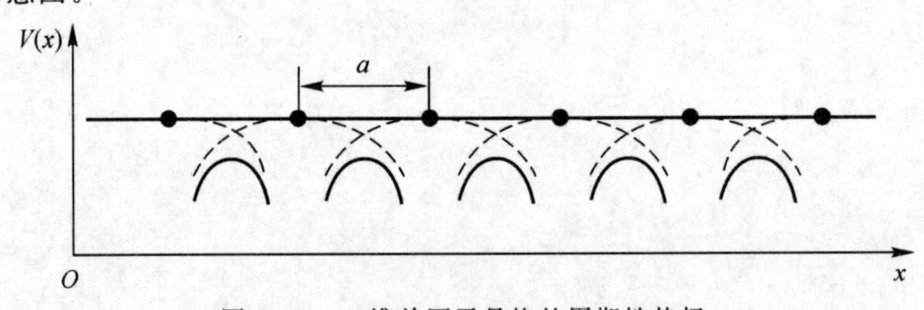

图 2-1　一维单原子晶格的周期性势场

对于图 2-1 所示的一维情况，势能

$$V(x)=V(x+na)$$

上式中，a 是一维晶格的原胞长度，n 是任意整数。在周期场 $V(x)$ 中运动的电子，其能量 $E(k)$ 和波函数 $\psi_k(x)$ 满足薛定谔方程：

$$\left[-\frac{h^2}{2m}\cdot\frac{\mathrm{d}^2}{\mathrm{d}x^2}+V(x)\right]\psi_k(x)=E(k)\psi_k(x) \tag{2-1}$$

上式中，k 是表征电子状态的量子数，实际上就是波矢。布洛赫证明，$\psi_k(x)$ 必定是按晶格周期函数调幅的平面波，可写成如下形式的函数：

$$\psi_k(x)=u_k(x)\mathrm{e}^{ikx} \tag{2-2}$$

$$u_k(x)=u_k(x+na) \tag{2-3}$$

具有这种形式的波函数称为布洛赫函数。

与前述的索末菲自由电子理论相比较，引进了周期性势场后，在原来的自由电子的平面波前面多了一项周期函数 $u_k(x)$。因此，周期势场中的波函数，相当于一个调幅了的平面波，即振幅是随地点而变化的。振幅的周期性也就是电子出现概率的周期性，在一个周期内由于势场大小不同电子出现的概率也是不同的。因此，电荷密度 $|\psi|^2 e$ 也是周期变化的。但是在相对应的位置上，即在 x 和 $x+na$ 处电子出现的概率是一样的。而索末菲理论中，电子在各处出现的概率是一样的。势场的周期性是由于晶格本身具有平移对称性。下面利用平移对称性来证明布洛赫定理。

任何对称操作可以用一个相应的算符来表达。设 $\hat{T}$ 是平移对称操作算符，$f(x)$是一个任意函数，根据平移对称操作算符的意义，则有

$$\hat{T}f(x)=f(x+a)$$

$$\hat{T}^2 f(x)=\hat{T}f(x+a)=f(x+2a)$$

$$\hat{T}^n f(x)=f(x+na)$$

$f(x)$可以是势能函数 $V(x)$、哈密顿量 $H(x)$以及波函数 $\psi(x)$。势能有周期性，则

$$\hat{T}V(x)=V(x+a)=V(x)$$

在周期场中粒子的哈密顿量也具有周期性或平移对称性，故有

$$\hat{T}\hat{H}(x)=\hat{H}(x+a)=\hat{H}(x)$$

这是因为$\frac{\mathrm{d}^2}{\mathrm{d}(x+a)^2}$与$\frac{\mathrm{d}^2}{\mathrm{d}x^2}$的运算效果一样。波函数 $\psi(x)$不是周期函数，故只满足

$$\hat{T}\psi(x)=\psi(x+a)$$

将算符$\hat{T}$作用于薛定谔方程，得

$$\hat{T}\hat{H}(x)\psi(x)=\hat{H}(x+a)\psi(x+a)=\hat{H}(x)\psi(x+a)=\hat{H}(x)\hat{T}\psi(x)$$

$\hat{T}\hat{H}(x)=\hat{H}(x)\hat{T}$，即$\hat{T}$和$\hat{H}$是对易的。根据两算符具有共同本征函数的条件，可知$\hat{H}$和$\hat{T}$有共同的本征函数。若 $\psi(x)$是$\hat{H}$的本征函数，本征值为 E，即 $\hat{H}\psi(x)=E\psi(x)$，则 $\psi(x)$也是$\hat{T}$的本征函数，即

$$\hat{T}\psi(x)=\psi(x+a)=\lambda\psi(x)$$

式中，λ 为$\hat{T}$的本征值，显然有

$$\hat{T}^n\psi(x)=\lambda^n\psi(x)$$

若晶体有 N 个原胞，线度 $L=Na$，采用周期性边界条件可以免除有限线度带来的限制。加上周期性边界条件后，N 个原胞的一维晶体就相当于首尾连接起来的圆环，如图 2-2 所示。

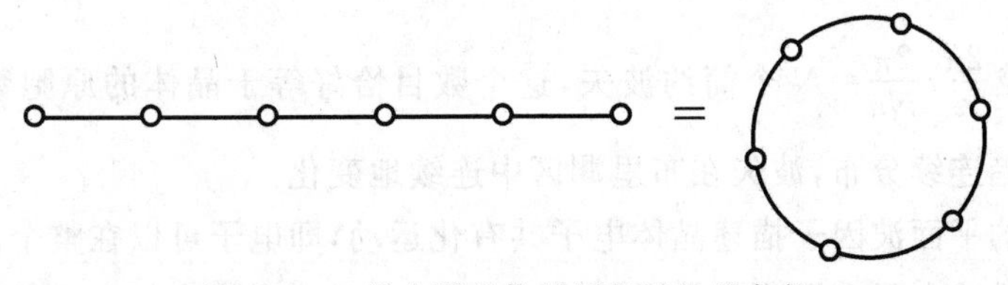

图 2-2　一维有限晶体的周期性边界条件

对于圆环来说，波函数满足条件 $\psi(x+Na)=\psi(x)$

另一方面 $\psi(x+Na)=\lambda^N\psi(x)$

所以有 $\lambda^N=1$

令 $$\lambda=\mathrm{e}^{ika} \tag{2-4}$$

则 k 必须满足条件 $Nka=2l\pi, l=0,\pm1,\pm2,\cdots$

即 $$k=l\frac{2\pi}{Na}, l=0,\pm1,\pm2,\cdots \tag{2-5}$$

于是 $$\psi_k(x+a)=\mathrm{e}^{ika}\psi_k(x)$$

平面波 $\varphi_k(x)=\mathrm{e}^{ikx}$ 满足上面的关系式。若波矢 $K_h=h\dfrac{2\pi}{a}$，h 为任意整数，则函数 $\varphi_{k+K_h}(x)=\mathrm{e}^{i(k+K_h)x}$ 也满足同样的关系式，即

$$\hat{T}\varphi_{k+K_h}(x)=\mathrm{e}^{i(k+K)(x+a)}=\mathrm{e}^{(ika)}\psi_k(x)$$

粒子的波函数 $\psi_k(x)$ 应是所有 $\varphi_{k+K_h}(x)$ 的线性叠加，即

$$\psi_k(x)=\mathrm{e}^{ikx}\cdot\sum_h A_h\mathrm{e}^{iK_hx}=\mathrm{e}^{ikx}u(x) \tag{2-6}$$

$$u(x)=\sum_h A_h\mathrm{e}^{iK_hx} \tag{2-7}$$

由于 $u(x+na)=\sum_h A_h\mathrm{e}^{iK_h(x+na)}=\sum_h A_h\mathrm{e}^{iK_hx}=u(x)$，所以，$u(x)$ 具有晶格的周期性。至此我们证明了布洛赫定理。

对于周期为 a 的一维晶格，倒格子的周期是 $\dfrac{2\pi}{a}$，倒格点的坐标为 $K_h=h\dfrac{2\pi}{a}$（$h=0,\pm1,\pm2,\cdots$）。比较平移算符 $\hat{T}$ 作用于波矢为 k 的波函数 $\psi_k(x)$ 和波矢为 $k+K_h$ 的波函数 $\psi_{k+K_h}(x)$ 上的结果：

$$\hat{T}\psi_k(x)=\psi_k(x+a)=\mathrm{e}^{ika}\psi_k(x)$$

$$\hat{T}\psi_{k+K_h}(x)=\psi_{k+K_h}(x+a)=\mathrm{e}^{i(k+K_h)a}\psi_{k+K_h}(x)=\mathrm{e}^{ika}\psi_{k+K_h}(x)$$

可见算符 $\hat{T}$ 对 $\psi_k(x)$ 和 $\psi_{k+K_h}(x)$ 这两个波函数有相同的效果。为了使 k 的取值范围同算符 $\hat{T}$ 的不同本征值一一对应，把 k 的范围限制在倒格子的原胞之内。通常就选取倒格子原点同最邻近倒格点连线的中点间的区域为此限制范围，即

$$-\frac{\pi}{a}<k\leqslant\frac{\pi}{a} \tag{2-8}$$

因为 $k=l\dfrac{2\pi}{Na}$，即 l 限在 $-\dfrac{N}{2}<l\leqslant\dfrac{N}{2}$ 范围的整数。这个倒格子空间限定的区域称为简约布里渊区，其中的波矢称为简约波矢。每个波矢在简约布里渊区中占有的线度为 $\dfrac{2\pi}{Na}$，所以简约布里渊区中包含 $\dfrac{2\pi}{a}/\dfrac{2\pi}{Na}=N$ 个简约波矢，这个数目恰好等于晶体的原胞数目。若 $N\to\infty$，则 k 的代表点渐趋连续分布，波矢在布里渊区中连续地变化。

布洛赫函数的平面波因子描述晶体电子共有化运动，即电子可以在整个晶体中自由运动，而周期函数因子描述电子在原胞中的运动，这取决于电子在原胞中的电子势场。

第二节　克龙尼克-潘纳模型

布洛赫定理说明了周期性势场中电子波函数的共性，即均为调幅平面波。但不给出周期势 $V(x)$ 的具体形式，是无法知道调幅因子 $u(x)$ 及电子能量 E 的具体形式的。因此，设法给出晶体的有效周期势场是能带理论的关键问题。克龙尼克-潘纳（Kroning－Penney）提出了一个一维晶体势场的模型。如图 2－3 所示，它是由方形势阱势垒周期排列组成的。每个势阱的宽度为 c，势垒的宽度为 b，晶体势的周期是 $a=b+c$，取势阱的势能为零，势垒的高度为 V_0。

假设 V_0 足够大，b 足够小，V_0b 为有限值。当电子能量 $E<V_0$ 时，电子有一定的概率从一个势阱隧穿到相邻的另一个势阱中去。若 b 过大，电子被限制在一个方势阱中，其能谱是一系列分立的能级。若 b 趋于无穷小 V_0 又有限，则 V_0b 趋于零，那么任何能量的电子都可以到处自由运动，其能量就是自由电子的能量。对于这两种极端情况，在这里我们不作考虑。

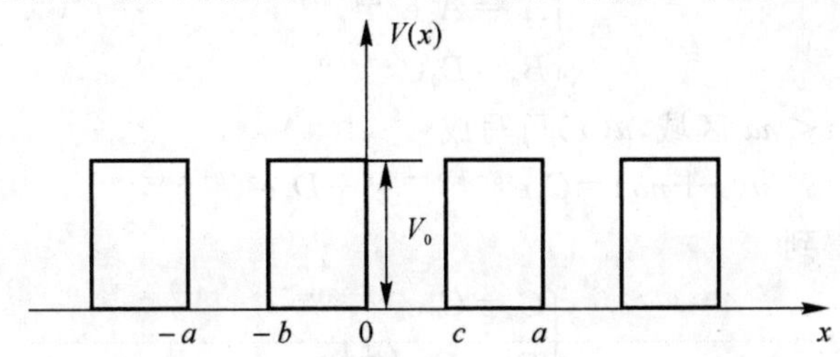

图 2－3　克龙尼克-潘纳（Kroning－Penney）模型

在 $-b<x<c$ 的区域，粒子的势能

$$V(x)=\begin{cases}0, 0<x<c\\ V_0, -b<x<0\end{cases} \tag{2-9}$$

在其他区域，$V(x)=V(x+na)$，n 为任意整数。根据布洛赫定理，波函数可写成

$$\psi(x)=e^{ikx}u(x)$$

代入薛定谔方程

$$\frac{d^2\psi}{dx^2}+\frac{2m}{h^2}(E-V)\psi=0$$

经整理，得到 $u(x)$ 所满足的方程

$$\frac{d^2u}{dx^2}+2ik\frac{du}{dx}+\left[\frac{2m}{h^2}(E-V)-k^2\right]u=0 \tag{2-10}$$

在势场的突变点，波函数 $\psi(x)$ 及它的导数必须连续，实际上这就要求 $u(x)$ 和它的导数必须连续。下面分不同区域求 $u(x)$ 函数的表达式。

(1) 在区域 $0<x<c$，势能 $V(x)=0$。

令
$$\frac{2mE}{\hbar^2}=\alpha^2 \tag{2-11}$$

则式(2－10)变为

$$\frac{d^2u}{dx^2}+2ik\frac{du}{dx}+(\alpha^2-k^2)u(x)=0 \tag{2-12}$$

这是一个二阶常系数微分方程，其解是

$$u(x)=A_0e^{i(\alpha-k)x}+B_0e^{-i(\alpha+k)x} \tag{2-13}$$

其中 A_0 和 B_0 为任意常数。

(2)在区域$-b<x<0$,势能$V(x)=V_0$。

考虑$E<V_0$的解,令

$$\beta^2=\frac{2m}{h^2}(V_0-E)=\frac{2mV_0}{h^2}-\alpha^2 \tag{2-14}$$

在此区域,$u(x)$所满足的方程为

$$\frac{d^2u}{dx^2}+2ik\frac{du}{dx}-(\beta^2+k^2)u(x)=0 \tag{2-15}$$

其解为

$$u(x)=C_0e^{(\beta-ik)x}+D_0e^{-(\beta+ik)x} \tag{2-16}$$

式中,C_0和D_0是任意常数。

在$na<na+x<na+c$区域,$u(x+na)$具有与式(2-13)相同的形式,即

$$u(x+na)=A_ne^{i(\alpha-k)(x+na)}+B_ne^{-i(\alpha+k)(x+na)} \tag{2-17}$$

由于$u(x)=u(x+na)$,因此有

$$\begin{cases}A_n=A_0e^{-i(\alpha-k)na}\\B_n=B_0e^{i(\alpha+k)na}\end{cases} \tag{2-18}$$

同理,在$na-b<na+x<na$区域,$u(x)$可写成

$$u(x+na)=C_ne^{(\beta-ik)(x+na)}+D_ne^{-(\beta+ik)(x+na)}$$

利用$u(x)$的周期性,得到

$$\begin{cases}C_n=C_0e^{-(\beta-ik)na}\\D_n=D_0e^{(\beta+ik)na}\end{cases} \tag{2-19}$$

在$x=0$处,函数u和它的导数$\frac{du}{dx}$连续的条件是

$$A_0+B_0=C_0+D_0 \tag{2-20}$$

$$i(\alpha-k)A_0-i(\alpha+k)B_0=(\beta-ik)C_0-(\beta+ik)D_0 \tag{2-21}$$

在$x=c$处,由u的连续性得到

$$A_0e^{i(\alpha-k)c}+B_0e^{-i(\alpha+k)c}=C_1e^{(\beta-ik)c}+D_1e^{-(\beta+ik)c}$$

按照式(2-19),C_1,D_1可用C_0,D_0来代替,于是

$$A_0e^{i(\alpha-k)c}+B_0e^{-i(\alpha+k)c}=C_0e^{-(\beta-ik)c}+D_0e^{(\beta+ik)c} \tag{2-22}$$

同理,在$x=c$处,由$\frac{du}{dx}$连续的条件可得

$$i(\alpha-k)e^{i(\alpha-k)c}A_0-i(\alpha+k)e^{-i(\alpha+k)c}B_0=(\beta-ik)e^{-(\beta-ik)b}C_0-(\beta+ik)e^{(\beta+ik)b}D_0 \tag{2-23}$$

式(2-20)~式(2-23)是关于未知量A_0,B_0,C_0,D_0的齐次线性方程组,有非零解的条件是其系数组成的行列式必须等于零。将此行列式化简后,得到

$$\frac{\beta^2-\alpha^2}{2\alpha\beta}\sinh\beta b\sin\alpha c+\cosh\beta b\cos\alpha c=\cos ka \tag{2-24}$$

由于k为实数,$-1\leqslant\cos ka\leqslant1$,即

$$-1\leqslant\frac{\beta^2-\alpha^2}{2\alpha\beta}\sinh\beta b\sin\alpha c+\cosh\beta b\cos\alpha c\leqslant1 \tag{2-25}$$

参量α与能量有关,所以上式是决定粒子能量的超越方程,相当复杂。为了简化,假定$V_0\to\infty$,$b\to0(c\to a)$,V_0b保持有限值,令

$$\lim\frac{\beta^2ab}{2}=P,\quad \beta b=\sqrt{\frac{2Pb}{a}}\ll1,$$

则$\sinh\beta b\approx\beta b$,$\cosh\beta b\approx1$,于是式(2-24)可简化成

$$P\frac{\sin\alpha a}{\alpha a}+\cos\alpha a=\cos ka \tag{2-26}$$

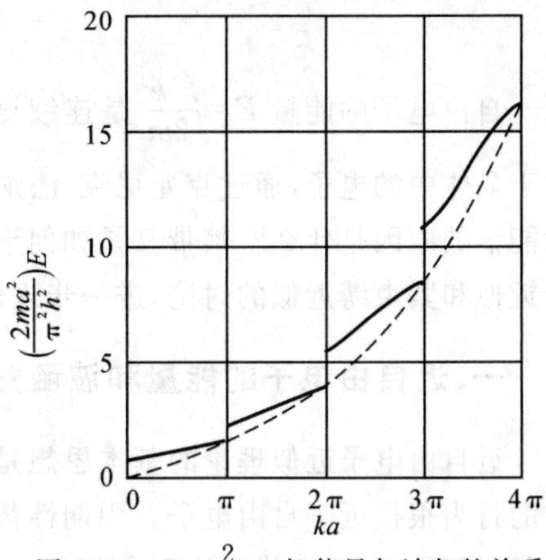

图 2-4　$P=\frac{2}{3}\pi$ 时，能量与波矢的关系

画出 $f(\alpha a)=P\frac{\sin\alpha a}{\alpha a}+\cos\alpha a$ 作为 αa 的函数曲线。由于 $\cos ka$ 介于 -1 和 $+1$ 之间，可以求出满足此条件的 α 值。由式(2-11)可得 $\alpha^2=\frac{2mE}{\hbar^2}$，若已知 m 和 a，就可求出能量 E。

当 $P=0$ 时，由式(2-26)，$\alpha a=2n\pi\pm ka$，此时对能量没有限制。这显然对应于 $V_0=0$ 的自由粒子的情况。

当 $P\to\infty$ 时，此时必定 $\frac{\sin\alpha a}{\alpha a}=0$，故得 $\alpha a=n\pi$，$n\geqslant1$，因此

$$E=\frac{n^2\pi^2\hbar^2}{2ma^2}$$

显然能级同 k 无关，粒子只能取分立的能级，这就对应于处在无限深势阱中的粒子的情形。因此，P 的数值适当表达了粒子被束缚的程度。图 2-4 是在 $P=\frac{3}{2}\pi$ 时，能量与波矢的关系曲线，图中虚线是自由电子($P=0$)$E\sim k$ 关系。

由图 2-4 可见，在 $ka=\pi,2\pi,3\pi\cdots$ 时，能量出现了间断，即在布里渊区边界处出现能隙，形成允带和禁带。由于 $\cos ka=\cos(-ka)$，$ka=-\pi,-2\pi,-3\pi\cdots$ 也是能带的分界点，并由 ka 为负值的图像，可以得出能量 E 是 ka 的偶函数。从图还可以看出，第一个能带 ka 是在 $-\pi\sim\pi$ 的范围，这个带最窄；第二个能带 ka 在 -2π 到 $-\pi$ 以及 π 到 2π 的范围，其宽度比第一个带宽一些；其余类推。E 是 ka 的单值函数。若 $K_h=h\frac{2\pi}{a}$(h 为整数)，由于 $\cos ka=\cos(k+K_h)a$，所以 $E(ka)=E(ka+K_ha)$。图 2-4 中仅画出 $E(ka)$ 的半个周期的图像。实际上在波矢空间，能量 E 是周期函数，周期为 $\frac{2\pi}{a}$。于是，所有的能带在 ka 的 $-\pi\sim\pi$ 范围都有自己的图像。因而必须指明是哪一个带，通常记为 $E_s(ka)$，s 表示能带序号。

基于上述讨论，克龙尼克-潘纳模型的主要结论可归纳如下。

(1)在周期性势场中，电子具有带状结构的能谱，即形成能带，它由允许能带和禁带交替排列组成。禁带出现在 $k=\pm\frac{n\pi}{a}$(n 为整数)的位置。

(2)$E(k)$ 是 k 的偶函数，$E(k)=E(-k)$。

(3)能量较高的允许能带比较宽，而能量较低的允许能带比较窄。

(4)$E(ka)=E(ka+K_ha)$，$K_h=h\frac{2\pi}{a}$ 为倒格矢。能量 E 是周期函数，周期为 $\frac{2\pi}{a}$。

克龙尼克-潘纳模型的意义在于：该模型是通过严格求解，证实在周期势场中运动的电子的能谱为带状结构；经适当修正，此模型可以用来讨论表面态、合金能带以及人造多层薄膜晶格(超晶格)的能带。

第三节　近自由电子近似

自由电子的能量 $E=\frac{\hbar^2k^2}{2m}$ 是连续谱，而孤立原子中电子的能量则是一系列分立的能级。对于晶体中的电子，通过克龙尼克-潘纳模型已经知道其能谱具有带状结构。那么形成这种带状能谱的原因是什么？禁带又是如何形成的？我们将通过两种极端情况的模型——近自由电子近似和紧束缚近似的讨论，进一步理解能带的形成。

一、近自由电子的能量和波函数

近自由电子近似理论的基本思想是，假定在晶体中价电子是在一个弱周期性势场中运动，它的行为很接近于自由电子。周期性势场 $V(x)$ 可以看成是不变部分 V_0 加上微小的变动部分（微扰项）之和，微扰项比不变部分小得多。

在一维周期势场中运动的电子的薛定谔方程为

$$\left[-\frac{\hbar^2}{2m}\frac{\mathrm{d}^2}{\mathrm{d}x^2}+V(x)\right]\psi(x)=E\psi(x)$$

势能 $V(x)$ 是周期函数，用傅立叶级数展开

$$V(x)=V_0+\sum_n{}'V_n\mathrm{e}^{\frac{i2\pi}{a}nx}=V_0+V' \tag{2-27}$$

上式中 V_0 是势能的平均值；$\sum'$ 表示累加时不包括 $n=0$ 的项；V' 是势能的周期性涨落部分。下面利用微扰理论讨论 V' 对波函数及能量的影响。由于势能是实数，所以要求级数的系数有

$$V_{-n}=V_n^* \tag{2-28}$$

根据微扰理论，近自由电子的哈密顿量可写为

$$\hat{H}=\hat{H}_0+\hat{H}'$$

零级哈密顿量

$$\hat{H}_0=-\frac{\hbar^2}{2m}\frac{\mathrm{d}^2}{\mathrm{d}x^2}+V_0$$

若取 $V_0=0$，则零级方程 $\hat{H}_0\psi_k^0=E_k^0\psi_k^0$ 的本征值

$$E_k^0=\frac{\hbar^2k^2}{2m}$$

相应的归一化波函数

$$\psi_k^0=\frac{1}{\sqrt{L}}\mathrm{e}^{ikx}$$

若选取的晶体有 N 个原胞，则线度 $L=Na$，a 是晶格的周期，即平移基矢长度。

$$\hat{H}'=\sum_n{}'V_n\mathrm{e}^{\frac{i2\pi}{a}nx} \tag{2-29}$$

$\hat{H}'$ 表示势能偏离平均值的部分，随坐标变化，把它看作微扰项。电子的能量可表示为

$$E_k=E_k^0+E_k^{(1)}+E_k^{(2)}+\cdots$$

按照微扰理论，一级微扰能量等于 $\hat{H}'$ 在 $\psi_k^{(0)}$ 态中的平均值，即

$$E_k^{(1)} = H_{kk}' = \int_0^L \psi_k^{0*}(x)\left(\sum_n{}' V_n e^{\frac{i2\pi}{a}nx}\right)\psi_k^0(x)\,dx = 0$$

二级微扰能量

$$E_k^{(2)} = \sum_{k'}{}' \frac{|H'_{kk'}|^2}{E_k^0 - E_{k'}^0}$$

$\sum_{k'}{}'$不包括 $k'=k$ 的项。$H'_{kk'}$ 称为微扰矩阵元。

$$H'_{kk'}\int_k^L{}' \psi_k^{0*}\hat{H}\psi_k^0\,dx = \frac{1}{L}\int^L L_0 \sum_n{}' V_n e^{i(k'-k+\frac{2\pi}{a}n)x}\,dx = \begin{cases} V_n, 当\ k'-k=\dfrac{2\pi n}{a} \\ 0, 其他情况 \end{cases} \tag{2-30}$$

$$E_k^{(2)} = \sum_{k'}{}' \frac{|H_{kk'}'|^2}{E_k^0 - E_{k'}^0} = \sum_n{}' \frac{|V_n|^2}{\dfrac{\hbar^2k^2}{2m} - \dfrac{\hbar^2}{2m}\left(k-\dfrac{2\pi n}{a}\right)^2}$$

$$= \sum_n{}' \frac{2m|V_n|^2}{\hbar^2k^2 - \hbar^2\left(k-\dfrac{2\pi n}{a}\right)^2}$$

电子的能量

$$E_k = E_k^0 + E_k^{(1)} + E_k^{(2)} = \frac{\hbar^2k^2}{2m} + \sum_n{}' \frac{2m|V_n|^2}{\hbar^2k^2 - \hbar^2\left(k-\dfrac{2\pi n}{a}\right)^2} \tag{2-31}$$

电子的波函数

$$\psi_k(x) = \psi_k^0(x) + \sum_{k'}{}' \frac{H_{kk'}'}{E_k^0 - E_{k'}^0}\psi_{k'}^0(x)$$

$$= \frac{1}{\sqrt{L}}e^{ikx}\left[1 + \sum_{n\neq 0}\frac{2mV_n^* e^{-i\frac{2\pi n}{a}x}}{\hbar^2k^2 - \hbar^2\left(k-\dfrac{2\pi n}{a}\right)^2}\right]$$

$$= \frac{1}{\sqrt{L}}e^{ikx}u(x) \tag{2-32}$$

其中

$$u(x) = 1 + \sum_{n\neq 0}\frac{2mV_n^* e^{-i\frac{2\pi n}{a}x}}{\hbar^2k^2 - \hbar^2\left(k-\dfrac{2\pi n}{a}\right)^2}$$

可以证明 $u(x)$是晶格的周期函数。把势能随坐标变化的部分当作微扰而求得的近似波函数也满足布洛赫定理。该波函数由两部分叠加而成,第一部分是波矢为 k 的前进平面波 $\frac{1}{\sqrt{L}}e^{ikx}$;第二部分是该平面波受周期场作用而所产生的反向散射波,因而$\dfrac{2mV_{-n}}{\hbar^2k^2 - \hbar^2\left(k-\frac{2\pi n}{a}\right)^2}$(由式(2-28)$V_n^* = V_{-n}$)代表有关散射波成分的振幅。一般情况下,各原子所产生的散射波的位相之间没什么关系,彼此互相抵消。周期场对前进的平面波影响不大,散射波中各成分的振幅较小。这就是微扰理论可适用的情况。

但是,当相邻原子所产生的散射波(即反射波)有相同的位相时,若前进平面波的波长 $\lambda=\frac{2\pi}{k}$正好满足 $2a=n\lambda$ 时,两相邻原子的反射波就会有相同的位相,它们将相互加强,使前进平面波受到很大的干涉。此时周期场不再可以作为微扰。当 $E_k^0 = E_{k-\frac{2\pi n}{a}}^0$ 时,即$\frac{\hbar^2k^2}{2m} - \frac{\hbar^2}{2m}(k-$

$\frac{2\pi n}{a})^2=0$ 时，在散射波中这种成分的振幅成为无穷大，一级修正项太大微扰法不能适用。此时 $k=\frac{n\pi}{a}$，$\lambda=\frac{2a}{n}$，这就是布拉格反射条件 $2a\sin\theta=n\lambda$ 在正入射情况下（$\sin\theta=1$）的结果。

当 $k=\frac{n\pi}{a}$ 及 $k'=-\frac{n\pi}{a}$ 时，这两个状态能量相等，属于简并态情况，必须用简并微扰法处理。若 $\psi_k^0=\frac{1}{\sqrt{L}}e^{ikx}$ 为入射波（前进的平面波），那么 $\psi_{k'}^0=\frac{1}{\sqrt{L}}e^{ik'x}$ 即为布拉格反射波。零级近似的波函数应该是这两个波的线性组合。在波矢接近布拉格反射条件时，即若 Δ 为一小量，令

$$k=\frac{n\pi}{a}(1+\Delta)$$

$$k'=-\frac{n\pi}{a}(1-\Delta)$$

此时散射波已很强，零级波函数可以写成

$$\overline{\psi^0}=A\psi_k^0+B\psi_{k'}^0=A\frac{1}{\sqrt{L}}e^{ikx}+B\frac{1}{\sqrt{L}}e^{ik'x}$$

将此波函数代入薛定谔方程，得

$$\left\{\frac{d^2}{dx^2}+\frac{2m}{\hbar^2}[E-V(x)]\right\}\overline{\psi^0}=0 \tag{2-33}$$

分别从左边乘上 ψ_k^{0*} 或 $\psi_{k'}^{0*}$，然后对 dx 积分，可得到两个线性代数方程式

$$\begin{cases}(E-E_k^0)A-V_nB=0\\ -V_n^*A+(E-E_{k'}^0)B=0\end{cases} \tag{2-34}$$

由系数 A 及 B 有非零解的条件

$$\begin{vmatrix}E-E_k^0 & -V_n\\ -V_n^* & E-E_{k'}^0\end{vmatrix}=0 \tag{2-35}$$

可以求得

$$\begin{aligned}E&=\frac{1}{2}\left[E_k^0+E_{k'}^0\pm\sqrt{(E_k^0-E_{k'}^0)^2+4|V_n|^2}\right]\\&=\frac{\hbar^2}{2m}\left(\frac{n\pi}{a}\right)^2(1+\Delta^2)\pm\sqrt{|V_n|^2+4\Delta^2\left[\frac{\hbar^2}{2m}\left(\frac{n\pi}{a}\right)^2\right]^2}\end{aligned}$$

$$E=T_n(1+\Delta^2)\pm\sqrt{|V_n|^2+4T_n^2\Delta^2} \tag{2-36}$$

其中 $T_n=\frac{\hbar^2}{2m}(\frac{n\pi}{a})^2$，表示自由电子在 $k=\frac{n\pi}{a}$ 状态的动能。下面分两种情况来讨论。

(1)当 $\Delta=0$。

$$E=T_n\pm|V_n| \tag{2-37}$$

原来能量都等于 T_n 的两个状态 $k=\frac{n\pi}{a}$ 及 $k'=-\frac{n\pi}{a}$，由于波的相互作用很强，变成两个能量不同的状态，一个状态的能量是 $T_n-|V_n|$，另一个是 $T_n+|V_n|$，其间的能量差为禁带的宽度

$$E_g=2|V_n| \tag{2-38}$$

禁带发生在波矢 $k=\frac{n\pi}{a}$ 及 $k'=-\frac{n\pi}{a}$ 处。禁带宽度等于周期性势场的傅里叶展开式中，波

矢为 $k_n = n\dfrac{2\pi}{a}$ 的傅里叶分量 V_n 的绝对值的两倍。

当 $E=T_n+|V_n|$ 时，由式(2-34)得

$$\frac{A}{B}=\frac{V_n}{|V_n|}$$

若 $V_n=|V_n|e^{2i\theta}$，则 $A=Be^{2i\theta}$。因此

$$\overline{\Psi}^0_+ = \frac{2Ae^{-i\theta}}{\sqrt{L}}\cos(\frac{n\pi}{a}x+\theta) \tag{2-39(a)}$$

当 $E=T_n-|V_n|$ 时，有

$$\frac{A}{B}=-\frac{V_n}{|V_n|}$$

则 $A=-Be^{2i\theta}$，得

$$\overline{\Psi}^0_- = \frac{2Aie^{-i\theta}}{\sqrt{L}}\sin(\frac{n\pi}{a}x+\theta) \tag{2-39(b)}$$

由此可见，零级近似的波函数代表驻波。在这两个驻波状态，电子的平均速度为零。产生驻波的原因是波矢为 $k=\dfrac{n\pi}{a}$ 的平面波，波长 $\lambda=\dfrac{2\pi}{k}=\dfrac{2a}{n}$，正好满足布拉格反射条件，遭到全反射，同入射波干涉，从而形成驻波。图 2-5 是 $\theta=\dfrac{\pi}{2}$ 时状态的概率密度分布。Ψ^0_- 的状态其能量为 $T_n-|V_n|$，是较低的能量状态。因为它在靠近正离子的区域概率密度较大，受到强的吸引势。Ψ^0_+ 的状态其能量为 $T_n+|V_n|$，能量较高。因为在靠近正离子附近概率密度较小，相应的势能较高。

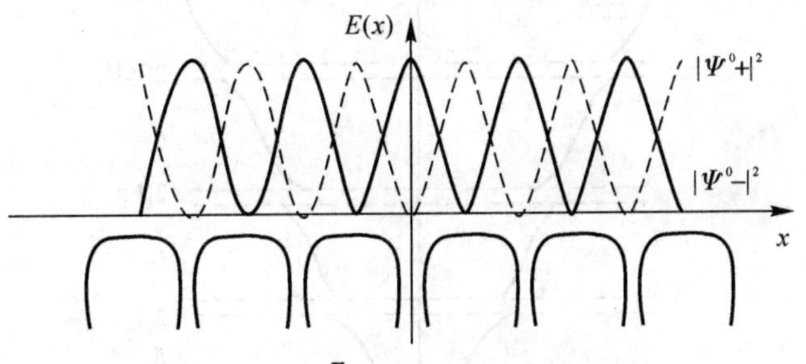

图 2-5　$\theta=\dfrac{\pi}{2}$ 时状态的概率密度分布

(2) $\Delta\neq0$，且 $T_n\Delta \ll |V_n| < T_n$。

将式(2-36)的根式用二项式定理展开，保留到 Δ^2 项，得

$$E_+ = T_n+|V_n|+T_n(1+\frac{2T_n}{|V_n|})\Delta^2$$

$$E_- = T_n-|V_n|-T_n(\frac{2T_n}{|V_n|}-1)\Delta^2$$

上式说明，在禁带之上的一个能带底部，能量 E_+ 随相对波矢 Δ 的变化关系是向上弯的抛物线；在禁带下边的能带顶部，能量 E_- 随相对波矢 Δ 的变化关系也是一个抛物线，但是向下弯的。在产生全反射的波长附近，$E\sim k$ 关系如图 2-6 所示。根据上述讨论可以知道，禁带出现在 k 空间倒格矢的中点上，禁带宽度的大小取决于周期性势能的有关傅里叶分量。

可以证明，如果 $E^0_k - E^0_{k'}$ 比 $|V_n|$ 大得多，即 $2T_n\Delta \gg |V_n|$，由式(2-36)可得

$$E_{+}=T_n(1+\Delta)^2+\frac{|V_n|^2}{E_k^0-E_{k'}^0}$$

$$E_{-}=T_n(1-\Delta)^2-\frac{|V_n|^2}{E_k^0-E_{k'}^0}$$

此结果与非简并微扰结果相近。

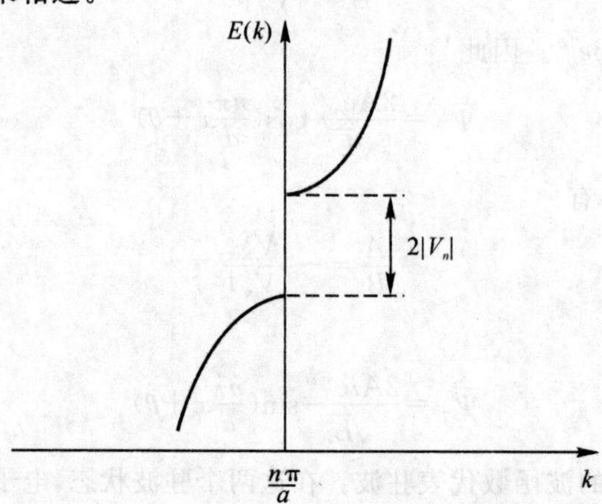

图 2-6　在全反射(产生禁带)条件附近的 $E(k)$ 曲线

综上所述,自由电子的能谱是抛物线关系,$E=\frac{\hbar^2k^2}{2m}$。考虑周期场的微扰作用,在波矢 $k=\pm\frac{\pi}{a},\pm\frac{2\pi}{a},\pm\frac{3\pi}{a},\cdots$发生能量不连续,产生宽度依次为 $2|V_1|,2|V_2|,2|V_3|,\cdots$的禁带。在离这些点较远的地方,电子能量同自由电子能量相近,如图 2-7 所示。

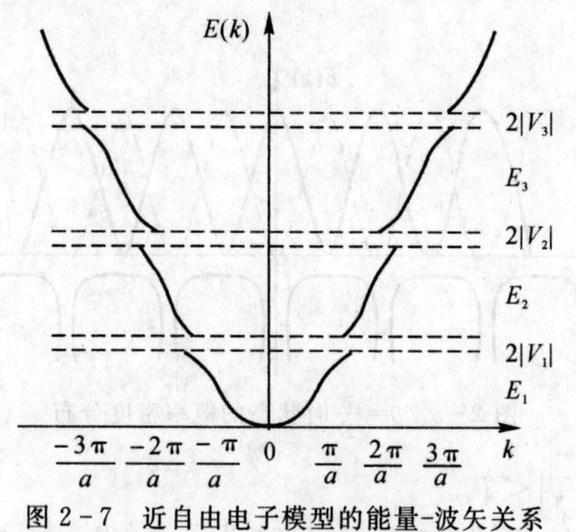

图 2-7　近自由电子模型的能量-波矢关系

波矢 k 和 $k+n\frac{2\pi}{a}$两个状态是等价的。因为对于平移基矢算符 $\hat{T}$,这两个状态具有相同的本征值。又可选取

$$\psi_k(x)=\mathrm{e}^{ikx}u_k(x)=\mathrm{e}^{i(k+n\frac{2\pi}{a})x}u_k(x)\mathrm{e}^{-i\frac{2\pi}{a}nx}=\mathrm{e}^{i(k+\frac{n2\pi}{a})x}u_{k+\frac{n2\pi}{a}}(x)=\psi_{k+n\frac{2\pi}{a}}(x)$$

任何依赖于波矢 k 的可观察的物理量在状态 $\psi_k(x)$和 $\psi_{k+n\frac{2\pi}{a}}(x)$都有相同的数值,即它必须是 k 的周期函数,周期由倒格子基矢确定。例如,电子的能量及电子的平均速度:

$$E(k)=E(k+n\frac{2\pi}{a})$$

$$v(k)=v(k+n\frac{2\pi}{a})$$

把 $\psi_{-k}(x)=\mathrm{e}^{-ikx}u_{-k}(x)$代入薛定谔方程整理后可得

$$-\frac{\hbar^2}{2m}\left[\frac{\mathrm{d}^2}{\mathrm{d}x^2}-2ik\frac{\mathrm{d}}{\mathrm{d}x}-k^2\right]u_{-k}(x)+V(x)u_{-k}(x)=E(-k)u_{-k}(x)$$

$\psi_{-k}(x)=\mathrm{e}^{-ikx}u_{-k}(x)$的本征值是 $E(-k)$，$\psi_k(x)$的复共轭函数 $\psi_k^*(x)=\mathrm{e}^{-ikx}u_k^*(x)$有本征值 $E(k)$，且 $u_k^*(x)$满足

$$-\frac{\hbar^2}{2m}\left[\frac{\mathrm{d}^2}{\mathrm{d}x^2}-2ik\frac{\mathrm{d}}{\mathrm{d}x}-k^2\right]u_k^*(x)+V(x)u_k^*(x)=E(k)u_k^*(x)$$

比较以上两个方程式，可得 $E(k)=E(-k)$，表明 $E(k)$是 k 的偶函数。同时，

$$u_k^*(x)=u_{-k}(x)$$

在 $E\sim k$ 关系图中，波矢介于$-\frac{\pi}{a}\sim\frac{\pi}{a}$之间的区域称为第一布里渊(Brillouin)区；波矢介于$-\frac{2\pi}{a}\sim-\frac{\pi}{a}$以及$\frac{\pi}{a}\sim\frac{2\pi}{a}$之间的区域称为第二布里渊区；其余类推。

既然 $E(k)=E(k+n\frac{2\pi}{a})$，所以对于任何能带均可在$-\frac{\pi}{a}\sim\frac{\pi}{a}$的波矢范围内表达，这个区间称为简约布里渊区。在简约布里渊区 $E\sim k$ 关系是多值函数，记为 $E_s(k)$，s 是能带的编号。在 k 空间每个波矢占有的线度为$\frac{2\pi}{Na}$，简约布里渊区的线度为$\frac{2\pi}{a}$，因而简约布里渊区中含有$\frac{2\pi}{a}/\frac{2\pi}{Na}=N$ 个简约波矢。每个能带有 N 个简约波矢标志的能态，计入自旋每个能带可容纳 2N 个电子。

二、晶体的布里渊区

可以证明，描述三维晶体中电子状态的布洛赫波也是调幅的平面波，调幅函数具有与晶体相同的周期性，即

$$\begin{cases}\psi_k(\boldsymbol{r})=\mathrm{e}^{ikr}u_k(\boldsymbol{r})\\ u_k(\boldsymbol{r}+R_n)=u_k(\boldsymbol{r})\end{cases}\tag{2-40}$$

$\boldsymbol{R}_n=n_1\boldsymbol{a}_1+n_2\boldsymbol{a}_2+n_3\boldsymbol{a}_3$ 为晶体的格矢量，$\boldsymbol{a}_1,\boldsymbol{a}_2,\boldsymbol{a}_3$ 代表晶体的三个原基矢，n_1,n_2,n_3 是整数。

如果晶体有 $N=N_1\times N_2\times N_3$ 个原胞，即沿 $\boldsymbol{a}_1$ 方向有 N_1 个周期，沿 $\boldsymbol{a}_2$ 方向有 N_2 个周期，沿 $\boldsymbol{a}_3$ 方向有 N_3 个周期，原胞体积 $\Omega=\boldsymbol{a}_1\cdot(\boldsymbol{a}_2\times\boldsymbol{a}_3)$，晶体体积为 $N\Omega$。波函数为

$$\psi_k(\boldsymbol{r})=\frac{1}{\sqrt{N}}\mathrm{e}^{i\boldsymbol{k}\cdot\boldsymbol{r}}u_k(\boldsymbol{r})$$

归一化条件

$$\int_{N\Omega}\psi_k^*(\boldsymbol{r})\psi_k(\boldsymbol{r})\mathrm{d}\tau=\frac{1}{N}\int_{N\Omega}u_k^*(\boldsymbol{r})u_k(\boldsymbol{r})\mathrm{d}\tau=\int_{\Omega}|u_k(\boldsymbol{r})|^2\mathrm{d}\tau=1$$

所以布洛赫波的周期因子 $u_k(\boldsymbol{r})$的模的平均值$|u_k|\sim\frac{1}{\sqrt{\Omega}}$。

对于基矢为 $\boldsymbol{a}_1,\boldsymbol{a}_2,\boldsymbol{a}_3$ 的正格子，相应的倒基矢为

$$\begin{cases}\boldsymbol{b}_1=2\pi\frac{\boldsymbol{a}_2\times\boldsymbol{a}_3}{\Omega}\\ \boldsymbol{b}_2=2\pi\frac{\boldsymbol{a}_3\times\boldsymbol{a}_1}{\Omega}\\ \boldsymbol{b}_3=2\pi\frac{\boldsymbol{a}_1\times\boldsymbol{a}_2}{\Omega}\end{cases}\tag{2-41}$$

它们满足关系式

$$\boldsymbol{a}_i\boldsymbol{b}_j=2\pi\delta_{ij} \tag{2-42}$$

$$\delta_{ij}=\begin{cases}1, i=j\\0, i\neq j\end{cases}$$

在倒易空间波矢 k 可写为

$$k=\tau_1\boldsymbol{b}_1+\tau_2\boldsymbol{b}_2+\tau_3\boldsymbol{b}_3 \tag{2-43}$$

利用周期性边界条件

$$\psi_k(\boldsymbol{r}+N_j\boldsymbol{a}_j)=\psi_k(\boldsymbol{r})\quad (j=1,2,3)$$

得

$$\exp(ikN_ja_j)=1$$

即

$$\tau_jN_j=l_j$$

$$\tau_j=\frac{l_j}{N_j} \tag{2-44}$$

其中 l_j 为任意整数。当 τ_j 换成 $\tau'_j=\tau_j+$整数时，相当于波矢 $\boldsymbol{k}$ 换成 $\boldsymbol{k}'=\boldsymbol{k}+\boldsymbol{k}_h$，$\boldsymbol{k}_h$ 是倒格矢。波矢为 $\boldsymbol{k}'$ 的波函数为

$$\psi_k+\boldsymbol{k}_h(\boldsymbol{r})=\mathrm{e}^{i(\boldsymbol{k}+\boldsymbol{k}_h)\cdot\boldsymbol{r}}u_{\boldsymbol{k}+\boldsymbol{k}_h}(\boldsymbol{r})=\mathrm{e}^{i\boldsymbol{k}\cdot\boldsymbol{r}}[u_{\boldsymbol{k}+\boldsymbol{k}_h}(\boldsymbol{r})\cdot e^{i\boldsymbol{k}_h\cdot\boldsymbol{r}}]$$

方括号中的函数仍是晶格的周期性函数，记为 $u_k(\boldsymbol{r})$。因此，$\boldsymbol{k}'=\boldsymbol{k}+\boldsymbol{k}_h$ 和 $\boldsymbol{k}$ 是两个等价的状态，代表相同的电荷分布。所以往往把 l_j 限制在 $-\frac{N_j}{2}\sim\frac{N_j}{2}$ 的范围内。若 N_j 是奇数，l_j 取上述范围的正、负整数及零；若 N_j 是偶数，该区间的两端点取其一。综合这两种情形，可确定如下范围

$$-\frac{N_j}{2}<l_j\leqslant\frac{N_j}{2}$$

对应波矢 k 的范围是

$$-\frac{\boldsymbol{b}_j}{2}<\boldsymbol{k}\leqslant\frac{\boldsymbol{b}_j}{2}\quad (j=1,2,3) \tag{2-45}$$

此范围在倒格子空间是倒格基矢的垂直平分面围成的多面体，称为简约布里渊区，其体积

$$\boldsymbol{b}_1\cdot(\boldsymbol{b}_2\times\boldsymbol{b}_3)=\frac{(2\pi)^3}{\Omega} \tag{2-46}$$

等于倒格子原胞的体积，其中 $\boldsymbol{k}$ 的代表点是均匀分布的。每个代表点占体积

$$\frac{1}{N_1}\boldsymbol{b}_1\cdot(\frac{1}{N_2}\boldsymbol{b}_2\times\frac{1}{N_3}\boldsymbol{b}_3)=\frac{(2\pi)^3}{N\Omega} \tag{2-47}$$

在简约布里渊区内含有的波矢数目为

$$\frac{(2\pi)^3}{\Omega}\bigg/\frac{(2\pi)^3}{N\Omega}=N$$

此数目正好等于晶体中的原胞数目。在考虑实际晶体中电子占有能带时这个关系很重要。下面举例说明二维和三维晶格的布里渊区。

(1)二维正方格子。

正格子原胞基矢 $\boldsymbol{a}_1=a\boldsymbol{i}, \boldsymbol{a}_2=a\boldsymbol{j}$

倒格子原胞基矢 $\boldsymbol{b}_1=\frac{2\pi}{a}\boldsymbol{i}, \boldsymbol{b}_2=\frac{2\pi}{a}\boldsymbol{j}$

如图 2-8 所示，倒格子空间离原点最近的倒格点有四个，相应的倒格矢为 $\boldsymbol{b}_1$，$-\boldsymbol{b}_1$，$\boldsymbol{b}_2$，

$-\boldsymbol{b}_2$，垂直平分线方程是

$$k_x = \pm\frac{\pi}{a}, k_y = \pm\frac{\pi}{a}$$

这四条垂直平分线围成的区域就是简约布里渊区，也称第一布里渊区。该区也是一个正方形，中心常用符号 Γ 表示，区边界线的中心记为 X，角顶点用 M 表示，沿 Γ 到 X 的连线记为 Λ，沿 Γ 到 M 的连线记为 Σ。

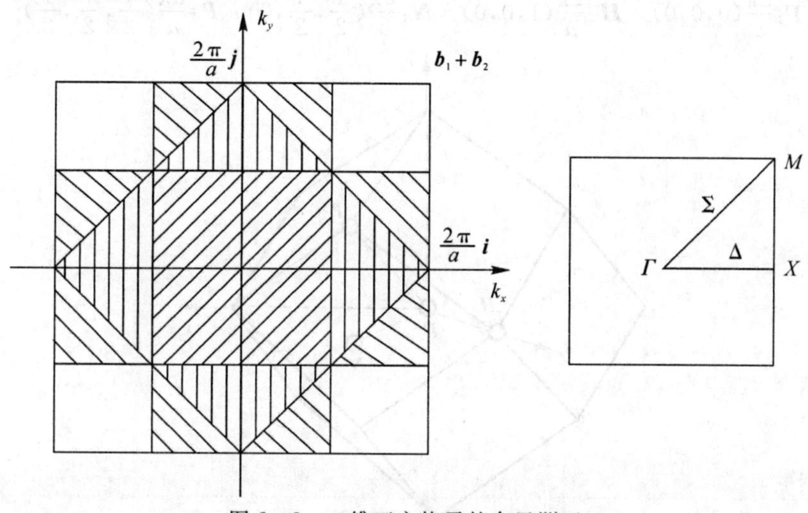

图 2-8　二维正方格子的布里渊区

离中心 Γ 点次近的四个倒格点相应的倒格矢是

$$\boldsymbol{b}_1+\boldsymbol{b}_2, -(\boldsymbol{b}_1+\boldsymbol{b}_2), \boldsymbol{b}_1-\boldsymbol{b}_2, -(\boldsymbol{b}_1-\boldsymbol{b}_2)$$

其垂直平分线同第一布里渊区边界线围成的区域合起来为第二布里渊区。这个区的各部分分别平移一个倒格矢，可以同第一个区重合。第三布里渊区是 $2\boldsymbol{b}_1, 2\boldsymbol{b}_2, -2\boldsymbol{b}_1, -2\boldsymbol{b}_2$ 四个倒格矢的垂直平分线同第一、二布里渊区的边界线围成的。

(2)体心立方格子。

体心立方正格子三个基矢为

$$\boldsymbol{a}_1 = \frac{a}{2}(-\boldsymbol{i}+\boldsymbol{j}+\boldsymbol{k})$$

$$\boldsymbol{a}_2 = \frac{a}{2}(\boldsymbol{i}-\boldsymbol{j}+\boldsymbol{k})$$

$$\boldsymbol{a}_3 = \frac{a}{2}(\boldsymbol{i}+\boldsymbol{j}-\boldsymbol{k})$$

倒格子三个基矢为

$$\boldsymbol{b}_1 = \frac{2\pi}{a}(\boldsymbol{j}+\boldsymbol{k})$$

$$\boldsymbol{b}_2 = \frac{2\pi}{a}(\boldsymbol{i}+\boldsymbol{k})$$

$$\boldsymbol{b}_3 = \frac{2\pi}{a}(\boldsymbol{i}+\boldsymbol{j})$$

倒格矢

$$\boldsymbol{k}_{\mathrm{n}} = n_1\boldsymbol{b}_1 + n_2\boldsymbol{b}_2 + n_3\boldsymbol{b}_3 = \frac{2\pi}{a}[(n_2+n_3)\boldsymbol{i} + (n_1+n_3)\boldsymbol{j} + (n_1+n_2)\boldsymbol{k}]$$

体心立方的倒格子是面心立方，离原点最近的有十二个倒格点，在直角坐标系中它们的坐标为

$$\frac{2\pi}{a}(n_2+n_3, n_1+n_3, n_1+n_2)$$

相应的倒格矢长度

$$k_{(n_1,n_2,n_3)}=\frac{\sqrt{2}}{a}2\pi$$

这十二个倒格矢的中垂面围成菱形十二面体，如图 2-9 所示，其体积正好是倒格子原胞的大小。布里渊区中的主要对称点的波矢 **k** 值分别为

$$\boldsymbol{\Gamma}:\frac{2\pi}{a}(0,0,0)\quad \boldsymbol{H}:\frac{2\pi}{a}(1,0,0)\quad \boldsymbol{N}:\frac{2\pi}{a}(\frac{1}{2},\frac{1}{2},0)\quad \boldsymbol{P}:\frac{2\pi}{a}(\frac{1}{2},\frac{1}{2},\frac{1}{2})$$

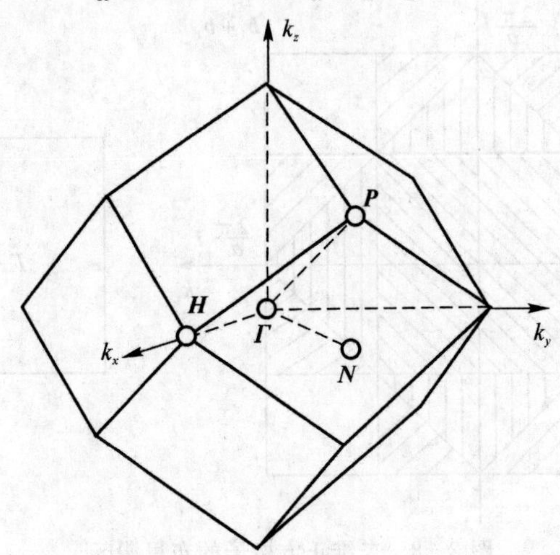

图 2-9　体心立方格子的第一布里渊区

(3)面心立方格子。

面心立方格子的三个基矢为

$$\boldsymbol{a}_1=\frac{a}{2}(\boldsymbol{j}+\boldsymbol{k})$$

$$\boldsymbol{a}_2=\frac{a}{2}(\boldsymbol{i}+\boldsymbol{k})$$

$$\boldsymbol{a}_3=\frac{a}{2}(\boldsymbol{i}+\boldsymbol{j})$$

倒格子基矢为

$$\boldsymbol{b}_1=\frac{2\pi}{a}(-\boldsymbol{i}+\boldsymbol{j}+\boldsymbol{k})$$

$$\boldsymbol{b}_2=\frac{2\pi}{a}(\boldsymbol{i}-\boldsymbol{j}+\boldsymbol{k})$$

$$\boldsymbol{b}_3=\frac{2\pi}{a}(\boldsymbol{i}+\boldsymbol{j}-\boldsymbol{k})$$

倒格矢

$$\begin{aligned}\boldsymbol{k}_n&=n_1\boldsymbol{b}_1+n_2\boldsymbol{b}_2+n_3\boldsymbol{b}_3\\&=\frac{2\pi}{a}[(-n_1+n_2+n_3)\boldsymbol{i}+(n_1-n_2+n_3)\boldsymbol{j}+(n_1+n_2-n_3)\boldsymbol{k}]\end{aligned}$$

面心立方的倒格子正好是体心立方，离原点最近的倒格点有八个，它们的中垂面围成一个正八面体，每个面离原点的距离是$\frac{\sqrt{3}\pi}{a}$，这正八面体的体积是$\frac{9}{2}\frac{(2\pi)^3}{a^3}$，比倒格子原胞体积$\frac{(2\pi)^3}{\Omega}=4\frac{(2\pi)^3}{a^3}$大。如果再考虑次近邻的六个倒格点的相应倒格矢的垂直平分面，它们截取

正八面体的六个顶锥，形成截面八面体（十四面体）。截取部分的体积累加等于$\frac{1}{2}\frac{(2\pi)^3}{a^3}$。因此这十四面体的体积正好等于倒格子原胞的体积，如图 2－10 所示。布里渊区中的主要对称点的波矢 $\boldsymbol{k}$ 值分别为

$$\boldsymbol{\Gamma}:\frac{2\pi}{a}(0,0,0)\quad \boldsymbol{X}:\frac{2\pi}{a}(1,0,0)\quad \boldsymbol{K}:\frac{2\pi}{a}\left(\frac{3}{4},\frac{3}{4},0\right)\quad \boldsymbol{L}:\frac{2\pi}{a}\left(\frac{1}{2},\frac{1}{2},\frac{1}{2}\right)$$

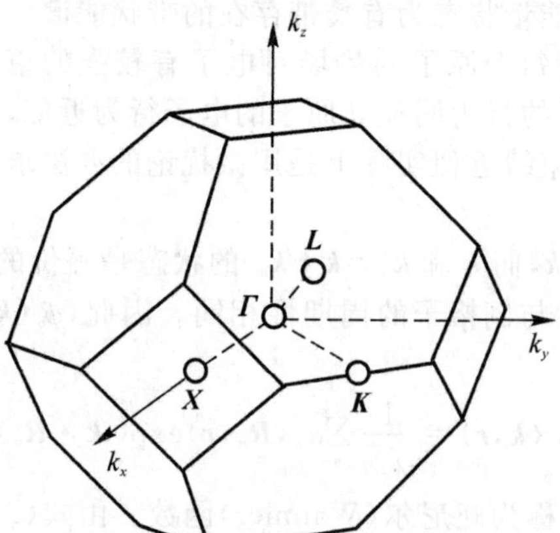

图 2－10　面心立方格子的第一布里渊区

布里渊区的划分只与晶格的周期结构有关，并不依赖于每个原胞中原子排列的具体情况。凡是周期性相同的晶体，其布拉菲格子相同，倒格子也相同，从而布里渊区的形状也一定相同。例如，氯化钠结构、金刚石结构和闪锌矿结构，它们的布拉菲格子都是面心立方，倒格子都是体心立方形式的，它们的布里渊区的形状相同。

三、近自由电子的状态密度

在金属自由电子理论的讨论中，我们已经得到自由电子的状态密度与$\sqrt{E}$成正比，随 E 增大$\frac{dZ}{dE}$单调上升。对于近自由电子，由于写不出适用于整个布里渊区的能量表达式，因而不能像自由电子那样给出适用于整个布里渊区的状态密度$\frac{dZ}{dE}$的解析表达式。图 2－11 为近自由电子的状态密度与能量的关系曲线。

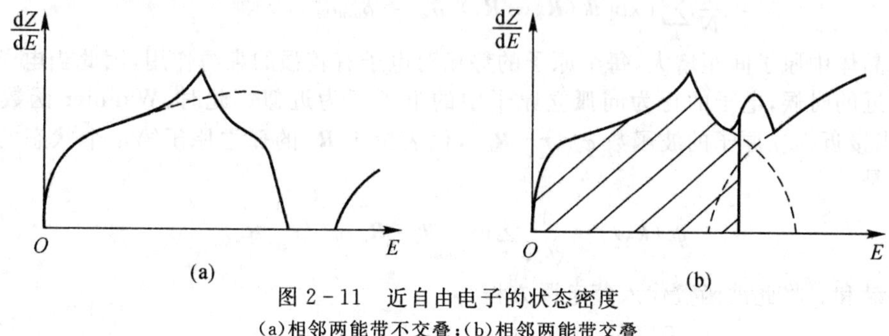

图 2－11　近自由电子的状态密度

(a)相邻两能带不交叠；(b)相邻两能带交叠

费米面是电子占有态与未占有态的分界面。在量子自由电子理论中，费米面是一个以半径 $k_F=\frac{\sqrt{2mE_f}}{\hbar}$的球面。在能带理论中，由于周期场的作用，费米面会发生如下变化：费米面不再是球面；在布里渊区边界处产生能隙；费米面几乎总是与布里渊区边界垂直地交截；晶体周期势场使费米面的尖锐角隅圆滑化。

第四节　紧束缚近似

第三节讨论的近自由电子近似理论假定电子在晶体中是比较自由的，周期性势场 $V(x)$ 可以看成是不变部分 V_0 加上微小的变动部分（微扰项）之和，微扰项比不变部分小得多。利用微扰理论得到近自由电子的能量状态为有禁带存在的带状能谱。紧束缚近似（Tight-Binching Approximation，TBA）则假设每个原子的势场对电子有较强的束缚作用，相邻两原子中电子的波函数彼此交叠甚微，电子的行为同孤立原子的电子行为近似，其他原子的势场对它的影响也可以看成是一种微扰。紧束缚近似实际上是用微扰论的办法求解束缚态电子的波函数和能量的。

布洛赫函数依赖于波矢 $\boldsymbol{k}$，而 $\boldsymbol{k}$ 和 $\boldsymbol{k}'=\boldsymbol{k}+\boldsymbol{k}_m$ 的状态是等价的，这就是说在波矢空间布洛赫波也是周期函数，其周期性与倒格子的周期性相同。因此，$\psi_\alpha(\boldsymbol{k},\boldsymbol{r})$ 可以在 k 空间展开成傅里叶级数，即

$$\psi_\alpha(\boldsymbol{k},\boldsymbol{r})=\frac{1}{\sqrt{N}}\sum_n a_\alpha(\boldsymbol{R}_n,\boldsymbol{r})\exp(i\boldsymbol{k}\cdot\boldsymbol{R}_n) \tag{2-48}$$

式中 α 是能带序号，$a_\alpha(\boldsymbol{R}_n,\boldsymbol{r})$ 称为旺尼尔（Wannier）函数。由式(2-48)可式得

$$\begin{aligned}a_\alpha(\boldsymbol{R}_n,\boldsymbol{r})&=\frac{1}{\sqrt{N}}\sum_k\exp(-i\boldsymbol{k}\cdot\boldsymbol{R}_n)\psi_\alpha(\boldsymbol{k},\boldsymbol{r})\\&=\frac{1}{\sqrt{N}}\sum_k\exp[i\boldsymbol{k}\cdot(\boldsymbol{r}-\cdot\boldsymbol{R}_n)]u_\alpha(\boldsymbol{k},\boldsymbol{r})\end{aligned} \tag{2-49}$$

式中对 k 求和遍及布里渊区内的一切波矢。

Wannier 函数具有两个重要的特性：

(1)由于 $u_\alpha(\boldsymbol{k},\boldsymbol{r})=u_\alpha(\boldsymbol{k},\boldsymbol{r}-\boldsymbol{R}_n)$，因此 $a_\alpha(\boldsymbol{R}_n,\boldsymbol{r})$ 可写成 $a_\alpha(\boldsymbol{r}-\boldsymbol{R}_n)$。这说明此函数是以格点 $\boldsymbol{R}_n$ 为中心的波包，因而具有定域的特性。

(2)不同能带和不同格点的 Wannier 函数是正交的，因为

$$\begin{aligned}&\int_{N\Omega}a_\alpha^*(\boldsymbol{r}-\boldsymbol{R}_n)a_{\alpha'}(\boldsymbol{r}-\boldsymbol{R}_{n'})\mathrm{d}\tau\\&=\frac{1}{N}\sum_{kk'}\exp[i(\boldsymbol{k}\cdot\boldsymbol{R}_n-k'\cdot\boldsymbol{R}_{n'})]\int_{N\Omega}\varphi_\alpha^*(\boldsymbol{k},\boldsymbol{r})\varphi_{\alpha'}(\boldsymbol{k}',\boldsymbol{r})\mathrm{d}\tau\\&=\frac{1}{N}\sum_k\exp[i\boldsymbol{k}(\boldsymbol{R}_n-\boldsymbol{R}_{n'})]\delta_{\alpha\alpha'}=\delta_{n,n'}\delta_{\alpha,\alpha'}\end{aligned}$$

设想晶体中原子间距增大，每个原子的势场对电子有较强的束缚作用，因此当电子距某一原子比较近的时候，电子的行为同孤立原子中的电子行为近似。此时，Wannier 函数 $a_\alpha(\boldsymbol{r}-\boldsymbol{R}_n)$ 也应当接近孤立原子的波函数 $\varphi_\alpha^{at}(\boldsymbol{r}-\boldsymbol{R}_n)$，代表位于 $\boldsymbol{R}_n$ 的孤立原子第 α 个状态的电子波函数。于是

$$\psi_\alpha(\boldsymbol{k},\boldsymbol{r})=\frac{1}{\sqrt{N}}\sum_n\exp(i\boldsymbol{k}\cdot\boldsymbol{R}_n)\varphi_\alpha^{at}(\boldsymbol{r}-\boldsymbol{R}_n) \tag{2-50}$$

称为布洛赫和。将此波函数代入薛定谔方程

$$\left[-\frac{\hbar^2}{2m}\nabla^2+V(\boldsymbol{r})-E_\alpha(\boldsymbol{k})\right]\psi_\alpha(\boldsymbol{k},\boldsymbol{r})=0$$

得

$$\frac{1}{\sqrt{N}}\sum_n e^{i\boldsymbol{k}\cdot\boldsymbol{R}_n}\left[-\frac{\hbar^2}{2m}\nabla^2+V(\boldsymbol{r})-E_\alpha(\boldsymbol{k})\right]\varphi_\alpha^{at}(\boldsymbol{r}-\boldsymbol{R}_n)=0 \tag{2-51}$$

用 $\varphi_\alpha^{at\,*}(\boldsymbol{r})$ 左乘上式(2-51)，然后积分，并利用 $\varphi_\alpha^{at}(\boldsymbol{r}-\boldsymbol{R}_n)$ 满足方程：

$$\left[-\frac{\hbar^2}{2m}\nabla^2+V^{at}(\boldsymbol{r}-\boldsymbol{R}_n)\right]\varphi_\alpha^{at}(\boldsymbol{r}-\boldsymbol{R}_n)=E_\alpha^{at}\varphi_\alpha^{at}(\boldsymbol{r}-\boldsymbol{R}_n) \tag{2-52}$$

$V^{at}(\boldsymbol{r}-\boldsymbol{R}_n)$是位于格矢 $\boldsymbol{R}_n$ 那个原子的势场，E_α^{at} 是原子中电子的能级。讨论无简并的 s 态，即 $\alpha=s$，于是可得

$$\begin{aligned}&[E_s(k)-E_s^{at}]\sum_n \mathrm{e}^{ik\cdot R_n}\int_{N\Omega}\varphi_s^{at\,*}(\boldsymbol{r})\varphi_s^{at}(\boldsymbol{r}-\boldsymbol{R}_n)\mathrm{d}\tau \\ &=\sum_n \mathrm{e}^{i\boldsymbol{k}\cdot\boldsymbol{R}_n}\int_{N\Omega}\varphi_s^{at\,*}(\boldsymbol{r})[V(\boldsymbol{r})-V^{at}(\boldsymbol{r}-\boldsymbol{R}_n)]\varphi_s^{at}(r-R_n)\mathrm{d}\tau\end{aligned} \tag{2-53}$$

在原子间距较大的情形下，可认为

$$\int_{N\Omega}\varphi_s^{at\,*}(\boldsymbol{r})\varphi_s^{at}(\boldsymbol{r}-\boldsymbol{R}_n)\mathrm{d}\tau\approx\delta_{n,0}$$

同时式(2-53)右边只计 $n=0$ 项和 $n\neq0$ 中最近邻的项。当 $n=0$ 时，记

$$C_s=\int\varphi_s^{at\,*}(\boldsymbol{r})[V(\boldsymbol{r})-V^{at}(\boldsymbol{r})]\varphi_s^{at}(\boldsymbol{r})\mathrm{d}\tau \tag{2-54}$$

当 $\boldsymbol{R}_n$ 仅取最近邻原子时，记

$$J_s=\int_{N\Omega}\varphi_s^{at\,*}(\boldsymbol{r})[V(\boldsymbol{r})-V^{at}(\boldsymbol{r}-\boldsymbol{R}_n)]\varphi_s^{at}(\boldsymbol{r}-\boldsymbol{R}_n)\mathrm{d}\tau \tag{2-55}$$

图 2-12 画出$\boldsymbol{V}(x)$和$\boldsymbol{V}^{at}(x)$以及两者之差。显然 $V(\boldsymbol{r})-V^{at}(\boldsymbol{r})<0$，而$|\varphi_s^{at}(\boldsymbol{r})|>0$，库仑能量项 $C_s<0$。J_s 中被积函数 $\varphi_s^{at\,*}(\boldsymbol{r})\varphi_s^{at}(\boldsymbol{r}-\boldsymbol{R}_n)r^2$ 在空间中最后的节点外区域是取正值，这部分对交叠积分 J_s 的贡献是主要的，因而 J_s 也将是负数，$J_s=-J<0$，所以

$$E_s(\boldsymbol{k})=E_s^{at}+C_s-J\sum_{\boldsymbol{R}_n}^{\text{近邻}}\mathrm{e}^{i\boldsymbol{k}\cdot\boldsymbol{R}_n} \tag{2-56}$$

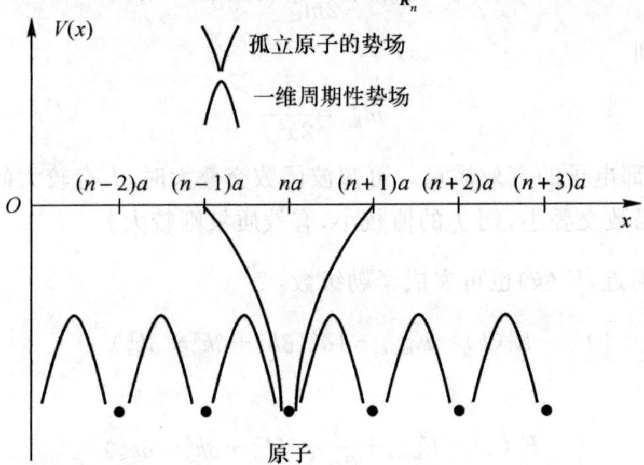

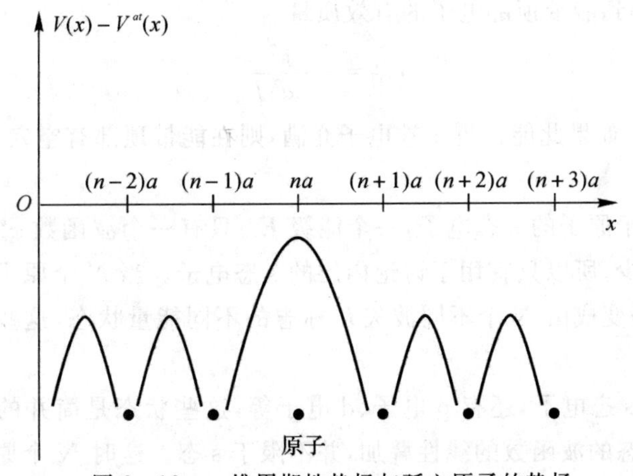

图 2-12　一维周期性势场与孤立原子的势场

对于体心立方晶体,最近邻有八个原子,由式(2-56)有

$$E_s(\boldsymbol{k})=E_s^{at}+C_s-8J\cos\frac{ak_x}{2}\cos\frac{ak_y}{2}\cos\frac{ak_z}{2} \tag{2-57}$$

式中 a 为晶格常数。这个能带的最小值在 $k_x=k_y=k_z=0$ 处

$$E_{smin}=E_s^{at}+C_s-8J$$

能量最大值在$(\pm\frac{2\pi}{a},0,0)$;$(0,\pm\frac{2\pi}{a},0)$;$(0,0,\pm\frac{2\pi}{a})$

$$E_{smax}=E_s^{at}+C_s+8J$$

能带的宽度 $\Delta E=E_{smax}-E_{smin}=16J$。能带的宽度由配位数和交叠积分 $\boldsymbol{J}$ 两个因素确定。积分 $\boldsymbol{J}$ 的数值同波函数的交叠程度有关,交叠程度越大,$\boldsymbol{J}$ 积分的值也越大,能带越宽。对于内层电子,波函数交叠程度小,$\boldsymbol{J}$ 的值也小,能带较窄。

在能带底部附近,余弦函数展开至二次式

$$E_s(\boldsymbol{k})=E_s^{at}+C_s-8J\left[1-\frac{1}{2}(\frac{ak_x}{2})^2\right]\left[1-\frac{1}{2}(\frac{aky}{2})^2\right]\left[1-\frac{1}{2}(\frac{ak_z}{2})^2\right]$$

$$=E_{smin}+Ja^2(k_x^2+k_y^2+k_z^2)$$

可以写成

$$E_s(\boldsymbol{k})=E_{smin}+\frac{\hbar^2}{2m_{底}^*}(k_x^2+k_y^2+k_z^2)$$

将两式比较得到

$$m_{底}^*=\frac{\hbar^2}{2a^2J} \tag{2-58}$$

$m_{底}^*$称为能带底部电子的有效质量。可知波函数交叠大时,J 有较大的值,有效质量 $m_{底}^*$ 则较小;反之,如果波函数交叠小,则 J 的值较小,有效质量则较大。

在$(\pm\frac{2\pi}{a},0,0)$附近,$E_s(k)$也可展成泰勒级数

$$E_s(k)\approx E_{smax}-Ja^2(\delta k_x^2+\delta k_y^2+\delta k_z^2)$$

可以写成

$$E_s(k)=E_{smax}+\frac{\hbar^2}{2m_{顶}^*}(\delta k_x^2+\delta k_y^2+\delta k_z^2)$$

比较以上两式,得到能带顶部电子的有效质量

$$m_{顶}^*=-\frac{\hbar^2}{2a^2J} \tag{2-59}$$

可见 $m_{顶}^*$ 是负值。如果此能带近于被电子充满,则在能带顶部有空穴存在,空穴的有效质量 $m^*=|m_{顶}^*|$。

以上讨论只适用于原子的 s 态电子,一个能级 E_s^{at} 只有一个波函数 $\varphi_s^{at}(r)$的情况,而且假定波函数之间交叠很少,所以只宜用于讨论内层的 s 态电子。当 N 个原子组成晶体,s 电子不再有相同的能量,而是变成由 N 个不同波矢 $\boldsymbol{k}$ 标志的不同能量状态,这些状态的电子能量组成一个能带。

实际晶体中除了 s 态电子,还有 p 电子、d 电子等,这些状态是简并的。因此布洛赫波应是孤立原子的有关状态的波函数的线性叠加,并不限于 s 态。这时 N 个原子组成的晶体形成的能带比较复杂。一个能带不一定同孤立原子的某个能级相对应,即不一定能区分 s 能级或

p 能级所形成的能带。就是说晶体的一个能带很可能是由原子的不同量子态组成的。

由孤立原子能级到晶体能带这一转化过程，实际上是量子力学测不准关系所制约的结果。在孤立原子中，电子可在其本征能级 E_s^a 上停留非常久的时间，而当原子相互靠近形成晶体时，电子有一定的概率通过隧道效应从一个原子转移到另一个相邻的原子中去。电子停留在给定原子能级上的时间减少了，它在给定原子附近停留的时间 t 与能级的展宽 ΔE 之间有测不准关系：$t\Delta E=\hbar$。因此电子在给定原子附近停留时间的减少导致能级的展宽，也就是能带的形成。

如果取势垒宽度为 10^{-8}cm，高度为 10eV，电子在原子中的速度为 10^8cm/s，玻尔原子半径为 10^{-8}cm，则用隧道效应的概率公式可以算出，电子在给定格点原子附近停留的时间为 10^{-15}s 数量级，即原子外壳层电子不是定域在一个给定的原子附近的，而是以速度 $\upsilon\sim10^{-8}/10^{-15}=10^7$(cm/s)的速度在晶体中运动的。对于价电子来说，能带宽度 $\Delta E\sim\hbar/t\sim1$eV。

原则上讲，孤立原子中电子的每一个能级在形成晶体后都要拓展为一个能带，称为子能带。如果两个以上的子能带互相交叠，则形成一个混合能带。如果能带之间没有发生交叠，那么就有禁带存在。

近自由电子近似和紧束缚近似是能带理论中最基本的两种模型，其物理思想比较鲜明，对于了解能带的形成及其一般特征是很重要的。从上述两种近似的基本假设可以看出，近自由电子近似比较适用于金属的价电子，而紧束缚近似则比较适合于绝缘体、半导体以及金属内层电子等。

以上介绍的仅仅是这两种方法的简单情况，实际的能带计算要复杂得多。在能带理论的发展过程中，提出了许多比较精确的近似方法，如平面波方法、正交化平面波方法、赝势法等。无论哪一种近似方法，关键都是将单电子波函数用某种函数集展开，并对势函数作合理的近似处理。限于篇幅，在此就不再进行详细介绍了。

第五节　晶体中电子的运动

在讨论外场作用下晶体中电子的运动规律时，首先要知道晶体电子在波矢 k_0 状态的平均速度。由量子理论可知，粒子运动的平均速度相当于以波矢 k_0 为中心的波包移动的速度。该波包由以 k_0 为中心的在 Δk 范围内的一系列平面波叠加而成，Δk 应当满足 $\Delta k\ll\frac{2\pi}{a}$关系。在这样的 Δk 范围可以认为 $u_k(x)\approx u_{k_0}(x)$，描述波包的函数(一维)为

$$\psi(x,t)=\int_{k_0-\frac{\Delta k}{2}}^{k_0+\frac{\Delta k}{2}}u_{k_0}(x)\mathrm{e}^{i(kx-\omega t)}\mathrm{d}k=u_{k_0}(x)\int_{k_0-\frac{\Delta k}{2}}^{k_0+\frac{\Delta k}{2}}\mathrm{e}^{i(kx-\omega t)}\mathrm{d}k \tag{2-60}$$

在 Δk 内，k 值偏离 k_0 的值用 ζ 表示，即

$$k=k_0+\zeta;\omega=\omega_0+\left(\frac{\mathrm{d}\omega}{\mathrm{d}k}\right)_0\zeta;$$

则式(2-60)可改写为

$$\psi(x,t)=u_{k_0}(x)\mathrm{e}^{i(k_0x-\omega t)}\frac{\sin\frac{\Delta k}{2}\left[x-\left(\frac{\mathrm{d}\omega}{\mathrm{d}k}\right)_0t\right]}{\frac{1}{2}\left[x-\left(\frac{\mathrm{d}\omega}{\mathrm{d}k}\right)_0t\right]} \tag{2-61}$$

相应的概率分布为

$$|\psi(x,t)|^2=|u_{k_0}(x)|^2\left[\frac{\sin\frac{\Delta k}{2}\left[x-\left(\frac{d\omega}{dk}\right)_0 t\right]}{\frac{\Delta k}{2}\left[x-\left(\frac{d\omega}{dk}\right)_0 t\right]}\right]^2\Delta k^2 \tag{2-62}$$

当 $x=\left(\frac{d\omega}{dk}\right)_0 t$ 时，式(2-62)有最大值，根据概率密度的意义，可知波包中心在 $x=\left(\frac{d\omega}{dk}\right)_0 t$ 处。

波包中心移动的速度(即电子的速度)为

$$v(k_0)=\left(\frac{d\omega}{dk}\right)_0=\frac{1}{\hbar}\left(\frac{dE}{dk}\right)_0 \tag{2-63}$$

由式(2-62)可知，波包在空间上集中在 Δx 范围，有

$$-\frac{2\pi}{\Delta k}<\Delta x<\frac{2\pi}{\Delta k}$$

且 $\Delta k\ll\frac{1}{a}$。波包的大小如果大于许多个原胞，则晶体中电子的运动可以看作是波包的运动。波包的运动同经典粒子一样，波包移动的速度等于粒子处于波包中心那个状态所具有的平均速度。

下面考虑在外力 $\boldsymbol{F}_x$ 作用下，晶体电子的加速度。在 dt 时间内电子获得的能量等于外力所做的功，即

$$dE=F_x v_x dt$$

单位时间内能量的增量为

$$\frac{dE}{dt}=F_x v_x=F_x\frac{1}{\hbar}\frac{dE}{dk_x}$$

电子的加速度

$$a_x=\frac{dv_x}{dt}=\frac{d}{dt}\left(\frac{1}{\hbar}\frac{dE}{dk_x}\right)=\frac{1}{\hbar}\frac{d}{dk_x}\left(\frac{dE}{dt}\right)$$

由以上两式可得

$$a_x=\frac{dv_x}{dt}=F_x\frac{d}{dk_x}\left(\frac{1}{\hbar^2}\frac{dE}{dk_x}\right)=F_x\frac{1}{\hbar^2}\frac{d^2E}{dk_x{}^2}$$

或

$$F_x=\frac{dv_x}{dt}\frac{1}{\frac{1}{\hbar^2}\frac{d^2E}{dk_x{}^2}}=a_x\frac{1}{\frac{1}{\hbar^2}\frac{d^2E}{dk_x{}^2}} \tag{2-64}$$

与牛顿第二定律 $\boldsymbol{F}=m\boldsymbol{a}$ 相比较，如果令

$$m^*=\left(\frac{1}{\hbar^2}\frac{d^2E}{dk_x{}^2}\right)^{-1} \tag{2-65}$$

则晶体中电子的运动，在形式上可用牛顿方程来描述

$$F_x=m^*\frac{dv_x}{dt}=m^*a_x \tag{2-66}$$

这里 m^* 称为电子的有效质量，在一维情况下它是标量。

在三维晶体中，电子的速度为

$$\boldsymbol{v}=\frac{1}{\hbar}\nabla_k E(\boldsymbol{k})$$

电子的加速度为

$$\frac{\mathrm{d}\boldsymbol{v}}{\mathrm{d}t}=\frac{1}{\hbar}\frac{\mathrm{d}}{\mathrm{d}t}\nabla_k E(\boldsymbol{k})$$

写成分量形式

$$\frac{\mathrm{d}v_x}{\mathrm{d}t}=\frac{1}{\hbar}\left[\frac{\partial^2 E}{\partial k_x{}^2}\frac{\mathrm{d}k_x}{\mathrm{d}t}+\frac{\partial^2 E}{\partial k_x k_y}\frac{\mathrm{d}k_y}{\mathrm{d}t}+\frac{\partial^2 E}{\partial k_x k_z}\frac{\mathrm{d}k_z}{\mathrm{d}t}\right]$$

$$\frac{\mathrm{d}v_y}{\mathrm{d}t}=\frac{1}{\hbar}\left[\frac{\partial^2 E}{\partial k_x k_y}\frac{\mathrm{d}k_x}{\mathrm{d}t}+\frac{\partial^2 E}{\partial k_y{}^2}\frac{\mathrm{d}k_y}{\mathrm{d}t}+\frac{\partial^2 E}{\partial k_y k_z}\frac{\mathrm{d}k_z}{\mathrm{d}t}\right]$$

$$\frac{\mathrm{d}v_z}{\mathrm{d}t}=\frac{1}{\hbar}\left[\frac{\partial^2 E}{\partial k_x k_z}\frac{\mathrm{d}k_x}{\mathrm{d}t}+\frac{\partial^2 E}{\partial k_y k_z}\frac{\mathrm{d}k_y}{\mathrm{d}t}+\frac{\partial^2 E}{\partial k_z{}^2}\frac{\mathrm{d}k_z}{\mathrm{d}t}\right]$$

由$\frac{\mathrm{d}\boldsymbol{k}}{\mathrm{d}t}=\frac{1}{\hbar}\boldsymbol{F}$，则得到

$$\begin{pmatrix}\frac{\mathrm{d}v_x}{\mathrm{d}t}\\ \frac{\mathrm{d}v_y}{\mathrm{d}t}\\ \frac{\mathrm{d}v_z}{\mathrm{d}t}\end{pmatrix}=\frac{1}{\hbar^2}\begin{pmatrix}\frac{\partial^2 E}{\partial k_x{}^2} & \frac{\partial^2 E}{\partial k_x k_y} & \frac{\partial^2 E}{\partial k_x k_z}\\ \frac{\partial^2 E}{\partial k_x k_y} & \frac{\partial^2 E}{\partial k_y{}^2} & \frac{\partial^2 E}{\partial k_y k_z}\\ \frac{\partial^2 E}{\partial k_x k_z} & \frac{\partial^2 E}{\partial k_y k_z} & \frac{\partial^2 E}{\partial k_z{}^2}\end{pmatrix}\begin{pmatrix}F_x\\ F_y\\ F_z\end{pmatrix} \tag{2-67}$$

其缩写形式为

$$\frac{\mathrm{d}\boldsymbol{v}}{\mathrm{d}t}=\frac{1}{\hbar^2}\nabla_k(\nabla_k E)\cdot \boldsymbol{F} \tag{2-68}$$

与牛顿第二定律 $\boldsymbol{F}=m\boldsymbol{a}$ 对比，上式(2-68)中的$\frac{1}{\hbar^2}\nabla_k(\nabla_k E)$与质量的倒数相对应，它就是式(2-67)中由九个元素组成的矩阵，称倒有效质量张量。其分量可表示为

$$(m^*)_{ij}^{-1}=\frac{1}{\hbar^2}\frac{\partial^2 E}{\partial k_i k_j}\qquad i,j=1,2,3 \tag{2-69}$$

由此可见，这是一个对称张量。经过适当坐标变换可以使其对角化，式(2-69)所代表的九个元素中只有 $i=j$ 的三个元素不为零，即

$$\begin{aligned}\frac{1}{m_{xx}{}^*}&=\frac{1}{\hbar^2}\frac{\partial^2 E}{\partial k_x{}^2}\\ \frac{1}{m_{yy}{}^*}&=\frac{1}{\hbar^2}\frac{\partial^2 E}{\partial k_y{}^2}\\ \frac{1}{m_{zz}{}^*}&=\frac{1}{\hbar}\frac{\partial^2 E}{\partial k_z{}^2}\end{aligned} \tag{2-70}$$

上式(2-70)说明有效质量 m^* 是状态的函数，取决于该状态中的 $E(k)\sim k$ 关系。m^* 仅表示晶体中电子在外力场作用下，加速度与外力之间的比例关系，量纲与质量相同。它不同于自由电子的质量 m，m^* 与电子所受的内力(晶格势场引起)密切相关，概括了晶格势场对电子的作用。一般情况下有效质量是张量，晶体中电子的加速度一般与外力方向不同。只有外力沿等能面主轴方向时才是相同的。有效质量是波矢 $\boldsymbol{k}$ 的函数，它可以大于惯性质量，也可以小于惯性质量甚至可以是负的。只有在带底与带顶附近，m^* 可以近似认为是常数。在带底附近 $m^*>0$，而在带顶附近 $m^*<0$，说明此处所受外力与加速度反向。对于自由电子来说这是不可理解的，但对于晶格中的电子，由于除受外力作用外，还受到晶格内场的作用。$m^*<0$，就是电子受到晶体势场强烈作用的结果，此时晶体传递给电子的动量大于外力传递给电子的动量，电子能克服外力影响作负加速运动。外层电子的能带宽，m^* 小，内层电子的能带窄，m^* 大。图 2-13 给出了一维情况下速度、有效质量与波矢的关系，有效质量可以从实验上测定。

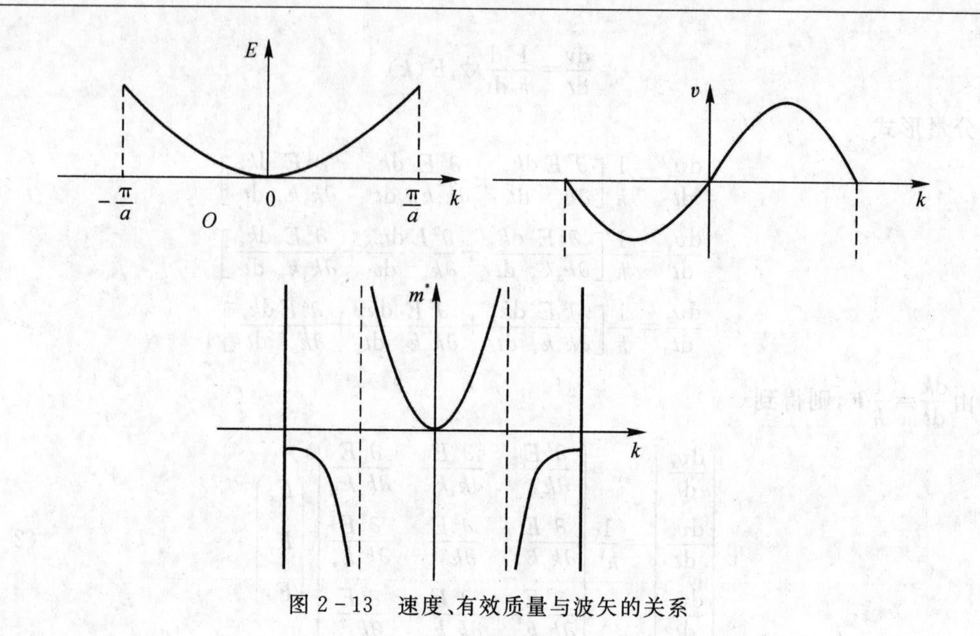

图 2-13　速度、有效质量与波矢的关系

第六节　金属、半导体和绝缘体

一、满带和不满的带对电导贡献的差别

根据前面的讨论，已知由 N 个元胞组成的晶体，其简约布里渊区波矢 K 的数目为 N。考虑电子的自旋，每个子能带包含有 $2N$ 个电子态，即每个子能带可填充 $2N$ 个电子。如果一个能带内的全部状态均为电子所填充，则称之为满带。如果一个能带未被电子所填满，则称之为不满的带。例如，半导体硅、锗，它们的价带由四个子能带组成，共有 $2N\times4=8N$ 个电子态。而硅、锗是 4 价的，每个原子有 4 个价电子，每个元胞有两个原子，N 个元胞组成的晶体便有 $8N$ 个价电子。在基态这 $8N$ 个价电子正好填满价带，价带的四个子能带都是满带。

我们已经知道，电子的能量 E 是波矢 $\boldsymbol{k}$ 的偶函数，即

$$E_s(\boldsymbol{k})=E_s(-\boldsymbol{k}) \tag{2-71}$$

电子的速度

$$\begin{aligned}\boldsymbol{v}(\boldsymbol{k})&=\frac{1}{\hbar}\nabla_k E(\boldsymbol{k})=\frac{1}{\hbar}\nabla_k E(-\boldsymbol{k})\\&=-\frac{1}{\hbar}\nabla_{-k}E(-\boldsymbol{k})=-\boldsymbol{v}(-\boldsymbol{k})\end{aligned} \tag{2-72}$$

式(2-72)说明速度 $\boldsymbol{v}(\boldsymbol{k})$ 是波矢 $\boldsymbol{k}$ 的奇函数。波矢为 $\boldsymbol{k}$ 的状态和波矢为 $-\boldsymbol{k}$ 的状态中电子的速度是大小相等但方向相反。

当没有外电场存在时，在一定的温度下，电子占据某个状态的概率只同该状态的能量有关。$E_s(\boldsymbol{k})$ 是 $\boldsymbol{k}$ 的偶函数，电子占有 $\boldsymbol{k}$ 状态的概率同占有 $-\boldsymbol{k}$ 状态的概率相等。因此在这两个状态的电子电流互相抵消，晶体中总的电流为零。如图 2-14 所示。

当有外电场 $\boldsymbol{E}$ 存在时，满能和不满的带对电流的贡献有很大区别。对于满带的情况，所有的电子状态 $\boldsymbol{k}$ 都以相同的速度(沿反电场方向)在 $\boldsymbol{k}$ 空间运动。如图 2-15 所示，在 A 点的状态和 A' 点的状态完全相同。因此，有外电场存在时，电子的运动并不改变布里渊区内电子分布的情况。由布里渊区一边出去的电子，就在另一边同时填了进来。可见对于一个所有状态都被电子充满的能带，即使有外电场的存在，晶体中也没有电流，即满带对电导没有贡献。

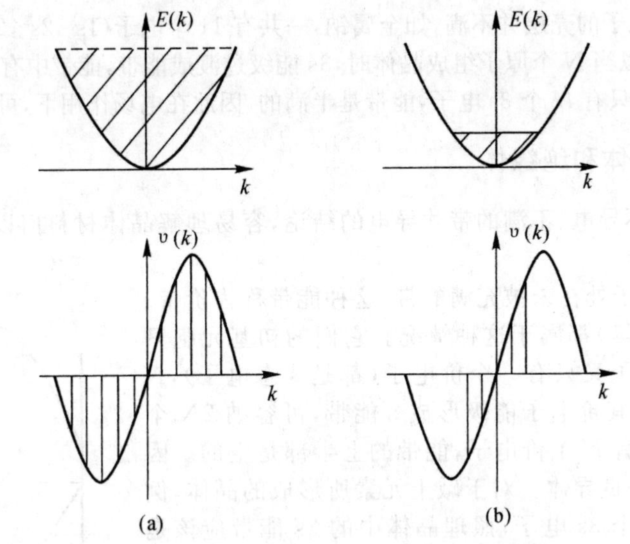

图 2-14　无外电场时电子的能量状态和速度分布

(a)满带;(b)不满的带

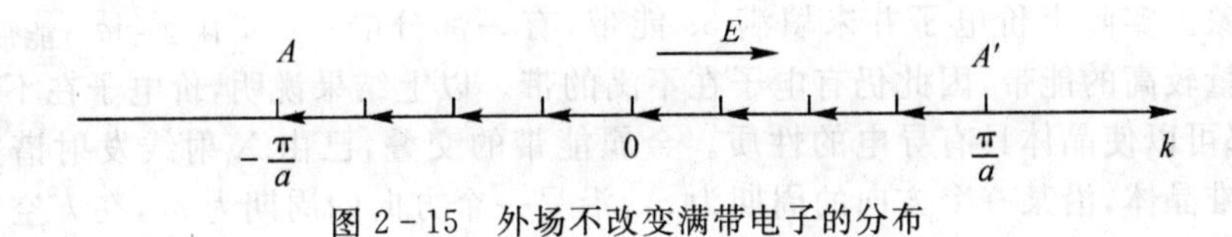

图 2-15　外场不改变满带电子的分布

对于一个不满的带,在电场作用下,每个电子的波矢都随时间改变相同的量:$\mathrm{d}\boldsymbol{k}=\frac{1}{\hbar}\boldsymbol{F}\mathrm{d}t$。由于散射的存在,使得电子在各个状态上的分布达到一个稳定状态,它与平衡分布不同,电子在布里渊区内的分布不再是对称分布。此时向左方向运动的电子比较多,总的电流不再是零。如图 2-16 所示。因此在电场作用下,不满的带才对电导有贡献。

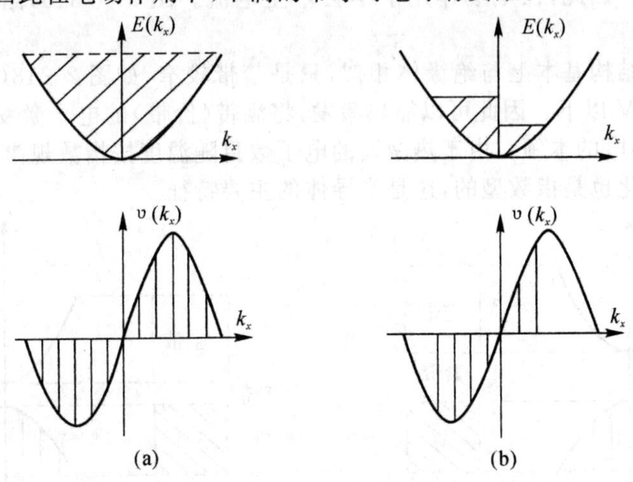

图 2-16　有电场时电子的能量状态和速度分布

(a)满带;(b)不满的带

综上所述,在电场作用下,一个充满了电子的能带不可能产生电流。如果孤立原子的电子都形成满壳层,当有 N 个原子组成晶体时,能级过渡成能带。能带中的状态是能级中的状态数目的 N 倍。因此,原有的电子恰好充满能带中所有的状态,这些电子并不参与导电。

如果原来孤立原子的壳层并不满，如金属钠，一共有 11 个电子($1s^2,2s^2,2p^6,3s^1$)，每个 3s 状态可有 2 个电子，所以当 N 个原子组成晶体时，3s 能级过渡成能带，能带中有 $2N$ 个状态，可以容纳 $2N$ 个电子。但钠只有 N 个 3s 电子，能带是半满的，因此在电场作用下，可以产生电流。

二、金属、半导体和绝缘体

由上述的满带不导电、不满的带才导电的结论，容易理解晶体材料何以有导体(金属)、半导体和绝缘体之区分。

对于金属，价电子处在未被充满的带，这种能带称为价带。一价金属(锂、钠、钾等)都属于这种情况。它们的初基元胞只含一个原子，每个原子又只有一个价电子(都是 s 态电子)，N 个原子组成的晶体，其价电子能级形成 s 能带，可容纳 $2N$ 个价电子，但实际上只有 N 个价电子，能带的上半部是空的。因此这些元素晶体都是良导体。对于碱土元素所形成的晶体，例如镁，孤立原子有 2 个 3s 电子，照理晶体中的 3s 能带应该是满带。如按照上述原则，镁应该是不导电的，但实际上镁及其他碱土族晶体都是导体。这是由于镁的 3s 能带和较高的能带有交叠的现象。实际上价电子并未填满 3s 能带，有一部分电子占据了能量较高的能带，因此仍有电子在不满的带。以上结果说明，价电子在不满的带或能带的交叠，都可以使晶体具有导电的性质。金属能带的交叠，已由 X 射线发射谱实验得到证实。对于三维晶体，沿某一个方向的周期为 a_1，沿另一个方向的周期为 a_2，在 k 空间相应的波矢为 k_1 和 k_2，它们分别在 $\pm\frac{\pi}{a_1}$ 和 $\pm\frac{\pi}{a_2}$ 处出现禁带，但禁带所在的能量值以及宽度不一样，可能发生交叠，如图 2－17 所示。从整个晶体看，某一个方向上周期性势场产生的禁带被另一个方向上许可的能带覆盖，晶体不存在真正的禁带。对于绝缘体，它的价电子正好把价带填满，而更高的许可带(常称为导带)与价带之间隔着一个很宽的禁带。除非外电场非常强，上面许可带总是没有电子的。因此，在电场作用下不会产生电流。图 2－18(a)给出绝缘体的能带示意图。

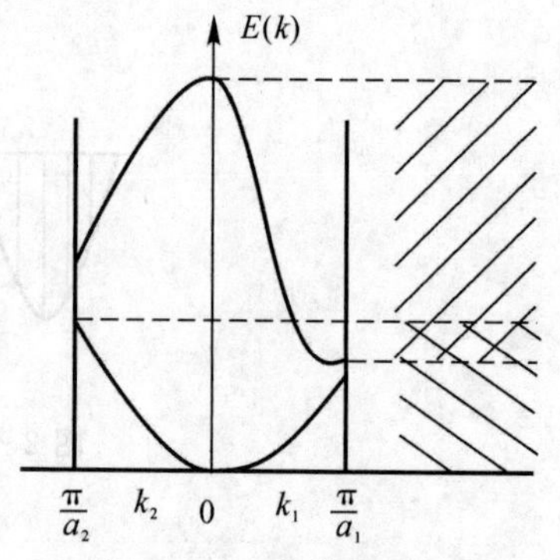

图 2－17　能带交叠

半导体的能带结构基本上与绝缘体相似，只是禁带较窄，如图 2－18(b)所示。半导体的禁带宽度一般在 2eV 以下。因此可以靠热激发，将满带(价带)的电子激发到最靠近价带的空带(导带)，于是有导电的本领。由于热激发的电子数目随温度按指数规律变化，所以半导体的电导率随温度的变化也是指数型的，这是半导体的主要特征。

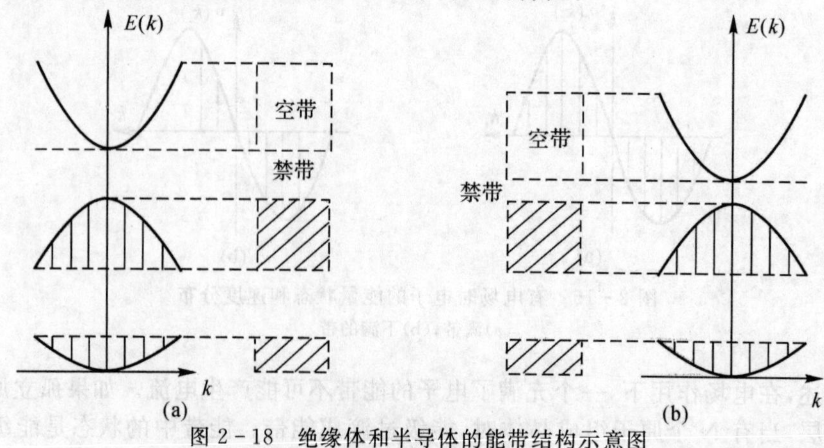

图 2－18　绝缘体和半导体的能带结构示意图

(a)绝缘体；(b)半导体

硅和锗是典型的元素半导体，它们的晶体都是金刚石结构，每个元胞有两个原子。每个原子有 4 个价电子，一个处于 ns 态，三个处于 np 态。由 N 个元胞形成的晶体中共有 $8N$ 个价电子。在形成晶体前所有 ns 态的电子具有相同的能级，np 态的电子也具有相同的能级。在形成晶体的过程中，随着原子间距的减小，相同能级发生扰动，成为能带。如果简单认为，原来的 ns 能级变成 ns 能带，np 能级变成 np 能带，则价带将可容纳 $16N$ 个电子。如此而言，硅和锗应该是金属而不是半导体。这是因为原子的能级同晶体的能带不是正好一一对应的缘故。对于原子的内层电子，这种原子能级与晶体能带对应关系是正确的。对于价电子，这种对应关系不一定能保持。一般认为对于硅和锗，像金刚石一样，当原子间距较大时，上述对应关系成立；当原子间距减小，达到某个数值 r 时，由于 ns 态电子与 np 态电子之间有强的交叠，使晶体能带发生强烈的变化。例如当原子间距为 r_0 时，产生为禁带所隔开的两个能带，每一个带有 $4N$ 个能级，$8N$ 个价电子恰好填满下面的能带，成为满带，而上面的带成为空的导带，中间由禁带隔开，如图 2－19 所示。因此，硅和锗都是半导体，其禁带宽度分别为 1.17eV 和 0.74eV。

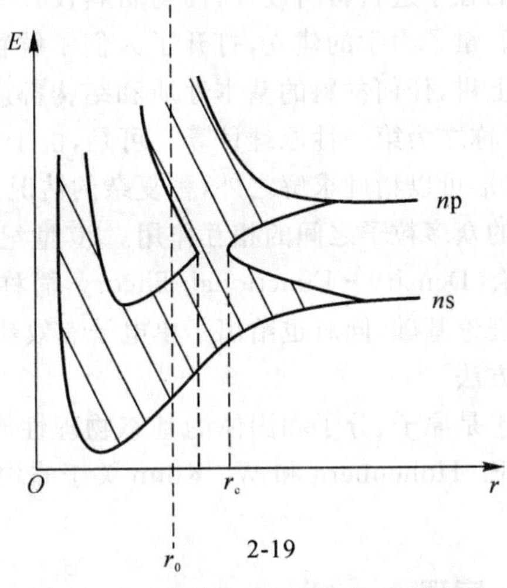

图 2－19　半导体硅和锗的能带示意图

三、空穴

设想满带中有一个 $\boldsymbol{k}$ 态没有电子，成为不满的带，在电场作用下，将产生电流，用 $\boldsymbol{I}(\boldsymbol{k})$ 表示。如果将一个电子放入 $\boldsymbol{k}$ 态中去，这个电子的电流为 $-e\boldsymbol{v}(\boldsymbol{k})$，能带又成为满带，总电流应为零，即

$$\boldsymbol{I}(\boldsymbol{k})+[-e\boldsymbol{v}(\boldsymbol{k})]=0$$

$$\boldsymbol{I}(\boldsymbol{k})=e\boldsymbol{v}(\boldsymbol{k})$$

上式表明，从 $\boldsymbol{k}$ 态失去一个电子后，整个能带中的电子电流等效于一个由正电荷 e 所产生的电流，其运动速度等于 $\boldsymbol{k}$ 态电子的运动速度 $\boldsymbol{v}(\boldsymbol{k})$，这种空的状态称为空穴。在电磁场作用下，$\boldsymbol{I}(\boldsymbol{k})$ 随时间变化

$$\frac{\mathrm{d}\boldsymbol{I}(\boldsymbol{k})}{\mathrm{d}t}=e\frac{\mathrm{d}\boldsymbol{v}(\boldsymbol{k})}{\mathrm{d}t}$$

作用于 $\boldsymbol{k}$ 态电子上的力为

$$\boldsymbol{F}=-e[\boldsymbol{E}+\boldsymbol{v}(\boldsymbol{k})\times\boldsymbol{B}]$$

式中 $\boldsymbol{E}$ 和 $\boldsymbol{B}$ 分别为电场强度和磁感应强度。设电子的有效质量为 me^*，由式(2－66)及上式，可得

$$\frac{d\boldsymbol{I}(\boldsymbol{k})}{dt}=-\frac{e^2}{me^*}[\boldsymbol{E}+\boldsymbol{v}(\boldsymbol{k})\times\boldsymbol{B}] \tag{2-73}$$

实际上,空状态往往在能带顶附近,$m_e^*<0$,令 $m_h{}^*=-m_e{}^*>0$,则式(2-73)可写成

$$\frac{d\boldsymbol{I}(\boldsymbol{k})}{dt}=\frac{e}{m_h^*}[e\boldsymbol{E}+e\boldsymbol{v}(\boldsymbol{k})\times\boldsymbol{B}] \tag{2-74}$$

方括号内的式子恰好表示一个带正电荷 e 的粒子在电磁场中所受的力。上述讨论说明,当满带顶附近存在空穴状态 $\boldsymbol{k}$ 时,整个能带中的电子电流及其在电磁场下的变化,完全等同于一个具有正电荷 e、正的有效质量 m_h^*、速度为 $\boldsymbol{v}(\boldsymbol{k})$的粒子。由于满带顶的电子比较容易受到热激发跃迁到导带,因此空穴多位于能带顶。

第七节　电子密度泛函理论

电子理论研究的主要目的在于进行材料设计,而与材料设计有关的电子理论要涉及体系的电子密度和总能量的计算。量子力学的建立,打开了人们了解物质原子组成物的行为特性及物理规律的大门。从原则上讲,任何材料的基本性质和结构都应能通过量子力学方程和已知物理定律计算得到,人们常称之为第一性原理计算。可是,由于求解薛定谔方程时数学上的复杂性,除了一些很简单的情形可以精确求解之外,稍复杂的情况是难以计算的。困难来自于电子的费米性质和难以描述的众多粒子之间的相互作用。20 世纪 60 年代,Hohenberg,Kohn 和 Sham 提出了密度泛函理论(Density - Functional Theory,简称 DFT),不但建立了将多电子问题简化为单电子问题的理论基础,同时也给出了单电子有效势如何计算的理论依据,成为研究多粒子系统基态的有效方法。

密度泛函理论的基本思想是原子、分子和固体的基态物理性质可以用粒子的密度函数来描述。密度泛函理论建立在 P. Hohenberg 和 W. Kohn 关于非均匀电子气理论基础上,常称为 Hohenberg - Kohn 定理。

一、Hohenberg - Kohn 定理

考虑有相互作用的多电子体系,其哈密顿量为

$$\begin{aligned}H&=-\frac{\hbar^2}{2m}\sum_i\nabla_i^2+\frac{1}{8\pi\varepsilon_0}\sum_{i,j}{}'\frac{e^2}{|\boldsymbol{r}_i-\boldsymbol{r}_j|}+\sum_i V(\boldsymbol{r}_i)\\&=T+U+V\end{aligned} \tag{2-75}$$

式中 T 为动能项,U 为电子间库仑作用(排斥)项,而 V 为

$$V=\sum_i V(r_i)=\sum_i\int d\boldsymbol{r}\, V(\boldsymbol{r})\delta(\boldsymbol{r}-\boldsymbol{r}_i) \tag{2-76}$$

其中 $V(\boldsymbol{r})$为作用于单个电子的晶格周期势。对于由 $T+V$ 所描述的多电子体系而言,V 可看成是作用于该体系的一种外势。设体系的基态波函数为 $\Psi(\boldsymbol{r}_1,\boldsymbol{r}_2,\cdots,\boldsymbol{r}_N)$,它只与所有电子的坐标有关(暂不考虑自旋),假定基态是非简并的,则 Ψ 应满足方程

$$H\Psi=E\Psi \tag{2-77}$$

基态能量为

$$E=\langle\Psi|H|\Psi\rangle=\langle\Psi|T+U+V|\Psi\rangle \tag{2-78}$$

由此可见,只要知道外势 V,也就知道了 H,原则上可以求出波函数 Ψ 和能量 E,也可确定基态中的电子密度

$$n(\boldsymbol{r})=\langle\Psi(\boldsymbol{r}_1,\boldsymbol{r}_2,\cdots,\boldsymbol{r}_N)|\sum_i\delta(\boldsymbol{r}-\boldsymbol{r}_i)|\Psi(\boldsymbol{r}_1,\boldsymbol{r}_2,\cdots,\boldsymbol{r}_N)\rangle \tag{2-79}$$

利用式(2-79)和式(2-76),可将 V 的期待值(平均值)表示为

$$\langle\Psi|V|\Psi\rangle=\int \mathrm{d}rV(r)\langle\Psi|\sum_i\delta(r-r_i)|\Psi\rangle$$

$$=\int \mathrm{d}r\,V(r)n(r) \tag{2-80}$$

于是

$$E=\langle\Psi|T+U|\Psi\rangle+\int \mathrm{d}r\,V(r)n(r) \tag{2-81}$$

(1)定理一:作用于多电子体系的外势 $V(r)$ 与体系的基态电子密度 $n(r)$ 有一一对应关系。

此定理可用反证法来证明。设有另外一个与 V 不同的外势 V'(但与 V 只差一个常数的情况除外,因为可以重新选取能量零点而视为相同),令

$$H'=T+U+V' \tag{2-82}$$

与 H 的差别只是 V 不同,H 和 H' 的非简并基态波函数为 Ψ 和 Ψ',相应的基态能量为

$$E=\langle\Psi|H|\Psi\rangle,E'=\langle\Psi'|H'|\Psi'\rangle \tag{2-83}$$

因为 Ψ' 不是 H 的基态波函数,所以根据变分法原理(基态能量最小)应有

$$E=\langle\Psi|H|\Psi\rangle<\langle\Psi'|H|\Psi'\rangle \tag{2-84}$$

而

$$\langle\Psi'|H|\Psi'\rangle=\langle\Psi'|H'+V-V'|\Psi'\rangle$$

$$=E'+\langle\Psi'|V-V'|\Psi'\rangle$$

$$=E'+\int \mathrm{d}r\langle V(r)-V'(r)\rangle\, n'(r) \tag{2-85}$$

所以

$$E<E'+\int \mathrm{d}r\langle V(r)-V'(r)\rangle\, n'(r) \tag{2-86}$$

同理

$$E'=\langle\Psi'|H'|\Psi'\rangle<\langle\Psi|H'|\Psi\rangle \tag{2-87}$$

而

$$\langle\Psi|H'|\Psi\rangle=\langle\Psi|H+V'-V|\Psi\rangle$$

$$=E+\langle\Psi|V'-V|\Psi\rangle$$

$$=E+\int \mathrm{d}r[V'(r)-V(r)]n(r) \tag{2-88}$$

所以

$$E'<E+\int \mathrm{d}r[V'(r)-V(r)]n(r) \tag{2-89}$$

将不等式(2-89)与式(2-86)两边相加,不难看出,当 V 与 V' 不同时若有 $n(\boldsymbol{r})=n'(\boldsymbol{r})$,则必然得出矛盾的结果

$$E+E'<E+E'$$

因此,不可能有两个不同的外势给出相同的电子密度,反之亦然,$V(\boldsymbol{r})$ 与 $n(\boldsymbol{r})$ 是一一对应的,于是定理得证。

既然 $n(\boldsymbol{r})$ 唯一地对应着外势 $V(\boldsymbol{r})$,从而唯一地确定了 H 及基态,所以只要知道 $n(\boldsymbol{r})$ 基态就确定了。基态能量 E 和波函数 Ψ 都是函数 $n(\boldsymbol{r})$ 的函数,故称为泛函,记为 $E[n]$ 和 $\Psi[n]$。基态能量 $E[n]$ 是基态电子密度 $n(r)$ 的唯一泛函。这样,就可以用 $n(\boldsymbol{r})$ 而不是波函数作为求解多电子问题的基本变量,这是密度泛函理论的核心。

(2)定理二:在电子数不变的条件下,能量泛函 $E[n]$ 当 $n(\boldsymbol{r})$ 取正确密度函数时为极小。

当以 $n(\boldsymbol{r})$ 作为基本变量时,基态能量可以写为泛函的形式

$$E[n]=\langle\Psi[n]|T+U+V|\Psi[n]\rangle$$

$$= F[n] + \int \mathrm{d}\boldsymbol{r} V(\boldsymbol{r}) n(\boldsymbol{r}) \tag{2-90}$$

称为能量泛函，其中

$$F[n] = \langle \Psi[n] | T + U | \Psi[n] \rangle \tag{2-91}$$

与 $E[n]$ 的差别只是少了一项外势的贡献，是一个与 $V(\boldsymbol{r})$ 无关的普适密度泛函。假定有一个试探密度 $n'(\boldsymbol{r})$，

$$n'(\boldsymbol{r}) \geqslant 0, \int n'(\boldsymbol{r}) \mathrm{d}\boldsymbol{r} = N \tag{2-92}$$

则由定理一，n' 与 V' 一一对应，其相应的 E 也应具有式(2-90)的形式，即

$$E[n'] = F[n'] + \int \mathrm{d}\boldsymbol{r}\, V'(\boldsymbol{r}) n'(\boldsymbol{r}) \tag{2-93}$$

按照变分法原理，应有

$$E[n'] > E[n] \tag{2-94}$$

对 n' 求变分使 $E[n']$ 为极小就得到基态能量 $E[n]$，n($\boldsymbol{r}$)就是基态电子密度。这就是定理二，实际上是关于 $E[n]$ 的变分原理。

上述泛函 $F[n]$ 是未知的。为了说明 $F[n]$，现从中分出与无相互作用粒子相当的项

$$\begin{aligned} F[n] &= \langle \Psi[n] | T + U | \Psi[n] \rangle \\ &= T[n] + \langle \Psi[n] | U | \Psi[n] \rangle \\ &= T[n] + \frac{e^2}{8\pi\varepsilon_0} \iint \mathrm{d}\boldsymbol{r} \mathrm{d}\boldsymbol{r}' \frac{n(\boldsymbol{r}) n(\boldsymbol{r}')}{|\boldsymbol{r} - \boldsymbol{r}'|} + E_{xc}[n] \end{aligned} \tag{2-95}$$

上式第一项对应于无相互作用粒子模型的动能，第二项是电子间的库仑排斥项，第三项 $E_{xc}[n]$ 称为交换关联相互作用能，代表了所有未包含在无相互作用粒子模型中的其他相互作用项，包含了相互作用的全部复杂性。$E_{xc}[n]$ 也是 $n(\boldsymbol{r})$ 的泛函，当然还是未知的。

Hohenberg - Kohn 定理说明，电子密度 $n(r)$ 是确定多电子体系基态物理性质的基本变量，而基态能量和电子密度可通过能量泛函 $E[n]$ 对 n 的变分来确定。但仍存在以下三个问题：

(1)如何确定电子密度函数 $n(\boldsymbol{r})$；

(2)如何确定动能泛函 $T[n]$；

(3)如何确定交换关联能泛函 $E_{xc}[n]$。

其中(1)和(2)两个问题由 W. Kohn 和 L. J. Sham 提出的方法解决，并由此得到 Kohn - Sham 方程，交换关联能泛函 $E_{xc}[n]$ 可通过采用局域密度近似得到。

二、Kohn - Sham 方程

设想有一个等价的(或虚拟的)无相互作用的电子体系，其基态电子密度 $n_0(\boldsymbol{r})$ 与真实体系的基态电子密度 $n(\boldsymbol{r})$ 相等，可用等价体系的单电子波函数 $\Psi_i(\boldsymbol{r})$ 来表示

$$n(\boldsymbol{r}) = n_0(\boldsymbol{r}) = \sum_i |\Psi_i(\boldsymbol{r})|^2 \tag{2-96}$$

$$N = \int n(\boldsymbol{r}) \mathrm{d}r \tag{2-97}$$

等价体系的动能为

$$T_s[n] = -\frac{\hbar^2}{2m} \sum_i \mathrm{d}\boldsymbol{r} \Psi_i^*(\boldsymbol{r}) \nabla^2 \Psi_i(\boldsymbol{r}) \tag{2-98}$$

这样就可以把 $F[n]$写为

$$F[n]=T_s[n]+\frac{e^2}{8\pi\varepsilon_0}\iint \mathrm{d}\boldsymbol{r}\mathrm{d}\boldsymbol{r}'\frac{n(\boldsymbol{r})n(\boldsymbol{r}')}{|\boldsymbol{r}-\boldsymbol{r}'|}+E_{xc}[n] \tag{2-99}$$

在式(2-95)中真实体系的动能 $T[n]$现在用已知的 $T_s[n]$来代替，剩下的部分 $T[n]-T_s[n]$可归并到 $E_{xc}[n]$中，这样 $E_{xc}[n]$就包含了体系所有复杂的多体效应。

现在能量泛函就可表示为

$$E[n]=-\frac{\hbar^2}{2m}\int \mathrm{d}\boldsymbol{r}\Psi_i^*(\boldsymbol{r})\nabla^2\Psi_i(\boldsymbol{r})+\sum_i\int \mathrm{d}\boldsymbol{r}\Psi_i^*(\boldsymbol{r})V(\boldsymbol{r})\Psi_i(\boldsymbol{r})$$

$$+\frac{e^2}{8\pi\varepsilon_0}\sum_{i,j}\iint \mathrm{d}\boldsymbol{r}\mathrm{d}\boldsymbol{r}'\Psi_i^*(\boldsymbol{r})\Psi_j^*(\boldsymbol{r}')\frac{1}{|\boldsymbol{r}-\boldsymbol{r}'|}\Psi_i(\boldsymbol{r})\Psi_j(\boldsymbol{r}')+E_{xc}[n] \tag{2-100}$$

对 n 的变分换成对 $\Psi_i^*(\boldsymbol{r})$或 $\Psi_i(\boldsymbol{r})$的变分，满足条件式(2-97)，极值方程为

$$\delta E-\sum_i\varepsilon_i\delta\int \mathrm{d}\boldsymbol{r}\Psi_i^*(\boldsymbol{r})\Psi_i(\boldsymbol{r})=0 \tag{2-101}$$

ε_i 为拉格朗日(Lagrange)乘子。当取 $\Psi_i^*(\boldsymbol{r})$作变分时，得

$$\sum_i\int \mathrm{d}\boldsymbol{r}\delta\Psi_i^*(\boldsymbol{r})\left[-\frac{\hbar^2}{2m}\nabla^2+V(\boldsymbol{r})+\frac{e^2}{4\pi\varepsilon_0}\sum_i\int \mathrm{d}\boldsymbol{r}'\Psi_j^*(\boldsymbol{r}')\frac{1}{|\boldsymbol{r}-\boldsymbol{r}'|}\Psi_j(\boldsymbol{r}')+\frac{\delta E_{xc}[n]}{\delta n(\boldsymbol{r})}-\varepsilon_i\right]\Psi_i(\boldsymbol{r})=0 \tag{2-102}$$

因为 $\delta\Psi_i^*(\boldsymbol{r})$是任意的，所以要求 $\Psi_i(\boldsymbol{r})$应满足方程

$$\left[-\frac{\hbar^2}{2m}\nabla^2+V_{eff}(\boldsymbol{r})\right]\Psi_i(\boldsymbol{r})=\varepsilon_i\Psi_i(\boldsymbol{r}) \tag{2-103}$$

其中

$$V_{eff}(\boldsymbol{r})=V(\boldsymbol{r})+\frac{e^2}{4\pi\varepsilon_0}\int \mathrm{d}\boldsymbol{r}'\frac{n(\boldsymbol{r}')}{|\boldsymbol{r}-\boldsymbol{r}'|}+\frac{\delta E_{xc}[n]}{\delta n(\boldsymbol{r})}$$

$$=V(\boldsymbol{r})+V_c(\boldsymbol{r})+V_{xc}(\boldsymbol{r}) \tag{2-104}$$

为有效势。第一项 $V(\boldsymbol{r})$为外势，第二项 $V_c(\boldsymbol{r})$为电子间的库仑作用势，第三项

$$V_{xc}(\boldsymbol{r})=\frac{\delta E_{xc}[n]}{\delta n(\boldsymbol{r})} \tag{2-105}$$

称为交换关联势。由于有效势依赖于电子密度，所以式(2-103)应与式(2-104)和式(2-96)联合自恰求解。这些方程是由 Kohn 和 Sham 最先提出的，称为 Kohn-Sham 方程。其重大的理论意义在于，相互作用的多电子体系的基态问题可以形式上化为在有效势场中运动的单电子问题，为单电子近似的合理性提供了严格的理论依据。但是，包括复杂多体效应的$E_{xc}[n]$是未知的，它的具体形式无法严格导出，因而在实际应用中还需要采用合理的近似才能得出具体的结果。

应当指出，由 Kohn-Sham 方程解出的 $\Psi_i(\boldsymbol{r})$只能给出精确的电子密度 $n(\boldsymbol{r})$，但不能保证由 $\Psi_i(\boldsymbol{r})$所构成的 Slater 行列式也给出精确的波函数 $\Psi(\boldsymbol{r}_1,\cdots,\boldsymbol{r}_N)$。

体系的基态总能量可用已求出的电子密度 $n(\boldsymbol{r})$代入式(2-100)得出

$$E=\sum_i\varepsilon_i-\frac{e^2}{8\pi\varepsilon_0}\iint \mathrm{d}\boldsymbol{r}\mathrm{d}\boldsymbol{r}'\frac{n(\boldsymbol{r})n(\boldsymbol{r}')}{|\boldsymbol{r}-\boldsymbol{r}'|}+E_{xc}[n]-\int \mathrm{d}\boldsymbol{r}V_{xc}(\boldsymbol{r})\,n(\boldsymbol{r}) \tag{2-106}$$

其中

$$\sum_i\varepsilon_i=\sum_i\left[\Psi_i\left|-\frac{\hbar^2}{2m}\nabla^2+V_{eff}(\boldsymbol{r})\right|\Psi_i\right] \tag{2-107}$$

总能量并不等于 ε_i 之和，ε_i 不能解释为多电子体系中的单电子能量，ε_i 与 ε_j 之差也不代表从 i 态至 j 态的激发能，ε_i 只是拉格朗日乘子。

三、局域密度近似

在实际应用密度泛函理论时，关键是如何近似处理交换关联能泛函 $E_{xc}[n]$。对于非均匀电子体系，空间 r 处电子密度的任意微小改变，都将影响全局，$E_{xc}[n]$对 n 的泛函依赖是非定域的，与整个电子密度分布有关。但当电子密度的空间变化非常缓慢时，可将空间分成许多足够小的体积元，每个体积元中的电子分布近似是均匀的，其密度为常量 n_0，但不同体积元的 n_0 值不同。若把 n_0 看成是 $\boldsymbol{r}$ 的函数，记为 $n(\boldsymbol{r})$，而交换关联能也利用均匀电子体系的有关结果给出，只是将其中的 n_0 换为 $n(\boldsymbol{r})$，则泛函 $E_{xc}[n]$就约化为依赖于局域密度 $n(\boldsymbol{r})$的常规函数，

$$E_{xc}[n]=\int \mathrm{d}\boldsymbol{r}\, n(\boldsymbol{r})\varepsilon_{xc}(n(\boldsymbol{r})) \tag{2-108}$$

式中 $\varepsilon_{xc}(n(\boldsymbol{r}))$为均匀电子体系的交换关联能密度，它只是 $n(\boldsymbol{r})$的常规函数并非泛函。这种近似称为局域密度近似(Local Density Approximation，简写为 LDA)，采用这种近似的密度泛函理论称为局域密度泛函理论。

Kohn - Sham 方程中的交换关联势现在可以近似为

$$V_{xc}(\boldsymbol{r})=\frac{\delta E_{xc}[n]}{\delta n(\boldsymbol{r})}=\frac{\mathrm{d}}{\mathrm{d}n(\boldsymbol{r})}[n(\boldsymbol{r})\varepsilon_{xc}(n(\boldsymbol{r}))] \tag{2-109}$$

对于均匀电子体系，交换能和关联能都有理论结果，可将 ε_{xc} 分为两部分，

$$\varepsilon_{xc}=\varepsilon_{ex}+\varepsilon_{c} \tag{2-110}$$

其中 ε_{ex} 为交换能密度，可由均匀电子体系近似(Hartree - Fock 近似)得到；ε_c 为关联能密度，用 Monte - Carlo 法可得到比较精确的结果，得出 $\varepsilon_{xc}(n(\boldsymbol{r}))$就可以求解 Kohn - Sham 方程。

局域密度近似是一种简单可行的近似方法，在凝聚态物理及量子化学中已有广泛的应用并取得了较好的效果。Kohn 因为在密度泛函理论中的杰出贡献获 1998 年诺贝尔化学奖。结合一些能带计算方法，对于许多半导体和一些金属基态性质，诸如晶格常数、晶体结合能、晶格力学性质等，局域密度泛函理论都给出与实验测量值符合很好的计算结果；对大部分半导体和金属也能给出与实验符合得很好的价带。但也遇到了一些困难，特别是对金属的 d 带宽度及半导体的禁带宽度得到的结果与实验值相差 35%～50%，导带底能量的确定遇到了严重的困难。这种误差到底有多大是由局域密度近似引起的，目前仍然不是很清楚，因为将 Kohn - Sham 方程本征值解释为准粒子激发能还存在疑问。一般认为，局域密度泛函理论不能给出正确的电子激发能。

习　题

1. 考虑二维正方晶格中的自由电子。证明第一布里渊区顶角处电子能量是区边中点电子能量的两倍。

2. 按近自由电子近似，禁带产生的原因是什么？按紧束缚近似，禁带是什么？分析讨论影响允带和禁带宽度的因素。

3. 已知一维晶体的电子能带可写成 $E(k)=\frac{\hbar^2}{ma^2}\left(\frac{7}{8}-\cos(ka)+\frac{1}{8}\cos(2ka)\right)$，式中 a 是晶格常数。试求：(1)能带的宽度；(2)电子在波矢 k 状态时的速度；(3)能带底部和顶部电子的

有效质量。

4. 设晶格常数为 a 的一维晶体，导带极小值附近的能量为 $E_c(k)=\dfrac{\hbar^2k^2}{3m}+\dfrac{\hbar^2(k-k_1)^2}{m}$

价带极大值附近的能量为

$$E_v(k)=\frac{\hbar^2k_1{}^2}{6m}-\frac{3\hbar^2k^2}{m}$$

式中 m 为自由电子质量，$k_1=\dfrac{\pi}{a}$。试求：(1)禁带宽度；(2)导带底电子的有效质量。

5. 电子在周期场中的势能

$$V(x)=\begin{cases}\dfrac{1}{2}m\omega^2[b^2-(x-na)^2],na-b\leqslant x\leqslant na+b\\ 0,(n-1)a+b\leqslant x\leqslant na-b\end{cases}$$

且 $a=4b$，ω 是常数。(1)试画出此势能曲线；(2)求晶体的第一禁带宽度 E_{g1}。

6. 利用紧束缚近似得到的 s 电子的能带表达式

$$E_s(\boldsymbol{k})=E_s^{at}+C_s-J\sum_{R_n}^{\text{近邻}}\mathrm{e}^{i\boldsymbol{k}\cdot\boldsymbol{R}_n}$$

试求面心立方晶体(fcc)s 能带的能量 $E_s(\boldsymbol{k})$。

第三章　原子间的键合

固体是由大量原子结合而形成的，两个或多个原子（离子）之间依靠化学键结合成相对稳定的分子或晶体。固体材料中典型的化学键有共价键、离子键和金属键三种。所谓化学键就是原子（或离子）间比较强烈的相互作用。从能量的角度来看，分子或晶体处于稳定状态时，它的总能量（动能和势能）比组成这个体系的个别自由原子的能量总和要低，两者之差就是该分子或晶体的结合能（化学键能）。所以化学键理论的核心，就是要对形成分子或晶体的结合能做出满意的解释。

本章在介绍结合能一般概念的基础上，将重点讨论共价键和离子键的结合能。

第一节　结　合　能

无论原子以何种键结合成分子或晶体，只有当这个体系的总能量比原子在自由状态的能量总和低时，才是稳定的。自由原子的能量总和与晶体总能量之差定义为晶体的结合能 E_b，用公式可表示为

$$E_b = E_N - E_0 \tag{3-1}$$

式中 E_0 是晶体的总能量；E_N 为组成这晶体的 N 个原子在自由状态时的能量总和。结合能 E_b 就是把晶体分解为自由原子时所需要的能量，其大小依赖于原子间相互作用的强弱。通常取 $E_N=0$ 作为能量的零点，当 $T=0\text{K}$ 时，如略去零点能的贡献，则晶体的总能量 E_0 就等于原子间总的相互作用能 U，也就是晶体的内能。

晶体中粒子间的相互作用可以分为两大类：吸引作用和排斥作用。吸引作用是由于异性电荷之间的库仑引力；排斥作用包括同性电荷之间的库仑力和泡利原理所引起的排斥。两个原子间的互作用势能 $u(r)$ 如图 3-1 所示，由势能可以计算互作用力

$$f(r) = -\frac{\mathrm{d}u(r)}{\mathrm{d}r} \tag{3-2}$$

由图 3-1 可见，当两原子很靠近时，斥力大于引力，总的作用力 $f(r)>0$；当两原子相距较远时，引力大于斥力，总的作用力 $f(r)<0$。在某适当距离 r_0，引力和斥力相抵消，$f(r)=0$，即

$$f(r_0) = -\frac{\mathrm{d}u(r)}{\mathrm{d}r}\Big|_{r_0} = 0 \tag{3-3}$$

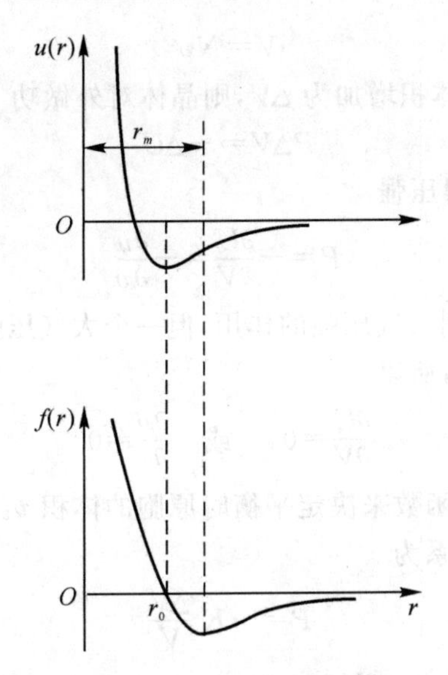

图 3-1　原子间的相互作用

由此可以确定原子间的平衡距离 r_0。有效引力最大时两原子间的距离 r_m 可由下式求出。

$$\frac{\mathrm{d}f(r)}{\mathrm{d}r}\bigg|_{r_m}=-\frac{\mathrm{d}u^2(r)}{\mathrm{d}r^2}\bigg|_{r_m}=0 \tag{3-4}$$

两个原子间的互作用势能常用幂函数来表示，即

$$u(r)=-\frac{A}{r^m}+\frac{B}{r^n} \tag{3-5}$$

式中 r 为两个原子间的距离；A,B,m,n 均为大于零的常数，第一项表示吸引能，第二项表示排斥能。

按照经典处理方法，晶体中总的相互作用势能可以视为原(离)子对间的互作用势能之和，这样可以通过先计算两个原子之间的互作用势能，然后再把晶格结构因素考虑进去，综合起来就可以求得晶体的总势能。

若晶体中两个原子间的互作用势能为 $u(r_{ij})$，则由 N 个原子组成的晶体总的互作用势能为

$$U(r)=\frac{1}{2}\sum_i^N\sum_j^N{}' u(r_{ij})\quad(i\neq j) \tag{3-6}$$

式中因子$\frac{1}{2}$是由于 $u(r_{ij})$ 与 $u(r_{ji})$ 是同一个互作用势能。由于晶体表面层原子的数目比晶体内部原子数目少得多，如果忽略晶体表面层原子和内部原子对势能贡献的差别，则不会引起多大的误差，对式(3-6)简化，得到由 N 个原子组成的晶体总的互作用势能为

$$U(r)=\frac{N}{2}\sum_j^N{}' u(r_{1j})\quad(j\neq 1,j=2,3,4,\cdots,N) \tag{3-7}$$

知道了晶体的结合能，可以计算出晶体的晶格常数、体积弹性模量等，而这些量在实验上是可以测定的。因此将理论计算与实验进行对比，就可以检验理论的正确性。结合能的研究有助于了解组成晶体的粒子间相互作用的本质，为新材料的设计与制备提供了理论指导。

设在体积 V 内有 N 个原胞(或原子)，每个原胞的体积是 v；又令 U 代表 N 个原胞总的互作用能，$u(r)$代表晶格中每个原胞的平均势能，则

$$U=Nu(r)$$

$$V=Nv$$

在压强 P 的作用下，晶体体积增加为 ΔV，则晶体对外做功

$$P\Delta V=-\Delta U$$

式中 ΔU 是总能量的增加，可得压强

$$P=-\frac{\partial U}{\partial V}=-\frac{\partial u}{\partial v}$$

在自然平衡时，晶体只受到大气压强的作用，但一个大气压强对晶体体积的改变量是非常小的，故可以近似地认为 $P=0$，所以

$$\frac{\partial U}{\partial V}=0,\quad 或\quad \frac{\partial u}{\partial v}=0 \tag{3-8}$$

根据式(3-8)可以从势能函数来决定平衡时原胞的体积 v。

压强与体积弹性模量的关系为

$$P=-K\frac{\Delta V}{V} \tag{3-9}$$

式中 K 为体积弹性模量。由 $P=-\dfrac{\partial U}{\partial V}$，把势能函数 $U(r)$ 在平衡点展开，得

$$P=-\frac{\partial U}{\partial V}=-\left(\frac{\partial U}{\partial V}\right)_{V_0}-\left(\frac{\partial^2 U}{\partial V^2}\right)_{V_0}\delta V+\cdots$$

第一项为零。当体积 δV 很小时，只计算到第二项，所以

$$P=-\left(\frac{\partial^2 U}{\partial V^2}\right)_{V_0}V_0\left(\frac{\delta V}{V_0}\right)$$

与式(3-9)相比较，可得体积弹性模量

$$K=V_0\left(\frac{\partial^2 U}{\partial V^2}\right)_{V_0} \tag{3-10}$$

晶格所能容耐的最大张力叫抗张强度，相当于晶格中原胞间的最大(有效)引力，即

$$P=\left(\frac{\partial u}{\partial v}\right)_{v_m}$$

式中 v_m 就相当于前述的 r_m。对照式(3-4)，v_m 由下式决定：

$$\frac{\partial^2 u}{\partial v^2}\bigg|_{v_m}=0 \tag{3-11}$$

第二节　共价键理论

共价键理论主要包括价键理论和分子轨道理论两种模型。这两种理论的出发点有所区别，价键理论认为在分子中还保持原子的基本特征，共价键来源于相邻原子间未成对的共有电子在原子核间的运动及分布。这种理论在解释一些分子结构中取得了很大成功，可以很直观地了解共价键的本质，但在解释多原子的分子结构时存在较大的局限性。分子轨道理论认为形成化学键的电子是在遍布于整个分子的区域内运动的，在处理方法上把分子作为一个整体。分子中各个原子核形成一个多中心的势场，而每一个电子是在这个由核及其他电子形成的势场中运动的。共价键理论内容非常丰富，本节只能对其理论基础作一简要介绍。

一、价键理论

氢分子的化学键是最典型的共价键。共价键的现代理论是以氢分子的量子理论为基础。

下面我们将通过对氢原子结合成氢分子的过程进行讨论，进一步深刻认识共价键的本质。

(一)氢分子体系特征

实验测得氢分子的结合能为 4.58×10^5 J/mol，两个氢原子核间的距离(键长)为 0.74Å，共价键理论应该能对这个实验结果做出解释。

图 3-2 是氢分子各质点间的坐标示意图，体系的薛定谔方程

$$\hat{H}\psi=E\psi \tag{3-12}$$

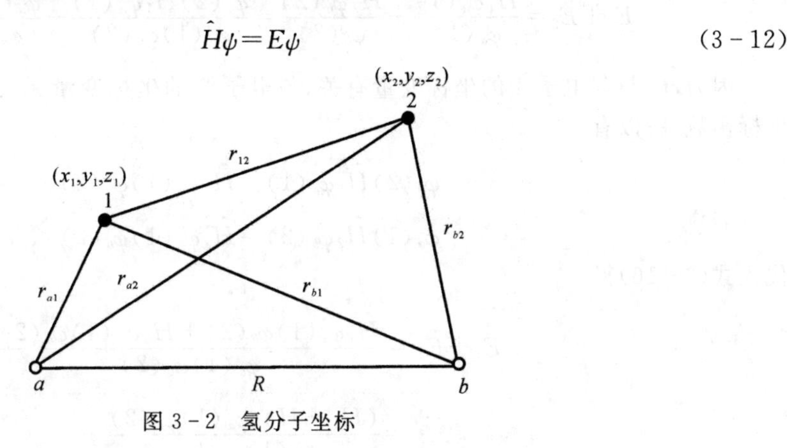

图 3-2　氢分子坐标

由于电子的质量比原子核小得多，因此假定原子核不动，即采取定核近似。图 3-2 中 R 代表两个原子核间的距离，故 $+\dfrac{e^2}{R}$ 为核与核之间的排斥能；$-\dfrac{e^2}{r_{a1}}$ 和 $-\dfrac{e^2}{r_{b1}}$ 分别为电子 1 与核 a 和核 b 之间的互作用势能；$-\dfrac{e^2}{r_{a2}}$ 和 $-\dfrac{e^2}{r_{b2}}$ 分别为电子 2 与核 a 和核 b 之间的互作用势能；$+\dfrac{e^2}{r_{12}}$ 为电子 1 和电子 2 间的排斥能。于是，整个分子体系的哈密顿算符为

$$\hat{H}=-\frac{\hbar^2}{2m}(\nabla_1^2+\nabla_2^2)-\frac{e^2}{r_{a1}}-\frac{e^2}{r_{a2}}-\frac{e^2}{r_{b1}}-\frac{e^2}{r_{b2}}+\frac{e^2}{R}+\frac{e^2}{r_{12}} \tag{3-13}$$

式中 $\nabla_1^2=\dfrac{\partial^2}{\partial x_1^2}+\dfrac{\partial^2}{\partial y_1^2}+\dfrac{\partial^2}{\partial z_1^2}$，$\nabla_2^2=\dfrac{\partial^2}{\partial x_2^2}+\dfrac{\partial^2}{\partial y_2^2}+\dfrac{\partial^2}{\partial z_2^2}$ 为拉普拉斯算符。

由于作了定核近似，因此算符中不包含核的动能算符，这样解出来的波函数也就只反映电子运动的状态。

(二)氢分子结构的变分法处理

在量子力学中，我们已经得到氢原子的基态波函数

$$\psi_{1s}=\frac{1}{\sqrt{\pi}}\left(\frac{1}{a_0}\right)^{\frac{3}{2}}e^{-\frac{r}{a_0}} \tag{3-14}$$

对于氢分子，假设两原子间的互作用忽略不计时，电子 1 和电子 2 各自绕核 a 和 b 运动。电子 1 和电子 2 的波函数为

$$\varphi_a(1)=\sqrt{\frac{1}{\pi a_0^3}}e^{-\frac{r_{a1}}{a_0}}\qquad \varphi_b(2)=\sqrt{\frac{1}{\pi a_0^3}}e^{-\frac{r_{b2}}{a_0}}$$

对应的能量分别为 E_1 和 E_2。各自的哈密顿算符为

$$\hat{H}_1=-\frac{\hbar^2}{2m}\nabla_1^2-\frac{e^2}{r_{a1}}\qquad \hat{H}_2=-\frac{\hbar^2}{2m}\nabla_2^2-\frac{e^2}{r_{b2}}$$

由这样两个忽略互作用的原子组成的体系，总能量 $E=E_1+E_2$，体系的总哈密顿算符

$$\hat{H}=-\frac{\hbar^2}{2m}(\nabla_1^2+\nabla_2^2)-\frac{e^2}{r_{a1}}-\frac{e^2}{r_{b2}}=\hat{H}_1+\hat{H}_2 \tag{3-15}$$

设该体系波函数为 ψ_1，因为

$$E_1=\frac{\hat{H}_1\varphi_a(1)}{\varphi_a(1)},E_2=\frac{\hat{H}_2\varphi_b(2)}{\varphi_b(2)}$$

所以

$$E_1+E_2=\frac{\hat{H}_1\varphi_a(1)}{\varphi_a(1)}+\frac{\hat{H}_2\varphi_b(2)}{\varphi_b(2)}=\frac{\varphi_b(2)\hat{H}_1\varphi_a(1)}{\varphi_a(1)\varphi_b(2)}+\frac{\varphi_a(1)\hat{H}_2\varphi_b(2)}{\varphi_a(1)\varphi_b(2)} \tag{3-16}$$

因为 $\hat{H}_1$ 只与电子 1 的坐标变量有关，与电子 2 的坐标变量无关，而 $\varphi_b(2)$ 只是电子 2 的坐标函数，所以有

$$\varphi_b(2)\hat{H}_1\varphi_a(1)=\hat{H}_1\varphi_a(1)\varphi_b(2)$$

$$\varphi_a(1)\hat{H}_2\varphi_b(2)=\hat{H}_2\varphi_a(1)\varphi_b(2)$$

代入式(3-16)得

$$\begin{aligned}E_1+E_2&=\frac{\hat{H}_1\varphi_a(1)\varphi_b(2)+\hat{H}_2\varphi_a(1)\varphi_b(2)}{\varphi_a(1)\varphi_b(2)}\\&=\frac{(\hat{H}_1+\hat{H})_2\varphi_a(1)\varphi_b(2)}{\varphi_a(1)\varphi_b(2)}\\&=\frac{\hat{H}\varphi_a(1)\varphi_b(2)}{\varphi_a(1)\varphi_b(2)}\end{aligned} \tag{3-17}$$

因为 $\hat{H}\psi_1=E\psi_1$

所以当 $E=E_1+E_2$ 时，有

$$\psi_1=\varphi_a(1)\varphi_b(2) \tag{3-18}$$

式(3-18)说明当一个体系的能量等于体系中几个子体系的能量之和时，则这个体系的波函数就等于这几个子体系波函数的乘积。

ψ_1 不能直接反映氢原子互相结合成氢分子的实际情况。因此，可以考虑另一种极端情况，即电子 2 只在核 a 周围运动，只受核 a 的影响，而电子 1 只在核 b 周围运动，只受核 b 的影响。此时体系的波函数可写为

$$\psi_2=\varphi_a(2)\varphi_b(1) \tag{3-19}$$

Ψ_1 和 Ψ_2 虽然都不能反映氢分子的实际情况，但可以把它们的线性组合作为试探函数，即

$$\psi=C_1\psi_1+C_2\psi_2 \tag{3-20}$$

由于氢原子的基态波函数都是实函数，所以 ψ_1 和 ψ_2 也都是实函数，即 $\psi_1^*=\psi_1$，$\psi_2^*=\psi_2$。

把式(3-20)代入 $E=\dfrac{\int\psi^*\hat{H}\psi\mathrm{d}\tau}{\int\psi^*\psi\mathrm{d}\tau}$，得

$$E=\frac{\int(C_1\psi_1+C_2\psi_2)\hat{H}(C_1\psi_1+C_2\psi_2)\mathrm{d}\tau}{\int(C_1\psi_1+C_2\psi_2)(C_1\psi_1+C_2\psi_2)\mathrm{d}\tau} \tag{3-21}$$

式中的分母

$$\int(C_1\psi_1+C_2\psi_2)(C_1\psi_1+C_2\psi_2)\mathrm{d}\tau=\int(C_1^2\psi_1^2+2C_1C_2\psi_1\psi_2+C_2^2\psi_2^2)\mathrm{d}\tau$$

若 $\varphi_a(1)$，$\varphi_b(2)$ 均已归一化，则

$$\int C_1^2\psi_1^2 \mathrm{d}\tau = C_1^2\int [\varphi_a(1)\varphi_b(2)]^2 \mathrm{d}\tau_1 \mathrm{d}\tau_2$$

$$= C_1^2\int \varphi_a^2(1)\,\mathrm{d}\tau_1\int \varphi_b^2(2)\mathrm{d}\tau_2 = C_1^2$$

同理

$$\int C_2^2\psi_2^2 \mathrm{d}\tau = C_2^2$$

令

$$\int \psi_1\psi_2 \mathrm{d}\tau = S$$

则式(3-21)中的分母项

$$\int (C_1\psi_1 + C_2\psi_2)(C_1\psi_1 + C_2\psi_2)\mathrm{d}\tau = C_1^2 + C_2^2 + 2C_1C_2S \tag{3-22}$$

为方便对式(3-21)中的分子项进行运算，令

$$H_{11} = \int \psi_1\ \hat{H}\psi_1 \mathrm{d}\tau,\quad H_{12} = \int \psi_1\ \hat{H}\psi_2 \mathrm{d}\tau$$

$$H_{22} = \int \psi_2\ \hat{H}\psi_2 \mathrm{d}\tau,\quad H_{21} = \int \psi_2\ \hat{H}\psi_1 \mathrm{d}\tau$$

从氢分子的哈密顿算符可见，交换一下电子 1 和电子 2 的坐标，算符的形式不发生变化，所以 $H_{12}=H_{21}$。将式(3-21)中的分子项展开，得

$$\int (C_1\psi_1 + C_2\psi_2)\ \hat{H}(C_1\psi_1 + C_2\psi_2)\mathrm{d}\tau$$

$$= \int (C_1^2\psi_1\hat{H}\psi_1 + C_1C_2\psi_1\ \hat{H}\psi_2 + C_1C_2\psi_2\ \hat{H}\psi_1 + C_2^2\psi_2\ \hat{H}\psi_2)\mathrm{d}\tau$$

$$= C_1^2H_{11} + C_2^2H_{22} + 2C_1C_2H_{12} \tag{3-23}$$

把式(3-22)和式(3-23)代入式(3-21)，得

$$E=\frac{C_1^2H_{11}+C_2^2H_{22}+2C_1C_2H_{12}}{C_1^2+C_2^2+2C_1C_2S}$$

因为 ψ_1 和 ψ_2 状态的能量应该是一致的，所以 $H_{11}=H_{22}$，有

$$E=\frac{(C_1^2+C_2^2)H_{11}+2C_1C_2H_{12}}{C_1^2+C_2^2+2C_1C_2S} \tag{3-24}$$

按变分法原理，使 $\frac{\partial E}{\partial C_1}=0$，$\frac{\partial E}{\partial C_2}=0$，整理后得

$$\begin{aligned} C_1(H_{11}-E)+C_2(H_{12}-ES)=0 \\ C_1(H_{12}-ES)+C_2(H_{11}-E)=0 \end{aligned} \tag{3-25}$$

C_1 及 C_2 为可调节参量，因此不能同时等于零。要使 C_1 及 C_2 有不等于零的解，其系数行列式应等于零。故

$$\begin{vmatrix} (H_{11}-E) & (H_{12}-ES) \\ (H_{12}-ES) & (H_{11}-E) \end{vmatrix}=0$$

即

$$(H_{11}-E)^2=(H_{12}-ES)^2$$

$$(H_{11}-E)=(H_{12}-ES)$$

$$(H_{11}-E)=-(H_{12}-ES)=ES-H_{12}$$

得

$$E_S=\frac{H_{11}+H_{12}}{1+S} \tag{3-26}$$

$$E_A=\frac{H_{11}-H_{12}}{1-S} \tag{3-27}$$

从式(3-25)可见，C_1 及 C_2 存在着两种可能关系，即 $C_1=C_2$ 及 $C_1=-C_2$。当 $H_{11}-E=H_{12}-ES$ 时，$C_1=-C_2$；$H_{11}-E=ES-H_{12}$ 时，$C_1=C_2$。即当 $E=E_S$ 时，$C_1=C_2$；当 $E=E_A$ 时，$C_1=-C_2$。

所以相应于 E_S 的波函数 ψ_S 为

$$\psi_S=C_1\psi_1+C_2\psi_2=C_1(\psi_1+\psi_2) \tag{3-28}$$

把这个函数归一化，即 $\int\psi_S^2\mathrm{d}\tau=1$，可得 $C_1=\frac{1}{\sqrt{2+2S}}$。当 $C_1=-C_2$ 时，同理可求得 $C_1=\frac{1}{\sqrt{2-2S}}$。最后可得

$$\psi_S=\frac{1}{\sqrt{2+2S}}(\psi_1+\psi_2)=\frac{1}{\sqrt{2+2S}}[\varphi_a(1)\varphi_b(2)+\varphi_a(2)\varphi_b(1)] \tag{3-29}$$

$$\psi_A=\frac{1}{\sqrt{2-2S}}(\psi_1-\psi_2)=\frac{1}{\sqrt{2-2S}}[\varphi_a(1)\varphi_b(2)-\varphi_a(2)\varphi_b(1)] \tag{3-30}$$

至此，我们实际上已解决了氢分子结构问题。只要求出 H_{11}，H_{12} 及 S 就可以把 E_S 及 E_A 计算出来。因为 $\varphi_a(1)$ 及 $\varphi_b(2)$ 都是氢原子的基态波函数，故 ψ_1 及 ψ_2 的解析式都是已知的，而哈密顿算符 $\hat{H}$ 也是已知的，因而 H_{11}，H_{12} 及 S 都可以求出。不过这在数学上是比较复杂的，这里不作详细介绍。计算结果表明，H_{11}，H_{12} 及 S 都是核间距 R 的函数，故 E_S 及 E_A 也是 R 的函数，但其变化趋势不同。

图 3-3 是氢分子中 $E_S(R)$ 及 $E_A(R)$ 的曲线图，图中虚线表示实验值。从图中可以看出，$E_S(R)$ 曲线在 $R_0=0.87$Å 附近有一个能量最低点，这个能量值比两个孤立氢原子的总能量还要低。因此，在 $R_0=0.87$Å 时，两个氢原子将形成稳定的氢分子，此时的状态 ψ_S 就是吸引态或者称为氢分子的基态。$E_A(R)$ 的曲线表明 ψ_A 状态是排斥态。在这种状态下，R 值愈小，能量值 $E_A(R)$ 愈大，因此不可能结合成 H_2 分子。

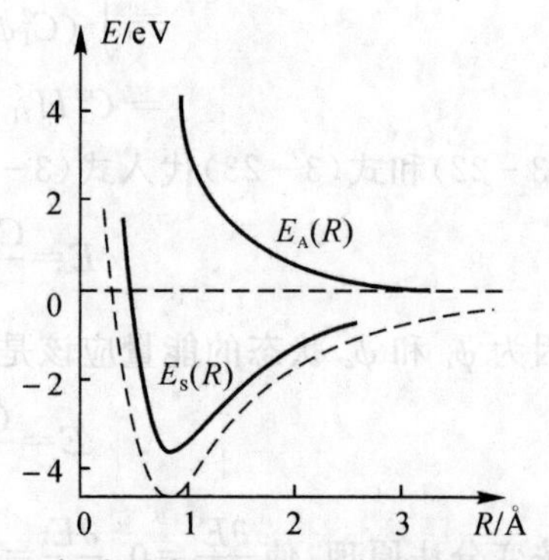

图 3-3　氢分子中 E_S 及 E_A 与核间距 R 的关系

吸引态的能量最低值为 3.14eV（3×10^5J/mol），计算结果与实验结果（4.58×10^5J/mol）有一定差距，但它还是很好地说明两个氢原子为什么能结合成氢分子。误差来源于试探函数的选择不是很理想，后来很多工作更仔细地考虑到氢原子结合成氢分子时的物理化学特征，提出了更好的试探波函数，计算的结合能为 4.56×10^5J/mol，核间距为 0.74Å，与实验结果非常一致。这证明量子力学能非常成功地解释化学键的本质。

图 3-4 是两种状态的电子云密度分布示意图。数字愈大表示电子云密度愈大，同一数字表示一种等密度面。由图可见，在核周围电子云密度较大，离核远时密度递减。在 ψ_S 态核间电子云密度梯度较其他方向要小，表示核间电子云比较密集且相互重叠。而 ψ_A 态核间电子云密度梯度较其他方向要大，即核间电子云密度随离核距离加大而迅速下降，说明核间电子云重叠很小。这样我们对共价键的本质就有了一个更好的了解。当两个原子靠近时，电子云在两个核间密集，使体系能量降低。这相当于核间密集的电子云把两个带正电荷的核吸引在一起，

形成氢分子。而在排斥态时，电子云在两个核外比较密集，核间电子密度很小，排斥力很大，而核外侧密集的电子云使核分离，使氢分子不能形成。

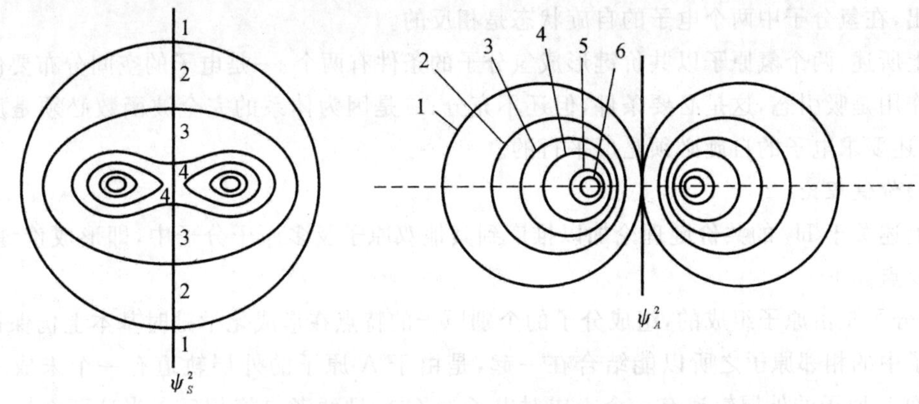

图 3－4 ψ_S 态及 ψ_A 态的电子云密度分布示意图

(三)氢分子的完全波函数

上述讨论的关于氢分子的波函数，只考虑了电子波函数的空间分布部分，未考虑电子自旋，这是不完全的。氢分子的完全波函数应该把电子的自旋部分也包括进去。泡利不相容原理要求对于两个处于不同状态的电子，体系的完全波函数必须是反对称的。已知电子的自旋状态有两种，若以 α 和 β 分别代表这两种自旋状态波函数，忽略自旋角动量之间的相互作用，氢分子中两个电子 1,2 可能形成的自旋状态为

$$u_1=\alpha(1)\alpha(2)$$

$$u_2=\beta(1)\beta(2)$$

$$u_3=\alpha(1)\beta(2)$$

$$u_4=\beta(1)\alpha(2)$$

全同性原理要求，描述电子运动的波函数必须是反对称或对称而不能是非对称的。因此，u_3，u_4 这两个状态不符合要求。因为 $u_3=\alpha(1)\beta(2)$，若把 1,2 交换一下坐标就变成 $\alpha(2)\beta(1)$，显然与原来 u_3 既不是对称也不是反对称。u_1 及 u_2 则是对称的。u_3 和 u_4 虽然是非对称的，但可以用它们的线性组合

$$u_5=\alpha(1)\beta(2)+\beta(1)\alpha(2)$$

$$u_6=\alpha(1)\beta(2)-\beta(1)\alpha(2)$$

表示氢分子中电子可能的两种自旋波函数。可以看出，u_1，u_2，u_5 是对称的，u_6是反对称的。

由式(3－29)及式(3－30)不难看出，空间波函数 ψ_S 是对称的，ψ_A 是反对称的。而把自旋运动和空间运动都考虑在内，忽略自旋运动和空间运动之间的相互作用，氢分子可能的完全波函数共有八种，可分为两类：

(1)对称的： $\psi_S u_1$ $\psi_S u_2$ $\psi_S u_5$ $\psi_A u_6$

(2)反对称的： $\psi_A u_1$ $\psi_A u_2$ $\psi_A u_5$ $\psi_S u_6$

由于泡利不相容原理要求氢分子的完全波函数必须是反对称的，而上述四种反对称状态的前三种空间波函数都属于排斥态，在能量上是不稳定的。因此，氢分子的完全波函数只能是 $\psi_S u_6$ 态，即

$$\psi=\frac{1}{\sqrt{2+2S}}[\varphi_a(1)\varphi_b(2)+\varphi_a(2)\varphi_b(1)][\alpha(1)\beta(2)-\beta(1)\alpha(2)] \tag{3-31}$$

可以看出,在氢分子中两个电子的自旋状态是相反的。

综上所述,两个氢原子以共价键形成氢分子的条件有两个:一是电子的空间分布要使原子的相互作用是吸引态,这是必要条件,但还不充分;二是因为体系的完全波函数必须是反对称的,因此还要求电子的自旋必须是反平行的。

(四)价键理论

把上述关于 H_2 的共价键理论加以推广到其他双原子及多原子分子中,即形成价键理论,其基本要点如下。

(1)分子是由原子组成的,组成分子的个别原子的特点在形成化学键时基本上仍保持着。

分子中的相邻原子之所以能结合在一起,是由于 A 原子的外层轨道有一个未成对电子 $\varphi_A(1)$,而 B 原子的外层轨道有一个未成对电子 $\varphi_B(2)$,且两者自旋相反。当这两个原子相互接近时,可以互相配对形成共价单键,其波函数的形式为

$$\psi_{AB}=N[\varphi_A(1)\varphi_B(2)+\varphi_A(2)\varphi_B(1)][\alpha(1)\beta(2)-\beta(1)\alpha(2)] \tag{3-32}$$

式中 N 为归一化因子。由于这个理论认为不同原子的外层轨道的单个未成对电子可以互相两两耦合,因此又称为电子配对理论。

(2)原子具有未成对的电子是原子与相邻原子进行化合的先决条件。

若一个原子有两个、三个或更多个未成对的电子,那么它们与相应原子的电子配对形成多键。如 N≡N 分子是共价三键,因为每个氮原子有三个 2p 的未成对电子。

如果 A 有两个未成对电子,而 B 只有一个,那么 A 就能和两个 B 化合成 AB_2 型分子,如水分子 H_2O。这样对共价键的饱和性也就不难理解了。

(3)电子云最大重叠原理。

从氢分子的讨论中可以看出,由于原子间电子云的重叠使体系能量下降,这是成键的原因。因此在核间距离一定时,电子云的重叠程度就反映了成键的能力。例如 p 轨道有方向性,伸展得比较远,在主量子数相同的原子轨道中,p 轨道的电子云密度沿对称轴方向较 s 轨道为大,故一般说 p 轨道所形成的共价键较 s 轨道的更为牢固。

(4)杂化轨道理论。

上述电子云最大重叠原理可以解释共价键的方向性,但与实际情况并不完全一致。如对 H_2O 分子,按上面的解释键角应等于 90°,但实际测得它的键角为 104.5°。在对碳化物作解释时困难就更大了。因为碳原子的电子构型为 $1s^22s^22p^2$,只有两个未成对的 2p 电子。由上所述,碳原子应该为二价,但实际上碳经常呈四价,如 CH_4。另外,碳的四个化学键都是等同的,键角为 109°28′。为了解释这些实验事实,价键理论就提出了杂化轨道的概念。

原子在化合成分子的过程中,根据原子的成键要求,在周围原子的影响下,将原有的原子轨道进一步线性组合成新的原子轨道。这种在一个原子中不同原子轨道的线性组合,称为原子轨道的杂化(hybridization)。杂化后的原子轨道称为杂化轨道(hybrid orbital)。杂化时轨道的数目不变,轨道在空间的分布方向和分布情况发生改变。杂化轨道的角度波函数在某个方向的值比杂化前的大得多,更有利于原子轨道间最大限度地重叠,因而杂化轨道比原来轨道的成键能力强。杂化轨道之间力图在空间取最大夹角分布,使相互间的排斥能最小,故形成的键较稳定。不同类型的杂化轨道之间的夹角不同,成键后所形成的分子就具有不同的空间

构型。

按参加杂化的原子轨道种类，轨道的杂化有 sp 和 spd 两种主要类型。在某个原子的几个杂化轨道中，参与杂化的 s，p，d 等成分相等，称为等性杂化轨道；若不相等，则称为不等性杂化轨道。

1)sp 型杂化。

能量相近的 ns 轨道和 np 轨道之间的杂化称为 sp 型杂化。按参加杂化的 s 轨道、p 轨道数目的不同，sp 型杂化又可分为 sp，sp^2，sp^3 三种杂化。由 1 个 s 轨道和 1 个 p 轨道组合成 2 个 sp 杂化轨道的过程称为 sp 杂化，所形成的轨道称为 sp 杂化轨道。每个 sp 杂化轨道均含有 1/2 的 s 轨道成分和 1/2 的 p 轨道成分。为使相互间的排斥能最小，轨道间的夹角为 180°。当 2 个 sp 杂化轨道与其他原子轨道重叠成键后就形成直线型分子。由 1 个 s 轨道与 2 个 p 轨道组合成 3 个 sp^2 杂化轨道的过程称为 sp^2 杂化。每个 sp^2 杂化轨道含有 1/3 的 s 轨道成分和 2/3 的 p 轨道成分。为使轨道间的排斥能最小，3 个 sp^2 杂化轨道呈正三角形分布，夹角为 120°。当 3 个 sp^2 杂化轨道分别与其他 3 个相同原子的轨道重叠成键后，就形成正三角形构型的分子。由 1 个 s 轨道和 3 个 p 轨道组合成 4 个 sp^3 杂化轨道的过程称为 sp^3 杂化。每个 sp^3 杂化轨道含有 1/4 的 s 轨道成分和 3/4 的 p 轨道成分。为使轨道间的排斥能最小，4 个顶角的 sp^3 杂化轨道间的夹角均为 109°28′。当它们分别与其他 4 个相同原子的轨道重叠成键后，就形成正四面体构型的分子。据此可以很好地解释碳原子在成键时为什么常呈现四价。

2)spd 型杂化。

在一些过渡元素的原子中，能量相近的 $(n-1)$d 与 ns～np 轨道或 ns，np 与 nd 轨道组合成新的 dsp 或 spd 型杂化轨道，统称为 spd 型杂化。

杂化轨道具有和 s，p，d 等原子轨道相同的性质，必须满足正交性、归一性。如由 s 和 p 轨道，组成杂化轨道 $\psi_i = a_i \mathrm{s} + b_i \mathrm{p}$，由归一性有

$$\int \psi_i^* \psi_i \mathrm{d}\tau = 1\,, \quad a_i^2 + b_i^2 = 1$$

由正交性有

$$\int \psi_i^* \psi_j \mathrm{d}\tau = 0 \qquad (i \neq j)$$

根据这一基本性质，考虑杂化轨道的空间分布及未杂化前原子轨道的取向，就能写出各个杂化轨道中原子轨道的组合系数。例如由 s，p_x，p_y 组成的平面三角形的 sp^2 杂化轨道 ψ_1，ψ_2，ψ_3，当 ψ_1 极大值方向和 x 轴平行时，由等性杂化概念可知道每一轨道 s 成分占 1/3，组合系数为$\frac{1}{\sqrt{3}}$，其余 2/3 成分全由 p 轨道组成，因 ψ_1 与 x 轴平行，与 y 轴垂直，p_y 没有贡献，全部为 p_x。所以

$$\psi_1 = \sqrt{\frac{1}{3}}\mathrm{s} + \sqrt{\frac{2}{3}}\mathrm{p}_x$$

同理：

$$\psi_2 = \sqrt{\frac{1}{3}}\mathrm{s} - \sqrt{\frac{1}{6}}\mathrm{p}_x + \sqrt{\frac{1}{2}}\mathrm{p}_y$$

$$\psi_3 = \sqrt{\frac{1}{3}}\mathrm{s} - \sqrt{\frac{1}{6}}\mathrm{p}_x - \sqrt{\frac{1}{2}}\mathrm{p}_y$$

根据杂化轨道的正交性和归一性条件，两个等性杂化轨道的最大值之间的夹角 θ，可按下

式计算

$$\alpha+\beta\cos\theta+\gamma\left(\frac{3}{2}\cos^2\theta-\frac{1}{2}\right)+\delta\left(\frac{5}{2}\cos^3\theta-\frac{3}{2}\cos\theta\right)=0 \tag{3-33}$$

式中 $\alpha,\beta,\gamma,\delta$ 分别为 s,p,d,f 轨道所占的百分数。两个不等性杂化轨道的最大值之间的夹角 θ,可按下式计算

$$\sqrt{\alpha_i}\sqrt{\alpha_j}+\sqrt{\beta_i}\sqrt{\beta_j}\cos\theta_{ij}+\sqrt{\gamma_i}\sqrt{\gamma_j}\left(\frac{3}{2}\cos^2\theta_{ij}-\frac{1}{2}\right)+\sqrt{\delta_i}\sqrt{\delta_j}\left(\frac{5}{2}\cos^3\theta_{ij}-\frac{3}{2}\cos\theta_{ij}\right)=0 \tag{3-34}$$

对于只含 s 和 p 成分的杂化轨道,有

$$\cos\theta_{ij}=-\frac{\sqrt{\alpha_i\alpha_j}}{\sqrt{\beta_i\beta_j}}=-\sqrt{\frac{\alpha_i\alpha_j}{(1-\alpha_i)(1-\alpha_j)}} \tag{3-35}$$

对于等性杂化轨道,$\alpha_i=\alpha_j=\alpha$,

$$\cos\theta=-\frac{\alpha}{(1-\alpha)}=-\frac{\alpha}{\beta} \tag{3-36}$$

(5)σ 键和 π 键。

所谓 σ 键就是相邻原子的电子配对时,在沿着两个原子核的连线(键轴)上有电子云的最大重叠,电子云的分布是以键轴为旋转轴进行旋转对称配置的。假定键轴为 z 轴,原子的 p_x 和 p_y 轨道的极大值方向均与键轴垂直。当有两个原子沿 z 轴靠近,两个 p_x 轨道沿键轴方向肩并肩的重叠,在键轴两侧电子云比较密集,这个分子轨道的能级较相应的原子轨道低,为成键轨道,称为 π 键。例如 N_2 分子,每个 N 原子的外层有三个 p 轨道电子,它们俩俩配对而形成共价三键。因为三对 p 电子云相互重叠,所以只有一对电子云能形成 σ 键,如图 3-5 所示在 x 方向可以由 p_x-p_x 形成 σ 键。其余两对电子云,即 p_y-p_y 和 p_z-p_z 是在侧面进行叠合的,形成 π 键。所以 N_2 分子中有一个 σ 键及两个 π 键。π 键中的电子云分别对 xy 平面和 xz 平面进行对称配置。

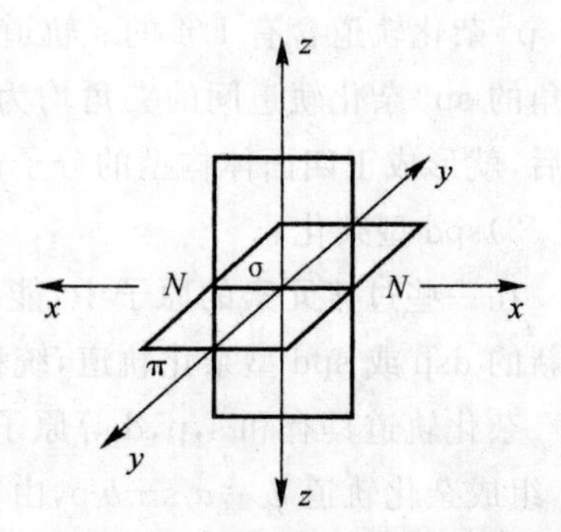

图 3-5　N_2 分子中的 σ 键和 π 键示意图

由于 σ 键的轨道重叠程度比 π 键的轨道重叠程度大,因而 σ 键比 π 键牢固。π 键较易断开,化学活泼性强,一般它是与 σ 键共存于具有双键或三键的分子中。σ 键是构成分子的骨架,可单独存在于两原子间,以共价键结合的两原子间只可能有 1 个 σ 键。

二、分子轨道理论

分子轨道理论与价键理论的主要区别是认为分子中的任何一个电子是在一个有效电场内运动的,这个电场由组成该分子的原子核及其他电子的平均效应而形成,是一个多中心场。在这种电场中运动的电子可以用一定的波函数 ψ 来描述它,这个波函数 ψ 代表了分子内电子的可能轨道,所以叫作分子轨道。这种模型与上述的电子配对法不一样,它把分子看成一个整体。在处理方法上则与处理多电子原子的过程相似,先把薛定谔方程化成单电子波函数的方程,得到各个单电子波函数的解,即定义为各种可能的分子轨道,由此得到分子轨道的能级图,再按一定规则将分子所具有的电子一个个填入这些轨道里,就可以得到分子的电子构型。下

面首先对由两个氢原子核及一个电子组成的氢分子离子 H_2^+ 进行处理，然后加以推广，对分子轨道理论的特点作一简要介绍。

(一)氢分子离子的近似解

氢分子离子包括两个原子核 a，b 和一个电子 e，如图 3-6 所示，R 表示两个原子核之间的距离，r_a 和 r_b 是电子与核 a 和核 b 之间的距离。氢分子离子的哈密顿算符为

$$\hat{H}=-\frac{\hbar^2}{2m}\nabla^2-\frac{e^2}{r_a}-\frac{e^2}{r_b}+\frac{e^2}{R}$$

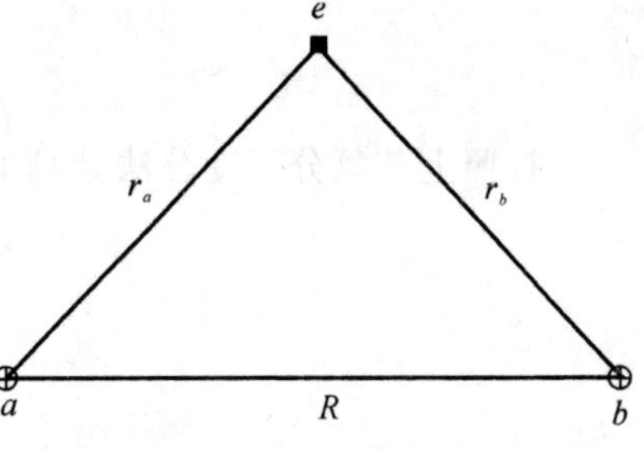

图 3-6　氢分子离子示意图

代入 $\hat{H}\psi=E\psi$ 即得到氢分子离子的薛定谔方程。如果核 a 及核 b 距离较远，$\frac{e^2}{R}$可忽略。若电子主要受核 a 的影响时，$\hat{H}_a=-\frac{\hbar^2}{2m}\nabla^2-\frac{e^2}{r_a}$，这就变成了求解氢原子的薛定谔方程，他的基态波函数 $\psi=\psi_a=\sqrt{\frac{1}{\pi a_0^3}}\mathrm{e}^{-\frac{r_a}{a_0}}$。同理，若电子主要受核 b 的影响时，$\hat{H}_b=-\frac{\hbar^2}{2m}\nabla^2-\frac{e^2}{r_b}$，$\psi=\psi_b=\sqrt{\frac{1}{\pi a_0^3}}\mathrm{e}^{-\frac{r_b}{a_0}}$。实际上电子是在 a，b 两个核形成的双中心场中运动的，可将 ψ_a 和 ψ_b 的线性组合作为试探函数，即

$$\psi=C_1\psi_a+C_2\psi_b \tag{3-37}$$

因为 ψ_a 和 ψ_b 都是原子轨道，所以这种方法称为原子轨道的线性组合，简称为 LCAO (Linear Combination of Atomic Orbitals)。将式(3-37)代入 $\hat{H}\psi=E\psi$，得

$$C_1(\hat{H}-E)\psi_a+C_2(\hat{H}-E)\psi_b=0 \tag{3-38}$$

用 ψ_a 左乘式(3-38)，并在整个空间积分可得

$$C_1\int\psi_a(\hat{H}-E)\psi_a\mathrm{d}\tau+C_2\int\psi_a(\hat{H}-E)\psi_b\mathrm{d}\tau=0 \tag{3-39}$$

ψ_a 和 ψ_b 都是氢原子的基态波函数，其形式是一样的，所以有

$$\int\psi_a\hat{H}\psi_a\mathrm{d}\tau=\int\psi_b\hat{H}\psi_b\mathrm{d}\tau$$

$$\int\psi_a\hat{H}\psi_b\mathrm{d}\tau=\int\psi_b\hat{H}\psi_a\mathrm{d}\tau$$

令

$$\alpha=\int\psi_a\hat{H}\psi_a\mathrm{d}\tau=\int\psi_b\hat{H}\psi_b\mathrm{d}\tau \tag{3-40}$$

$$\beta=\int\psi_a\hat{H}\psi_b\mathrm{d}\tau=\int\psi_b\hat{H}\psi_a\mathrm{d}\tau \tag{3-41}$$

$$S_{ab}=\int\psi_a\psi_b\mathrm{d}\tau=\int\psi_b\psi_a\mathrm{d}\tau \tag{3-42}$$

考虑到 ψ_a 和 ψ_b 都是归一化函数，则式(3-39)可写成

$$C_1(\alpha-E)+C_2(\beta-ES_{ab})\psi_b=0 \tag{3-43}$$

同理，用 ψ_b 左乘式(3-38)，则可得

$$C_1(\beta-ES_{ab})+C_2(\alpha-E)\psi_b=0 \tag{3-44}$$

为了使 C_1 及 C_2 有不等于零的解，方程(3-43)和(3-44)的系数行列式必须等于0，即

$$\begin{vmatrix}\alpha-E & \beta-ES_{ab}\\ \beta-E & S_{ab}\alpha-E\end{vmatrix}=0 \tag{3-45}$$

按照上节氢分子变分法处理的类似方法可求得 E 的两个解

$$E_1=\frac{\alpha+\beta}{1+S_{ab}} \tag{3-46}$$

$$E_2=\frac{\alpha-\beta}{1-S_{ab}} \tag{3-47}$$

同样可求得与 E_1 和 E_2 相对应的状态波函数

$$\psi_1=\frac{1}{\sqrt{2+2S_{ab}}}(\psi_a+\psi_b) \tag{3-48}$$

$$\psi_2=\frac{1}{\sqrt{2-2S_{ab}}}(\psi_a-\psi_b) \tag{3-49}$$

E_1 和 E_2 的大小主要取决于 α,β 及 S_{ab}，下面分别对其进行分析。

(1)重叠积分 S_{ab}。

因为 $S_{ab}=\int\psi_a\psi_b\mathrm{d}\tau$，而被积函数 $\psi_a\psi_b$ 的大小必然与 ψ_a 及 ψ_b 成正比。因此当 $\psi_a=0$ 时，即使 ψ_b 值有一定的大小，它们的乘积也等于零，只有在 ψ_a 及 ψ_b 都不为零的空间，$\psi_a\psi_b$ 才不等于零。S_{ab} 与核间距离 R 有关，反映了原子轨道 ψ_a 及 ψ_b 的重叠程度，ψ_a 与 ψ_b 的重叠部分愈大，S_{ab} 的数值也越大。当 $R=0$ 时，$S_{ab}=1$；当 $R\to\infty$ 时，$S_{ab}\to 0$；R 为其他值时，S_{ab} 的值可通过具体计算得到。因为 ψ_a 及 ψ_b 都是归一化函数，因此 S_{ab} 的值不会大于1。

(2)库仑积分 α。

由式(3-40)中 $\alpha=\int\psi_a\hat{H}\psi_a\mathrm{d}\tau$，而 $\hat{H}=-\frac{\hbar^2}{2m}\nabla^2-\frac{e^2}{ra}-\frac{e^2}{rb}+\frac{e^2}{R}$，故

$$\begin{aligned}\alpha&=\int\psi_a\left(-\frac{\hbar^2}{2m}\nabla^2-\frac{e^2}{r_a}-\frac{e^2}{r_b}+\frac{e^2}{R}\right)\psi_a\mathrm{d}\tau\\&=\int\psi_a\left(-\frac{\hbar^2}{2m}\nabla^2-\frac{e^2}{r_a}\right)\psi_a\mathrm{d}\tau+\int\psi_a\left(-\frac{e^2}{r_b}+\frac{e^2}{R}\right)\psi_a\mathrm{d}\tau\end{aligned} \tag{3-50}$$

式(3-50)右边第一项中 $\left(-\frac{\hbar^2}{2m}\nabla^2-\frac{e^2}{r_a}\right)$ 是氢原子的哈密顿算符，它作用于 ψ_a 就等于 $E_{1s}\psi_a$，即

$$\int\psi_a\left(-\frac{\hbar^2}{2m}\nabla^2-\frac{e^2}{r_a}\right)\psi_a\mathrm{d}\tau=\int\psi_aE_{1s}\psi_a\mathrm{d}\tau=E_{1s}\int\psi_a\psi_a\mathrm{d}\tau=E_{1s}$$

式(3-50)右边第二项是 R 的函数。实验表明，对于氢分子离子 H_2^+，核间距 $R_0=1.06$Å。用 R_0 代入，得

$$\int\psi_a\left(-\frac{e^2}{r_b}+\frac{e^2}{R}\right)\psi_a\mathrm{d}\tau=\int\psi_a\left(-\frac{e^2}{r_b}\right)\psi_a\mathrm{d}\tau+\frac{e^2}{R_0}\int\psi_a\psi_a\mathrm{d}\tau=\frac{e^2}{R_0}-\int\psi_a\frac{e^2}{r_b}\psi_a\mathrm{d}\tau$$

其中积分式 $\int\psi_a\frac{e^2}{r_b}\psi_a\mathrm{d}\tau$ 可用椭球体坐标来求解，计算结果表明整个这部分值仅为 E_{1s} 的

5%左右，因此可以近似地认为 α 就等于 E_{1s}。

(3)交换积分 β。

将 $\hat{H}=-\frac{\hbar^2}{2m}\nabla^2-\frac{e^2}{ra}-\frac{e^2}{rb}+\frac{e^2}{R}$代入式(3-41)，得

$$
\begin{aligned}
\beta &= \int \psi_b \hat{H} \psi_a \mathrm{d}\tau \\
&= \int \psi_b \left(-\frac{\hbar^2}{2m}\nabla^2-\frac{e^2}{r_a}-\frac{e^2}{r_b}+\frac{e^2}{R}\right)\psi_a \mathrm{d}\tau \\
&= \int \psi_b \left(-\frac{\hbar^2}{2m}\nabla^2-\frac{e^2}{r_a}\right)\psi_a \mathrm{d}\tau+\int \psi_b \left(-\frac{e^2}{r_b}+\frac{e^2}{R}\right)\psi_a \mathrm{d}\tau \qquad (3-51)\\
&= \int \psi_b E_{1s}\psi_a \mathrm{d}\tau+\int \psi_b \frac{e^2}{R}\psi_a \mathrm{d}\tau-\int \psi_b \frac{e^2}{r_b}\psi_a \mathrm{d}\tau \\
&= E_{1s}S_{ab}+\frac{e^2}{R}S_{ab}-\int \psi_b \frac{e^2}{r_b}\psi_a \mathrm{d}\tau
\end{aligned}
$$

式中，$\int \psi_b \frac{e^2}{r_b}\psi_a \mathrm{d}\tau$ 的积分值也可用椭球体坐标来求得，R 也用 $R_0=1.06\text{Å}$ 代入，计算结果表明 β 是负值。β 积分又称为交换积分，它对体系的能量状况有决定性的影响。因为 $\alpha \approx E_{1s}$ 是负值，β 又是负值，故 $\alpha+\beta$ 为更小的负值。这样就不难理解，在一定核间距 R 下，$E_1<E_{1s}<E_2$。图 3-7 是 ψ_1 及 ψ_2 两个不同状态下，氢分子离子体系能量变化示意图。ψ_1 态有一个能量最低点，因此这是一种稳定态，ψ_1 轨道就是氢分子离子的基态轨道。ψ_2 态的能量高于原来 $H+H^+$(即氢分子离子的离解物)的能量，因此它是不稳定的，即为排斥态，也就是氢分子离子的激发态。

由上述讨论可见，当原子互相接近时，它们的原子轨道互相同号叠加，组合成成键轨道，当电子进入成键轨道，体系能量降低，形成稳定的分子。此时原子间形成的化学键即为共价键。

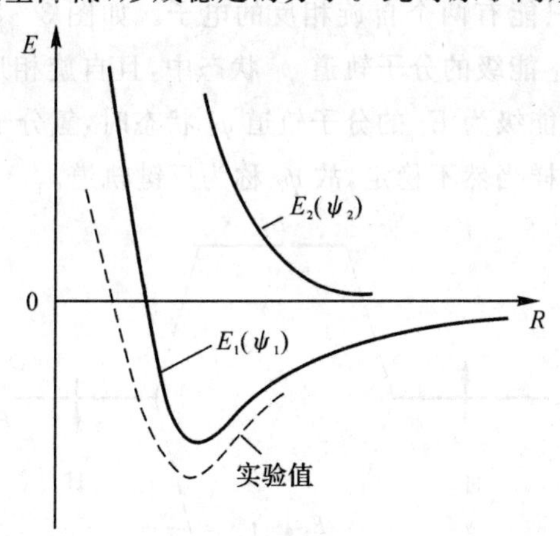

图 3-7　氢分子离子的能量随核间距而变化的示意图

(二)氢分子轨道

氢分子离子 H_2^+ 是只有一个电子的分子体系，哈密顿算符只包含这个电子的坐标。在 H_2 中，其哈密顿算符包含有两个电子相互作用的位能项$\frac{e^2}{r_{12}}$，使分离变量困难。但是仍可用近似的方法求解单电子波函数。对电子 1，可取电子 2 在所有可能的空间位置上对它的互作用能

的平均值，即$\frac{e^2}{r_{1平}}$，该值只与电子 1 的位置在何处有关，即只与电子 1 的坐标有关，这样电子 2 的坐标变量就不再显现了。

同样，对电子 2，可取电子 1 在所有可能的空间位置上对它的互作用能的平均值，即$\frac{e^2}{r_{2平}}$，它也只是电子 2 的坐标函数。显然，对于同一个作用能算了两次，故应该分别乘以$\frac{1}{2}$。这样，对电子 1 和电子 2 的哈密顿算符为

$$\hat{H}_1=-\frac{\hbar^2}{2m}\nabla_1^2-\frac{e^2}{r_{a1}}-\frac{e^2}{r_{b1}}-\frac{e^2}{2r_{1平}}+\frac{e^2}{2R}$$

$$\hat{H}_2=-\frac{\hbar^2}{2m}\nabla_2^2-\frac{e^2}{r_{a2}}-\frac{e^2}{r_{b2}}-\frac{e^2}{2r_{2平}}+\frac{e^2}{2R}$$

其中$\frac{e^2}{2R}$项是把氢分子中核与核的互作用能（常数项）平均分摊到两个电子中。这两个电子的薛定谔方程为

$$\hat{H}_1\psi_1=E_1\psi_1$$

$$\hat{H}_2\psi_2=E_2\psi_2$$

由于每一方程中只涉及一个电子的坐标，而且它们的哈密顿算符的形式也是相似的，故可以统一写成

$$\hat{H}\psi=E\psi \tag{3-52}$$

可以采用上述 H_2^+ 同样的方法进行变分法处理，所求得单电子波函数的可能解，即定义为各种可能的分子轨道。电子在分子轨道中的排布也要符合泡利不相容原理、能量最低原理及洪德法则。在同一轨道上只能有两个自旋相反的电子。如图 3-8 所示，氢分子的最稳定状态，应该是两个电子处于 E_1 能级的分子轨道 ψ_1 状态中，且自旋相反。因此，ψ_1 又称为成键轨道。相反，若两个电子进入能级为 E_2 的分子轨道 ψ_2 状态时，氢分子的能量反而比原来两个孤立氢原子的能量和高了，这样当然不稳定，故 ψ_2 称为反键轨道。

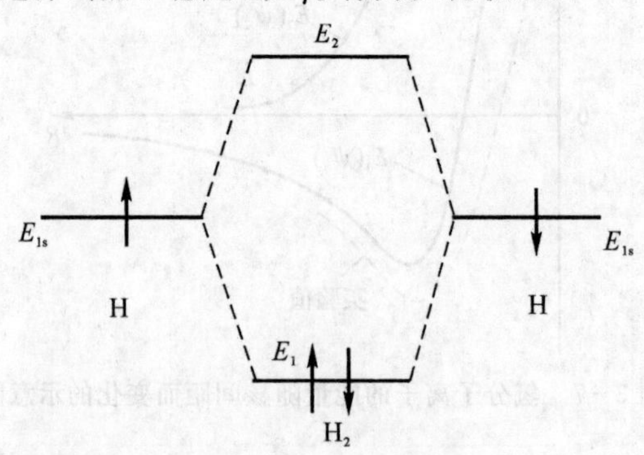

图 3-8　氢分子中的基态及激发态

图 3-9 是 ψ_1 态和 ψ_2 态的电子云密度分布示意图，这是一个截面图，完整的空间图形应是沿着键轴旋转而形成的图形。可以看出，在 ψ_1 态时电子云在两核间比较密集，把两个核紧紧地连在一起。而在 ψ_2 态时，两核间的电子云密度变化很陡，说明电子云在核间稀疏，核间有

很大斥力而使其趋于分离。ψ_1 态及 ψ_2 态的图形都是以键轴为旋转对称轴的，称为 σ 轨道。它们都是由氢原子的 1s 态组合起来的，但有成键轨道与反键轨道之区别，习惯上分别以 σ_{1s}（成键轨道）和 σ_{1s}^*（反键轨道）表示之。氢分子中的电子除了这两种状态外还有其他激发态。

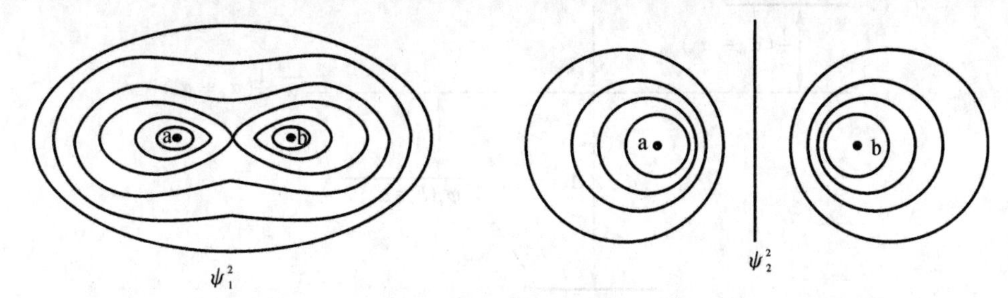

图 3-9　氢分子中成键轨道和反键轨道上电子云密度的分布

（三）分子轨道的成键原则

上面所讨论的分子轨道，实际上是两个氢原子基态波函数之间的线性组合，那么同种原子之间的两个不同原子轨道波函数能否进行线性组合呢？另外，在异核的双原子或多原子分子中是按什么原则进行线性组合的呢？这就涉及分子轨道的成键原则。

(1)能量近似原则。

设有两个任意原子轨道，波函数分别为 φ_a 及 φ_b，假定它们组合成一个新的分子轨道 ψ

$$\psi=C_a\varphi_a+C_b\varphi_b \tag{3-53}$$

用前面的变分法，可得与式(3-45)相似的行列式

$$\begin{vmatrix}\alpha_a-E & \beta-ES_{ab}\\ \beta-E & S_{ab}\alpha_b-E\end{vmatrix}=0 \tag{3-54}$$

由于 φ_a 及 φ_b 不是同一原子轨道，因此 $\alpha_a=\int\varphi_a\hat{H}\varphi_a\mathrm{d}\tau$ 不等于 $\alpha_b=\int\varphi_b\hat{H}\varphi_b\mathrm{d}\tau$，式中 β 及 S_{ab} 仍为交换积分和重叠积分。作粗略估计时，可将 S_{ab} 项忽略，则由式(3-54)可解得分子轨道的两个能级

$$E_1=\frac{1}{2}\left[(\alpha_a+\alpha_b)-\sqrt{(\alpha_a-\alpha_b)^2+4\beta^2}\right] \tag{3-55}$$

$$E_2=\frac{1}{2}\left[(\alpha_a+\alpha_b)+\sqrt{(\alpha_a-\alpha_b)^2+4\beta^2}\right] \tag{3-56}$$

相应的波函数为

$$\psi_1=C_{a1}\varphi_a+C_{b1}\varphi_b \tag{3-57}$$

$$\psi_2=C_{a2}\varphi_a+C_{b2}\varphi_b \tag{3-58}$$

容易看出，由于 $\sqrt{(\alpha_a-\alpha_b)^2+4\beta^2}>0$，故 $E_1<E_2$。E_1 和 E_2 的差值不仅与交换积分 β 有关，而且还与 $|\alpha_a-\alpha_b|$ 值有关，也就是与参加线性组合的原子轨道的能量值的差有关。$\frac{1}{2}(\alpha_a+\alpha_b)$ 近似等于参加线性组合的原来的原子轨道能量的平均值 $\bar{\alpha}$。令 $\Delta=\frac{1}{2}\sqrt{(\alpha_a-\alpha_b)^2+4\beta^2}$，则 $E_1=\bar{\alpha}-\Delta$，$E_2=\bar{\alpha}+\Delta$，如图 3-10 所示。

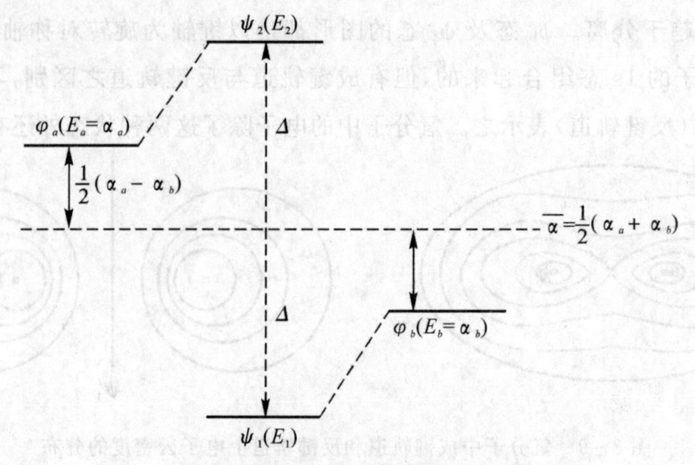

图 3-10 不同能量原子轨道的线性组合示意图

因为 Δ 的大小与 $|\alpha_a-\alpha_b|$ 有关，若 $\alpha_a \gg \alpha_b$，且 $(\alpha_a-\alpha_b)^2 \gg 4\beta^2$，则 $\Delta \approx \frac{1}{2}(\alpha_a-\alpha_b)$，此时

$$E_1 \approx \frac{1}{2}(\alpha_a+\alpha_b)-\frac{1}{2}(\alpha_a-\alpha_b)=\alpha_b \approx E_b$$

$$E_2 \approx \frac{1}{2}(\alpha_a+\alpha_b)+\frac{1}{2}(\alpha_a-\alpha_b)=\alpha_a \approx E_a$$

这说明分子轨道将还原成原来参加线性组合的原子轨道了，其中成键轨道与原来能量低的 φ_b 轨道相近；而反键轨道与原来能量高的 φ_a 轨道相近。若计算组合系数 C_a 及 C_b，当 $\alpha_a \gg \alpha_b$ 时，$C_{b1} \gg C_{a1}$ 及 $C_{a2} \gg C_{b2}$，即 $\psi_1 \approx \varphi_b$ 而 $\psi_2 \approx \varphi_a$。于是可以总结出成键的第一原则，即能量近似原则。这个原则认为参加成键的原子轨道 φ_a 及 φ_b 的能量 E_a 及 E_b 的差别要比较小，当 φ_a 及 φ_b 差别很大时，不能组成有效的化学键，此时分子轨道与原来的原子轨道没有什么差别。例如，在 Li_2 分子中，两个 Li 原子的 1s 轨道可以线性组合成 σ_{1s} 及 σ_{1s}^*，而 1s 与 2s 之间因为能量差大($E_{1s}=-64.9$eV，$E_{2s}=-5.4$eV)，因此不必考虑其线性组合的可能。而两个 2s 轨道之间能量相近，则可以形成 σ_{2s} 及 σ_{2s}^* 的分子轨道。又如在 HF 分子中，H 原子 $E_{1s}=-13.6$eV，F 原子的 $E_{1s}=-696.32$eV，$E_{2s}=-40.12$eV，$E_{2p}=-18.63$eV，故在 HF 中只能是 H 原子的 1s 轨道与 F 原子的 2p 轨道线性组合成分子轨道。

(2)电子云最大重叠原则。

这个原则认为参加成键的原子轨道 φ_a 及 φ_b 的电子云要尽可能地重叠，才能有效地降低分子轨道的能量。在讨论 H_2^+ 时已指出，在电子云不能有效重叠时，S_{ab} 值很小，β 值也很小。当 β 值趋于 0 时，E_1 及 E_2 分别还原为 E_a 及 E_b，也就是说这两种原子轨道不可能进行线性组合。这一原则对同核的双原子分子及异核的双原子分子都是成立的。从电子云最大重叠原则可知，在核间距 R 一定时达到最大重叠的两个原子轨道才能有效地进行线性组合。如上面所说的 Li_2 分子，核间距 R 为 2.46Å，比起 H_2 中核间距 0.74Å 要大得多，因此在 Li_2 分子中两个原子的 1s 轨道之间重叠就很小，$S_{ab} \approx 0.01$，β 值也很小，这样 σ_{1s} 及 σ_{1s}^* 轨道实际上与原来的原子轨道没有什么区别。因此，在处理复杂的分子体系时，内层轨道电子可以近似地看作没有什么变化。

(3)对称性原则。

在有些情况下，虽然原子轨道有不少重叠，但成键效应却不好。如 s 轨道 ψ_A 与 p_y 轨道 ψ_B 组合时，如图 3－11 所示，由于 s 轨道与 p_y 轨道对称性不同，当 A，B 沿 x 方向线性组合时，ψ_B 的正负值均与 ψ_A 重叠了。对于任何一个微体积 $d\tau_1$，均可找到一个相应的 $d\tau_2$，在这两个 $d\tau$ 内，ψ_A 的值相等符号也相同，而 ψ_B 的值相等符号却相反。结果 $S_{ab}=\int\psi_a\psi_b d\tau$ 及 $\beta=\int\psi_a\hat{H}\psi_b d\tau$ 均为 0，这样实际上不可能进行有效的线性组合。事实上，原子轨道的对称性如何，是进行有效的线性组合的一个首要条件。只有在这个条件满足的情况下，才谈得上线性组合。

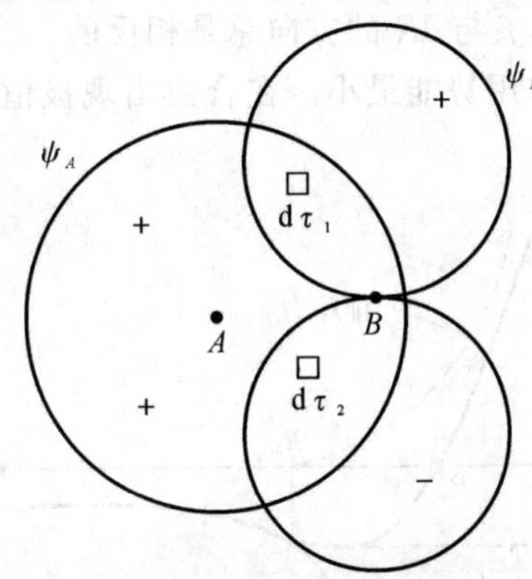

图3－11 当 ψ_A 与 ψ_B 对称性不同时轨道重叠示意图

从以上对价键理论和分子轨道理论的讨论中可以看出，价键法用定域轨道概念描述分子的结构，配合杂化轨道理论，适合于处理基态分子的性质，例如分子的几何构型、键解离能等。分子轨道法中每个分子轨道都遍及于整个分子，而分子中各个分子轨道都具有一定的分布和能级，非常适合于描述分子的基态和激发态间的性质。

第三节 离子晶体的结合能

构成离子晶体的基本质点是正、负离子，它们之间以静电作用力(库仑力)相结合。第Ⅰ族碱金属元素与第Ⅶ族的卤族元素化合而成的晶体是典型的离子晶体，Ⅱ～Ⅳ族化合物也可看成离子晶体(CdS，ZnS 等)。离子晶体结合的稳定性导致了其导电性差、熔点高、硬度高、膨胀系数小等性质，且大多数离子晶体对可见光透明。这一节主要讨论离子晶体结合能的计算，对于离子晶体用经典的静电学方法处理，其结合能的计算值已很接近实验值。

静电学处理方法的基本出发点是把正负离子看成是离子晶体的基本荷电质点。由于离子中的电子云一般是满壳层的，因此假定正负离子的电子云分布是球形对称的。这样在计算时，可以不考虑各个离子内部的结构，而将各个离子看作是电荷集中于球心的点电荷。

一、离子晶体结合能的计算

根据库仑定律，两个相距为 R 的点电荷之间的相互作用力为

$$f_c=\frac{Z_1Z_2e^2}{R^2} \tag{3-59}$$

式中 Z_1，Z_2 分别为正、负离子的价数；e 是电子电荷。若两个离子电荷为异号，则相互吸引，f_c

为负值。图 3-12(a)表示两个离子间的 f_c 随离子间距 R 而变化的关系。正、负离子间的排斥力，即核外电子之间的斥力是一种近程力，在距离较远时可以忽略不计，但当距离较小时迅速增大，其变化趋势如图中虚线所示。吸引力与排斥力的合力在 $R=R_0$ 时为零，R_0 就是正负离子间的平衡距离。当 $R>R_0$ 时主要是吸引力起作用，当 $R<R_0$ 时排斥力迅速增加。R_0 既然是平衡位置，也就是处于能量最低的状态。一般设定两个离子距离很远时，即无相互作用时的互作用势能为零。按照动能原理，互作用势能变化量 dE 与 f 之间应有如下关系

$$dE=-f\cdot dR \tag{3-60}$$

式中负号表示从平衡点 R_0 出发，f 与 dR 的方向总是相反的。图 3-12(b)表示了 E 和 R 的关系，合力等于零的距离 R_0 处互作用势能最小。在合力出现极值 f_m 的距离 R_m 处，E-R 曲线上有一个拐点。

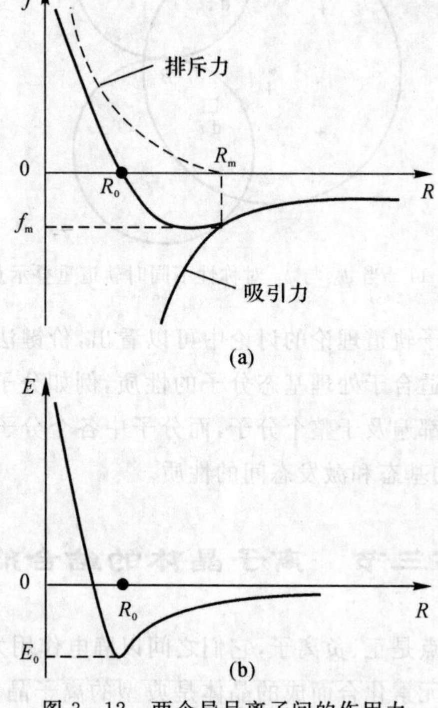

图 3-12　两个异号离子间的作用力

(a)互作用势能；(b)与 R 的关系

晶体的结合能就是相距很远的离子，互相结合成晶体时所释放能量的大小，晶体中的结合能又称为晶格能，它的大小表示了结合力的强弱。

晶体中的互作用势能应该包括两部分：①由异号离子及同号离子间的库仑力引起的互作用势能；②离子靠近时，相邻离子的核外电子云交叠引起的排斥能。首先考虑库仑力引起的晶体中的互作用势能。对任何一个电荷为 Z_ie 的离子，库仑力引起的势能可以用晶体中其他离子对这个离子的互作用能求和而得到，即

$$E_{Ci}=\sum_j\frac{Z_iZ_je^2}{R_{ij}} \tag{3-61}$$

式中 R_{ij} 是被研究的第 i 离子和晶体中的电荷为 Z_je 的第 j 个离子间的距离。

电子云之间交叠而引起的排斥能，对第 i 离子所产生的互作用势能是由玻恩根据实验结果提出

$$E_{Bi}=\sum_j \frac{B}{R_{ij}^n} \tag{3-62}$$

式中 B 为比例常数；n 为玻恩指数，大小与离子的电子结构类型有关，如表 3-1 所示。

表 3-1　玻恩指数 n 与离子的电子结构类型的关系

离子的电子构型	He	Ne	Ar, Cu	Kr, Ag	Xe, Au^+
n	5	7	9	10	12

因此电荷为 $Z_i e$ 的第 i 离子与其他离子的互作用势能总和为

$$E_i=E_{Ci}+E_{Bi}=\sum_j\left(\frac{Z_iZ_je^2}{R_{ij}}+\frac{B}{R_{ij}^n}\right) \tag{3-63}$$

晶体中总的互作用势能可以把由式(3-63)所表示的晶体中每个离子的贡献加起来，再乘以$\frac{1}{2}$，因为 ij 离子对的互作用势能与 ji 离子对的互作用势能是一回事，而求加和时算重复了。对于 1 摩尔的 AB 型晶体来说共有 N_0 个分子，即包含 N_0 个正离子和 N_0 个负离子。可以认为每个离子在互作用势能上是等同的。故晶体的互作用势能

$$E=\frac{1}{2}\sum_i E_i=\frac{1}{2}(2N_0E_i)=N_0\sum_j\left(\frac{Z_iZ_je^2}{R_{ij}}+\frac{B}{R_{ij}^n}\right) \tag{3-64}$$

这个总值既与离子间距有关，又与离子排列方式有关。若令 $R_{ij}=Rx_{ij}$，其中 R 为正负离子间的最短距离，那么

$$E=N_0\left(-\frac{|Z_1||Z_2|e^2}{R}A+\frac{C}{R^n}\right) \tag{3-65}$$

式中 $|Z_1||Z_2|$ 为正负离子价的绝对值，$A=\sum_i -\frac{(Z_i/|Z_1|)(Z_j/|Z_2|)}{x_{ij}}$ 称为马德隆常数。

实际晶体中正负离子间的关系比起两个质点间的关系要复杂得多，例如对氯化钠晶体，每一个离子周围有六个等距离的异号离子，次近邻又有十二个等距离的同号离子。马德隆常数就是反映这些作用总和的几何因子，它与晶体结构类型有关，与点阵常数及离子电荷数无关。不同晶体结构类型的马德隆常数计算值如表 3-2 所示。

表 3-2　不同晶体结构类型的马德隆常数

晶体结构类型	马德隆常数	晶体结构类型	马德隆常数
NaCl	1.747 6	CaF_2	2.519 4
立方 ZnS	1.638 1	TiO_2	2.408 0
六方 ZnS	1.641 3	$\alpha-Al_2O_3$	4.171 9

下面求式(3-65)中的 C。当相邻异号离子间的距离 R 为平衡距离 R_0 时，体系的互作用势能为最低，即

$$\frac{dE}{dR}\Big|_{R=R_0}=0$$

$$\frac{dE}{dR}\Big|_{R=R_0}=\frac{AN_0|Z_1||Z_2|e^2}{{R_0}^2}-\frac{nN_0C}{{R_0}^{n+1}}=0$$

所以

$$C=\frac{A|Z_1||Z_2|R_0^{n-1}e^2}{n}$$

代入式(3-65)，可求得晶体的互作用势能

$$E_0=\frac{-N_0A|Z_1||Z_2|e^2}{R_0}\left(1-\frac{1}{n}\right) \tag{3-66}$$

这个公式称为玻恩公式。对于 NaCl 晶体，点阵常数 $a=5.628\text{Å}$，正负离子间的平衡距离 $R_0=2.814\text{Å}$，$|Z_1|=|Z_2|=1$，$n=8$，$A=1.7476$，代入式(3-66)得互作用势能 $E_0=-7.55\times10^5\text{J/mol}$。$E_0$ 为负值，表示外力做负功，即由质点形成晶体时，体系放出能量。结合能的绝对值与 E_0 一致，故氯化钠晶体结合能为 $7.55\times10^5\text{J/mol}$，这个值与实验结果 $7.70\times10^5\text{J/mol}$ 十分接近。

二、键型变异

离子键、共价键和金属键是化学键的三种极限键型。离子键源于离子间的静电相互作用。共价键是原子轨道互相叠加成为分子轨道，电子占据能量较低的成键分子轨道而使原子间稳定地结合。形成化学键的电子仅处于两个原子范围的键称为定域键；形成化学键的电子作用在参加成键的多个原子之间的键称为多中心键或离域键。金属键是使金属原子结合在一起的高度离域的共价键的相互作用或静电的相互作用。同核双原子分子中形成共价键的电荷分布对两个核是对称的，为典型的非极性键；异核双原子分子中或化合物中因两个不同的原子电负性的差异，而使电荷分布偏向电负性高的原子，形成极性键。典型的离子键是成键电荷完全转移到电负性高的原子上的极端的极性键。

在实际晶体中，原子间结合力的性质少数是属于这三种极限键型之一，而多数晶体中则偏离这三种典型的键型。图 3-13 示出按周期规律排列的若干化合物的键型示意图，除三角形三个顶点上所标明的化合物具有单一键合形式外，其余的化合物多少包含有其他键型的因素，且逐渐过渡，这种现象称为键型变异。

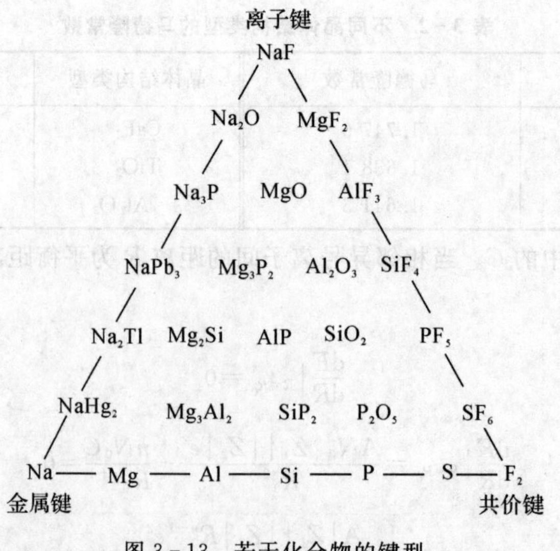

图 3-13 若干化合物的键型

唐有祺教授提出的键型变异原理认为，键型变异是和离子的极化、电子的离域以及轨道的重叠成键等因数密切相关的。只要某种条件具备，就会产生和这种条件相应的成键作用。

关于离子的极化是指离子本身带有电荷，形成一个电场，离子在相互电场的作用下，可使电子分布的中心偏离原子核，而发生电子云变形。离子的这种变形称为离子的极化作用，这种作用以诱导偶极矩(μ)为基础，μ 与电场强度 E 成正比，离子在单位电场下产生的偶极矩称为极化率 α，即 $\alpha=\mu/E$。正负离子虽可相互极化，但因正离子较小，电子云不易变形，它不易被极化，而有较高的极化力，使异号离子极化；负离子较大，电子云容易变形，容易被极化，而极化力较小。

离子极化现象的存在，将使离子键向共价键过渡。卤化银(AgX)是离子键向共价键过渡的典型例子。由于 Ag^+ 具有较高的极化力，当 X^- 由小增大，原子核对外层价电子的吸引力减弱时，可极化力增大，所以由 F^- 到 I^- 依次增加，促使 AgX 的键型逐步由离子键向共价键过渡，到 AgI 已经是按一定方向成键，成为以共价键为主的结构。

对于由 A，B 两原子形成的极性共价键中离子键的成分，Pauling 提出了一个经验估算公式，即

$$\text{离子性数量}=1-\exp\left[-\frac{1}{4}(x_A-x_B)^2\right] \tag{3-67}$$

式中 x_A，x_B 分别为 A，B 两原子的电负性。例如，H，F，Cl，Br，I 的电负性分别为 2.1，4.0，3.0，2.8，2.5，按此公式可计算出 HI，HBr，HCl 和 HF 的键中离子键的成分分别为 4%，11%，19%和 60%。

一种原子将采用哪一种键型，常常和化合物本身的结构有关，不同的结构为原子提供成键的条件不同，键型会发生改变。金刚石和石墨均由碳原子组成，在金刚石结构中 C－C 之间按典型的共价单键成键；而在石墨晶体中由于有条件形成离域 π 键，增大了电子的离域范围，其导电性能和颜色光泽均和金属相似。AgI 有多种晶型，常温下 ZnS 型的 γ－AgI，共价键占优势；而高温下具有体心立方结构的 α－AgI，离子键占优势。这时 Ag^+ 统计的分布在 I^- 堆积成的变形四面体和八面体之中，在外电场作用下能迁移导电。α－AgI 的电导率要比 γ－AgI 约大 10^4 倍，是一类重要的固体离子导电材料。由此可见，不同的结构提供成键的条件不同，形成不同类型的化学键，使晶体具有不同的性质。

在有 d 轨道参加成键的条件下，有时出现多种多样的键型，甚至有的很难确切说明是什么键。一种元素的原子在不同的化合物中，可以出现多种键型，甚至在一种化合物中一种原子也有多种键型。

综上所述，在化合物中各个原子之间只要满足成键的条件，就会以多种形式最大可能地形成多种形式的化学键，各个原子参加成键的方式多种多样，形成化学键的形式也多种多样。通过这些成键作用，可以改变分子中电荷的分布，促进原子轨道互相有效地重叠，使异号电荷间的吸引力加强，分子和晶体的势能降低，稳定性增加。

习　题

1. N 对离子组成的 NaCl 晶体的总互作用势能为

$$U(R)=N\left[\frac{B}{R^{n}}-\frac{\alpha e^{2}}{4\pi\varepsilon_{0}R}\right]$$

其中 α 为马德隆常数，B 为晶格参量，n 为玻恩指数。试证明平衡时

原子间距为
$$R_{0}^{n-1}=\frac{4\pi\varepsilon_{0}B}{\alpha e^{2}}n$$

结合能为
$$U(R_{0})=-\frac{\alpha Ne^{2}}{4\pi\varepsilon_{0}R_{0}}(1-\frac{1}{n})$$

2. 计算金刚石晶体中碳原子的 sp^3 杂化轨道间的夹角。

3. 分析比较价键理论和分子轨道理论。

4. 证明由两种离子组成的一维晶体，马德隆常数 $\alpha=2\ln2$。

5. 试计算立方 ZnS 的结合能(晶格常数 $a=0.541\text{nm}$)。

6. 应用共价键理论分析讨论 N_2，O_2 和 CO 分子的结构。

第四章 非晶态固体的结构

金属、陶瓷、半导体多数都是晶态物质，它们的特征是其组成原子的排列具有周期性，这种性质称为长程有序。自然界还存在另外一类固体，其中的原子排列不具有长程序，这类物质称为非晶态固体。

本章主要介绍非晶态固体的结构，包括非晶态固体的结构特征与表征、结构转变与结构弛豫、电子结构等。

第一节 非晶态的结构特点与表征

一、非晶态结构的主要特点

非晶态固体具有许多优异的物理、化学性能，而这些性能大都是由它的微观结构决定的。研究非晶态固体的结构，对分析这些特殊性能具有重要意义。将非晶态与晶态进行比较，可以明显地看出非晶态结构具有以下两方面的主要特征。

(1)短程有序、长程无序性。

晶体结构最基本的特点是原子排列的长程有序性，即晶体的原子在三维空间的排列，通过点阵平移操作可与其自身重合。而在非晶态结构中，原子的总体排列没有这种规则的周期性规律，“格点”“格常数”失去意义，这种周期性消失称为长程无序。

若结合成凝聚态时的总结合能，可以近似地看作是原子对之间结合能的叠加，则各原子的电子运动状态，对晶态、液态及非晶态，一般不会有太大差别。或者说结合力的类型制约着原子的短程排列，而不能制约原子的远程排列，原子的排列方式只能取某种特定的短程有序长程无序方式。为此，在非晶态结构中存在短程有序，即近邻原子的排列是有一定规律的，但总体原子的排列却没有周期性的规律。例如，在非晶态合金中，最近邻原子间距与晶体的差别很小，配位数也相近，但在次近邻原子的关系上就可能有显著的差别。这也说明了非晶态材料的原子排列不是绝对无规则的，其近邻原子的数目和排列是有规则的。另外，从宏观的特性看，非晶态金属通常表现为金属性，非晶态半导体基本上保持半导体的性质，绝缘晶体制成非晶态仍然是绝缘体，这也是由于非晶态具有与相应的晶态类似的短程有序性。

应该指出，非晶态材料与化学无序而结构有序的晶态材料的结构不同。晶态合金的无序态(如坡莫合金)，是由异类原子无规律地占据有规则的晶格位置，仅仅是成分无序(即化学无序)。非晶态材料既是原子排列的无序，在多元系中还常常存在成分无序。

(2)亚稳态性。

晶态材料在熔点以下一般是处在自由能最低的稳定平衡态。非晶态则是一种亚稳态。亚稳态是指该状态下系统的自由能比平衡态高，有向平衡态转变的趋势。但是，从亚稳态转变到自由能最低的平衡态必须克服一定的势垒。因此，非晶态及其结构具有相对的稳定性。这种稳定性直接关系着非晶态材料的应用。因此，研究非晶态材料的亚稳态性，在理论和实际应用上都具有重要的意义。

二、非晶态结构的测定

非晶态固体不具有长程有序结构、原子排列不具有周期性，因而不能够像晶态物质那样确定地描述其中原子的排列情况。然而，借助一些实验分析手段，仍然可以获得有关非晶体结构的重要信息。

(一)X射线衍射法

通过确定径向分布函数了解非晶态结构中原子配位的统计性质。这里分由一种原子组成的非晶态材料和由几种不同的原子组成的非晶态材料两种情况来考虑。

1. 由一种原子组成的非晶态材料

设在体积 V 中有 N 个原子，它的平均原子密度可表示为

$$\rho_0 = N/V \tag{4-1}$$

选择某一原子中心作为原点，则距原点为 r 至 $r+\mathrm{d}r$ 的两个球面之间壳层的体积为 $4\pi r^2\mathrm{d}r$。定义径向分布函数

$$F(r) = 4\pi r^2 \rho(r) \tag{4-2}$$

式中 $\rho(r)$ 表示以某个原子中心为原点时，距离原点 r 处单位体积中的原子数(即 r 处的原子密度)。当取不同的原子中心为原点时，得到的 $\rho(r)$ 可能不同，所以 $\rho(r)$ 可看作是取所有原子中心作为原点所得结果的统计平均值。

若不考虑康普顿散射，物质对X射线是相干散射的，即散射波长与入射波长相同。令入射方向的单位矢量为 $\boldsymbol{S}_0$，散射方向的单位矢量为 $\boldsymbol{S}$，则 $\boldsymbol{S}$ 与 $\boldsymbol{S}_0$ 之间的夹角是散射角 2θ。设物质中位矢分别是 $\boldsymbol{r}_m$ 和 $\boldsymbol{r}_n$ 的两个原子都受到入射辐射线的照射，如图4-1所示。

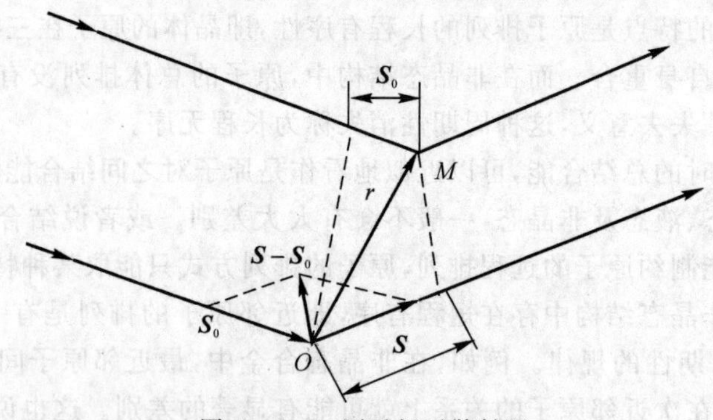

图4-1　二原子相干散射图

入射X射线受到物质散射时，其散射振幅

$$A(k) = \int_V \rho_e(r)\mathrm{e}^{-ikr}\mathrm{d}r \tag{4-3}$$

式中 $\boldsymbol{k}=\frac{2\pi}{\lambda}(\boldsymbol{S}-\boldsymbol{S}_0)$ 其中，$\boldsymbol{S}-\boldsymbol{S}_0$ 为光程差；$\rho_e(r)$ 表示散射物质在 r 端点的电子密度，表示 $\boldsymbol{O}$，$\boldsymbol{r}$ 两点的相位差。相干散射强度

$$I_N(k) = A(k)\times A^*(k)$$

$$= \int_V \rho_e(r_{mn})\mathrm{e}^{-ikr_{mn}}\mathrm{d}r_{mn}\int_V \rho(r_{kl})\mathrm{e}^{-ikr_{kl}}\mathrm{d}r_{kl} \tag{4-4}$$

式中不包括康普顿散射，也没有考虑样品吸收、多重散射等影响。它包括体积散射（零角度散射）、小角度散射和大角度散射。体积散射在一般实验中观察不到。如果物质中没有尺度达数百埃的电子密度起伏，则小角度散射强度也很小。假设所考虑的物质是各向同性的，即可以用对径向距离 r 的简单积分来代替体积积分，则由式(4-4)计算出的可观察到的相干散射强度

$$I_N(k) = N|f(k)|^2\left[1+\int_0^\infty 4\pi r^2(\rho(r)-\rho_0)\frac{\sin kr}{kr}\mathrm{d}r\right] \tag{4-5}$$

式中 $f(k)$是原子散射因数；$|f(k)|^2$ 是一个原子的散射强度与一个电子的散射强度之比；$N|f(k)|^2$ 是相互独立的 N 个原子的总散射强度；方括弧中的项就代表各原子散射的相互干涉而带来的影响，称为干涉函数 $I(k)$，

$$I(k)=I_N(k)/(N|f(k)|^2) \tag{4-6}$$

只要通过 X 射线散射实验的数据求出干涉函数 $\boldsymbol{I}(\mathrm{k})$，就可以通过式(4-6)作傅立叶变换而得到径向分布函数

$$\begin{aligned} F(r) &= 4\pi r^2[\rho(r)-\rho_0] \\ &= \frac{2r}{\pi}\int_0^\infty k[I(k)-1]\sin(kr)\mathrm{d}k \end{aligned} \tag{4-7}$$

式(4-7)是用 X 射线散射方法测定非晶态结构的基本公式。

径向分布函数并不能完备地描述非晶态结构，它的物理意义是半径为 r 的单位厚度球壳中的原子数。只是近程有序性的一维描述，而且是对许多原子和相当长时间的统计平均值。各个峰的位置表示各配位球壳的半径，峰下的面积表示各配位球壳内的原子数，峰的宽度反映原子位置的不确定性。当原子间以某种特殊形式相互作用，例如形成共价键时，径向分布函数还可以给出有关键长、键角等信息。需要指出，不能由径向分布函数唯一地确定物质中各原子的相互位置，需要借助于结构模型等手段才能对非晶态结构有较深入的认识。

由于径向分布函数与 r^2 成正比，作图和分析时有许多不便，因而常用双体分布函数（双体相关函数，双体概率函数）g 来代替：

$$g(r)=\rho(r)/p_0 \tag{4-8}$$

代入式(4-5)和式(4-7)可得：

$$\begin{aligned} I_N(k) &= N|f(r)|^2 I(k) \\ &= N\,|\,f(r)\,|^2\left[1+\int_0^\infty 4\pi r^2\rho_0[g(r)-1]\frac{\sin}{kr}\mathrm{d}r\right] \end{aligned} \tag{4-9}$$

$$4\pi r^2\rho_0[g(r)-1] = \frac{2r}{\pi}\int_0^\infty k[I(k)-1]\sin(kr)\mathrm{d}k \tag{4-10}$$

2. 由几种不同的原子组成的非晶态材料

设在 N 个原子中第 i 种原子的数目是 N_i，则它的原子浓度为 $C_i=N_i/N$。这时原子的密度函数需用 $\rho_{ij}(r)$表示，它代表在距离某一 i 种原子 r 处单位体积中第 j 种原子的数目。若仍依次取各个第 i 种原子为中心时的统计平均值来描述原子排布的双体分布函数，这时可写为

$$g_{ij}(r)=\rho_{ij}(r)/(C_{ij}\rho_0) \tag{4-11}$$

N 个原子的总相干散射强度

$$I_N(k) = \sum_{i=1}^{n} N_i \mid f_i \mid^2 + \sum_{i=1}^{n}\sum_{j=1}^{n} N_i f_i f_j^* \frac{1}{k}\int_0^{\infty} 4\pi r[\rho_{ij}(r) - C_j\rho_0]\sin(kr)\mathrm{d}r \quad (4-12)$$

式中 f_i 是 i 种原子的散射因数；$f_j{}^*$ 是 f_j 的共轭复数；n 是原子类别的数目。干涉函数可表示为

$$I(k)=1+\sum_{i=1}^{n}\sum_{j=1}^{n}W_{ij}(k) \quad (4-13)$$

$$W_{ij}(k)=\frac{C_iC_jf_i(k)f_j(k)}{|[f(k)]|^2} \quad (4-14)$$

$W_{ij}(k)$称为双权重因数；；$<f(k)>$表示对成分取平均值；$W_{ij}(k)$是 k 的函数。因多元问题很复杂，为了能够简化计算，假设 $W_{ij}(k)=W_{ij}(0)$，可得：

$$\rho(r)=\sum_{i=1}^{n}\sum_{j=1}^{n}\frac{W_{ij}}{C_j}\rho_{ij}(r) \quad (4-15)$$

$$g(r)=\sum_{i=1}^{n}\sum_{j=1}^{n}W_{ij}g_{ij}(r) \quad (4-16)$$

$$I(k)=\sum_{i=1}^{n}\sum_{j=1}^{n}W_{ij}I_{ij}(k) \quad (4-17)$$

$I_{ij}(k)$称为部分干涉函数：

$$I_{ij}(k) = 1+\int_0^{\infty}4\pi r^2\rho_0(g_{ij}(r)-1)\frac{\sin(kr)}{kr}\mathrm{d}r \quad (4-18)$$

只要从 X 射线散射的实验数据得出 $I_{ij}(k)$，即可由 $g(r)$式的傅里叶变换得出 $g_{ij}(r)$。

由径向分布函数可以计算出最近邻原子数 Z(配位数)：

$$Z=\int_r 4\pi^2\rho(r)\mathrm{d}r \quad (4-19)$$

式中，积分对应径向分布函数曲线上第一峰下的面积。多数非晶态合金 $Z\approx11\pm1$，过渡族金属与 Si，P 形成的非晶态合金 $Z\approx13\pm1$，这说明非晶态合金中原子排列是很紧密的。

3. 全径向分布函数的测定举例

图 4-2、图 4-3 和图 4-4 分别给出几种非晶态合金的全干涉系数 $I(s)$、全双体的概率分布函数 $g(r)$和径向分布函数 $F(r)$，并且根据上述方法还可求得有关的非晶结构参数(见表 4-1)。

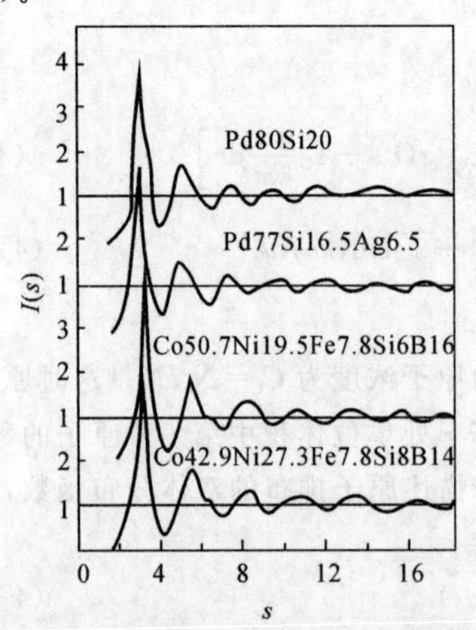

图 4-2 几种非晶合金的全干涉函数 $I(s)$

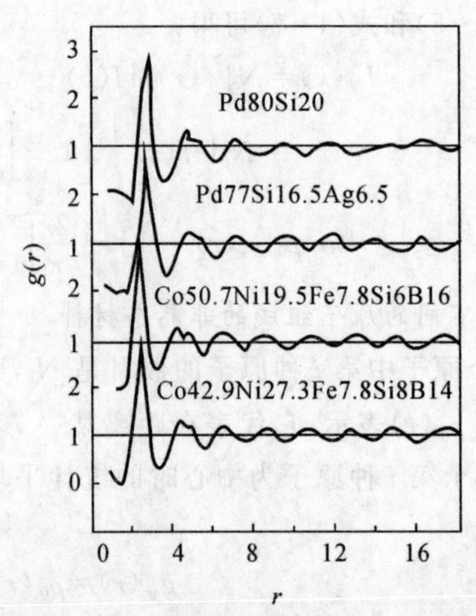

图 4-3 几种非晶合金的全双体的概率分布函数 $g(r)$

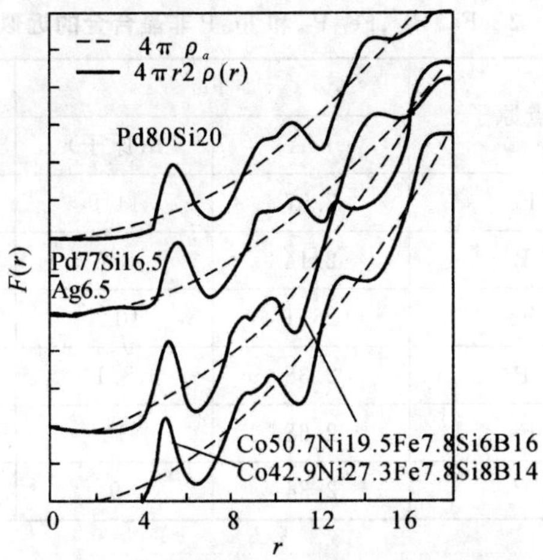

图 4-4　几种非晶合金的径向分布函数 $F(r)$

表 4-1　一些典型非晶金属的结构参数

	液态 Fe	非晶 Fe	非晶 $Pd_{80}Si_{20}$	非晶 $Pd_{77}Si_{16}Ag_7$	非晶 $Co_{70}Fe_5Si_{15}B_{10}$	非晶 $Co_{43}Ni_{27}Fe_8Si_8B_{14}$	非晶 $Co_{51}Ni_{20}Fe_8Si_6B_{16}$
g(r)第一峰位 r_1,A	2.58	2.54	2.81	2.82	2.53	2.54	2.53
第二峰位 r_2,A	4.8						
第一峰位 r'_2,A		4.25	4.69	4.72	4.12	4.26	4.23
第二峰位 r''_2,A		4.98	5.36	5.3		4.83	4.84
短程畴 r_3,A			16.0	16.0			14.4
配位数 n	10.3		12.5	12.4		13.2	13.1

前面提到的是全径向分布函数的测定,无论是一种原子组成的非晶体,还是多元素组成的非晶体,都没有考虑各元素的差别,这显然是不够的。在多元素组成的系统中必须考虑各类原子的近邻情况,这需测定偏径向分布函数。

图 4-5 是 $Fe_{80}B_{20}$ 非晶合金的实验测得的全约化分布函数 $G(r)$ 和偏约化分布函数 $G_{ij}(r)$,是用 X 射线散射和中子同位素富化技术测定的。Fe-Fe 对 $G_{FeFe}(r)$ 与 Fe-B 对 $G_{FeB}(r)$ 的第二个峰都是分裂的,而 B-B 对 $G_{BB}(r)$ 第一个峰也分裂为两个次峰,$G_{FeFe}(r)$ 与非晶纯铁 $G(r)$ 也非常相似。有关结构参数列入表 4-2 中。

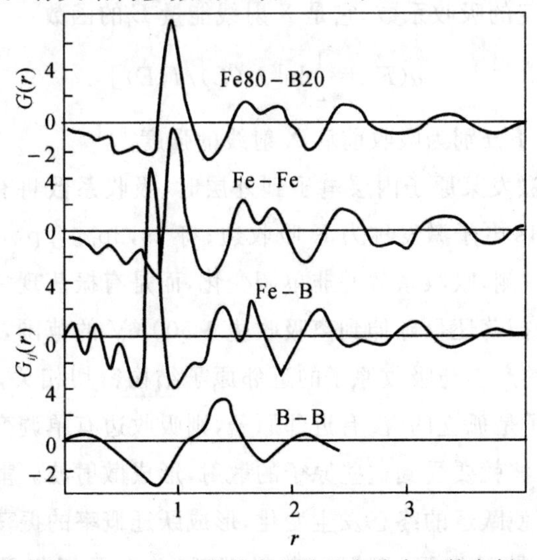

图 4-5　$Fe_{80}B_{20}$ 非晶合金的径向分布函数实例

表 4-2 $Fe_{80}B_{20}$，$Fe_{75}P_{25}$ 和 Fe_3P 非晶合金的近似关系

合金	原点原子	Fe		B或P	
		r/Å	n(原子)	r/Å	n(原子)
$Fe_{80}B_{20}$ 非晶	Fe	2.57	11.9	2.14	2.2
	B	2.14	8.6	3.57	6.5
$Fe_{75}P_{25}$	Fe	26.1	10.4	2.38	2.6
	P	2.38	8.1	3.4	3.5
Fe_3P 晶体	Fe	2.68	10	2.34	3
	P	2.34	9	2.53	4

由表 4-2 可知：

(1)Fe-Fe 对的 $G_{FeFe}(r)$ 与非晶纯铁非常相似，只是最近邻的磷(P)有点差别。故可推论，在这些非晶合金中，金属原子形成无序密堆的框架，金属原子间存在空隙。

(2)类金属原子之间最近距离大于 3.4Å，而晶体磷(P)的原子间距离为 2.2Å，晶体硼(B)的就更小。故可推论，在这些非晶合金中，类金属原子之间不直接硬接触，这些小原子处在铁原子密堆框架的空隙中。

(3)比较一下 $Fe_{75}P_{25}$ 非晶合金与 Fe_3P 晶体的最近邻(P)原子间距离和配位数就可知，两者非常接近。在非晶体中的近邻区域的原子分布类似于晶体配位壳层，这个现象部分是由非晶态短程造成的。

(二)扩展 X 射线吸收精细结构(EXAFS)

扩展 X 射线吸收精细结构(extended X-ray absorption fine structure，EXAFS)是多原子气体或凝聚态物质的 X 射线吸收系数，在吸收限高能侧 30～1 000 eV 范围内随入射 X 射线光子能量的增大而起伏振荡的现象。这种振荡的幅度很小，一般仅为吸收限处吸收系数突变量的百分之几。

样品对 X 射线有一定的吸收系数，它是 X 射线能量 E 的函数：

$$\mu(E)=\frac{1}{2}\ln[I_0(E)/I(E)] \tag{4-20}$$

式中 t 为样品厚度；I_0 和 I 分别为吸收前后 X 射线的强度。

当能量 E 强到足以激发某原子内层电子到外层时，吸收系数将有突变，这时的能量 E 称为该原子的吸收边。将 1s 电子激发称为 K 吸收边；将 2s，$2p_{1/2}$，$2p_{3/2}$ 电子激发则称为 L 吸收边……在吸收边的高能一侧，吸收系数并非单调变化，而是有振荡现象。除了靠吸收边 50 eV 以内的近边结构外，这种振荡还可延伸到离吸收边 1 500 eV 的范围，这就是所谓的 X 射线吸收精细结构。这种振荡的产生与吸收原子的近邻原子结构密切相关，反映了内层电子跃迁概率的变化。如果吸收原子是孤立的，没有近邻原子，则吸收边有单调变化。但当有了近邻原子的存在，则跃迁的光电子波就要受到这些原子的散射，形成散射波。散射波与原出射的光电子波在吸收原子处相干涉，使跃迁的终态发生变化，形成跃迁概率的振荡。

Stern 等忽略了多次散射作用，根据点散射模型、单电子近似及单次散射近似，给出了

EXAFS函数的公式。对于 K 或 L_1 吸收限的EXAFS 函数 $\chi(k)$可以表示为

$$\chi(k)=\frac{\mu-\mu_0^l}{\mu_0}$$

$$=-\sum_j \frac{N_j}{kR_j^2}\mid f_j(k)\mid e^{-2k^2\sigma_j^2}\cdot e^{-2R_j/\lambda(k)}\cdot \sin[2kR_j+\psi(k)] \quad (4-21)$$

式中：

μ——多原子气体或凝聚态物质中，吸收原子的 1s 或 2s 电子被激发时，物质的线吸收系数；

μ_0——处于自由原子态时物质的线吸收系数；

μ_0^l——多原子气体或凝聚态物质中，将吸收原子看作“孤立”原子，即不考虑周围原子背散射的影响时，物质的线吸收系数；

k——光电子的波数；

N_j——第 j 配位层的配位数；

R_j——第 j 配位层的原子与中心吸收原子间的平均距离；

$|f_j(k)|$——第 j 配位层上每个原子的背散射振幅；

σ_j——第 j 配位层的原子与中心吸收原子之间相对位移的方均根值；

$\lambda(k)$——光电子的平均自由程；

$\psi_j(k)$——相移因子。

此处的“配位层”是按原子类别划分的，即一个配位层仅包含一种原子。如果在同一平均距离 R_j 上包含不同的原子时，则每一类原子即分别作为一个“配位层”处理。当 R_j 上包含多种原子，例如包含两种原子时，则将第 j 配位层所对应的上述各参量，按两类原子分别用下标 j_1，j_2 表示，如 N_{j1}，N_{j2}等。

推导此公式的理论称为短程序理论。EXAFS 的产生是由于吸收原子与周围近邻原子相互作用的结果。EXAFS 振荡是许多衰减的正弦振荡的叠加，其中每个正弦振荡是以吸收原子为中心、与周围近邻原子的某一配位层形成的。正弦振荡的振幅包含两个指数衰减因子，而且与 $R_j{}^2$ 成正比，所以 EXAFS 信息主要来自近配位层的贡献。正弦振荡相角为 $2kR_j+\psi_j(k)$。

式(4-21)中的 $e^{-2k^2\sigma_j^2}$ 为 Debye-Waller 因子，其导致振幅的指数衰减是由于无序效应引起的。因为无序使原子相对位置发生的变化，将影响出射波与背散射波之间的位相关系，从而使相干波的振幅减弱。一般情况下，σ^2 可以表示为静态无序 σ_{ST} 与热振动引起的无序 σ_T 之和：

$$\sigma^2=\sigma_{ST}^2+\sigma_T^2。 \quad (4-22)$$

式(4-21)中的相移因子 $\psi_j(k)$在 EXAFS 分析中是个重要的参量。相移因子是由于吸收原子作为中心原子的位场以及周围原子的位场对光电子作用造成的结果。相移因子可表示为吸收原子与散射原子的作用之和：

$$\psi_j(k)=2\delta_c(k)+\delta_b(k) \quad (4-23)$$

式中下标 c 和 b 分别表示吸收和散射原子。需要指出，任何类型的原子对产生的 EXAFS 相移，仅由它们的原子类别决定，不受周围化学环境的影响，例如与价态无关。

EXAFS实验技术有多种测量方法和测量装置，主要是为了测定试样的X射线吸收系数随X射线光子能量的变化。而吸收系数的测定包括：直接测定法即透射法；测定和吸收过程相关并和吸收系数成正比的物理量的间接测定法两大类。各种不同的测量装置均须包括辐射源、单色器、样品台、探测器以及数据采集及处理系统等部分。

1. 实验测量EXAFS谱和预处理

(1)实验数据的收集。

实验测量的曲线是强度随入射能量的关系比如透射法，测定 I_t/I_0-E 的关系曲线，求总吸收系数 $\mu_T x$ 随X光能量 E 的变化 $\frac{I_t}{I_0}=\mathrm{e}^{-\mu_T x}$，$\mu_T x=\ln(I_0/I_t)$。为了求得随 E 的变化，需作自变量变换 $E=\frac{1\,239.82}{2d\sin\theta}$，$\theta$ 为单色光 Bragg 角，d 为单色晶体的晶面间距，以 nm 为单位，能量 E 以 eV 为单位。

$$\chi(E)=\frac{\mu_T x-\mu_0 x}{\mu_0 x} \tag{4-24}$$

(2)扣除背景 $\mu_0 x$。

总吸收系数是待测原子的吸收系数 μ 与背景的吸收系数之和，即 $\mu_T x=\mu x+\mu_b x$，故 $\mu x=\mu_T x-\mu_b x$，见图 4-6。吸收背景包括各种组成部分，主要有两部分：除待测原子外，样品中其他类别原子的吸收；待测原子除了与所测定的吸收限相应的内层原子激发外，其他电子激发造成的吸收。例如，测定某元素的K吸收限时，该原子中 2s，$2p_{1/2}$，$2p_{2/3}$，3s 束电子的激发都构成吸收背景的一部分。此外，例如蒸镀薄膜样品的衬底材料的吸收也将产生吸收背景。但是，上述吸收背景的叠加是随能量单调变化，遵从 Vectoreen 公式 $\mu_b=CE^{-3}+DE^{-4}$，C 和 D 为待定常数，因此背景吸收曲线的求法是：由第一步数据求得- E 曲线，选取吸收限低能侧该曲线上的一些点，进行最小二乘法拟合，求出 C，D，即可计算整个测定能量范围背景吸收随能量的变化曲线。

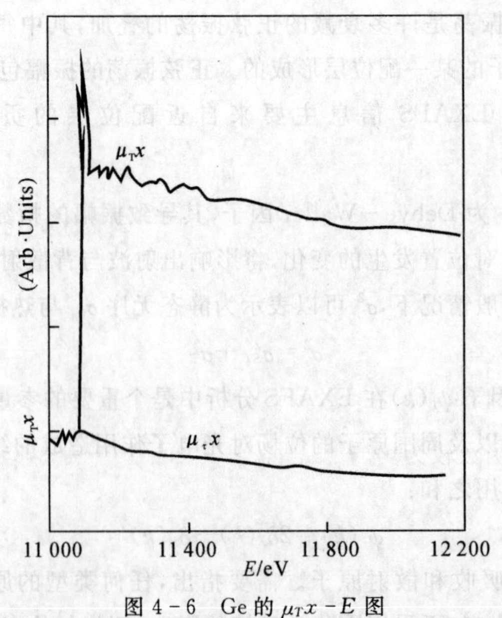

图 4-6 Ge 的 $\mu_T x-E$ 图

(3)求自由原子态的吸收曲线 μ_0。

由于 $\mu_0(k)$所对应的是物质处于自由原子态的吸收系数，目前还没有实验能够测定，也没有理论计算方法可以求得，只能采用经验函数拟合的方法求得，应用较多的是样条函数法。先将第二部求出的 μ_x-E，变为 k 的函数 $\mu_x(k)-E$，

$$k=\sqrt{\frac{2m(E-E_0)}{h^2}}=\sqrt{26.3(E-E_0)} \tag{4-25}$$

式中，E_0 是能量阈值，是可调参数，一般可以先选取吸收限处曲线的拐点所对应的能量为 E_0 然后在作调节，根据

$$\chi(k)=\frac{\mu(k)-\mu_0(k)}{\mu_0(k)}=\sum_j A_j(k)\sin[2kr_j+\varphi_j(k)] \tag{4-26}$$

它是以系列衰减正弦振荡函数的叠加，而且，第一配位层相应的正弦振荡占优势，自由原子态的吸收曲线随 k 单调变化的函数。据此，可以认为 $\mu_0\chi(k)$为一条光滑曲线，故在吸收曲线的振荡部分，做一条尽可能平分振荡正、负的光滑曲线，在按养条函数法求得此函数的拟合曲线，即得到欲求的，如图 4-7(a) Ge 的 EXAES 谱曲线中光滑曲线所示。

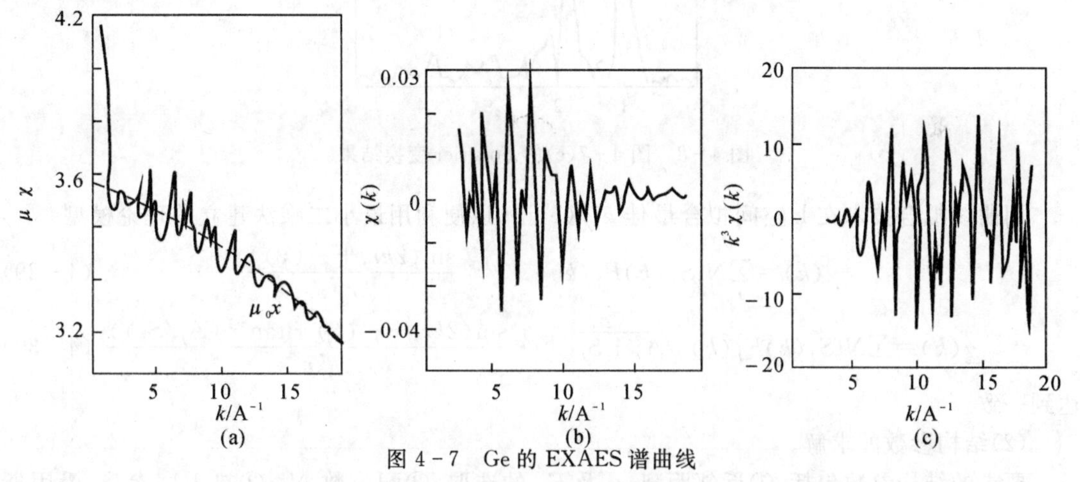

图 4-7　Ge 的 EXAES 谱曲线

(a)Ge 的 $\mu\chi-k$ 曲线；(b)扣除光滑背景测得 $\chi(k)-k$ 曲线；

(c)函数 $\chi(k)$乘以 k^3 得到 $k^3\chi(k)-k$ 曲线

(4)求 EXAFS 函数 $\chi(k)$。

求出 $\mu_0\chi(k)$之后，根据定义

$$\chi(k)=\frac{\mu\chi(k)-\mu_0^L\chi(k)}{\mu_0\chi(k)}\approx\frac{\mu\chi(k)-\mu_0\chi(k)}{\mu_0\chi(k)},\mu_0^L\chi(k)=\mu_0(k)+\Delta\mu_0(k) \tag{4-27}$$

式中，$\Delta\mu_0(k)$为将物质中吸收原子视为"孤立"原子时的吸收系数对自由原子吸收系数的修正项。图 4-7(b)为 Ge 的 $\chi(k)-k$ 曲线。以 k^3 乘以 $\chi(k)$得到图 4-7(c)的 $k^3\chi(k)-k$ 曲线，这对进一步处理是很重要的，因为：

1)这一因子抵消了 EXAFS 公式中 k^{-1} 的作用，也大体抵消了 $|f(k)|^2$ 中 k^{-2} 的作用，使得 $k^3>4\text{Å}^{-1}$ 以上范围的函数较为均匀了；

2)k^3 权重还有利于消除 EXAFS 中的化学效应。

2. 求径向分布函数 $F(r)$和结构参数的计算

(1)求径向分布函数 $F(r)$。

对 $\mu\chi-k$ 曲线作 Fourier 变换(见图 4-8)，并把 k 空间的 $k^3\chi(k)$在一定范围内转换径向

分布函数 $F(r)$：

$$F(r)=\frac{1}{2\pi^{1/2}\int_{k_{min}}^{k_{max}}k^3\chi(k)e^{2\pi ikr}dk} \tag{4-28}$$

还可作如下计算 $N=\frac{Ar^2}{A_sr_s^2}N_s$，这里 N,A,r 分别为未知物的原子数、FT 峰面积、原子间的距离，N_s,A_s,r_s 分别为标样的原子数、FT 峰的面积、原子间的距离。

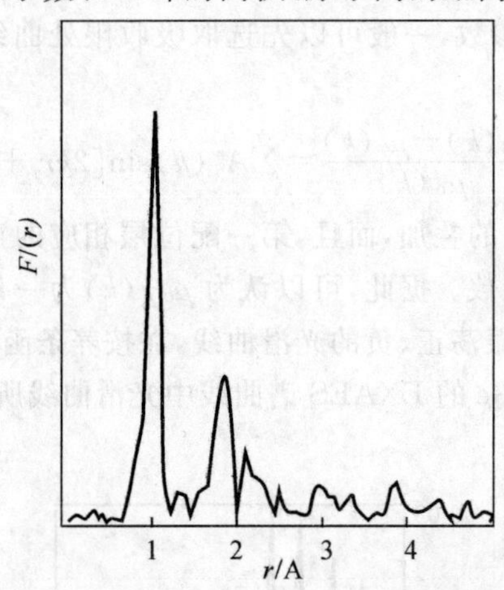

图 4-8 图 4-7(c)的 Fourrier 变换结果

用曲线拟合技术在 k 空间拟合最佳 $k^n\chi(k)$ 谱，以便利用最小二乘法建立的理论模型

$$\chi(k)=\sum_j N_jS_j(k)F_j(k)e^{-2r_j/\lambda(k)}\frac{\sin(2kr_j+\varphi_j(k))}{kr_j^2} \tag{4-29}$$

$$\chi(k)=\sum_j N_jS_j(k)F_j(k)\sqrt{A_j^2+S_j^2}e^{-2\frac{r_j}{\lambda(k)}}\frac{\sin(2kr_j+\varphi_j(k)+\tan^{-1}(A_j/S_j))}{kr_j^2} \tag{4-30}$$

达到一致。

(2)结构参数的求解。

要求的结构参数包括：①近邻距离 r_j 及 E_0 的选取；②配位数 N_j；③热无序参量，爱因斯坦温度 Θ_E；④利用多次散射测定的键角。

其方法与 WAXS 根据 $F(r)$ 求结构参数的方法相似。

(三)其他方法

除了上述 X 射线衍射法和扩展 X 射线吸收精细结构(EXAFS)方法之外，还有一些其他实验方法如电子显微镜、场离子发射显微镜、穆斯堡尔效应、核磁共振、正电子湮没及激光拉曼光谱等。这些方法，可以通过分析超精细场分布和化学环境的信息，得到关于原子结构的知识；也可以直接获得关于电子结构，表面层的化学组成等信息。

三、非晶态的结构模型

由于人们还不能唯一地、精确地采用实验的方法直接测定非晶态固体的微观结构，因而常借助于模型化的方法进行研究。建立非晶态模型的一些基本要求包括三点：第一，根据原子间的互作用，选择一种常程无序的、高密度的原子排列方式，标志这种互作用的可以是键长、键角、硬球的直径、某种原子间互作用势的经验公式等；第二，模型的性质可以与实验结果比较，例如密度、径向分布函数等；第三，模型应能在三维空间中无限延伸并不因此而引起结构和性能的显著变化，要求模型的边界能与同类模型边界相容。目前关于非晶材料的模型主要有下列几种。

1.微晶模型

非晶材料是由晶粒非常细小的微晶组成，晶粒大小为十几埃到几十埃。晶粒内的短程序与晶体的完全相同，而长程无序是各晶粒的取向杂乱分布的结果，如图 4－9 所示。微晶模型可定性说明非晶态的衍射实验结果，但该模型常常不考虑晶界处的情况，因而与实际情况有差异。特别是当晶界处的原子数量与晶粒内的原子数量具有相同数量级时，这时晶界的影响将会很显著。用微晶模型计算出的径向分布函数或双体函数与实验结果在定量上难以符合。

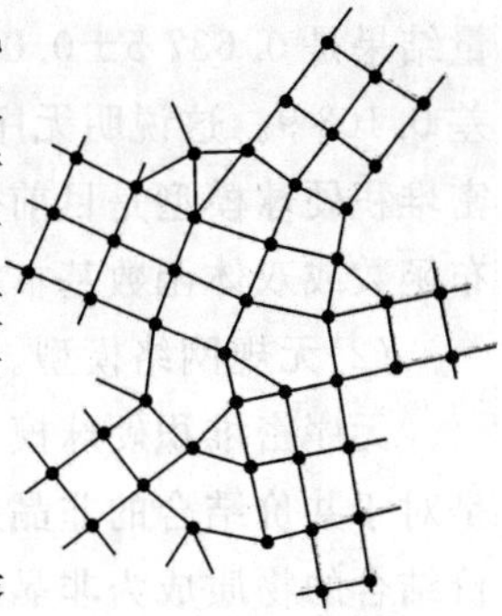

图 4－9 微晶示意图

2.拓扑无序模型

拓扑无序是指模型中原子的相对位置是随机地无序排布的，无论是原子相互间的距离或是各对原子连线间的夹角都没有明显的规律性。由于非晶态有接近于晶态的密度，这种无规则性不是绝对的，实验也表明非晶态存在短程序。但这种模型强调无序，把短程序只看成是无规堆积中附带产生的结果。

(1)硬球无规密堆模型。

在硬球无规密堆模型中，把非晶态看成是一些均匀连续的、致密填充的、混乱无规的原子硬球的集合。“均匀连续”是指不存在微晶与周围原子为晶界所分开的情况；“致密填充”是指硬球堆积中没有足以容纳另一球的空洞；“混乱无规”是指在相隔几个或更多球的直径的距离内，球的位置之间仅有很弱的相关性。这一模型最早是由贝尔纳(Bernal)提出，非晶态聚集体能够通过限制外表成为不规则形状而得到。原子间的排列组合可以通过 5 种三角多面体来分析，如图 4－10 所示。多面体的顶心就是球心位置，其外表面是一些等边三角形，各多面体靠这些三角形互相连接。这 5 种多面体是四面体，正八面体，带三个半八面体的三角棱柱，带两个半八面体的阿基米德反棱柱，四角十二面体。在非晶态固体结构中，最基本的结构单元是四面体或略有畸变的四面体，其数量百分比为 73.0%。除四面体外，八面体、三角棱柱、阿基米德反棱柱、四角十二面体，它们所占的数量百分比分别是 20.3%，3.2%，0.4%和 3.1%。四面体多、八面体少是非晶态结构的一个重要特征。许多贵金属或过渡金属与 C，Si，Ge，P，B 等元素形成的非晶态合金，常在金属原子百分比为 80%时比较稳定，可用无规密堆积模型加以解释。在三种较大的多面体空洞中可以各填入一个类金属(或非金属)原子，这样金属原子的百分比约为 79%。

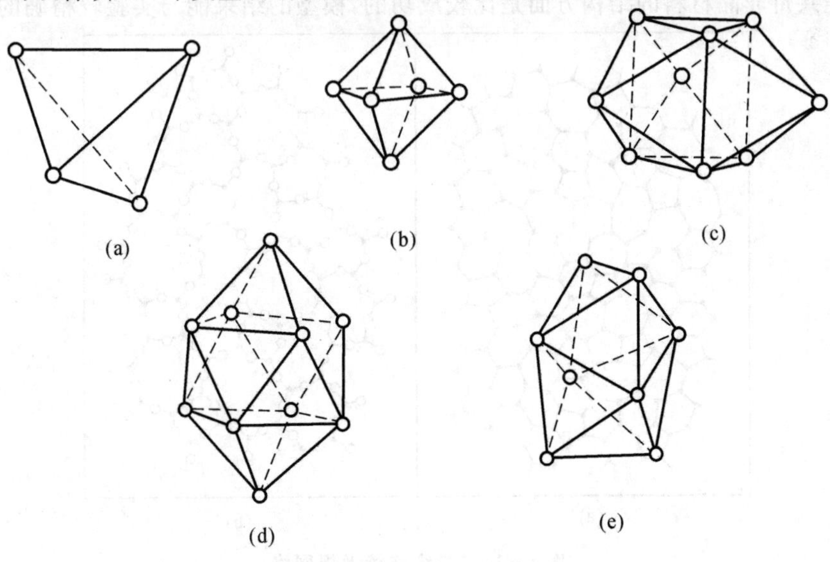

图 4－10 贝尔纳多面体

(a)四面体；(b)正八面体；(c)带三个半八面体的三角棱柱；
(d)带两个半八面体的阿基米德反棱柱；(e)四角十二面体

无序密堆积硬球模型有一个重要特性，即它有明确的无序密堆积密度上限，这个上限的测量结果是0.637 5±0.001。与有序密堆积结构的面心立方密堆积和六方密堆积值0.740 5相差0.103 9。这说明无序密堆积达到的不是真正的密堆积，真正的密堆积应该是有序的。无序密堆积硬球模型是目前公认的非晶态金属和合金较好的结构模型。利用该模型计算的径向分布函数或双体函数基本上与实验结果一致，密度数值也是基本合理的。

(2)无规网络模型。

无序密堆积硬球模型对于帮助人们了解非晶态金属或合金的结构起到了一定的作用，但是对于共价结合的非晶态半导体、无机非金属玻璃，则难以直接引用。不少实验事实表明，共价结合的物质成为非晶态时，其最近邻原子间的关系基本上与晶态相似。据此提出了非晶态固体的无规则网络结构模型，它要求最近邻原子间的键长与晶态类似，而长程有序性则由于“键”的无规则排列而消失。

无规网络模型是查哈里阿生(W. H. Zachariasen)于1932年提出来的。模型的基本点在于保持原子最近邻的键长、键角基本恒定，二者的畸变程度限制在很小的范围，然后将这些键无规地连成空间网络。

无规网络模型最早是用来描述非晶硅和非晶锗的，后来研究者们又制作了非晶砷和非晶锑、非晶硒和非晶碲等无规网络模型。随后研究者们用来描述非晶态SiO_2等的结构。图4-11给出了玻璃的二维无规网络结构。从图中可看出玻璃的二维无规网络结构具有以下特征：

1)每个原子是三重配位的；

2)最近邻距离(键长)是常数或近似为常数；

3)结构是理想的，没有悬空键；

4)键与键之间的夹角不相等，其值是分散的，这正是无规网络结构的特征；

5)对于无规网络玻璃不存在长程有序。

无规网络模型与其他模型相比，能较好地反映非晶态固体的短程序和结构特征，在模拟非晶半导体等共价非晶材料的结构方面是比较成功的，模型的结果能与实验较精确的符合。

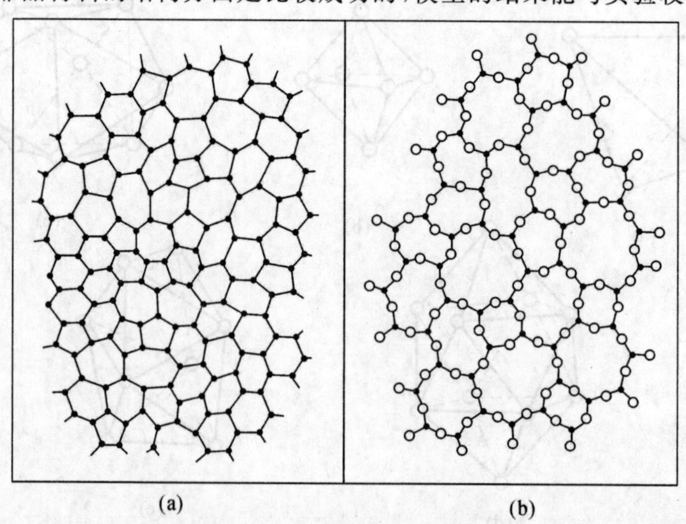

图4-11 二维连续无规网络

(a)二重配位元素玻璃的示意图；(b)Zachariasen(1932)对A_2B_3玻璃所给出的示意图

(3)无规线团模型。

对于以有机高分子为基础的非晶态固体，如聚苯乙烯，用无规线团结构模型描述其结构最为合适。该模型认为每一条单独的高分子链可以是一个无规线团位形，也就是一个类似于三维无规行走所描述的位形，线团之间彼此充分地交织在一起，这些相互穿透的无规线团组成了有机非晶态固体。

第二节　非晶态的结构转变与结构弛豫

一、非晶态固体的形成与结构转变

非晶态处于一种热力学非平衡状态，或某种亚稳态，所以非晶态固体总有向晶态转化的趋势，即非晶态固体在一定温度下会自发地结晶，转化到稳定性更高的晶体状态。这种体系具有较高的能量，在退火处理或其他作用的影响下，将释放能量而向晶态转变。同时，在外界作用下，例如加热或离子轰击，有可能使晶态转化为非晶态。在讨论非晶态结构转变前，先了解非晶态固体的形成是很有必要的。

（一）非晶态固体的形成

1. 物质的冷却过程

如图 4－12 所示，当某种物质的熔体从高温以一定速率冷却时，它的体积 V、熵 S 和焓 H 也随着降低，当温度达到熔点 T_m 时，体积、熵和焓急剧下降，材料成为晶态。随着温度进一步降低，晶态材料的体积、熵、焓缓慢减小。如果熔体的冷却速度非常快（称为快淬冷却）时，当温度降低到 T_m 时一些物质并不凝固，以过冷熔体的形式保持到玻璃化温度 T_g，这时材料转变为玻璃态（非晶态），玻璃化温度 T_g 与熔点 T_m 有经验公式：

$$T_g = 0.7T_m \tag{4-31}$$

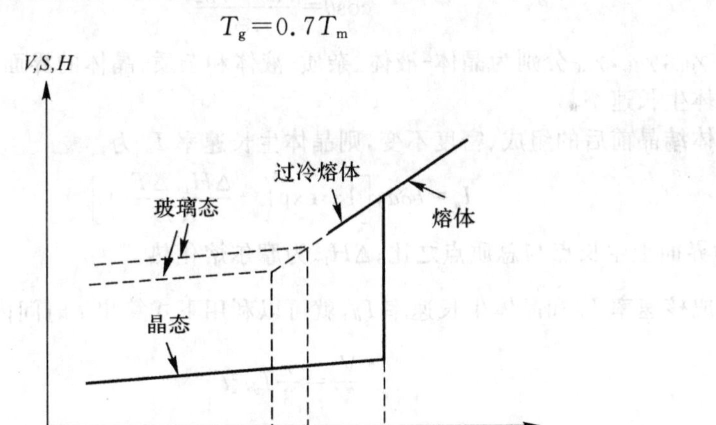

图 4－12　冷却时材料的 V、熵 S 和焓 H 的变化

从晶体生长的理论可知，结晶过程分为晶核形成和晶体生长两个阶段。当从熔体中结晶时，把过热状态的熔体逐渐冷却，当熔体温度降低达到熔点时，固液相达到平衡点，熔体温度低于熔点，成为过冷状态。$\Delta T = T_m - T$，称为过冷度（其中 T 为熔体温度）。过冷熔体是亚稳相。这时，体系中 1 moL 液态的吉布斯自由能与晶态的吉布斯自由能之差为

$$\Delta G = \frac{(T_m - T)}{T_m}（当\ \Delta T = T_m - T\ 不大时） \tag{4-32}$$

式中，ΔH_m 为摩尔相变潜热，即焓的改变。

当熔体处于过冷状态，即处于亚稳态，有$\Delta T - T_m - T > 0$。这时，$\Delta G > 0$，ΔG称为由过冷熔体向晶体发生相变时的相变驱动力。因此，$\Delta G > 0$是发生结晶的必要条件之一。由过冷熔体向晶体发生转变的过程是从亚稳相向稳定相的转变过程，即为结晶过程：过热熔体（稳定相）→过冷熔体（亚稳相）→晶体（稳定相）。

当然，结晶是否发生，取决于成核和生长两个阶段。这里，可以从结晶过程中关于晶核形成和晶体生长速率两方面考虑。根据相变动力学理论，可求出熔体形成非晶态固体所需要的最小冷却速率。

2. 成核速率

在存在杂质的情况下，总的成核速率I_v应等于均相成核速率I'_v与非均相成核速率I''_v之和：

$$I_v = I'_v + I''_v \tag{4-33}$$

而

$$I'_v = N_v^0 \delta \exp\left(-\frac{1.229}{\Delta T_r^2 T_r^3}\right) \tag{4-34}$$

式中，N_v^0为单位体积的分子数；$T_r = \frac{T}{T_m}$；$\Delta T_r = \frac{\Delta T}{T_m}$；$\delta = \frac{k_B T}{3\pi a_0^3 \eta}$，为频率因子，其中$a_0$为分子直径，$\eta$为熔体黏度。

$$I''_v = A_v N_S^0 \delta \exp\left[\left(-\frac{1.229}{\Delta T_r^2 T_r^3}\right) f(\theta)\right] \tag{4-35}$$

式中，A_v为单位体积杂质所具有的表面积；N_S^0为单位面积基质上的分子数；$f(\theta)$由下式表示：

$$f(\theta) = \frac{2 - 3\cos\theta + \cos^3\theta}{4} \tag{4-36}$$

式中，θ为接触角。

$$\cos\theta = \frac{\gamma_{HC} - \gamma_{HL}}{\gamma_{CL}} \tag{4-37}$$

式中γ_{CL}，γ_{HL}，γ_{HC}分别为晶体-液体、杂质-液体和杂质-晶体的界面能。

3. 晶体生长速率

若熔体结晶前后的组成、密度不变，则晶体生长速率I_u为

$$I_u = b\delta a_0 \left[1 - \exp\left(-\frac{\Delta H_{fm} \Delta T_r}{RT}\right)\right] \tag{4-38}$$

式中，b为界面上生长点与总质点之比；ΔH_{fm}为摩尔熔化热。

有了成核速率I_v和晶体生长速率I_u，就可以利用下式算出t时间内结晶的体积率$\frac{V_c}{V}$：

$$\frac{V_c}{V} = \frac{\pi}{3} I_v I_u^3 t^4 \tag{4-39}$$

取$\frac{V_c}{V} = 10^{-6}$，即认为达到此值，析出的晶体就可检测出，将I_v和I_u值代入式(4-39)，就可得到析出指定数量晶体的温度与时间的关系式，利用这个关系式，只要知道一些数据，就可作所谓时间、温度和转变量的曲线，从而可估算出为避免析出指定数量晶体所需要的冷却速率。

4. 非晶态固体的形成

非晶态固体的形成问题，实质上是物质在冷却过程中如何不转变成为晶体的问题。当熔体冷却到熔点T_m时，并不会立即凝固或结晶，而是先以过冷熔体的形式存在于熔点之下。新的晶相形成，首先要经过成核阶段，即在局部形成细小的晶核。由于晶核尺寸很小，表面能将占很大的比例，因而将形成能量的壁垒。因此，在熔点之上，成核是不可能实现的。只有当温

度下降至熔点以下，即存在一定的过冷度 ΔT 时，成核的概率才大于零。晶核形成后，晶核的长大就主要依靠原子的扩散过程。因此，结晶的速率既与成核的速率有关，又与晶体长大的速率有关。前者取决于过冷度 ΔT 的大小，后者则取决于温度 T 的高低。图 4－13 给出了结晶的体积分数为 10^{-6} 的转变曲线，曲线的纵坐标为温度，横坐标为时间的对数。曲线的形状类似于英文字母 C。不同的材料会有不同的 C 曲线，但基本的形状都是相似的。可以看出，如果从熔体冷却下来的速率足够快的话，冷却曲线将不与 C 曲线的鼻尖相接触，这样过冷熔体就将避免结晶而形成非晶态固体。

与结晶过程相比，非晶态固体的形成过程主要有以下两大特点。

1）当熔体冷却时，不同材料发生结晶的过程差别很大，而形成非晶态固体，其冷却速率也差别很大。有的物质，易于发生结晶，如一般金属。若要形成非晶态合金，则需要很高的冷却速率。有的物质，当熔体冷却时，不易发生结晶，如 SiO_2，熔体黏度逐渐加大，最后固化，形成石英玻璃，而形成石英玻璃只需要一般的冷却速率即可。

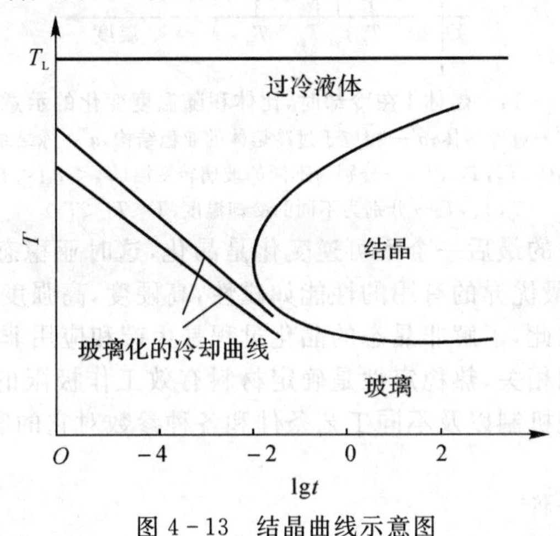

图 4－13　结晶曲线示意图

2）从相变的角度看，从熔体中形成非晶态固体的过程：过热熔体（稳定相）→过冷熔体（亚稳相）→非晶态固体（亚稳相），也就是说，非晶态固体的形成是亚稳相之间的转变。

（二）非晶态向晶态的结构转变

无论采用什么方法制备成的非晶态合金，从结构上讲非晶态合金都是高度无序的。它们缺乏晶态材料所具有的周期性结构，是一种不稳定的状态。不稳定性不仅是相对于平衡态晶体而言，同时也是相对于“稳定的”非晶态而言。不稳定的非晶态合金在加热过程中必将发生向稳定的状态转变，包括向稳定的非晶态转变和向晶态的转变。

这种转变系指发生于非晶固体，而不是指从液态向固态的转变。图 4－14 为熔融液体 L 在冷却过程中比体积随温度的变化以及其相应的结构变化。如果晶体 L 冷却到低于熔点 T_m 是还不发生结晶就可以得到非晶态。过冷熔体的结构是亚稳的，它将向在热力学上处于平衡的亚稳态 a' 弛豫。当温度在 $1/2T_m < T_g < 2/3T_m$ 范围内，亚稳态熔体讲冻结。温度 $T < T_g$ 时，亚稳态的特殊结构保持不变。但是，玻璃转变温度 T_g 和其相应的非晶态结构 a'' 会受冷却速度 T 的影响，可以处于不同状态。如图 4－14 所示，不同的冷却速度所对应的冻结熔体结构 a'' 也有所不同。非晶态 a'' 在低温退火过程中将向 a' 转变，原子重新排列的过程就是弛豫过程。这是一个均匀的过程。平衡的亚稳态结构至今还不十分清楚。由于低温退火的结果，可以看到各种物理性能的变化，如磁各向异性，居里温度，电阻率，超导性，比热容，扩散等，这些变化可以认为是由弛豫过程造成的。

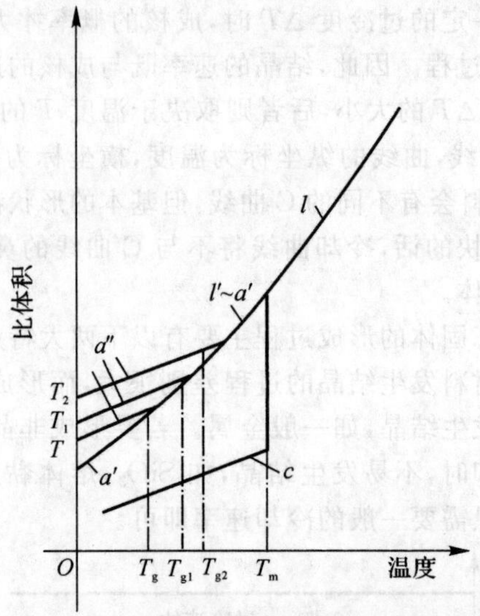

图 4-14 熔体 l 在冷却时，比体积随温度变化的示意图

l—稳定熔体；l'—过冷熔体；a'—相应于过冷熔体的亚稳结构，a''—冻结结构（非晶态）；

c—晶体；T_g，T_{g1}，T_{g2}—分别为不同的玻璃转变温（$T_g<T_{g1}<T_{g2}$）；

T，T_1，T_2—分别为不同的冷却温度（$T<T_1<T_2$）

非晶态在加热过程中的最后一个不可逆变化是晶化，这时亚稳态的非晶态最终转变为稳定的晶态，非晶态的一些最优异的有用的性能如磁性，高硬度，高强度，好的延伸能力和优良的耐腐蚀性将丧失殆尽。因此，了解非晶态的晶化过程是生产和应用非晶材料的一个先决条件。它与材料的热稳定性密切相关，热稳定性是确定材料有效工作极限的一个重要参数，此外，还必须了解结晶过程的微观机制以及不同工艺条件和各种参数对它的影响。这样才可设法阻止或控制晶化过程的发生。

1. 非晶态晶化过程分析

(1)研究非晶的晶化过程，首先要考虑它的热力学条件和动力学过程。

相图是热力学观点研究相变的基础，虽然非晶态是亚稳态，但还是可以结合相图进行定性分析。已经知道，共晶成分附近的 Fe-B 合金是一种典型的金属—类金属非晶合金。具有非常好的物理性能。它的晶化过程比较复杂，有一定的代表性。图 4-15 是 Fe-B 系合金的部分相图。

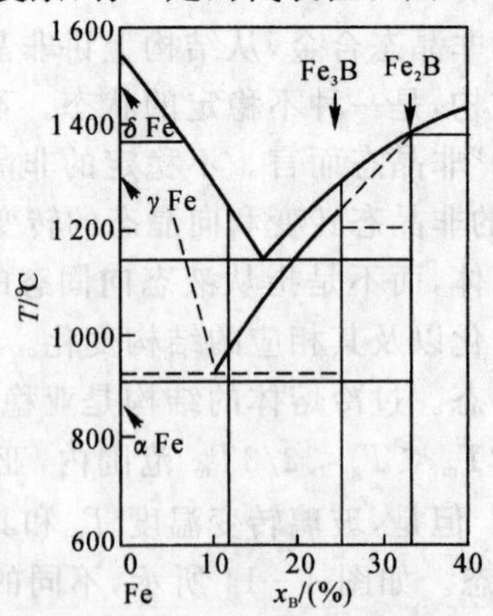

图 4-15 Fe-B 系合金部分相图

注：稳定相和亚稳定相的晶体结构：αFe 体心立方 $a=0.287$ nm；

γFe 面心立方 $a=0.359$ nm；Fe_3B 四方晶系 $a=0.864$ nm；$c=0.428$ nm；

Fe_3B 斜方晶系 $a=0.543$ nm；$b=0.666$ nm；$c=0.445$ nm；Fe_2B 四方晶系 $a=0.511$ nm；$c=0.425$ nm

为了对非晶态合金的晶化过程及其可能发生的反应有一个总体的概括了解，科斯特(Kster)等根据 Fe-B 系合金相图提出了各组成相的自由能 G 与浓度的关系曲线(见图 4-16)，对于理解不同结晶过程的发生和相互关系是非常有用的。图中的实线切线表示共存的稳定态平衡，虚线表示可能存在的亚稳态平衡。根据硼含量的不同，亚稳非晶相向结晶相的转变方式有三种：多晶型转变，共晶型转变和稳定相的一次结晶转变。

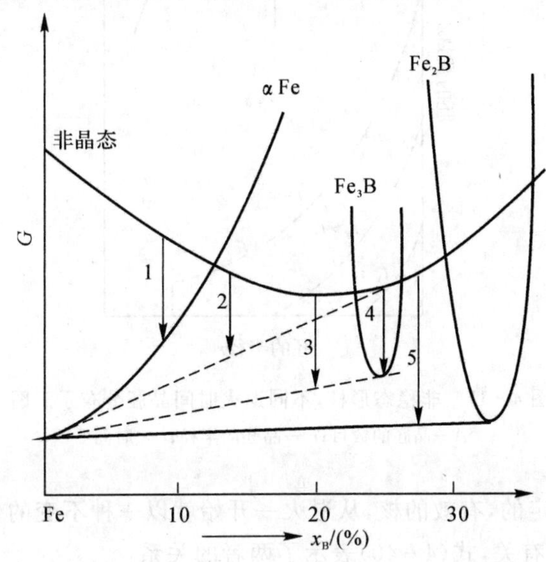

图 4-16 Fe-B 系合金各组成相的自由能与硼摩尔分数的关系曲线

1—αFe 的多晶型晶化；2—αFe 的一次晶化；3—共晶晶化(αFe+Fe_3B)；
4—Fe_3B 的多晶型转变；5—共晶晶化(αFe+Fe_2B)

非晶态到晶态的转变所以能够发生，是由于存在着相变驱动力，即开始和最后结构间的正的自由能差。在某些成分范围内，有的反应将发生重叠，有的反应要通过亚稳态转变最后到达稳定态。究竟发生何种反应将取决于反应速率的大小。不了解反应机制的细节，不了解动力学过程，就不可能确定反应速率，因为它是受新相的形核和长大所控制的。

(2)形核和长大。

当一个或两个晶化新相在非晶相中形成时，大体可分为晶化相核的形成和晶核长大两个阶段，一直长大到非晶基体的成分达到平衡，或出现亚稳平衡态时为止。由此可见，非晶的晶化过程与所有的相变过程一样，晶核的形成和晶核的长大是两个基本步骤，也是决定晶化反应速率的主要因素。

非晶基体中晶核的形成既必须考虑到固态相变形核的特点，又必须注意到非晶液相快速凝固的特点，但无论怎样，形核乃是发生在基体小范围内出现形成新相所必需的成分及结构。它是一种涨落现象。基体中的涨落也称为胚。由胚成为核需要越过临界核心的位垒。此位垒也称为临界晶核的形成功。

非晶态的形核，与液态凝固有相似之处。在经典的形核理论中，通常认为液态存在着平稳态的原子团或胚的浓度涨落。它与时间无关，是随时都存在的。与此同时还有一部分涨落与时间有关，在不同的时间间隔内，存在着不同的分布状态(见图 4-17)。它是一种非稳态分布。$t=\infty$ 反映了趋于稳定态的情况。这两种涨落都将影响非晶的形核。

晶核形成之后，非晶基体中的原子向晶核扩散、传递、使晶核逐渐长大，此时晶体的生长速率U是决定非晶晶化的一个重要因素。对于不同的晶化反应，生长速率U是不同的。

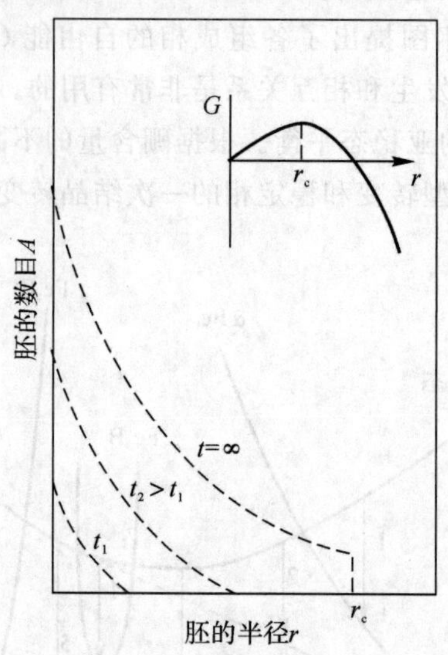

图 4-17　非稳态形核，不同退火时间晶胚分布示意图

A—晶胚的数目；r—晶胚的半径；t—时间

1)多晶型晶化反应。

一旦得到了一个稳定的，有效的核，从退火一开始就以一种不变的生长速率U开始长大，生长速率U与退火温度有关，式(4-40)表示了两者的关系：

$$U=U_0\exp\left(-\frac{Q_g}{RT}\right)\left[1-\exp\left(-\frac{\Delta G}{RT}\right)\right] \tag{4-40}$$

式中，U_0为常数；Q_g为晶核生长激活能；ΔG为结晶每克分子的自由能变化。

如果结晶温度远低于熔点T_m，则$\Delta G\gg RT$，$\exp(-\Delta G/RT)$非常小。所以，在大的过冷度条件下，生长速率U符合阿尔亨纽斯公式。

$$U\approx U_0\exp\left(-\frac{Q_g}{RT}\right) \tag{4-41}$$

2)一次晶化。

相当于从过饱和固溶体中的析出反应。非晶的情况即为从非晶基体中一次析出稳定相。在析出晶化相的反应前沿区造成浓度梯度。生长速度受浓度梯度控制，并随着时间的延长生长速度逐渐减小。在表现为一次晶化的许多非晶合金中，圆球状颗粒的半径r，与退火时间t呈抛物线关系，即与$t^{1/2}$成正比：

$$r=\alpha\sqrt{Dt} \tag{4-42}$$

3)共晶晶化。

在晶化反应中共晶晶化表现得最为复杂。非晶与晶态的共晶反应有许多相似之处。共晶反应得到的是两相相间，细密混合的组织(见图 4-19)。核形成以后，在长大过程中非晶基体中的组元通过互扩散重新分布，分离成两个相。如非晶合金$Fe_{80}B_{20}$，当两相($\alpha Fe+Fe_3B$)在非晶基体中生长时，都排出一定量的另一组元，αFe 生长时排出硼原子，Fe_3B生长时排出铁原子。被排出的原子将扩散到另一相的前沿为它提供生长条件。共晶体中两相的生长过程是互相关联的。为维持生长过程，在生长界面的前沿必定有交互扩散。每一相的生长都受另一相的影响。与$Fe_{75}B_{25}$多晶型晶化相相比，共晶晶化必须进行长程扩散，其生长速率比多晶型晶化小。

共晶体中两单片厚度之和称为层间距λ生长速度U与层间距λ之间的关系还与扩散方式有关。

体扩散：

$$U \propto \frac{4D_v}{\lambda} \tag{4-43}$$

界面扩散：

$$U \propto \frac{8\delta D_I}{\lambda^2} \tag{4-44}$$

式中，D_v，D_I分别为体扩散系数和界面扩散系数。在某些非晶态合金中，层间距λ与温度T的关系与晶态合金的共晶反应相反；当退火温度降低时，层间距λ增加。如在$Fe_{78}Mo_2B_{20}$非晶合金中，当退火温度从470℃降低到390℃，λ值从28 μm增加到50 μm。

2. 非晶态到晶态的转变过程测量

从非晶态到晶态的转变，一般是通过测量转变过程中物理性能的变化来进行研究的。如用示差热分析技术DTA，扫描量热器DSC，电阻法，饱和磁化强度以及穆斯堡尔谱等方法，这些方法得到的信息是间接的。还可以通过鉴定从非晶态转变成晶态所生成的晶态相直接地了解相变的过程。这方面的研究主要借助于电子显微镜，电子衍射技术或X射线分析。

下面分别介绍几个重要的测试方法。

(1)示差热分析技术DTA。

示差热分析技术，是一种非常有效的研究晶态/非晶态的量热分析方法。在材料学研究中，测定物质加热(或冷却)时伴随其物理、化学变化的同时所产生热效应，通过对材料特征热效应的分析研究达到对试样进行定性、定量分析的目的。

图4-18是金属一类金属非晶态合金的示差热分析DTA曲线，从图中可以明显看出非晶的晶化是通过一个或几个阶段进行的。中间经过亚稳相Ⅰ(MS Ⅰ)和亚稳相Ⅱ(MS Ⅱ)，然后到达稳定相(ST)。

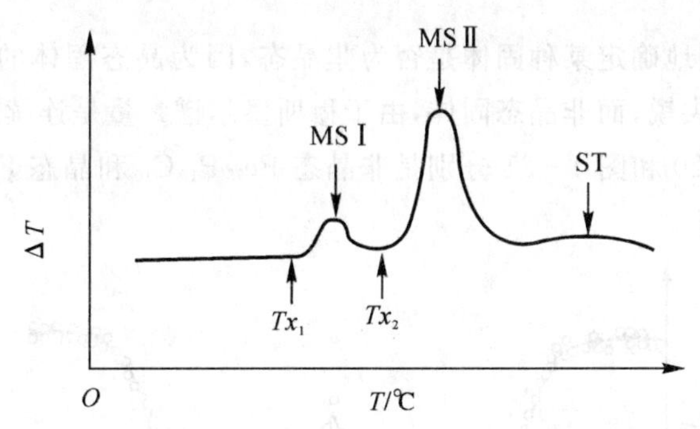

图4-18　金属一类金属非晶态合金的示差热分析曲线

MS Ⅰ，MS Ⅱ—分别为亚稳相Ⅰ，亚稳相Ⅱ；ST—稳定相；T_{x1}，T_{x2}—分别为不同的晶化温度

(2)扫描量热器DSC。

差示扫描量热法是在差热分析DTA的基础上发展起来的一种热分析技术。它被定义为：在温度程序控制下，测量试量相对于参比物的热流速随温度变化的一种技术。简称DSC (Diffevential Scanning Calovimltry)。DSC技术克服了DTA在计算热量变化的困难，为获得热效应的定量数据带来很大方便，同时还兼具DTA的功能。

图 4-19 所示为四种非晶态合金的常规差热分析的结果。从图中可以看出，在加热速率 1 K/min 时 $La_{55}Al_{25}Ni_{10}Cu_{10}$ 具有明显的玻璃化转变过程，其玻璃化转变温度为 438 K，同时它也有明显的晶化过程，晶化开始温度 507 K，但是其他三种非晶态合金的曲线上只有晶化转变过程。

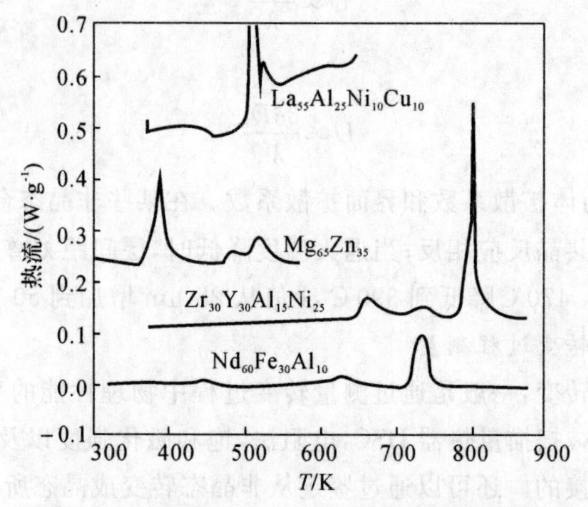

图 4-19 四种非晶态合金的常规差热分析的结果

(3)穆斯堡尔谱法。

穆斯堡尔在研究 γ 射线共振吸收问题时，指出：将发射和吸收 γ 光子的原子核置于晶格束缚之中，当发射和吸收 γ 光子时，由所在晶格来承担全部反冲，而原子核本身不受反冲的影响，这时所观察到的就是无反冲共振吸收。这种现象称为穆斯堡尔效应。若要测出共振吸收的能量大小，必须发射一系列不同能量的 γ 光子，与穆斯堡尔原子核跃迁能量相应的 γ 光子显著的被共振吸收，透过后被计数器所接收的光子数明显减少；而能量相差较大的 γ 光子，则不被共振吸收，透射 γ 光子计数较大。这种经吸收后所测得的 γ 光子数随 γ 光子的能量的变化关系，称为穆斯堡尔谱。

穆斯堡尔谱能方便地确定某种固体是否为非晶态，因为晶态固体的穆斯堡尔谱参量都有确定的值，共振谱线很尖锐，而非晶态固体，由于穆斯堡尔谱参量是连续或准连续分布的，因而共振谱线较宽。图 4-20 和图 4-21 分别是非晶态 $Fe_{75}P_{15}C_{10}$ 和晶态 $Fe_{75}P_{15}C_{10}$ 穆斯堡尔谱，可以看出二者差异显著。

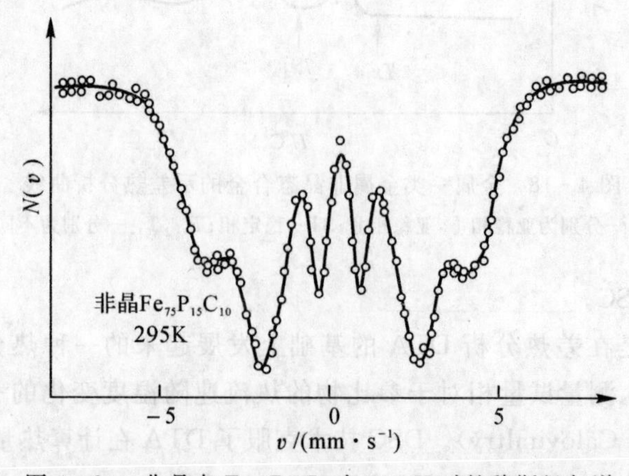

图 4-20 非晶态 $Fe_{75}P_{15}C_{10}$ 在 295 K 时的穆斯堡尔谱

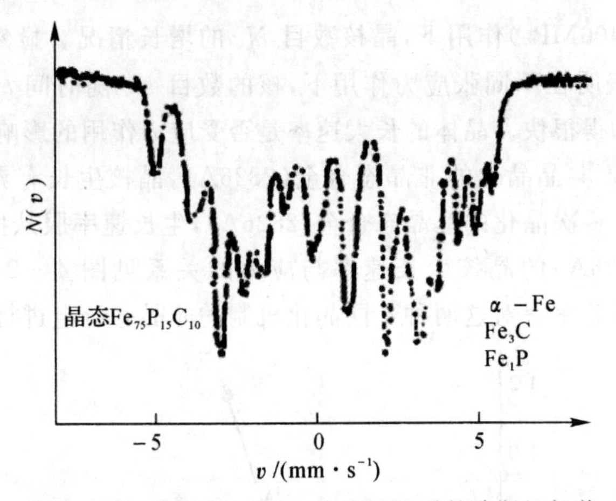

图 4－21　晶态 $Fe_{75}P_{15}C_{10}$ 在 295 K 时的穆斯堡尔谱

3. 影响非晶态晶化的因素

(1)制备工艺的影响。

淬火速度和淬火温度是两个主要的工艺参数。它们会影响淬态核的数目，淬火温度高，淬火速度快，有利于保持液态结构的高度化学和结构无序，减少淬态核的数目，提高了晶化温度。尽管此时存在着大的相变驱动力，但并不会容易地发生晶化反应。此外，由于快速淬火会在液体层内，垂直于辊轮方向上产生速度梯度，使黏滞的液体层之间有一种连续的切变应力作用，它将造成非晶态合金中的淬态感生织构，对晶核的形成和长大起抑制作用。

(2)预退火的影响。

预退火温度一般都远低于晶化温度。所以，实际上是对非晶态合金的结构弛豫起作用。如果不了解这一点，也许会认为预退火会促进扩散，对形核产生影响。但实验结果与此相反。图 4－22 为预退火处理对非晶态合金 $Fe_{40}Ni_{40}P_{14}B_{6}$(2826)形核的影响。由于预退火处理，非晶态合金的结构发生弛豫，使其向理想的非晶态发生变化，与淬态合金相比，致密度和稳定性都提高了。这种状态下，扩散减慢了，临界尺寸晶核的形成过程延长了。对于磁性来说，预退火处理是有益的。而非晶合金的热稳定性却不会为此而受影响。

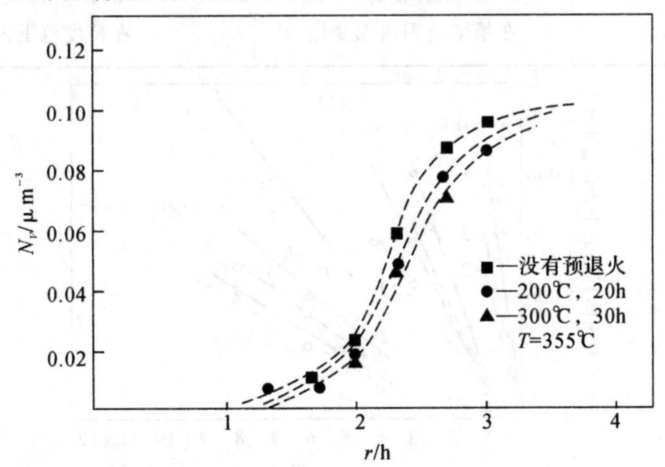

图 4－22　预退火处理对非晶合金 $Fe_{40}Ni_{40}P_{14}B_{6}$(2826)形核的影响

(3)张应力的影响。

对某非些态合金来说张应力将会加速晶化过程。从电子显微镜中可以观察到 $Fe_{40}Ni_{40}P_{14}B_{6}$

非晶在不同应力(50～400MPa)作用下，晶核数目 N_v 的增长情况。显然，应力作用可使晶核数目增多。图 4-23 表明在不同张应力作用下，核的数目 N_v 随时间 t 的变化。当负载大于100MPa，形核速率增加得很快。晶体的长大速率是否受应力作用的影响视不同的晶化反应而论，即取决于扩散方式。共晶晶化的非晶态合金(2826A)，晶核生长有界面控制，应力对生长速率基本没什么影响。一次晶化的非晶态合金(2826A)，生长速率服从抛物线关系，受体扩散控制。非晶态合金(2826A)的晶核生长速率与应力的关系见图 4-24。显然，应力会影响2826A 合金的晶体生长速率。对这两种不同晶化机制的非晶态合金进行比较，结果见表4-3。

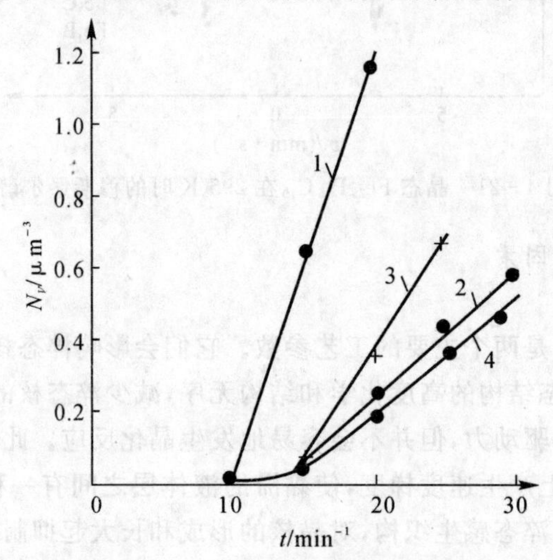

图4-23　2826 非晶态合金在不同应力作用下，晶核数目 N_v 随时间的变化

1—参考试样；2—50MPa；3—100MPa；4—200MPa

表 4-3　叠加张应力对非晶态晶化的影响

晶化反应类型	共晶晶化(一阶段)	一次晶化，多晶型晶化(两个阶段)
形核速率	增加(可提高 5.9 倍)	增加(可提高 2.6 倍)
晶体生长	没有影响	增加(可提高 2.3 倍)
激活能 E_n，E_g，E_c	在精度范围内无变化	在精度范围内无变化

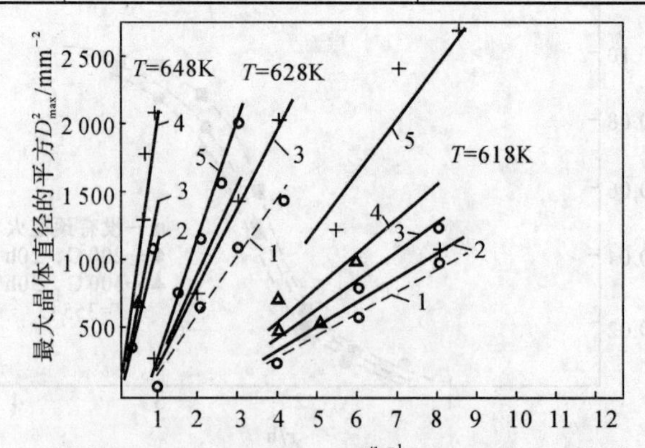

图 4-24　在不同温度退火时应力对非晶态合金 2826A 晶体生长的影响

1—参考试样；2—100MPa；3—200MPa；4—300MPa；5—400MPa

由上述结果可知，张应力主要是加速体扩散控制的晶化过程，对界面扩散不起作用。可以

用自由体积模型来讨论，准确地说，自由体积是指由于合金化元素或任何结构的不规则性引起的额外的自由体积，即超过理想的玻璃态结构的平衡值的部分。张应力增加了这一部分的额外自由体积，从而增加了原子的活动性，有利于进行体扩散。

(4)表面的影响。

非晶态合金的表面可以作为一种形核的位置而影响晶化。由于是新晶化相的一部分表面，降低了总的表面能，极有利于形核，特别是在非晶合金的表面有大量的淬态核和较高的形核速率。例如在Fe－Ni－B非晶态合金中，晶化核主要来自淬态核和表面感生形核，热激活形核只有在高温极短时间退火时才能观察到。在$Fe_{40}Ni_{40}B_{20}$合金中，两个表面(接触辊轮面和自由表面)的形核就有很大区别。自由表面的情况与非晶态合金内部的情况完全相似。单位面积的晶核数目取决于快淬的条件和退火处理的制度。但在接触面，晶核数目与冷却速率密切相关。表面的细槽是有利的形核位置。表面处理，如化学和电化学抛光，离子腐蚀以及镀覆铁或镍都会大大改变表面晶核的数目。

(5)成分的影响。

成分对于淬态核的数目有很大的影响。一次晶化反应的非晶合金$Fe_{41}Ni_{41}B_{18}$形成γFe的速率和体积密度随硼的增加而降低。在多晶型和共晶反应中Fe对Ni的比率对形核数目N_v有很大的影响。最小值出现在Fe/Ni约为1的地方。此时硼化物结构从四方晶系变为斜方晶系。$Fe_{62}Ni_{22}B_{16}$合金中，最低的形核数目N_v与铁的同素异形转变$\alpha \rightarrow Fe$有关。热稳定性较好的非晶合金，Fe/Ni就在此转变点附近变化。因为在发生晶体结构转变时，相变驱动力降低了，造成形核速率的减少。

(6)静压力的影响。

压力对晶化反应的影响有两个相互矛盾的因素起作用：一是有可能促进晶化反应；另一个是由于晶化过程的扩散控制过程，压缩会减小体积，限制了原子的活动能力，因此抑制了转变。对某些非晶态元素如砷、锗，分别加上1.8GPa和6MPa的压力，甚至在室温下也会转变成晶体。然而对非晶态合金，高压会阻碍晶化：用电阻率测量得到$Pd_{75}Ag_5Si_{20}$的晶化温度，当静压力增加到0.6GPa时，晶化温度增加14K/GPa。$Fe_{83}B_{17}$的非晶态合金在大气压力下，低于350℃退火就可以晶化，而在压力的作用下，在500℃退火，或在460℃长期退火才能观察到晶化反应。静压力还会使晶化反应的产物发生变化。成分为$Fe_{83}B_{17}$的非晶态合金，最后形成的稳定相是Fe_2B。在压力下退火时，即使压力增加到10GPa，也未观察到Fe_2B相，而是Fe_3B相，它是一种亚稳相，压缩作用引起的这种相的形成是与非晶态组织中的局域结构有关。在极严重的压缩条件下，原子有序化已不可能，非晶态只可能在无长程扩散的条件下直接转变成一种原子密排堆积的结构。因此，非晶态合金在高压下退火是一种产生新晶化相的很有希望的办法。高压可以组织非晶态分解成多相结构，并呆滞形成新的致密的晶态相。

(7)粒子辐照的影响。

中子、重离子、核分裂和电子辐照都可以使非晶态合金的结构和性能发生变化。因为在辐照过程中会产生具有原子尺度的缺陷和过剩自由体积。它们对晶化的影响视不同的合金而异。中子辐照能提高$Pd_{80}Si_{20}$非晶态合金的晶化温度，这是由于在辐照过程中能使某些淬态核非晶化的缘故。电子辐照对Fe－P，Fe－P－C非晶态合金是能加速其晶化，而对Ni－B－Si，Ni－P－B，Ni－P则是起阻止作用。离子辐照对$Fe_{40}Ni_{38}Mo_4B_{16}$非晶态合金的晶化没有影响，但如果在200℃下辐照可使晶化温度下降100～150K。所以辐照的影响不仅要看辐照能量的大小，同时与合金本身也有密切关系。

二、非晶态的结构弛豫

在物理学中，一个系统由非平衡态达到平衡态，或者在某一条件下是平衡态，但随条件改变达到新平衡态的过程叫弛豫过程。通常弛豫过程与时间的关系按指数规律($e^{-t/\tau}$)变化，指数函数中的 τ 称为弛豫时间，是用来表征弛豫过程快慢的物理量。

(一)非晶态的结构弛豫现象

如前所述，非晶态的主要特征之一是亚稳态。它在高温下退火要发生晶化，在低温下退火则发生结构弛豫。由于结构弛豫，非晶态中的原子排列进行调整，其自由能降低，材料将变得比较稳定。非晶态的结构弛豫现象异常复杂，涉及原子组态、电子组态、扩散等方面的问题。结构弛豫在材料的物理性能上表现为各种性能变化。例如，非晶态合金的力学、电学和磁学性能等，在结构弛豫过程中都要发生显著的变化。因此，可以利用物理性能的变化来研究非晶态的结构弛豫。Pd－Cu－Si 系合金自液态冷却到固态的过程中，合金的体积随温度而变化，如图4－25所示。如果以缓慢的速度冷却，则液态冷却到 T_m(T_m 为合金的熔点)时结晶，晶态合金沿X曲线冷却；若以极快的速度冷却，则在 T_{g1} 点液态合金转变为固态玻璃(T_{g1} 称为玻璃转变点)，而固态沿 G_1 冷却；若采用一般的快速冷却，则液态合金冷却到 T_{g2} 才转变为固态玻璃，然后沿 G_2 冷却。当 $T_{g2}<T_{g1}$，则形成非晶态的冷却速度不同，玻璃转变温度也不同。由图4－25不难看出，非晶态 Pd－Cu－Si 合金的亚稳态特性，即在加热时，急冷固体的体积有变到慢冷固体体积的倾向，合金的体积有收缩的趋势。同样，非晶态材料的其他性能在加热时也要发生变化。

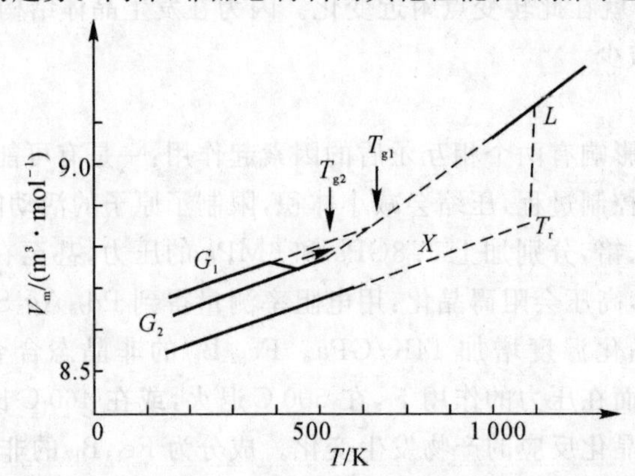

图4－25　Pd－Cu－Si 合金在各种状态下的体积变化

下面分别介绍几个重要物理参量在结构弛豫时的变化。

(1)扩散系数 D。

原子在非晶态中的迁移特性可以用扩散系数 D 表示。在弛豫过程中，扩散系数 D 是变化的。当温度低于 T_g 时，非晶态的 $D\gg D_n$。其中 D_n 表示温度高于 T_g 时的扩散系数，按斯托克斯(Stokos)-爱因斯坦(Einstein)公式：

$$D_n=\left(\frac{kT}{3\pi a_0}\right)\frac{1}{\eta} \tag{4-45}$$

式中，a_0 是原子直径，η 为黏滞系数。在 T_g 以上温度，D_n 约为 10^{-23} m^2/s。低于 T_g 温度，测定的 D 值比 D_n 要大几个数量级。在非晶态中，结构弛豫的时间常数 τ 比扩散过程的时间常数 τ_D 至少要大几个数量级。

(2)黏滞系数 η。

描述非晶态合金"流动"行为的一个重要参数。可以把非晶态合金的"流动"行为看作是原子群的集体运动过程。

$$\eta=\eta_0\exp(\Delta\mu/TS) \qquad (4-46)$$

式中，$\Delta\mu$ 是原子重新排列所需要的最低激活能；S 是组态熵。原子重新排列的条件是用热激活能克服由 S 所决定的能垒。在驰豫过程中 η 的变化规律由式(4-47)中各参数的变化来决定。

$$D=D_0\exp(-\gamma' U^*/v_t) \qquad (4-47)$$

式中，γ'是常数。η 和 D 都可以由实验测定。在不可逆驰豫过程中，η 增大可以归结为 v_f 减少所致。此外，在非晶态金属一类金属中形成化学段程序时，由于金属原子与类金属原子间的相互作用的加强，组态熵 S 减小，从而降低了原子扩散过程中的最低能垒，亦使 η 增大。

(3)弹性与滞弹性。

非晶态的弹性模量 E 和切变模量 μ_s 一般比相应的晶态低 20%～40%，而非晶态的体积模量仅仅比晶态低 7%左右。一般认为，这是由于无序结构中固有的原子切变位移造成的。非晶态与晶态的切变模量之差 $\Delta\mu_s$ 在结构驰豫时减少的很多。而完全驰豫的非晶态与晶态的 $\Delta\mu_s$ 则相差较小(<10%)。$\Delta\mu_s$ 值对于淬态的非晶态来说是相当大的，这是因为急冷“冻结”了过剩的自由体积所致。非晶态的弹性模量 E 则随自由体积的减少而增大。在驰豫过程中，$\mathrm{dln}E/\mathrm{dln}v_f$ 的变化相当大(约为 15)，而在晶化过程中，此值约为 17。非晶态的弹性温度系数 $-\mathrm{dln}E/\mathrm{d}T$ 约为 4×10^{-4}/K。非晶态的弹性模量 E 因成分的不同而异。研究指出，非晶态金属-类金属合金中金属与类金属原子间很强的交换作用导致了 E 的增加。

(4)电阻率 ρ。

驰豫过程中，非晶态的电阻率发生显著变化，因此用电阻率(的变化研究非晶态的驰豫过程是一种简便的方法。图 4-26 中所示的是非晶态 $Zr_{65}Cu_{35}$ 合金在加热过程中电阻率的变化(加热速度为 10K/min，T_g 是玻璃转变温度)。

由图 4-26 可见，开始时 ρ/ρ_{300} 随温度升高而下降，电阻率的温度系数 $\alpha_R=-10^{-6}\mathrm{K}^{-1}$，此时合金尚未发生结构驰豫现象。当温度升高到接近 400K 时，ρ/ρ_{300} 随温度升高而下降的趋势逐渐平缓。在 400K 以上，ρ/ρ_{300} 随温度的升高而增大，这是结构驰豫的反映，它相当于结构稳定化的过程。温度经过 T_g 点以后，ρ/ρ_{300} 又随温度升高而快速下降。此时，电阻率的温度系数 $\alpha_R=-5\times10^{-4}\mathrm{K}^{-1}$。淬态的非晶态 Zr-Cu 合金在驰豫过程中电阻率 ρ 增大的总量为 5%。应该指明，在驰豫过程中非晶态合金电阻率 ρ 的变化对不同的合金系是多种多样的，需要做具体的分析才能得到有用结果。

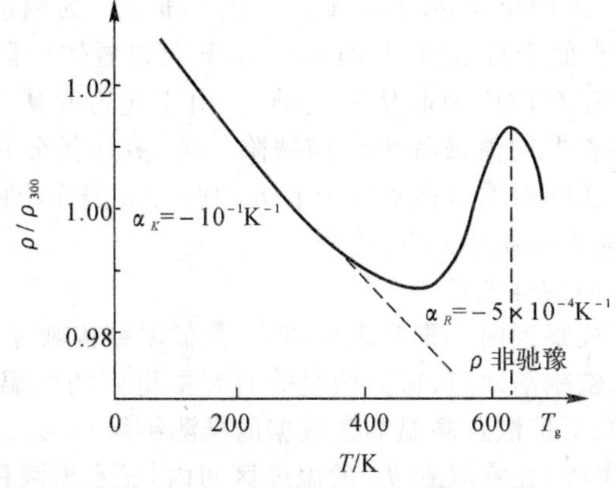

图 4-26　非晶态 $Zr_{64}Cu_{35}$ 合金加热过程中电阻率 ρ 的变化

（二）结构驰豫的理论模型

关于非晶态结构驰豫的理论模型，有以下几种：

(1)自由体积模型。

这种模型认为，非晶态材料中存在着若干过剩自由体积元（指各种缺陷），自由体积元的分布在局域地方过剩，但在大部分区域内自由体积元的数目小得多。非晶态中既可能存在受拉应力区，也可能存在受压应力区域。因此，受拉区的过剩自由体积元的数目就可能远远多于受压区。此外，自由体积还可以在非晶态中运动，并可以湮灭。湮灭的方式包括自由体积运动到样品表面而消失；或受压区与受拉区的复合。驰豫过程包含原子的扩散，而且在一定温度下，原子迁移率最大的地方，扩散速度最大。若从自由体积考虑，则过剩自由体积最多的地方扩散速度最大。非晶态中自由体积的数目与制备非晶条带时的淬火速度有关。淬火速度快，则自由体积数目多。由此可说明淬态非晶的扩散系数 D 大、扩散激活能低的原因。热处理过程中结构驰豫的本质就在于自由体积总量及其分布的变化。

(2)江上满(Egami)的微观结构模型。

江上满认为，驰豫过程中发生的各种性能的变化来源于三种微观状态和结构：长程内应力场；拓扑短程序；化学短程序。在淬态非晶态中它们都不处于平衡态，退火时都将驰豫到相应的平衡态。但是这三种机制的动力学是不一样的，尽管它们之间存在一定的联系。江上满为了说明结构驰豫的微观机制提出了原子尺度的局域应力和结构缺陷的概念。他认为，研究驰豫的一个主要困难在于缺乏适当表征局域原子结构的方法，没有适当的描述驰豫过程原子排列如何调整的特征参量。江上满首先引出原子级应力：

$$\sigma_i^{\alpha\beta} = \frac{1}{\Omega_i}\sum_i (f_{ij}^{\alpha}\gamma_{ij}^{\beta}) \tag{4-48}$$

式中，i 代表材料中第 i 个原子；α,β 为坐标分量；Ω_i 指第 i 个原子的体积；f_{ij} 指 i 原子与 j 原子间的作用力；γ_{ij} 为 i 原子与 j 原子之间的相对位矢。平衡时，对一个原子的总作用力为零，即 $\sum f_{ij}=0$，但由式(4-48)确定的应力张量不等于零。

$$P=\frac{1}{3}(\sigma_1+\sigma_2+\sigma_3) \tag{4-49}$$

$$F=\frac{1}{\sqrt{3}}\left[\frac{(\sigma_1-\sigma_2)^2}{2}+\frac{(\sigma_2-\sigma_3)^2}{2}+\frac{(\sigma_3-\sigma_1)^2}{2}\right]^{1/2} \tag{4-50}$$

式中，$\sigma_1,\sigma_2,\sigma_3$ 均为主应力；在原子尺度上 P 为压应力；F 为剪应力。江上满证明了径向分布函数与 $\langle P^2\rangle$ 成正比，而 $\langle P^2\rangle$ 可以与原子体积建立关系。$\langle P^2\rangle$ 的减少表示体积减小或密度起伏减小。在驰豫过程中 F 不变。根据 $\langle P^2\rangle$ 可以规定局域密度起伏，p 型的 LDF 是指小原子团的局域区内 $P_i\leqslant P_p^*$。而 n 型 LDF 表示 $P_i\geqslant P_n^*$。P_p^* 和 P_n^* 为内应力的阀值，一般情况下 $P_p^*\approx -P_n^*$。n 型 LDF 类似于自由体积，而 p 型 LDF 可以看作反自由体积。这一模型的物理设想是建立在非晶态中存在内应力起伏的基础上，由于应力起伏，从而引起原子的排列调整。小原子团局域密度偏离平均值被称为结构缺陷。正、负起伏分别表示为 p,n 型缺陷，并可用来描述驰豫过程。可逆的驰豫过程是由于 p,n 型两种缺陷作小的局域移动；而不可逆的结构驰豫可以用 p－n 对湮灭来说明。

(3)陈鹤寿(H. S. Chen)的驰豫模型。

非晶态的驰豫过程中观察到两个重要现象：第一是低温结构驰豫的速度问题。从内耗、比热驰豫谱、磁退火动力学、磁减落效应、应力恢复等研究中得到的低温驰豫速度比预期的大几个数量级（按非晶态中的原子扩散及高温蠕变数据的推测结果）；第二是某些结构敏感性能（例如正电子湮灭寿命、电阻率等）在室温到 T_g 的温度区间内，显示出两种不同的退火效应。

为说明这些现象，陈鹤寿提出了驰豫模型，它主要包括两点。①远低于 T_g 的驰豫过程的特点表明，某些物理量的变化，例如 ΔC_p 存在一个连续的驰豫谱。陈鹤寿提出，在非晶态中存在若干彼此相对独立的小原子团，原子团的范围约 20Å。这些小区域在低温驰豫过程中发生结构转变。这种转变是局域性的，因而是短时间的。②在较靠近 T_g 的温度下退火发现，存在一个强的非线性驰豫过程，这是长时间的原子集体动作的过程。

陈鹤寿的驰豫概念与许多实验现象相符合。关于驰豫以局域方式进行的概念对理解短时驰豫是很有意义的。内耗及磁减落速度如此之快，看来与短程驰豫有密切关系。

(4)激活能谱模型。

这种模型虽然还只是唯象的模型，但它是企图统一解释非晶态材料各种结构驰豫现象的第一个模型。如上所述，虽然已提出了一些模型，但是每种模型都只能解释某些现象，并不能解释所有的驰豫结果。激活能谱模型是基于各种微观有效驰豫"过程"构成的激活能谱。所谓"过程"，是指单原子或原子团所做的任何结构调整的过程。各种不同类型的"过程"对应不同的激活能，因而总有效过程的激活能将构成激活能谱。

第三节　非晶态固体的电子态

在第二章我们对晶态材料的能带理论进行了讨论，这种基于长程有序发展起来的理论对于长程无序的非晶态材料就存在很大的局限性。在非晶态固体中，原子排列不具有长程序，薛定谔方程中的势能函数不再是周期分布的，电子的波函数不能用布洛赫函数来描述，其状态也不能用波矢 $\boldsymbol{k}$ 来标志。但是，尽管非晶态材料中由于键角的弥散而导致长程无序，而组成材料的原子、分子、离子的电子结构却使非晶态材料保持了短程有序。与晶体材料相比，键长几乎保持完全一致，而在一定范围内键角也限制了非晶态材料中最近邻原子的分布，一些非晶态半导体的许多性质，如光吸收、激活电导率等，也表现出存在能隙。这促使人们进行大量的有关非晶态材料能带结构的研究。

一、晶态及非晶态中电子态的比较

(一)能态密度函数

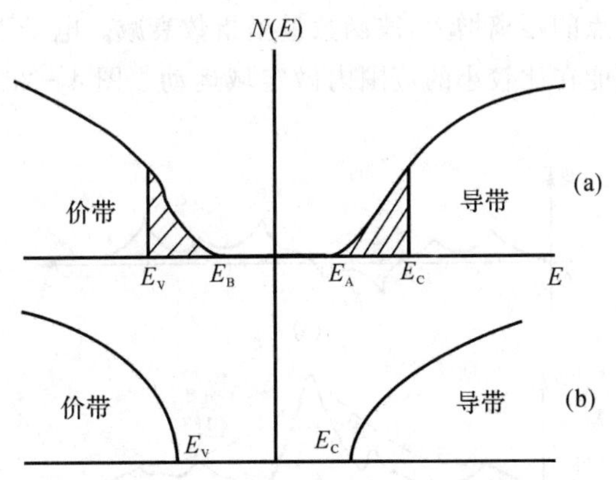

图4－27 晶态和非晶态半导体能态密度函数的比较

(a)非晶态；(b)晶态

在晶态半导体中电子态的能量本征值分成一系列的能带，而最重要的是导带和价带，导带和价带之间存在着禁带。在能带中电子能级是非常密集的，形成准连续分布。为了概括这种

情况下的能级分布情况，通常引入能态密度函数 $N(E)$，其定义为

$$N(E)=\lim_{\Delta E\to 0}\frac{\Delta Z}{\Delta E} \tag{4-51}$$

式中，ΔZ 为能量值在 $E\sim(E+\Delta E)$ 之间的状态数。

非晶态半导体的能带模型，由于也是单电子近似，所以能态密度函数的概念仍然存在。也就是说，对于非晶态半导体，可以采用能态密度函数的办法来表示能带。图 4-27 为晶态半导体和非晶态半导体的能态密度函数。可以看出，对于晶态半导体价带顶和导带底能态密度呈抛物线型变化。对于非晶态半导体，价带顶和导带底附近出现带尾。就是说，能带结构引入无序之后将发生变化，主要表现在能带展宽时出现的带尾态。无序产生了定域态，因此能带中的状态分为两类：定域态与扩展态。在图 4-27(a)中，$E>E_C$ 和 $E<E_V$ 的状态是扩展态，E_C 和 E_V 称为迁移率边，E_C 和 E_V 间的距离(E_C-E_V)称为迁移率带隙宽度；在 $E_V<E<E_B$ 和 $E_C>E>E_A$ 间的状态是定域态，分别称为价带尾和导带尾。

(二)电子本征态波函数

由于晶态物质的周期性，在单电子近似下可以用布洛赫函数作为电子的波函数，电子可能的能量状态形成能带，其布洛赫函数为

$$\varphi_k=e^{ik\cdot r}U_k(r) \tag{4-52}$$

式中，$\boldsymbol{k}$ 为标志晶格周期性的波矢；$\boldsymbol{r}$ 为矢径；$U_k(r)$是具有晶格周期性的函数。

波函数是布洛赫波，这意味着电子在晶体各个晶胞中出现的概率是相同的，也就是说，原子能级上的电子不完全局限在某个原子上，可以由一个原子转移到相邻的原子上去，结果电子可以在整个晶体中运动，称为共有化运动。对于晶态半导体，其导带中的电子运动和自由电子比较相似，电子在整个晶体中作共有化运动。

对于非晶态固体，由于不具有周期性，其电子本征态波函数不再具有布洛赫函数的形式，与晶态周期性相联系的量子数 k 不再存在。非晶态半导体的电子本征态分为两类，即扩展态和定域态。扩展态的波函数延伸到整个空间，类似于晶态半导体中共有化运动状态。在扩展态中，载流子导电机理和晶体中载流子的导电机理相似。定域态的波函数局限在一些中心点附近，随着远离这个中心点的距离增大，波函数量呈指数衰减。电子不能通过隧道效应在整个材料中做共有化运动，只能在比较小的范围内做定域运动。图 4-28 中显示出了这两类波函数的比较。

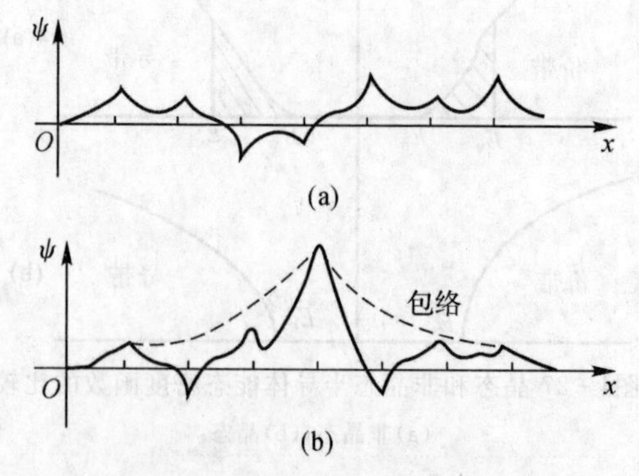

图 4-28　两类波函数的比较

(a)扩展波函数；(b)定域态波函数

二、安德森模型和安德森定域化

1958 年，安德森(P. W. Anderson)研究了无规势场中电子的运动，讨论了无序系统的电子态。他提出当有一个无规势能附加到三维周期势场时，如果平均的无规则势能的幅度 W 比理想周期性势场晶态物质电子的能带宽很多时，电子波发生定域化。在定域态的电子只能通过热激发和隧道效应，从一个态跳跃到另一个态。图 4 - 29 中显示了一维理想周期性势阱和安德森无序势阱模型。

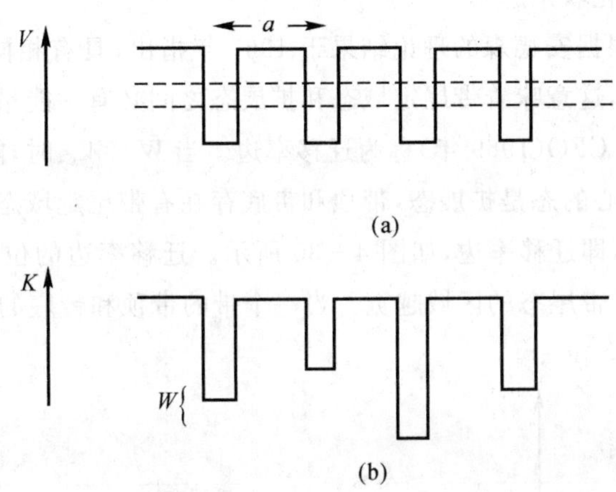

图 4 - 29　一维理想周期性势阱和安德森无序势阱

(a)周期性势阱；(b)安德森无序势阱模型

电子在周期性势阱中的薛定谔方程可表示为

$$\left[-\frac{h^2}{2m}\nabla^2+V(r-R_n)\right]\varphi_i(r-R_n)=E_i\varphi_i(r-R_n) \tag{4-53}$$

式中，$\varphi_i(r-R_n)$为孤立原子中电子的波函数。用紧束缚近似法求解式(4 - 53)，得到

$$\varphi_k(r)=\sum_n \mathrm{e}^{2\pi ik\cdot R_n}\varphi_i(r-R_n) \tag{4-54}$$

能量本征值为

$$E(k)=E_0-\sum_s J(\boldsymbol{R}_s)\mathrm{e}^{2\pi k\cdot R_s} \tag{4-55}$$

式中，E_0 是孤立原子中电子的本征能量；$\boldsymbol{R}_s$ 为近邻格矢量；$J(\boldsymbol{R}_s)$为近邻格点之间的交叠积分。

$$J(R_s)=\int\Phi^*(r-R_s)\hat{H}\Phi(r-R_{s+4})\mathrm{d}r \tag{4-56}$$

对于简立方晶格，能量可表示为

$$E(k)=E_0-2J(\cos2\pi ak_x)+\cos2\pi ak_y+\cos2\pi k_z \tag{4-57}$$

式中，a 为简立方晶格的周期。

能带宽度为

$$B=2ZJ \tag{4-58}$$

式中，Z 为原子的配位数。

在图 4 - 29(b)中安德森假定的无规则变化的势阱，这种势阱的无规则变化反映在式(4 - 55)上就是 E_0 的无规则变化。假定 E_0 围绕平均值的起伏变化用 W 表示。安德森设想把一个电子放在空间某个确定的格点附近，考察经过时间 t 后，在原来位置上找到电子的概率为 p。若 $t\to\infty$ 时，$p=0$，则表示电子扩散走了，即为扩展态；若 $t\to\infty$ 时，p 为有限值，即为定域态。安德森证明，当势阱起伏足够大时，能带中所有状态都将是定域态，即存在有临界值 W_C，当 $W>W_C$ 时，电子运动状态全部是定域态。W_C 随近邻交叠积分 J 和近邻原子数增大而增大。当体系无序程度增长，使 $W>W_C$ 时，扩展态将全部转化为定域态，这种转变称为安德森转变。无序系统中电子运动定域化，是安德森提出的重要概念，因此又称为安德森定域化。这样，安德森将无规势场和定域化联系起来。

莫特(N. F. Mott)根据安德森的理论结果于 1967 年指出，具有相同能量的态不可能同时既是定域态又是扩展态，这意味着带尾定域态和扩展态之间必有一能量值存在，该能量在导带中常用 E_C 表示，后来被 CFO(1969 年)称为迁移率边。当 $W<W_C$ 时，能带中的状态将是部分定域化的。每个能带中心的态是扩展态，带顶和带底存在有带尾定域态；从能带中心变到带尾时，有一个临界能量 E_C，即迁移率边，如图 4－30 所示。迁移率边的位置依赖于无序程度，无序程度越大，即 W 越大，带尾态的区域越宽。当一个带的带顶和带底的迁移率边相等时，意味着所有态都变为定域态。

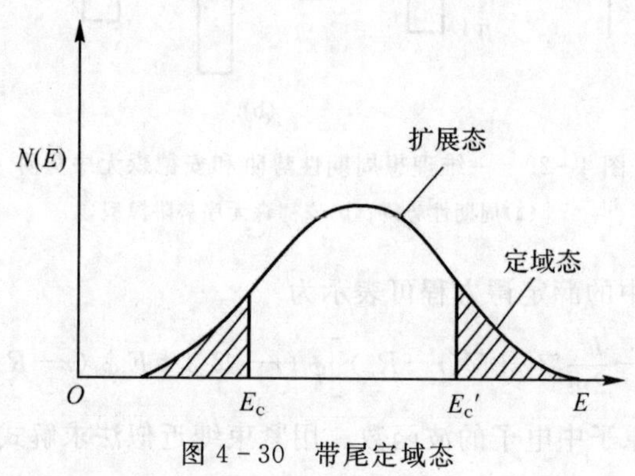

图 4－30 带尾定域态

三、非晶态半导体的能带模型

晶态半导体中，电子态密度按能量分布的主要特点是价带和导带具有清晰结构及在价带极大值和导带极小值处的态密度突然截止。态密度的清晰边缘导致一个界限分明的禁止能隙。在能带内的态是扩展态，即意味着波函数是占据整个体积的。能带结构的这种特点是由于晶体有完美的短程有序和长程有序。在非晶态固体中，长程有序被破坏，而短程有序(原子间的距离和键角)只被轻微地改变。态密度的概念在非晶态固体中也是可以应用的。为了探索非晶态半导体的能带结构，研究者已经提出了几个模型。其相同之处是都使用了带尾局域态的概念，但关于带尾范围的见解却不同。下面简要说明两种主要模型的特点。

(一)Mott－CFO 模型

CFO 模型是由柯恩-弗里西-奥弗辛斯基(Cohen－Fritzsche－Ovshinsky)提出的，由于迁移率边的概念是莫特最早提出的，因此称为 Mott－CFO 模型，如图 4－31 所示。该模型是建立在晶体能带理论基础之上的。从紧束缚近似的观点看，固体中电子的状态主要决定于该电子所属的原子及其最近邻原子的性质。材料的基本能带结构主要取决于短程有序而不是长程有序，因此非晶态半导体与相同材料的晶态半导体有相类似的基本能带结构。

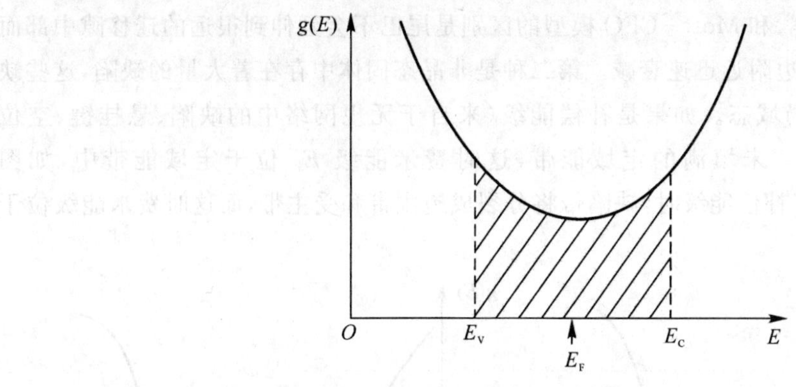

图 4－31　CFO 模型

Mott－CFO 模型认为由于成分或拓扑学上的无序，势场的起伏足以在价带顶和导带底附近引起带尾定域态，这些态一直延伸到禁带之中，而且彼此交叠，填满禁带。导带底的态来源于导带，当不被电子占有时是中性的；反之，价带顶的态则起源于价带，当有电子占有时是中性的。由于两种带尾定域态在能隙中交叠，因此在费米能级之上有带正电的状态，而在费米能级之下则有带负电的状态，费米能级被钉扎在带中央。由于库仑斥力，每个态被两个电子或两个空穴占有的概率很小。因此，在这些定域态中都呈现不配对的电子。由于在一个带中同时存在扩展态和定域态，一般假定在导带底附近存在能量 E_C，在 $T=0K$ 时，

$$\begin{aligned} &E>E_C, \sigma\neq 0 \\ &E<E_C, \sigma=0 \end{aligned} \tag{4-59}$$

E_C 为导带附近的迁移率边；σ 为电导率。同理在价带顶附近可定义 E_V：

$$E<E_V, \sigma\neq 0$$

$$E>E_V, \sigma=0$$

这样，在 $E_V<E<E_C$ 的范围内，在绝对零度时 $\sigma=0$，这个范围就是迁移率隙。

在 Mott－CFO 模型中，整个能隙中都有较高的态密度，其结果是使费米能级 E_F 被钉扎，不随组分或缺陷浓度的变化而变化。由于掺杂而引入的电子浓度变化 Δn，只能使费米能级发生微小的变化

$$\Delta E=\Delta n/g(E_F) \tag{4-60}$$

这样微小的变化不可能使其电导率发生明显的变化，这就意味着在 Mott－CFO 模型中掺杂是失效的。

Mott－CFO 模型简单明了，但是所要求的十分宽广的尾巴态，即使在无序程度相当大的材料中，也遗憾地未能证实。并且要求广延带尾的交叠，对许多非晶态半导体在可见光及红外光范围内的透明性也不能够解释。Mott－CFO 模型中是基于单电子近似的，忽略了电子之间的相互作用，然而当电荷发生重新分布时，电子之间的相关作用却是非常重要的。

(二)Mott－Davis 模型

莫特-戴维斯(Mott－Davis)模型认为局域态带尾是比较窄的，只伸入禁带隙中大约零点几个电子伏特。在这个模型中，不仅考虑了无序性的影响，同时考虑了杂质和缺陷所引起能带的变化，如图 4－32 所示。莫特和戴维斯认为，电子和空穴的迁移率边仍然存在于 E_C 及 E_V

处，但是在 E_C 和 E_V 之间的区域内存在着两种类型的定域态。第一种来源于结构的无序性，存在于导带或价带的带尾，和 Mott－CFO 模型的区别是尾巴不会延伸到很远的迁移隙中部而相互交叠，而是在迁移率边附近迅速衰减。第二种是非晶态固体中存在着大量的缺陷，这些缺陷在能隙深处造成缺陷局域态。如果是补偿能级（来自于无规网络中的缺陷、悬挂键、空位等），在能隙中央处引起一未填满的定域能带，这时费米能级 E_F 位于定域能带中，如图4－32(a)所示。当不具有补偿能级时，缺陷带将分裂成施主带和受主带，而这时费米能级位于两个缺陷能带的中央。

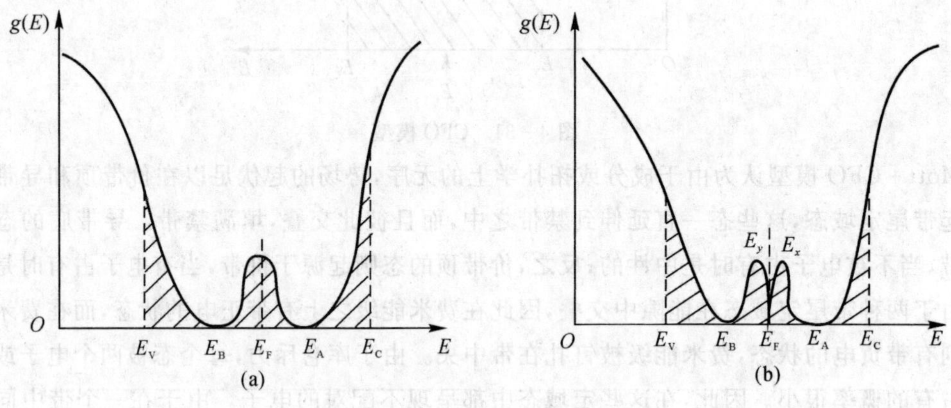

图4－32 Mott－Davis 模型

习 题

1. 试述非晶态的结构特征，如何区分非晶态物质和晶态物质。
2. 简述径向分布函数的含义。
3. 简述扩展X射线吸收精细结构谱的基本原理。
4. 非晶材料的结构模型主要有哪几种？
5. 非晶态固体是怎么形成的？
6. 试述非晶态到晶态的转变过程测量有哪些方法，查阅文献列举几种实例。
7. 非晶态晶化主要受哪些因素影响？
8. 什么是非晶态的结构驰豫现象？有哪些理论模型？
9. 晶态及非晶态中电子态的主要区别在哪里？
10. 非晶态半导体的能带模型有哪些？

第五章 半导体基础

半导体材料是现代信息技术的基础,应用范围极广。半导体材料所具有的独特物理性质取决于半导体的电子结构和电子的运动规律。

本章将主要介绍半导体材料的物理基础,包括半导体材料的基本特性参数、光电性质、界面特性、霍尔效应等。

第一节 概 论

通常把电阻率介于金属($\rho<10^{-6}\Omega\cdot cm$)和绝缘体($\rho>10^{12}\Omega\cdot cm$)之间,且对环境因素(如光照、温度、电磁场等)比较敏感的一类材料称为半导体,按照半导体中载流子的激发机理可将其分为本征半导体和杂质半导体。由能带理论我们知道,半导体的能带类似于绝缘体,即价带是满带。但是,半导体的禁带宽度较小,一般小于 2eV,因而在室温已有一定的电导率。半导体电导率的一个显著特点在于其对纯度的依赖极为敏感。

一、本征半导体

本征半导体是一种理想晶体,在晶体中不存在任何杂质原子,并且原子在空间的排列也遵循严格的周期性。在这种情况下,半导体中的载流子只能是从满带(价带)激发到导带的电子及在价带中留下的空穴。最常见的激发是热激发,即在一定的温度下,由于热运动的起伏,使一部分价带电子可以获得超过 E_g 的能量而跃迁到导带,如图 5-1 所示。通常把这种激发过程称为本征激发。如果用 n 和 p 分别代表导带电子和价带空穴的浓度,显然对本征激发有 $n=p$。成对产生导带电子和价带空穴是本征激发的最大特点。本征半导体的导带电子参与导电,同时价带空穴也参与导电,存在着两种荷载电流的粒子,称为载流子。对于热激发,最易发生的本征激发过程是价带顶附近的电子跃迁至导带底附近,因为这样所需的能量最低。因此,总是认为导带中的电子处在导带底附近,而价带中的空穴则处在价带顶附近。

由第二章第六节中的讨论我们知道,空穴具有以下特点:①带有与电子电荷量相等符号相反的$+q$电荷;②空穴的浓度等同于价带顶附近空态的浓度;③空穴的共有化运动速度就是价带顶附近空态中电子的共有化运动速度;④空穴的有效质量 m_p^*,与价带顶附近空态的电子有效质量 m_n^* 大小相等,符号相反,即 $m_p^*=-m_n^*$。

图 5-1 本征半导体的能带(简化图)

二、杂质半导体

在纯净半导体中掺入适当的杂质，也能提供载流子。把能提供导带电子的杂质称为施主，而提供价带空穴的杂质称为受主。例如，在典型的Ⅳ族元素半导体 Si，Ge 中，掺入Ⅲ族元素 B，Al，Ga，In 等是受主，而Ⅴ族元素 P，As，Sb 等则是施主。这种含有杂质原子的半导体称为杂质半导体（也称掺杂半导体）。

（一）施主杂质

硅、锗晶体具有金刚石型结构，每个原子的最近邻由四个原子组成四面体。Si，Ge 原子最外层都有四个价电子，这些价电子的轨道通过适当的杂化，恰好与最近邻原子形成四面体型的共价键。设想有一个 Si 原子为Ⅴ族原子 P 所代替，P 原子的 5 个价电子中的 4 个与 Si 形成共价键后，多出一个电子。这个多余的电子不在共价键上，而仅受到磷原子实 P^+ 的静电吸引，这种束缚作用是相当微弱的。只需很小的能量这个电子就可以挣脱 P^+ 的束缚而在晶体内自由运动，即成为导带电子。由此可见，束缚于 P^+ 周围的这个多余电子的能量状态，应处于禁带中而又极接近导带底。也就是说，由于掺杂在禁带中出现了能级，称之为杂质能级。由施主引进的杂质能级，称为施主能级，常用 E_D 表示，如图 5-2(a)所示。施主能级具有向导带提供电子的能力。电子脱离施主杂质的束缚成为导电电子的过程称为施主电离。导带底与施主能级的差 $\Delta E_D = E_C - E_D$ 称为施主电离能。表 5-1 列出了 Si 中常用掺杂元素的电离能，可以看出，施主电离能一般都在 0.05eV 以下。因此，室温提供的热能已经可以使施主能级的电子跃迁至导带而使施主电离。掺杂将明显影响半导体的导电性能。例如，掺杂的磷含量为百万分之一，就可使载流子浓度增加近 10^5 倍，使电导率显著增加，具体将在后面进行详细的讨论。施主掺杂后，半导体中的电子浓度明显增加，$n>p$，半导体的导电性以电子导电为主，故称之为 n 型半导体，施主杂质也称为 n 型杂质。在 n 型半导体中，电子又称为多数载流子（简称多子），而空穴为少数载流子（简称少子）。

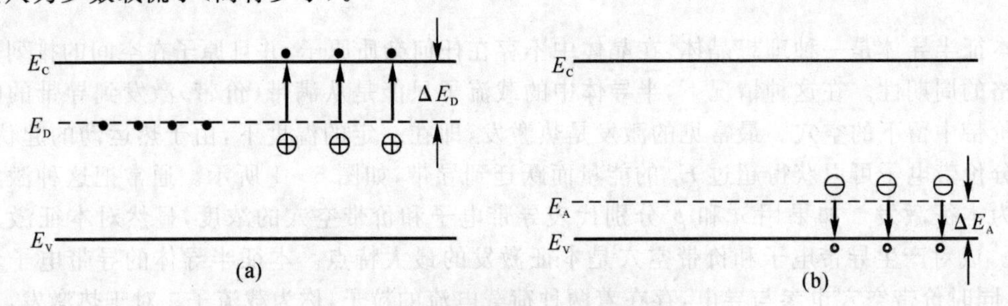

图 5-2　掺杂半导体的能带示意图

(a)n 型半导体；(b)p 型半导体

表 5-1　Ⅲ，Ⅴ族杂质在 Si 中的电离能 ΔE

元素	P	As	Sb	B	Al	Ga	In
ΔE/eV	0.044	0.049	0.039	0.045	0.057	0.065	0.16

（二）受主杂质

在 Si 晶体中掺杂Ⅲ族的 B 原子，由于 B 原子只有 3 个价电子，与邻近 Si 原子组成共价键时还缺少 1 个电子。此时，附近 Si 原子价键上的电子，不需要增加多大的能量就可容易地来填补 B 原子周围价键的空缺，而在原先的价键上留下空位，也就是价带中缺少了电子而出现了一个空穴，B 原子则因接受一个电子而成为负离子。由于杂质能接受电子而称为受主。上述过程所需要的能量就是受主电离能。与施主型类似，受主的存在也会在禁带中引进能级，用

E_A 表示，不过 E_A 的位置接近于价带顶 E_V，$\Delta E_A = E_A - E_V$ 称为受主电离能，如图 5-2(b)所示。空穴由于带正电，能带图中能量自上而下是增大的。当受主能级上的空穴得到能量 ΔE_A 后，就从受主的束缚态跃迁到价带成为导电空穴。表 5-1 中列出了 Si 中的主要受主杂质及电离能。可以看出，受主电离能与施主电离能并无数量级的差别。在受主掺杂半导体中，由于受主电离，使 $p>n$，空穴导电占优势，因而称为 p 型半导体，施主杂质也称为 p 型杂质。在 p 型半导体中，空穴是多子，而电子是少子。

晶体中存在杂质时，出现禁带中的能级是由于杂质替代母体晶体原子后，使晶体的局部势场发生了改变。于是一部分电子能级从许可带中分离了出来。N_D 个施主的存在使得导带中有 N_D 个能级下移到 E_D 处，而 N_A 个受主的存在则使 N_A 个能级从价带上移到 E_A 处。

第二节　半导体材料的基本特性参数

对于一种半导体材料，禁带宽度、介电常数、临界雪崩击穿电场强度、载流子饱和速度等参数，在器件制造和使用过程中不会变化或变化不大，但在不同材料之间有较大差异，称为半导体的基本属性参数。这些参数是根据器件特性的需要进行材料优选时重点考虑的因数，即构成所谓的材料品质因子(figure of merit)。载流子浓度、迁移率和少数载流子寿命称为半导体材料的基本特性参数，其特点是对于一种确定的半导体材料，这些特性参数的值不仅会随着材料制备条件而变，也会在器件制造过程、乃至器件使用过程中发生很大变化。这三个参数的选择和控制，是决定器件工作特性的关键，是设计器件、制造工艺、模拟器件特性的基础。本节主要介绍这三个基本特性参数及半导体的电阻率。

一、迁移率

按照欧姆定律

$$J = \sigma E \tag{5-1}$$

式中，J 为电流密度，E 为外加电场强度，σ 就是电导率。另一方面，按照电流密度的定义，当同时存在两种载流子时，可将 J 写成

$$J = pev_p - nev_n \tag{5-2}$$

式中，v_p 和 v_n 分别为空穴和电子在电场中获得的平均漂移速度，与电场 E 有如下关系

$$v_n = -\mu_n E, v_p = \mu_p E \tag{5-3}$$

其中比例系数 μ_n 和 μ_p 分别称为电子和空穴迁移率。由此可得半导体的电导率为

$$\sigma = ne\mu_n + pe\mu_p \tag{5-4}$$

迁移率的意义是自由载流子在单位电场作用下的平均漂移速度。在非强电场范围，半导体中无论电子或空穴，迁移率皆为常数，大小与电场无关。但在强电场下，自由载流子的平均漂移速度随电场变化的关系偏离线性，并在电场足够强时逐渐趋于饱和。这时，迁移率不再是常数，而是随电场的增高而减小。与电场大小有关的迁移率被称作微分迁移率。因而微分迁移率可作为区分电场强弱的标志，微分迁移率可正可负。例如，GaAs 中的电子在 $3\times10^5 \sim 2\times10^6$ V/m 的电场范围内具有负微分迁移率，这时其平均漂移速度随场强增高而减小。Si，Ge 等常用半导体的电子和空穴，以及 GaAs 的空穴，在更高的电场范围内也未发现有负微分迁移率。

迁移率μ是决定半导体材料电阻率ρ的两个重要参数之一。由电阻率ρ和电导率σ的关系$\sigma=\frac{1}{\rho}$以及式(5-4),可得

$$\rho=\frac{1}{e(n\mu_n+p\mu_p)} \tag{5-5}$$

式中,e是电子的电荷量,n和p分别是电子和空穴的浓度,μ_n和μ_p分别是电子和空穴的迁移率。对于电子和空穴的浓度有数量级以上差别的材料,上式的分母只保留浓度较高的一项。

在非零温度和零电场条件下,半导体中的自由载流子作无规则热运动,尽管其热速度可能很高,但宏观位移为零。当外加一非零电场于半导体之上时,载流子将从电场获得沿电场方向或反电场方向的加速度,但其漂移速度不会随时间的推移而无限累积,而是保持在一个与电场大小有关的定值。这是由于散射对载流子的运动方式起着重要作用。在电场不是很强的情况下,载流子的平均漂移速度与电场大小成正比,其比例常数即迁移率。显然,迁移率的大小与散射机构有关。

用经典方法讨论带电粒子的散射问题,不难得出

$$\mu=e\tau/m \tag{5-6}$$

式中,τ是粒子在连续两次散射之间经历的平均时间,即平均自由时间。上式清楚地说明对于给定的半导体,载流子的迁移率与散射机理的关系。

考虑到半导体晶体中电子和空穴是在一个周期势场中运动,用相应的有效质量m_n^*和m_p^*替换上式中的m,可得出电子和空穴的迁移率。当载流子的有效质量保持不变时,载流子的平均自由时间τ,即载流子的散射机构就是载流子迁移率大小的决定因素。

半导体材料中载流子的散射机构有多种,晶格振动(μ_L)和电离杂质(μ_I)是两种主要的散射机构。在电子和空穴的浓度不是同时都很高的情况下,这两种散射机构占主导地位。此时迁移率的大小主要决定于晶格的温度和电离杂质的浓度。当高密度的电子和空穴同时存在于电流输运的重要区域时,电子和空穴的相互散射概率增大,载流子-载流子散射机制(μ_C)不容忽视。在这种散射机制起作用时,迁移率随着载流子浓度的升高而下降。在几种散射机构同时起作用时,载流子的迁移率μ主要由散射机构较强的一种或几种决定,其值与每一种散射机构单独作用时决定的迁移率μ_L,μ_I,μ_C…之间有如下关系:

$$\frac{1}{\mu}=\frac{1}{\mu_L}+\frac{1}{\mu_I}+\frac{1}{\mu_C}+\cdots \tag{5-7}$$

(一)晶格振动的散射

在轻掺杂时,晶格振动的散射在体材料的载流子散射机构中占主导地位。电子被晶格振动的散射,可用电子与声子的相互作用来描述。载流子被晶格散射的过程,可以是吸收或发射声学声子,也可以是吸收或发射光学声子。一般在低温下以长波声学声子散射占主导地位。由于长波声学声子的能量低、动量也低,因而载流子散射前后动量变化不大。电子的散射不离开其各自原来的能谷。但在室温附近,由于短波声学声子的参与,电子在等价能谷间的散射占主导地位。当温度进一步升高时,将是长波光学声子的散射占主导地位,其特点是载流子散射前后能量变化大,属于非弹性散射,但动量变化不大,仍属谷内散射。实验表明,只有高纯材料中的载流子散射可在50K以下的低温区表现出以长波声学声子散射为主的特征,其迁移率和温度间的关系为

$$\mu_L \propto T^{-\frac{3}{2}} \tag{5-8}$$

在器件应用的一般温区，即室温附近，由于有高能声子对散射过程的参与，载流子迁移率对温度的依赖会偏离这个关系。比如在高纯 Si 中，容易在室温附近发生的谷间散射，使电子迁移率对温度的依赖关系产生较大变化，幂指数从 $-\frac{3}{2}$ 变为 $-\frac{5}{2}$ 左右。

在器件模拟中，通常用一个简单的幂函数来描述完全由晶格散射决定的载流子迁移率在室温附近与温度的关系：

$$\mu_{Ln,p} = \mu_{0n,p}(T/300)^{-\alpha_{n,p}} \tag{5-9}$$

对高纯 Si 中电子和空穴的迁移率在室温附近与温度的函数关系分别为

$$\mu_{Ln} = 1\ 360(T/300)^{-2.42}\ \mathrm{cm^2/(V \cdot s)} \tag{5-10a}$$

$$\mu_{Lp} = 495(T/300)^{-2.2}\ \mathrm{cm^2/(V \cdot s)} \tag{5-10b}$$

图 5-3 为轻掺杂 Si 中电子迁移率与空穴迁移率随温度的变化关系，表明 μ_n 和 μ_p 都随着温度的上升而急速下降。

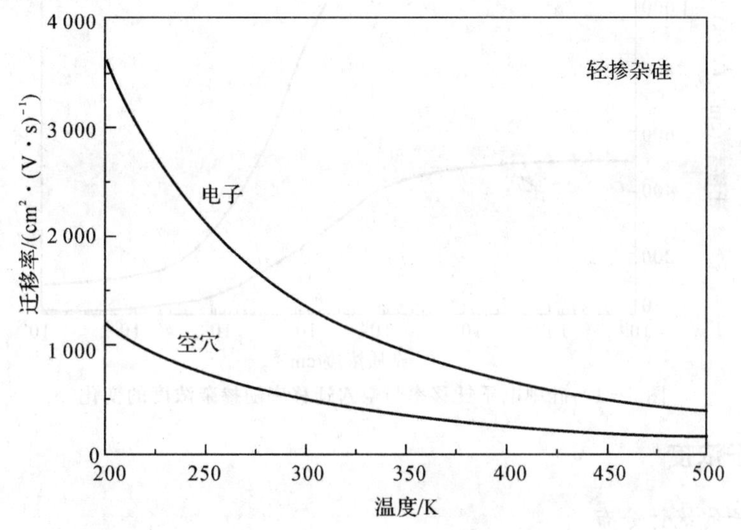

图 5-3　硅中电子迁移率与空穴迁移率随温度的变化关系

（二）电离杂质的散射

半导体晶格中的杂质，无论是施主还是受主，当其电离之后，皆以其静电作用力对运动于附近的电子和空穴产生散射作用。运动速度不同的载流子在同一静电场中受到的散射作用不同，低速载流子不能迅速掠过一个电离杂质的附加势场，其散射效果较高速载流子明显。因此，在考虑电离杂质对载流子的散射作用时，载流子迁移率不仅是电离杂质浓度的函数，也是温度的函数。理论分析表明，完全由电离杂质散射决定载流子迁移率的大小时，迁移率与电离杂质浓度 N_i 和温度 T 的关系如下：

$$\mu_I \propto N_i^{-1} T^{1.5} \tag{5-11}$$

式中，μ_I 是只考虑电离杂质散射作用时的载流子迁移率。低温下，载流子的平均热速度较低，受电离杂质散射作用较强，加之低温下的晶格振动本身不强，散射作用不太显著，电离杂质散射成为低温半导体中的主要散射机制。

在实际应用中，常使用下面的经验公式来计算不同温度 T 和不同掺杂浓度（$N_D + N_A$）条件下的载流子迁移率

$$\mu_{n,p}=\mu_{0n,p}+\frac{\mu_{In,p}}{1+((N_D+N_A)/N_{n,p})^{\gamma_{n,p}}}(T/300)^{\alpha_{n,p}} \tag{5-12}$$

这个公式适合于多种半导体,Si 和 6H－SiC 的经验参数值列于表 5－2。图 5－4 为硅中电子迁移率与空穴迁移率随掺杂浓度的变化。

表 5－2　计算 Si 和 6H－SiC 载流子迁移率的经验参数值

参 数	$\frac{\mu_{0n},\mu_{0p}}{\text{cm}^2\cdot(\text{V}\cdot\text{s})^{-1}}$	$\frac{\mu_{In},\mu_{Ip}}{\text{cm}^2\cdot(\text{V}\cdot\text{s})^{-1}}$	$\frac{N_n,N_p}{10^{17}\cdot\text{cm}^{-3}}$	γ_n,γ_p	α_n,α_p
Si	92,52	1 268,453	1.3,1.9	0.91,0.63	−2.42,−2.2
6H－SiC	20,5	380,70	4.5,100	0.45,0.5	−3,−3

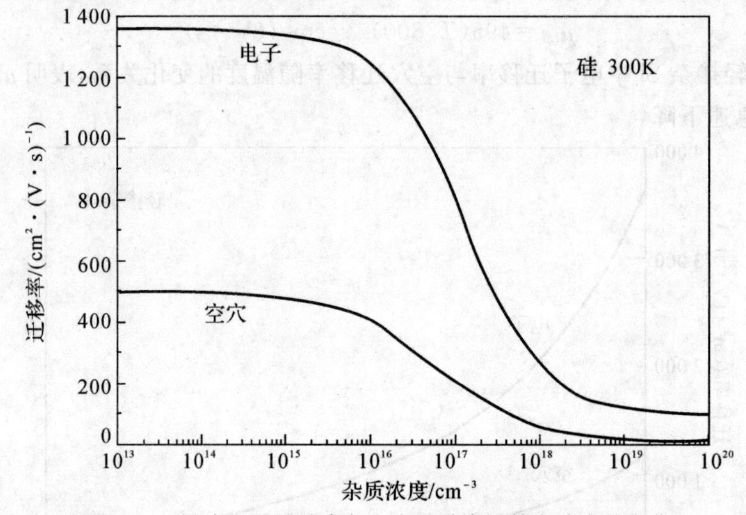

图 5－4　硅中电子迁移率与空穴迁移率随掺杂浓度的变化

二、载流子浓度

(一)载流子的统计分布

半导体具有电子和空穴这样两种电荷极性相反的自由载流子。纯净的、晶格完美无缺的半导体都可具有等量的电子和空穴,但杂质和缺陷可使其变成仅由一种极性载流子占压倒多数的半导体。在结晶半导体中,参与导电的主要是导带底的电子和价带顶的空穴,载流子浓度的计算最终可简化为导带底或价带顶等效状态密度与一个概率函数的乘积。下面首先考虑电子浓度。

导带中能量在 $E\sim E+\mathrm{d}E$ 间的能级数为 $g(E)\mathrm{d}E$,其中 $g(E)$为能级密度。设导带具有球形等能面,即导带能带结构可以表示为

$$E=E_C+\frac{\hbar^2k^2}{2m_n^*}$$

利用自由电子理论的结果,能级密度可写为

$$g(E)=2\pi\left(\frac{2m_n^*}{\hbar^2}\right)^{3/2}(E-E_C)^{1/2}$$

式中,m_n^* 和 E_C 分别为电子有效质量和导带底能量值。因此,导带中能量在 $E\sim E+\mathrm{d}E$ 间的电子浓度为

$$\mathrm{d}n=2g(E)f(E)\mathrm{d}E$$

式中,因子 2 是计及了电子的自旋。将 $g(E)$和费米分布函数 $f(E)$代入上式,得到

$$\begin{aligned} dn &= 2g(E)f(E)dE \\ &= 4\pi\left(\frac{2m_n^*}{\hbar^2}\right)^{3/2}(E-E_C)^{1/2}\frac{dE}{\exp\left(\frac{E-E_F}{k_B T}\right)+1} \end{aligned}$$

将上式积分,得到导带电子浓度为

$$\begin{aligned} n &= \int dn = 2\int g(E)f(E)dE \\ &= 4\pi\left(\frac{2m_n^*}{\hbar^2}\right)^{3/2}\int_{E_C}^{E_{CT}}\frac{(E-E_C)^{1/2}}{\exp\left(\frac{E-E_F}{k_B T}\right)+1}dE \end{aligned} \tag{5-13}$$

式中,E_{CT}为导带顶。通常,如掺杂浓度不太大,温度也不太高,对导带中的所有能级($E>E_C$)而言,$f(E)\ll 1$,即 $E-E_F\gg k_B T$,$f(E)$表达式中分母的 1 可略去。实际上,就是用经典的玻尔兹曼统计代替费米-狄拉克统计。这种情形称为非简并化。此时,将式(5-13)中的积分上限推至∞而不引起明显误差。于是,

$$\begin{aligned} n &= 4\pi\left(\frac{2m_n^*}{\hbar^2}\right)^{3/2}\exp\left(\frac{E_F}{k_B T}\right)\int_{E_C}^{\infty}(E-E_C)^{1/2}\exp\left(-\frac{E}{k_B T}\right)dE \\ &= N_C\exp\left(-\frac{(E_C-E_F)}{k_B T}\right) \end{aligned} \tag{5-14}$$

$$N_C = 2(m_n^* k_B T/2\pi\hbar^2)^{3/2} \tag{5-15}$$

N_C 称为导带有效能级密度。同理,若价带具有球形等能面,其能带可表示为

$$E = E_V - \frac{\hbar^2 k^2}{2m_p^*}$$

式中,m_p^* 为空穴有效质量,E_V 为价带顶能量。对于非简并情形($f(E)\approx 1$),可得到价带空穴浓度为

$$p = N_V\exp\left(-\frac{E_F-E_V}{k_B T}\right) \tag{5-16}$$

$$N_V = 2(m_p^* k_B T/2\pi\hbar^2)^{3/2} \tag{5-17}$$

N_V 称为价带有效能级密度。由式(5-14)和式(5-16)求得的 n 和 p 分别表示电子和空穴在温度 T 时的热平衡浓度,适合于所有处于非简并状态的半导体。

对于简并情况,对载流子的统计必须老老实实地用费米统计函数求积分,即对式(5-13)求积分时不能用经典的玻尔兹曼统计代替费米-狄拉克统计。在引入费米积分 $F_{1/2}(\xi)$后,得到简并情况下电子和空穴的热平衡浓度分别为

$$n = \frac{2}{\sqrt{\pi}}N_C F_{1/2}(\xi),\ p = \frac{2}{\sqrt{\pi}}N_V F_{1/2}(\xi) \tag{5-18}$$

费米积分 $F_{1/2}(\xi)$的积分值是 ξ(即温度和费米能级位置)的唯一函数。如果对同样的温度和同样的费米能级,仍使用式(5-14)和式(5-16)进行近似计算,则费米积分实际反映了经典统计与量子统计的偏差。若令 Δn 表示电子浓度的经典统计与量子统计的绝对偏差,则

$$\Delta n = N_C(e^{\xi} - 2F_{1/2}(\xi)/\sqrt{\pi})$$

这说明,费米能级离禁带越远,经典统计的偏差越大。用两种统计方法算出的电子浓度之比如图 5-5 所示。可见随费米能级在禁带中逐渐向导带底靠近,经典统计开始出现偏差,其结果偏小。当费米能级进入导带,$E_F-E_C>0$ 时,此偏差已不能忽略。当 E_F 位于导带底以上

0.1eV 左右，用经典统计计算的电子浓度只有实际值的 1/10；当 E_F 位于导带底以上 0.2eV 左右时，计算结果只有实际值的 1/100。因此，计算电子浓度时常使用的经典近似计算公式在费米能级接近导带底时就不再适用，对空穴浓度的计算也是一样的。

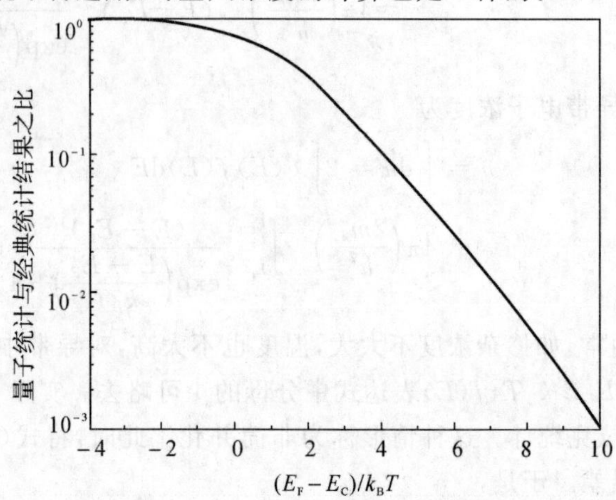

图 5－5 两种统计方法计算的电子浓度之比随费米能级位置的变化

（二）本征载流子浓度与本征电阻率

电阻率是由载流子浓度和迁移率两个基本参数共同决定的。在迁移率不变的情况下，材料的电阻率就完全由载流子浓度决定。制造大功率器件用硅，室温下杂质完全电离，迁移率基本为常数，电阻率就完全由掺杂浓度决定。实际中，电阻率被看作材料纯度的反映，高阻材料具有较高的纯度。

对于未掺杂的半导体，其电阻率被称为本征电阻率，相应的载流子浓度被称作本征载流子浓度。本征载流子是由本征激发产生的。一定温度下部分能量较高的价带电子依靠自身的能量（热能）从价带跃入导带，称为热激发，产生的载流子对称为本征载流子对，其具有热平衡的特点，因而常称为热平衡载流子。温度一定，热平衡载流子浓度 n_i 为一定值。

本征电阻率的大小由热激发的本征载流子浓度 n_i 决定，即

$$\rho_i=\frac{1}{en_i(\mu_n+\mu_p)} \tag{5-19}$$

由式(5－14)和式(5－16)可得

$$n_i=\sqrt{n_0p_0}=\sqrt{N_CN_V}\exp\left(\frac{-E_g}{k_BT}\right) \tag{5-20}$$

式中，禁带宽度 E_g 是温度的函数，通常表示为

$$E_g(T)=E_g(0)+T\frac{dE_g}{dT} \tag{5-21}$$

$E_g(0)$代表材料在绝对零度时的禁带宽度，温度系数$\frac{dE_g}{dT}$一般仍是温度的函数。对于硅

$$E_g(T)=1.16-2.8\times10^{-4}T$$

式(5－20)表明，半导体材料的热平衡电子浓度 n_0 和热平衡空穴浓度 p_0 的乘积 n_i^2，与掺杂情况无关，它只是温度的函数。决定本征载流子浓度对温度依赖关系的，除 E_g 对温度的依赖以外，还有等效态密度对温度的依赖关系。由式(5－15)和式(5－17)可知，等效态密度 N_C，N_v 也是温度的敏感函数，都与 $T^{3/2}$ 成正比。因此，本征载流子浓度 n_i 是温度的一个复杂函数。图 5－6 是几种半导体材料的本征载流子浓度随温度变化的曲线，由图可见，在同样温度

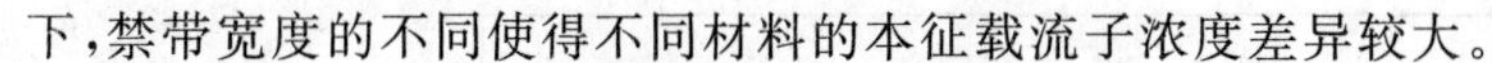

下，禁带宽度的不同使得不同材料的本征载流子浓度差异较大。

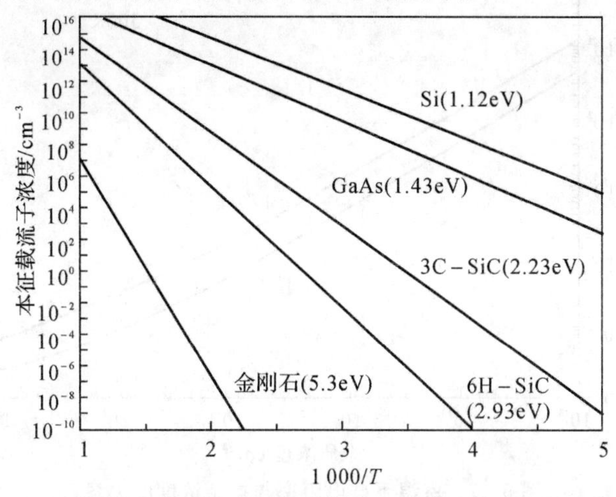

图 5－6　几种不同禁带宽度半导体材料的本征载流子浓度随温度的变化

综上所述，半导体的电阻率不仅受载流子浓度的影响，同时还受载流子迁移率的影响。对于本征半导体而言，由于没有电离杂质的散射作用，而载流子浓度也仅仅由本征激发所决定。当温度升高时，本征激发急剧增加，本征载流子浓度呈指数增加，而迁移率随温度升高下降的幅度较载流子浓度增加慢得多。因此，本征半导体的电阻率随温度升高而单调下降，即电导率单调增大，表现出明显的热敏性。根据此现象制成的半导体热敏电阻可用于温度的自动测量和控制。

（三）掺杂半导体的电阻率

在半导体中掺入具有恰当化学价的杂质原子是其热平衡载流子的另一主要来源，并且决定其多数载流子的浓度。

对于轻掺杂半导体，因其载流子的迁移率不受杂质浓度的影响，电阻率与杂质浓度的关系仅决定于载流子浓度随杂质浓度的变化。轻掺杂半导体中的杂质在室温附近已完全电离，即在室温附近有 $n_0=N_D$，$p_0=N_A$（N_D，N_A 分别为施主浓度和受主浓度）。只要 $N_D \gg n_i$ 或 $N_A \gg n_i$，其电阻率仅由一种载流子决定：

$$\rho_n=\frac{1}{e\mu_n n_0} \tag{5-22a}$$

$$\rho_p=\frac{1}{e\mu_p p_0} \tag{5-22b}$$

对杂质浓度较高的半导体，就要考虑载流子迁移率与杂质浓度的关系。对于 Si，假定杂质完全电离，则仅考虑载流子迁移率随杂质浓度的变化，其室温电阻率与杂质浓度之间有如下的复杂关系

$$\rho_n=\frac{3.747\times10^{15}+N_D^{0.91}}{1.47\times10^{-17}N_D^{1.91}+0.815N_D} \tag{5-23a}$$

$$\rho_p=\frac{5.855\times10^{12}+N_A^{0.76}}{7.63\times10^{-18}N_D^{1.761}+4.64\times10^{-4}N_A} \tag{5-23b}$$

如果杂质未完全电离，上述表达式更为复杂。杂质的电离度不仅是温度和杂质电离能的函数，也是掺杂浓度的函数。图 5－7 是 Si 在室温下电阻率与掺杂浓度的关系曲线，这里仅考虑了迁移率对掺杂浓度的依赖关系。

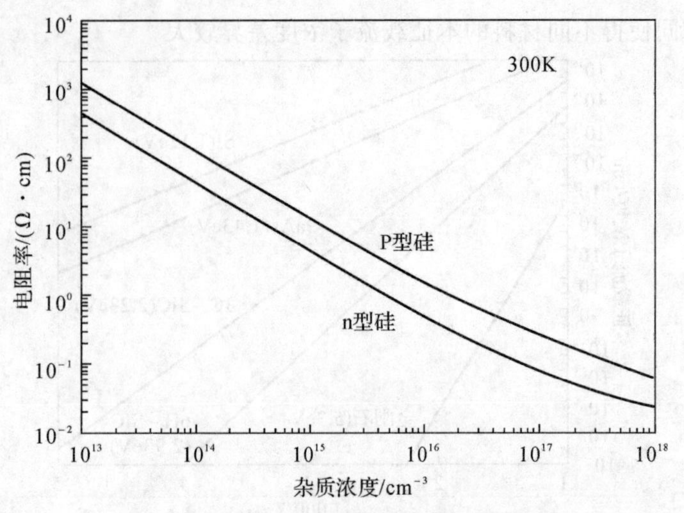

图 5-7　室温下硅电阻率与掺杂浓度的关系

对于高浓度掺杂条件下的材料电阻率，需要知道所关心温度下的电离程度。分别定义施主杂质和受主杂质的电离度 I_D 和 I_A 为单位体积中的电离杂质数目与杂质总数目之比，即

$$I_D = N_D^+ / N_D = 1 - f_D \tag{5-24a}$$

$$I_A = N_A^- / N_A = 1 - f_A \tag{5-24b}$$

式中，f_D 和 f_A 分别是电子占据施主能级和空穴占据受主能级的概率函数，其形式

$$f_D = \frac{1}{1 + \frac{1}{g_C} \exp \frac{E_D - E_F}{k_B T}} \tag{5-25a}$$

$$f_A = \frac{1}{1 + \frac{1}{g_V} \exp \frac{E_F - E_A}{k_B T}} \tag{5-25b}$$

式中，E_D 和 E_A 分别为施主杂质和受主杂质的能级位置，g_C 和 g_V 分别表示两种杂质能级的简并因子。

以上两式表明，杂质在一种半导体中的电离度是其电离能、浓度及温度的函数。利用关系 $n_0 = N_D^+$，$p_0 = N_A^-$，即

$$N_C \exp\left(-\frac{E_C - E_F}{k_B T}\right) = \frac{N_D}{1 + g_c \exp\left(-\frac{E_D - E_F}{k_B T}\right)}$$

$$N_A \exp\left(-\frac{E_F - E_V}{k_B T}\right) = \frac{N_A}{1 + g_v \exp\left(-\frac{E_F - E_A}{k_B T}\right)}$$

可将半导体中施主杂质和受主杂质的电离度与其电离能、浓度及温度的函数关系表示为

$$I_D = \frac{-1 + \sqrt{\frac{4 g_c N_D}{N_C} \exp\left(\frac{\Delta E_D}{k_B T}\right) + 1}}{\frac{2 g_c N_D}{N_C} \exp\left(\frac{\Delta E_D}{k_B T}\right)} \tag{5-26a}$$

$$I_A = \frac{-1 + \sqrt{\frac{4 g_v N_A}{N_V} \exp\left(\frac{\Delta E_A}{k_B T}\right) + 1}}{\frac{2 g_v N_A}{N_V} \exp\left(\frac{\Delta E_A}{k_B T}\right)} \tag{5-26b}$$

式中，ΔE_D 和 ΔE_A 分别为施主杂质和受主杂质的电离能。说明半导体中杂质的电离度对杂质电离能的大小非常敏感。

三、少数载流子寿命

在非零温度下，半导体中电子-空穴对的产生和复合随时都在发生，只不过在热平衡状态下，单位时间内产生与复合的电子-空穴对数相等，电子与空穴各自稳定地保持其热平衡浓度不变而已，即保持动态平衡。但是，任何能够在此基础上增加或减少载流子数目的外界激励都会破坏这个平衡，使载流子的浓度分布偏离平衡状态。当这个激励条件稳定下来之后，半导体中的载流子浓度即相对于其热平衡浓度获得一稳定增量(可正可负)。此增量被称为非平衡载流子浓度或额外载流子 (excess carrier) 浓度，对电子和空穴分别用 Δn 和 Δp 表示。半导体器件的功能就是靠这些非平衡载流子的产生、运动、复合来实现的。光敏电阻就是利用光照半导体产生光电导现象制成的。半导体二极管的整流作用、晶体管的放大作用也直接依赖于非平衡载流子的产生和运动。

额外载流子浓度与这个稳定激励在单位时间、单位体积半导体中产生(或抽取)的载流子数目 G 具有正比例关系，即

$$\begin{aligned} \Delta n &= \tau_n G \\ \Delta p &= \tau_p G \end{aligned} \tag{5-27}$$

式中，G 代表产生(抽取)率，比例常数 τ_n 和 τ_p 为少数载流子寿命。

使半导体中载流子浓度偏离平衡状态的外界刺激被取消之后，额外增加的载流子(包括电子与空穴)会很快通过复合而消失，被抽走的载流子会很快通过产生而回归，使载流子浓度恢复到热平衡值。恢复过程中，额外载流子浓度随时间的变化为

$$\begin{aligned} \Delta n(t) &= \Delta n(0)\exp\left(-\frac{t}{\tau_n}\right) \\ \Delta p(t) &= \Delta p(0)\exp\left(-\frac{t}{\tau_p}\right) \end{aligned} \tag{5-28}$$

可见，少子寿命是半导体从载流子浓度的不平衡状态恢复到热平衡状态的弛豫过程所需时间的度量。上式表明，τ_n 和 τ_p 的物理意义乃为非平衡载流子浓度衰减至 $1/e$ 所需的时间。一般情况下，半导体中的额外载流子浓度小于多数载流子浓度，但远大于少数载流子浓度。因此，额外载流子注入或抽取对少数载流子浓度的影响最大，热平衡状态的恢复主要是少数载流子热平衡浓度的恢复。这就是为什么 τ_n 和 τ_p 总是被称作少数载流子寿命的缘故。

少子寿命对半导体材料的纯度和晶格结构的完整程度异常敏感。这些晶格不完整性的存在往往促进非平衡载流子的复合而使其寿命降低。因此，少子寿命是表征半导体材料纯度、结构完整性的重要参数。下面讨论载流子的复合过程及其复合寿命。

半导体中载流子浓度的热平衡状态被打破之后，主要通过三种途径来恢复：①导带电子与价带空穴的直接复合或产生；②通过复合中心的间接复合或产生，即导带电子与价带空穴同时进入禁带之中的同一能级，该能级通常位于禁带中部，起因于某些杂质或缺陷；③通过表面复合中心的复合或产生。在这些复合过程中，载流子的能量主要通过以下形式来释放：①发射光子，即所谓辐射复合；②发射声子，即把能量传递给晶格振动，称为多声子复合；③激发另外的电子或空穴，即所谓俄歇(Auger)复合。

直接复合因能量释放形式的不同而分为直接辐射复合和直接俄歇复合两种，所以半导体中载流子的主要复合过程实际分为四种，即直接辐射复合、直接俄歇复合、通过体内复合中心的间接复合和通过表面复合中心的间接复合。与这四个复合过程相应的载流子产生过程是本征激发(热激发)、碰撞电离、通过体内复合中心的间接激发和通过表面复合中心的间接激发。

通常用表面复合(产生)速度来描述载流子在半导体表面的复合与产生过程,用少数载流子寿命来描述载流子在半导体体内的复合与产生过程,因而通常所说的少子寿命实际上都是指的体寿命。限于篇幅,下面只介绍直接辐射复合与通过单一复合中心的间接复合。

(一)直接辐射复合

半导体中的直接辐射复合通常仅指导带底电子同价带顶空穴的复合。因而在单位时间、单位体积内复合的电子空穴对数目应正比于导带底电子同价带顶空穴的浓度之积,载流子浓度应包括热平衡载流子和额外载流子两部分,即复合率

$$R_d = B(n_0 + \Delta n)(p_0 + \Delta p) \tag{5-29}$$

式中,比例系数 B 称为直接辐射复合系数,不同材料不同温度 B 的大小不同。直接带隙半导体材料价带顶空穴和导带底电子间无动量差,它们越过禁带直接复合无须借助声子保持动量平衡。因此,直接带隙材料的 B 比间接带隙材料大得多。当直接带隙半导体中出现额外载流子时,平衡态的恢复主要是通过直接辐射复合来实现。

直接辐射复合的逆过程是本征激发或称热产生。确定温度下热产生率也就是直接复合过程在热平衡状态下的复合率,即热产生率

$$G_{th} = Bn_0 p_0 \tag{5-30}$$

于是,由净复合率 $U_d = R_d - G_{th}$ 可求出由直接辐射复合过程决定的少数载流子寿命的表达式,即辐射复合寿命

$$\tau_{rad} = \frac{\Delta p}{U_d} = \frac{1}{B(n_0 + p_0 + \Delta p)} \tag{5-31}$$

上式表明,载流子的辐射复合寿命与材料的辐射复合系数成反比,同时也与材料的热平衡载流子浓度(主要是多数载流子浓度)和额外载流子浓度成反比。但是,在小注入情况下($n_0 \gg \Delta p$ 或 $p_0 \gg \Delta p$),其少数载流子的直接辐射复合寿命只与多数载流子浓度和 B 成反比,与额外载流子的注入情况无关。反过来,在大注入情况下($n_0 \ll \Delta p$ 或 $p_0 \ll \Delta p$),少数载流子的直接辐射复合寿命则决定于额外电子空穴对的注入量 Δp,与 n_0 或 p_0 无关。

由于半导体的多数载流子浓度是掺杂浓度和温度的函数,因而对于确定的温度,少数载流子的直接辐射复合寿命在小注入情况下随着材料纯度的提高而提高。但随着注入水平的提高而减小,并最终趋于一致,而与材料纯度无关,如图 5-8 所示。

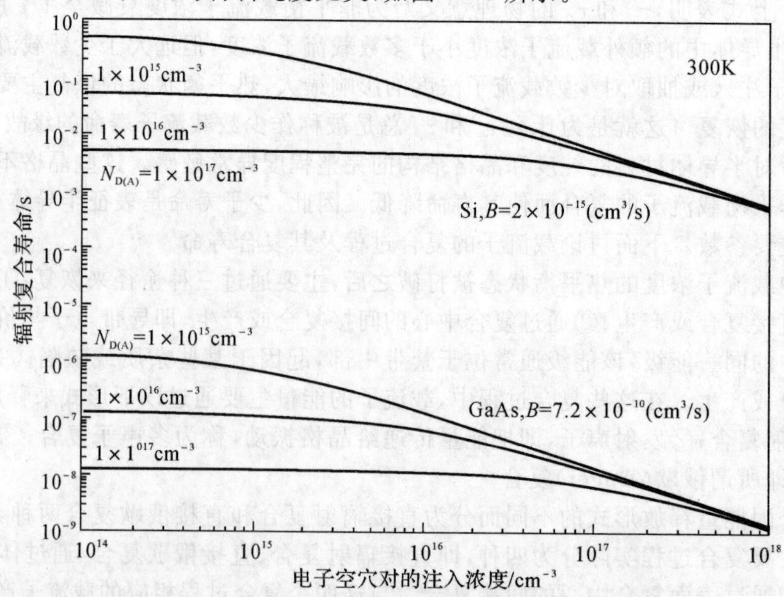

图 5-8 Si 和 GaAs 中少数载流子的直接辐射复合寿命

(二)通过单一复合中心的间接复合

间接带隙的半导体材料,因直接复合时的动量变化太大,而一般采取借助复合中心的间接复合方式来恢复平衡状态。最简单的间接复合是通过禁带之中单一复合中心的复合。描述这种复合过程的基本理论是 Hall 以及 Shockley 与 Read 提出来的,即后来广为引用的 SRH 模型。

当某种杂质或缺陷在半导体的禁带中部或其附近引入能量为 E_T 的能级,在这个能级和导带底、价带顶之间,就会不断发生电子和空穴的跃迁。在以 SRH 模型为基础的载流子复合理论中,将这个能级称为复合中心。通过复合中心发生的这些载流子跃迁包括电子的俘获与激发、空穴的俘获与激发。电子的俘获率与激发率之差为电子的净俘获率,空穴的俘获率与激发率之差为空穴的净俘获率。过程稳定时,复合中心对电子和空穴的净俘获率相等。SRH 复合理论由此得出额外电子与空穴通过单一复合中心而复合的速率

$$U=\frac{N_T r_n r_p (np-n_i^2)}{r_n(n_0+n_l+\Delta n)+r_p(p_0+p_l+\Delta p)} \tag{5-32}$$

式中,N_T 是产生这一能级的杂质或缺陷密度;r_n 和 r_p 分别表示该能级对电子和空穴的俘获系数;n_l,p_l 分别表示当费米能级 E_F 位于 E_T 位置时的热平衡载流子浓度;而 $n=n_0+\Delta n$,$p=p_0+\Delta p$ 是非平衡状态下的载流子浓度。一般认为两种载流子的额外浓度相等,即 $\Delta n=\Delta p$。

载流子系统稳定时必是复合率 U 与产生率 G 相等,由式(5-27)不难得到额外载流子通过单一复合中心复合时的少数载流子寿命的表达式:

$$\tau_{SRH}=\frac{\Delta P}{U}=\tau_{p_0}\left(\frac{n_0+n_l+\Delta p}{n_0+p_0+\Delta p}\right)+\tau_{n_o}\left(\frac{p_0+p_l+\Delta p}{n_0+p_0+\Delta p}\right) \tag{5-33}$$

$$\tau_{p_0}=\frac{1}{N_T r_p} \tag{5-34a}$$

$$\tau_{n_0}=\frac{1}{N_T r_n} \tag{5-34b}$$

对于 n 型重掺杂材料,$n_0 \gg p_0$,也$\gg \Delta p$,且因 E_T 是远离导带底的深能级,故有 $n_0 \gg n_l, p_l$。式(5-33)变为 $\tau_{SRH}=\tau_{p_0}$,这说明 τ_{p_0} 是 n 型重掺杂半导体在小注入条件下由位于禁带中部的单一复合中心决定的少子寿命。同理,τ_{n_0} 是 p 型重掺杂半导体由单一的深复合中心决定的小注入少子寿命。

对于掺杂浓度足够高的 n 型半导体,若 $\Delta p \gg n_0$,则式(5-33)变为

$$\tau_{SRH}=\tau_{p_0}+\tau_{n_0}$$

同样,对于掺杂浓度足够高的 p 型半导体,若 $\Delta n \gg p_0$,则有

$$\tau_{SRH}=\tau_{p_0}+\tau_{n_0}$$

这表明,在大注入条件下,无论是 n 型还是 p 型材料,只要掺杂浓度足够高,其少数载流子由单一复合中心决定的复合寿命都等于二者的小注入寿命之和。因而也完全由复合中心的性质和浓度决定,与杂质浓度无关。

第三节　半导体的界面特性

当半导体与半导体、金属、电介质相互接触时,就会形成界面。这些界面会表现出不同的物理特性,利用这些特性可以制备出各种类型的半导体器件。这一节将介绍 p-n 结、金属-半导体接触、金属-氧化物-半导体(MOS)结构、量子阱与超晶格等接触界面的基本特性。

一、p-n 结

通过掺杂使同一块半导体中一部分区域为 p 型区而另一部分区域为 n 型区,在界面处就

形成了p－n结。如果p型区的受主杂质和n型区的施主杂质的分布是均匀的，在界面处发生突变，称为突变p－n结（或阶梯型结）；如果从p型区到n型区杂质的分布是逐渐变化的，则称为渐变型结。下面的讨论只限于突变p－n结。

为便于讨论，设想p－n结是由p型和n型两块原先处于隔离状态的半导体紧密接触形成的。结两侧的p区和n区内多数载流子分别为空穴和电子。接触前n区的费米能级 E_{Fn} 高于p区的费米能级 E_{Fp}。接触后电子和空穴互相向对方一侧扩散，这种电荷转移的结果是在边界的n区一侧出现由电离施主构成的正空间电荷，而在边界的p区一侧则出现由电离受主构成的负空间电荷。因此，在空间电荷区内就形成从n区指向p区的电场，称为自建（或内建）电场。该电场的漂移作用是阻止n区的电子和p区的空穴越过边界面向对方扩散。在空间电荷区内，自由载流子数目很少，是一个高阻区，常称为耗尽层。当载流子受到的内建场的漂移作用和扩散作用相抵消时达到平衡。显然，此时对电子而言，边界p区一侧的势能高于n区，即在结区形成了电子的势垒，其作用是妨碍电子向p区渡越。同理，对由p区向n区过渡的空穴而言，结区也是势垒。形成的势垒称为p－n结势垒（或称接触势）。

势垒的形成可以通过结两侧能带的变化给予解释。如图5－9所示，在接触过程中，由于费米能级的差别，引起电子从费米能级高的n区向费米能级低的p区转移，平衡时则达到统一的费米能级。由图还可以看出，平衡时p区能带相对于n区整个提升了 $E_{Fn}-E_{Fp}$。可见，这一能带弯曲对n区的电子和p区的空穴都是势垒，且势垒的高度就等于原来的费米能级之差，即

$$eV_D=E_{Fn}-E_{Fp} \tag{5-35}$$

根据第二节给出的电子和空穴的浓度表达式，可得

$$eV_D=k_B T\ln\frac{N_D N_A}{n_i^2} \tag{5-36}$$

式中，N_D 和 N_A 分别是施主和受主杂质的浓度，n_i 是本征载流子浓度。式（5－36）表明，p－n结两侧掺杂愈多，势垒愈高。

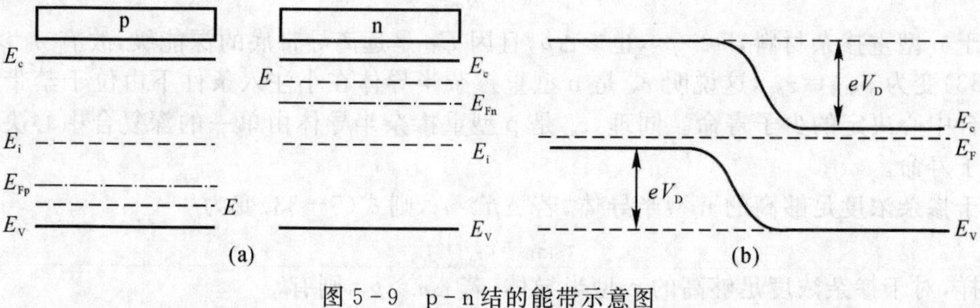

图5－9　p－n结的能带示意图

(a)接触前；(b)接触后

如果对p－n结施加正向偏压，则由于结区是高阻区，可以认为所有的外加电压均降落在结区，正向偏压使p区电势升高，就是使势垒降低，于是削弱了结区电场的漂移作用，载流子的扩散作用占优势。电子源源不断地从n区向p区扩散，从而形成了比较显著的正向电流。反之，当施加反向偏压时，外加电场方向与内建电场方向一致，使势垒升高。此时只有p区的电子和n区的空穴才能在内建电场的作用下漂移过p－n结。由于这些都是少数载流子，只能形成极小的反向电流，而且在一定电压下即可达到饱和，这就是p－n结的整流效应。p－n结的直流电流密度-电压（$J-V$）特性曲线如图5－10所示。

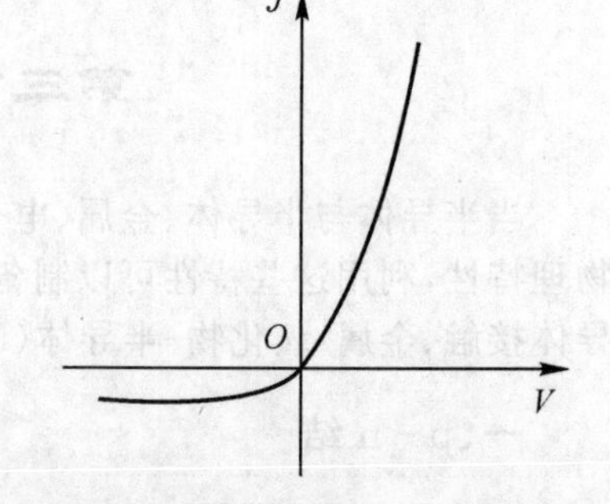

图5－10　p－n结的直流 $J-V$ 特性曲线

p－n 结的伏安特性由著名的肖克莱(W. Shockley)方程来描写,即

$$J=J_s[\exp(eV/k_BT)-1] \tag{5-37}$$

$$J_s=\frac{eD_p p_{n0}}{L_p}+\frac{eD_n n_{p0}}{L_n} \tag{5-38}$$

式中,V 是外加电压;p_{n0} 和 n_{p0} 分别代表平衡时 n 区和 p 区内部的少数载流子浓度;D_p 和 D_n 分别为空穴和电子的扩散系数;L_p 和 L_n 分别为空穴和电子的扩散长度。式(5－37)说明了正向电流随正向电压迅速上升的实验结果。对反向偏压,$V<0$,在室温 k_BT 仅约 0.026eV,因此如果 $|V|>50\text{mV}$,式中的指数项已可近似地忽略,$J\approx -J_s$,反向电流密度将不再随偏压而变化,J_s 正是反向饱和电流密度。

二、金属-半导体接触

在集成电路中,连接有源器件和无源器件的是大量的金属线,半导体光电探测器等制备中大多采用金属作为导电电极。因此,金属与半导体的接触在半导体器件制备和器件之间的衔接是极其重要的。由于金属的费米能级和半导体的费米能级不同,两者接触后可以形成具有肖特基势垒(Schottky barrier)的整流接触和没有整流作用的欧姆接触。下面以 n 型半导体和金属的接触为例来讨论其接触特性。

假设 n 型半导体和金属的功函数分别为 W_s 和 W_m,且 $W_m>W_s$,它们有共同的真空静止电子能级。由于功函数是真空能级与费米能级之差,所以金属的费米能级 E_{Fm} 低于半导体的费米能级 E_{Fs},如图 5－11(a)所示。当两者接触后,由于 $E_{Fs}>E_{Fm}$,n 型半导体中的电子向金属一侧扩散,使得界面附近金属一侧带负电,n 型半导体一侧出现由电离施主构成的正空间电荷区,电子浓度要比体内低得多,因此它是一个高阻区,常称为阻挡层。在空间电荷区内存在一定的电场,方向由体内指向表面,使半导体表面电子的能量高于体内,造成能带向上弯曲。随着电子扩散的进行,金属的费米能级逐渐增高,而半导体的费米能级逐渐下降,当金属与半导体的费米能级达到同一水平时,电子的扩散停止,达到平衡状态。此时,界面处半导体的电势高于金属,它们之间的电势差补偿了原来费米能级的不同,即相对于金属的费米能级,半导体的费米能级下降了(W_m-W_s),如图 5－11(b)所示。

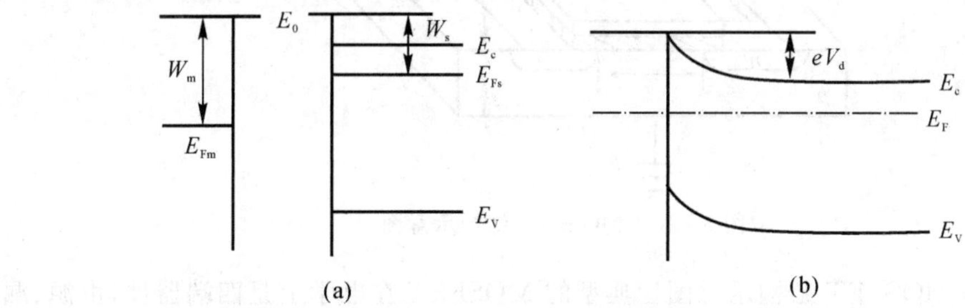

图 5－11　金属和 n 型半导体接触能带图($W_m>W_s$)

(a)接触前;(b)接触后

由上述分析可知,势垒的高度为

$$eV_d=W_m-W_s \tag{5-39}$$

这种界面势垒与前述的 p－n 结相似,具有整流作用,即形成肖特基接触。

如果 n 型半导体的功函数大于金属的功函数,即 $W_m<W_s$,则金属的费米能级 E_{Fm} 高于半导体的费米能级 E_{Fs},金属和半导体接触后,金属中的自由电子就会扩散到半导体一侧,在半导体表面形成负的空间电荷区。电场方向由表面指向体内,能带向下弯曲。在空间电荷区电

子浓度要比体内高得多,因而是一个高电导区,常称之为反阻挡层。当金属和半导体的费米能级相等时,这种扩散停止,达到了平衡,其能带图如图 5-12 所示。由图可见,此时没有势垒产生,无论施加何种偏压,金属-半导体界面都是导通的,这种接触称之为欧姆接触。

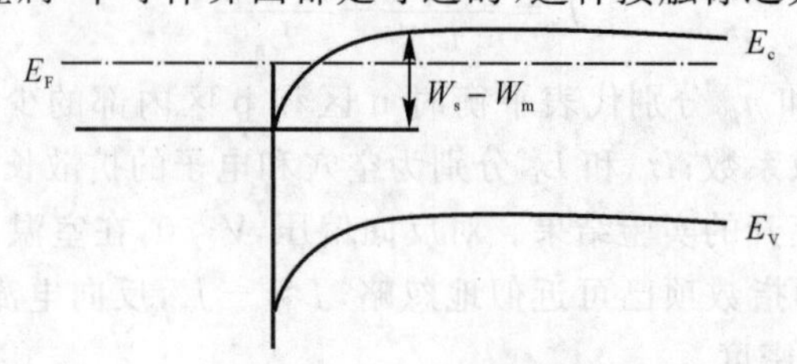

图 5-12 金属和 n 型半导体接触能带图($W_m<W_s$)

对于金属和 p 型半导体接触,形成阻挡层与反阻挡层的条件正好与 n 型的相反。当$W_m>W_s$ 时,能带向下弯曲,形成 p 型反阻挡层,属于欧姆接触;当 $W_m<W_s$ 时,能带向上弯曲,形成 p 型阻挡层,得到肖特基接触。

上述讨论表明,对于理想的表面,金属和半导体的接触类型取决于金属和半导体功函数的相对大小。

三、MOS 结构

金属(Metal)-绝缘体(Insulator)-半导体(Semiconductor)结构称为 MIS 结构,如果中间的绝缘层为氧化物(Oxide)则称为 MOS 结构。如图 5-13 所示。在半导体 Si 片上先制备一薄层氧化物(常用 SiO_2),然后再沉积一层金属膜(例如 Al),就构成了 MOS 结构。MOS 结构是场效应晶体管(MOSFET)的基础,也是目前超大规模集成电路的基础。

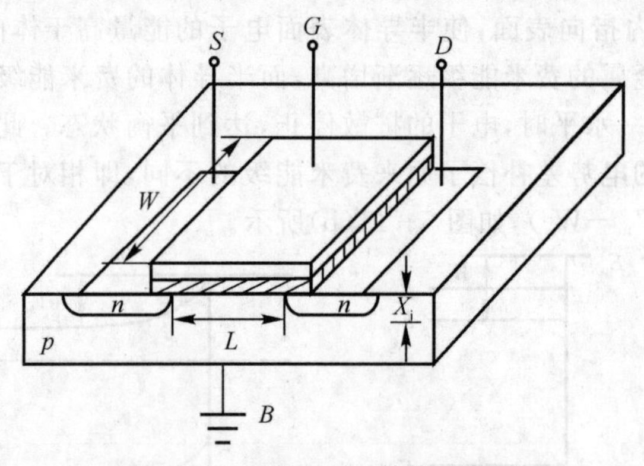

图 5-13 MOSFET 结构示意图

图 5-13 是 MOSFET 结构示意图。典型的 MOSFET 在电学上是四端器件,由源、漏、栅以及衬底组成。栅极部分的纵向结构为金属栅-栅氧化层-半导体组成的 MOS 电容结构。栅极是指绝缘氧化层上淀积的导电层(金属或重掺杂多晶硅),通过在栅极上施加电压 V_G 可以控制半导体表面电场,从而改变半导体表面沟道的导电能力。栅氧化层在 MOS 晶体管中具有重要的作用,其厚度 t_{ox}可以决定栅对于沟道电荷的控制能力,影响 MOSFET 的阈值电压以及栅源电压对于漏电流的控制能力等。MOSFET 水平方向上的结构为源区-沟道区-漏区。源区和漏区是位于 MOS 栅极两侧衬底之上深度为 X_j 的两个重掺杂区。栅和源漏之间有少量的交叠,产生寄生电容。在源漏之间不加电压的时候,源、漏是对称结构,无法区分。源和漏边缘之间的距离称为 MOSFET 的沟道长度 L,是器件尺寸的重要标志之一。沟道宽度 W 将

影响晶体管的宽长比，进而影响 MOSFET 驱动能力等特性。

要了解 MOSFET 的工作原理，首先必须理解栅极部分的纵向 MOS 电容结构。为分析方便，考虑一种理想的情况，即对于 MOS 结构，金属与半导体的功函数差为零；栅介质层理想绝缘且内部没有任何电荷；栅介质与衬底界面处没有界面态。当对这种理想 MOS 结构的栅极施加电压后，由于充电作用而使栅极和衬底表面具有相反的电荷。此外，由于自由电荷的密度很大，栅极电荷 Q_G 分布在一个很薄的范围内。与之相对，衬底的自由电荷密度要小得多，电荷将分布在一定厚度的表面层内，这一带电的表面层就是所谓的空间电荷区。而且，由于栅极电压的存在，衬底表面与体内产生电势差，使能带发生弯曲。不同栅压造成的能带弯曲如图 5-19所示。一般把空间电荷区两端的电势差称为表面势 V_s。

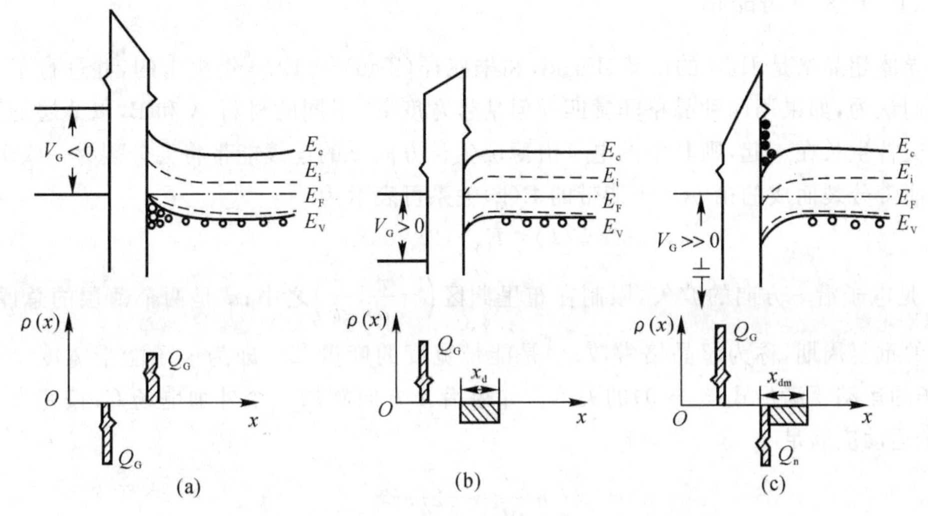

图 5-14　p 型硅 MOS 结构的能带图及空间电荷分布

(a)积累状态；(b)耗尽状态；(c)反型状态

当栅压为负时，引起表面能带发生如图 5-14(a)所示的向上弯曲。由于在热平衡状态下，半导体内的费米能级 E_F 保持恒定，则在表面附近区域，能带上弯的状态使得价带顶靠近甚至超过 E_F。价带能级的这种变化将引起半导体表面价带中空穴浓度的增加，越靠近表面空穴浓度越高。这样，表面层内由于空穴的积累而带有正电荷，这些空穴主要分布在最靠近表面的薄层内，此时，V_s 为负。当栅压为正时，引起表面能带向下弯曲，如图 5-14(b)所示。在表面附近区域，能带下弯的状态使得价带顶离 E_F 越来越远。价带能级的这种变化将引起半导体表面价带中空穴浓度的降低，越靠近表面空穴浓度就越低。此时，表面处空穴浓度将被正栅压所耗尽，使得表面空穴浓度远低于体内空穴浓度。此时的状态即为耗尽状态，V_s 为正。当正栅压进一步增大时，将使表面能带进一步向下弯曲(图 5-14(c))。此时，在表面处，E_F 位置可能高于禁带中央能级 E_i，使得 E_F 距离导带底比距离价带顶更近一些。能级的这种变化将引起半导体表面电子浓度超过空穴浓度，形成与衬底导电类型相反的导电薄层，即反型层。

对于一个理想的 MOSFET，当在栅极上施加正电压时，栅压将在栅氧化层中产生电场，其方向由栅极指向衬底表面，该电场将在半导体表面形成电子感应电荷。随着栅压的不断增加，半导体表面形成的电子感应电荷越来越多，从而使半导体表面的反型电子浓度大大超过衬底原来的空穴浓度而成为多数载流子，达到所谓的强反型状态而形成导电沟道。使半导体表面达到强反型所施加的栅压称为阈值电压 V_T。阈值电压是 MOSFET 非常重要的参数，影响着器件的诸多特性。当栅源电压 V_G 大于 V_T 时，半导体表面将达到强反型而形成导电沟道。此时，如果在源漏之间加上适当的偏置电压 V_{DS}，则使 MOSFET 处于正常工作状态，载流子将从源极流出，途径反型沟道区，最后再从漏极流出，形成电流 I_{DS} 通路。栅极未施加电压时，衬底表面也就不会有反型层导电沟道区形成，源漏之间就形成了由两个背靠背的 p－n 结组成的结构。在这种情况下，只要保证源漏之间的 p－n 结不被击穿，无论源漏之间的电压方向如何，始终有一个 p－n 结处于反偏状态，则源漏之间不会产生电流，这就是断的状态。所以，MOSFET在不同的栅极电压下可以处于导通和截至两种状态，构成数字逻辑电路的基本元件。

四、量子阱与超晶格

半导体超晶格是 IBM 的江崎(Esaki)和朱兆祥(Tsu)于 1970 年提出的，并进行了理论分析。他们认为，如果用两种晶格非常匹配但禁带宽度 E_g 不同的材料 A 和 B，以薄层的形式周期性地交替生长在一起，则其中的电子沿薄层生长方向 z 的连续能带将会分裂为一些子能带。由连续能带分裂而成的第 n 个子能带的 E(k)关系可表示为

$$E(k)=E_{n0}-2t_n\cos kd \tag{5-40}$$

式中，k 是电子沿 z 方向的波矢，限制在布里渊区 $\left(-\frac{\pi}{d},\frac{\pi}{d}\right)$ 之中；d 是两个薄层的总厚度，即超晶格的重复周期，称为超晶格常数；t_n 是能带宽度的度量，$2t_n$ 即为该子能带宽度。在 k 空间，电子的运动要满足式(5－40)的关系。如果沿 z 方向施加一个外加电场 E，按照半经典理论，电子运动应满足

$$h\frac{\mathrm{d}k}{\mathrm{d}t}=-2\pi eE \tag{5-41}$$

在这个电场的作用下，电子将作定向运动，在两次散射之间从电场获取并积累能量。如果电子在两次散射之间的自由时间足够长，就有可能依靠积累的能量到达布里渊区边界 $k=\frac{\pi}{d}$ 的附近。由于 E－k 曲线在布里渊区的边界附近趋于极大值，而电子在能带极大值附近的有效质量为负数，因此电子在这时的漂移速度将随 E 的进一步升高而下降，出现负阻效应。

在电场作用下到达布里渊区边界的电子，要回到等价的另一个边界重新开始在电场作用下的运动。这种运动形态在实空间表现为来回振荡，即布洛赫振荡，其频率为 eEd/h，属于微波频率的上限。因而采用超晶格材料制备的微波器件会在性能上得到很大改善。

在量子力学中，能够对电子的运动产生某种约束并使其能量量子化的势场被称为量子阱。原子或分子的势场是一种量子阱，在这种量子阱中的电子具有离散的能级。用两种禁带宽度 E_g 不同的材料 A 和 B 构成两个距离很近的背靠背异质结 B/A/B，若材料 A 是窄禁带半导体，且其导带底低于材料 B 的导带底，即 $E_{cA}<E_{cB}$，则当其厚度(即异质结的距离)小于电子的平均自由程(约 100nm)时，电子被束缚在材料 A 中，形成以材料 B 为电子势垒、材料 A 为电子势阱的量子阱。若材料 A 的价带顶也高于材料 B 的价带顶，则该结构同时也是以材料 B 为空穴势垒、材料 A 为空穴势阱的量子阱，如图 5－15(a)所示。由于这种量子阱只让载流子在异质结平面的法线方向 z 上受到约束，电子在垂直于 z 方向的 x—y 平面内的运动不受限制，因而这种量子阱结构常称为二维半导体结构。

如果以各自不同的厚度将上述 A，B 两种薄层材料周期性地交替叠合在一起，即连续地重

复生长多个量子阱，形成 B/A/B/A…结构，且 A 层厚度 d_A 远小于 B 层厚度 d_B，则该结构即为多量子阱，如图 5－15(b)所示。在多量子阱结构中，势垒层的厚度 d_B 必须足够大，以保证一个势阱中的电子不能穿透势垒层进入另一个势阱，亦即须保证相邻势阱中的电子波函数相互之间没有重叠。

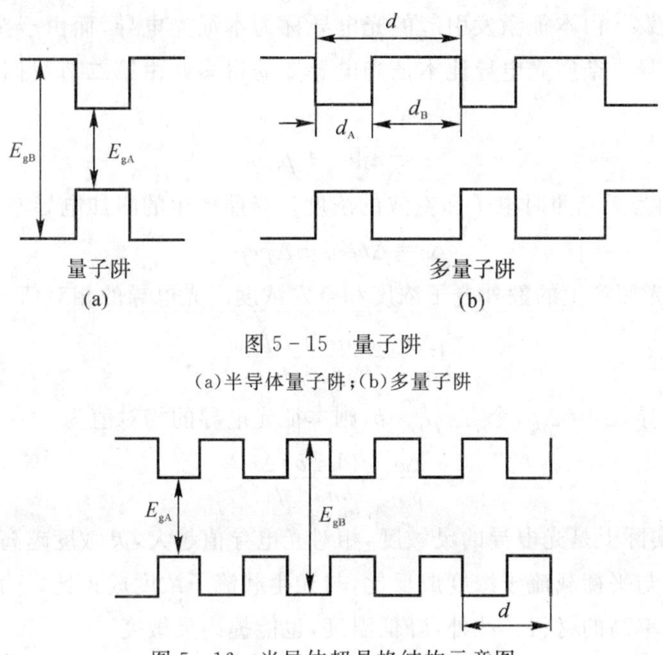

图 5－15　量子阱

(a)半导体量子阱；(b)多量子阱

图 5－16　半导体超晶格结构示意图

半导体超晶格的结构与多量子阱结构相似，如图 5－16 所示。不同的是超晶格结构中的势垒层较薄，要薄到足以使相邻阱中的电子波函数能相互重叠。这样，超晶格中电子的运动就不仅要受材料晶格周期势场的影响，同时还要受到沿薄层生长方向 z 展开的人工附加周期势场的影响。这个周期势场的周期 $d=d_A+d_B$，显然比晶格周期势的周期大。但是，d_A 和 d_B 分别受电子自由程和电子波函数重叠的限制，周期 d 不会比晶格周期势的周期大很多，仍属于纳米数量级。

随着半导体薄膜生长技术如分子束外延(MBE)、金属有机物化学气相沉积(MOCVD)等技术的发展，对薄膜单晶生长厚度的控制可以精确到单原子层，人们已经制备出多种半导体超晶格结构，如 GaAs/AlGaAs，GaAs/InGaAs 等。量子阱的负阻效应和共振效应可以用来制作振荡器，负阻效应还可用于制作开关器件。

第四节　半导体的光电性质

光在介质中传播时都要发生强度衰减现象，这是由介质对光的吸收造成的。一定波长的光通过半导体时，由于光与半导体中的电子、激子、晶格振动及杂质和缺陷等的相互作用也会产生光的吸收。半导体吸收光后所产生的两个重要效应——光电导和光生伏特，是制备有关光电子器件的基础。本节主要介绍半导体光电导和光生伏特效应的基本知识，有关半导体的光吸收将在第八章中介绍。

一、光电导

半导体吸收光子后，引起载流子激发产生额外的载流子，从而增加了电导率，这种附加的电导称为光电导，这种现象又称为半导体的内光电效应。额外的载流子可以来自本征激发，也可以来自杂质的激发。由本征激发引起的光电导称为本征光电导，而由于杂质激发引起的光电导称为杂质光电导。杂质光电导比本征光电导要弱得多。由第二节我们已知，无光照时半导体的电导率为

$$\sigma_0 = n_0 e\mu_n + p_0 e\mu_p$$

式中，n_0 和 p_0 分别为无光照时电子和空穴的浓度。光照产生的附加电导率

$$\Delta\sigma = \Delta n e\mu_n + \Delta p e\mu_p$$

式中，Δn 和 Δp 是光照产生的额外电子浓度和空穴浓度。光电导的相对值

$$\frac{\Delta\sigma}{\sigma_0} = \frac{\Delta n\mu_n + \Delta p\mu_p}{n_0\mu_n + p_0\mu_p} \tag{5-42}$$

对于本征光电导，$\Delta n = \Delta p$，令 $\mu_n/\mu_p = b$，则本征光电导的相对值为

$$\frac{\Delta\sigma}{\sigma_0} = \frac{(1+b)\Delta n}{bn_0 + p_0} \tag{5-43}$$

式(5-43)表达的实际上是光电导的灵敏度，相对光电导值越大，灵敏度越高。

相对光电导率与平衡载流子浓度成反比，与光生载流子浓度成正比。为提高器件灵敏度，要尽可能选用电阻率高的材料。此外，降低温度，也能提高灵敏度。

光入射到光敏器件时，光电导逐渐增大，经过一定时间后达到一稳定值，稳定后的光电导称为定态光电导。当光电导达到稳定时，实际上光生载流子的产生过程和复合过程达到了动态平衡。对于硅及其他一些半导体材料，在入射光强较低时，定态光电导同光强有线性关系。由定态情况下额外载流子的产生率与复合率必须相等，可得

$$\Delta n = \tau I\alpha\beta \tag{5-44}$$

式中，I 代表单位时间内通过单位面积的光子数，α 为吸收系数，β 表示量子产额（即每个光子所产生的电子-空穴对），τ 表示光电子的寿命。

有些半导体（如硫化铊）的定态光电导同光强的平方根成正比，呈现所谓抛物线型光电导。此情况下，复合率为 $\gamma(\Delta n)^2$，γ 为比例系数。在定态的情况下

$$(\Delta n)^2 = \frac{I\alpha\beta}{\gamma} \tag{5-45}$$

停止光照，光电导不会立即消失，要经过一个衰减过程，使光电导最终消失，即光电导的弛豫过程。对于线性光电导，当光照开始（$t=0$）后，有

$$\Delta n = \tau I\alpha\beta\left[1 - \exp\left(-\frac{t}{\tau}\right)\right]\text{（上升曲线）} \tag{5-46}$$

光照取消后，有

$$\Delta n = \tau I\alpha\beta\exp\left(-\frac{t}{\tau}\right)\text{（下降曲线）} \tag{5-47}$$

弛豫时间 t 反映了半导体材料对光反应的快慢。可以定义弛豫时间 $t = \tau\ln 2$。在这个时间 t 内，Δn 上升或下降都达到定态值的一半。

实验指出，在半导体内影响复合率与弛豫时间的主要因素是杂质和缺陷。杂质能级和缺陷能级能够起着俘获电子或空穴的作用，通常称为电子陷阱或空穴陷阱。如果半导体内存在着许多陷阱，则 $\Delta n \neq \Delta p$。在实际情况下，往往复合中心和陷阱同时起作用，情况比较复杂。

二、光伏效应

当用适当波长的光照射非均匀掺杂的半导体时，由于光激发和半导体内建电场的作用，在半导体内产生电势，称为光生伏特效应。

最常见的是 p－n 结的光生伏特效应，其原理如图 5－17 所示。由于 p－n 结很薄，光可以照射到结区，甚至是半导体的内部。由半导体的光吸收机制可知，当入射光子的能量大于禁带宽度时，在 p－n 结两侧的半导体中就会产生电子-空穴对。如果这些光生电子和空穴扩散到势垒区，则在 p－n 结内建电场的作用下，空穴被扫向 p 型区，电子则被扫向 n 型区，从而在 p 区形成空穴积累，在 n 区形成电子积累。这些电子和空穴并不能超过 p－n 结内部的电场而相遇复合，它们的复合要借助于外电路。因此，如果在 p－n 结的两端接上负载，就会有电流通过，这样 p－n 结就成为光电池。在没有光照时，尽管 p－n 结有内建电势差，但不能在外电路中引起电流。如果外电路开路，则上述的电子和空穴的积累便导致 p－n 结两端形成电位差，假设在稳态时其电位差为 V_{0c}，这就是光电池的开路电压。如果使外电路短路，则光生电压不能建立，输出电压为零，但流过外电路的电流为最大，这就是短路电流 I_{sc}。V_{0c} 和 I_{sc} 为光电池的两个重要参数。

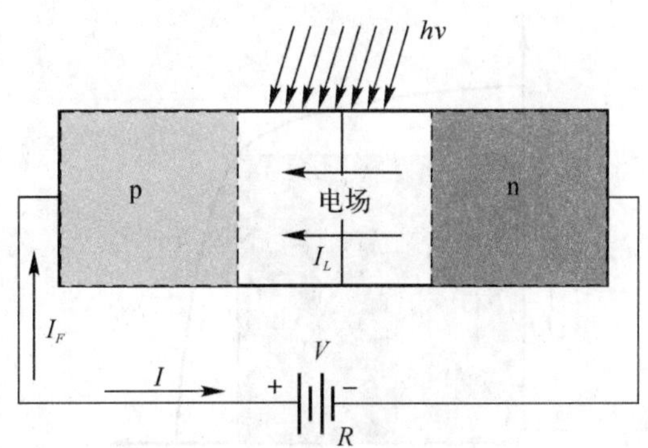

图 5－17　带有电阻负载的 p－n 结太阳能电池

根据以上分析，光电流应包含在 p 区产生的能扩散到势垒区的电子部分 I_{ge}，以及在 n 区产生的能扩散到势垒区的空穴部分 I_{gh}。如略去势垒区的宽度，可将光电流写为

$$I_L = I_{ge} + I_{gh} = eS(L_n + L_p)G \tag{5-48}$$

式中，G 为单位体积内光生载流子的产生率，即单位时间单位体积内产生的电子-空穴对数目；S 为 p－n 结的面积；L_n 和 L_p 为电子和空穴的扩散长度。上式表明，光电流随入射光强的增大而线性增加。另一方面，当有一定负载时，光电池输出电压 V，对 p－n 结而言，恰好是正向偏置电压，必然引起 p－n 结正向电流 I_F。I_F 与 I_L 的方向相反，故流过负载的电流 I 应为

$$I = I_L - I_F \tag{5-49}$$

由 p－n 结的理论可知

$$I_F = I_S[\exp(eV/k_B T) - 1] \tag{5-50}$$

式中，I_S 为反向饱和电流。将式(5-50)代入式(5-49)可得光电池的输出电压和电流的关系

$$V=\frac{k_B T}{e}\ln\left[\frac{I_L-I}{I_S}+1\right] \tag{5-51}$$

在开路情况下，即 $R\to\infty$ 时，流经 R 的电流 $I=0$，此时光电流恰与 p-n 结正向电流相消，开路电压 V_{0c} 为

$$V_{0c}=\frac{k_B T}{e}\ln\left[\frac{I_L}{I_S}+1\right] \tag{5-52}$$

当 $R=0$ 时，也就是 $V=0$ 时，p-n 结短路。此时流经外电路的电流为

$$I=I_{sc}=I_L \tag{5-53}$$

即短路电流等于光电流。

太阳能电池的转换效率定义为输出电能与入射光能的比值。传送到负载上的功率 $P=IV$。通过令 $dP/dV=0$，可以求出负载上最大功率时的电流 I_m 和电压 V_m。对于最大功率输出，转换效率可以写为

$$\eta=\frac{P_m}{P_{in}}\times 100\%=\frac{I_m V_m}{P_{in}}\times 100\% \tag{5-54}$$

太阳能电池中可能的最大电流和最大电压分别是 I_{sc} 和 V_{0c}。比率 $I_m V_m/I_{sc}V_{0c}$ 称为占空系数，是太阳能电池可实现功率的度量。图 5-18 显示了最大功率矩形，其中 I_m 是在 $V=V_m$ 时的电流。

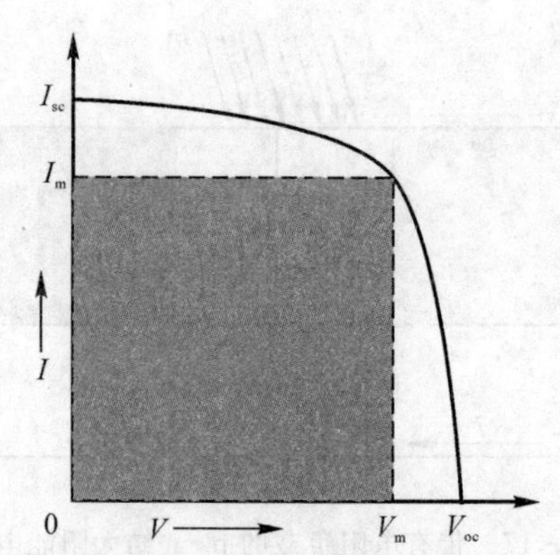

图 5-18 太阳能电池 I-V 特性曲线的最大功率矩形

第五节 霍尔效应

一、霍尔(Hall)效应

将一半导体放在磁场中，磁场沿 z 方向，磁感应强度为 B_z。如果在半导体中沿 x 方向加上电场，通过的电流密度为 J_x，则载流子除了受电场力作用外，还要受磁场力的作用。在两种外力作用下，载流子的运动发生变化，结果在半导体的两端产生一横向电势差，即产生横向电场，其方向同时垂直于电流和磁场，即沿 y 方向。这一现象称为半导体的霍尔效应，如图 5-

19 所示。该横向电场称为霍尔电场，其电场强度 E_y 为

$$E_y = R_H J_x B_z \tag{5-55}$$

式中，比例系数 R_H 称为霍尔系数，其物理意义是单位磁场作用下通过单位电流密度所产生的霍尔电场，与杂质浓度、导电类型、温度等有关。

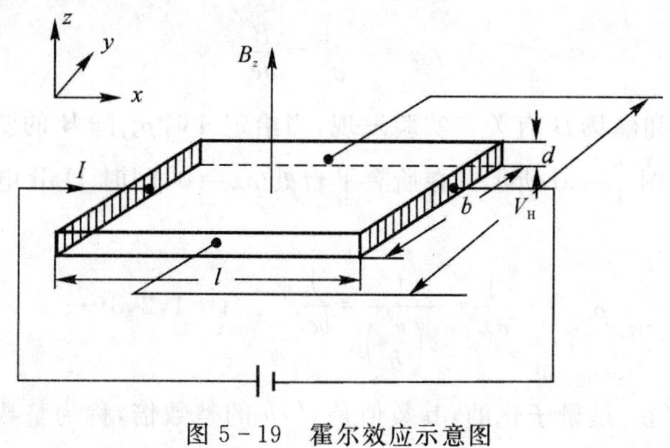

图 5-19　霍尔效应示意图

E_y 的存在，说明在有垂直磁场时，总电场 E 和电流的方向不完全相同，它们的夹角称为霍尔角 θ，即

$$\tan\theta = \frac{E_y}{E_x}$$

将式(5-55)代入上式，并由电导率公式可得

$$\tan\theta = R_H B_z \left(\frac{J_x}{E_x}\right) = (R_H \sigma) B_z = \mu_H B_z \tag{5-56}$$

$$\mu_H = R_H \sigma \tag{5-57}$$

式中，μ_H 为霍尔迁移率。对于 p 型半导体，

$$R_{Hp} = \frac{1}{ep} > 0 \tag{5-58}$$

霍尔系数 R_{Hp} 为正；对于 n 型半导体，

$$R_{Hn} = -\frac{1}{en} < 0 \tag{5-59}$$

霍尔系数 R_{Hn} 为负。

霍尔效应是分析研究半导体的基本方法。式(5-55)表明，霍尔电场强度 E_y 正比于外加磁场的磁感应强度 B_z，而霍尔电场强度 E_y 又正比于降落在样品 y 方向两端的霍尔电压 V_H。实验上 V_H 是容易精确测量的，因而利用霍尔效应可制成磁场计，用来测量磁感应强度。由式(5-58)和式(5-59)可知，通过霍尔效应的测量，一方面由霍尔系数的符号可以判断半导体材料的导电类型，另一方面由霍尔系数的绝对值可以确定载流子浓度 n 或 p。结合电阻率测量还可以确定载流子的迁移率。

二、量子 Hall 效应

1980 年，Klitzing 等人发现了整数量子霍尔(Hall)效应。他们利用 Al/SiO$_2$/p-Si 组成

的 MOS 结构，通过调节外加电场使 p－Si 的界面上形成由电子组成的反型层，在低温（1.5K）和强磁场（18T）下对这种二维电子体系进行 Hall 效应实验。

静磁场 B 垂直于反型层，电流垂直于 B 沿 x 方向，测量 Hall 电阻率 ρ_{xy} 和沿电流方向的纵向电阻率 ρ_{xx}。由上述 Hall 效应的讨论可知，Hall 电阻率为

$$\rho_{xy}=-\frac{1}{\sigma_{xy}}=\frac{B}{ne} \tag{5-60}$$

可见 ρ_{xy} 与电子密度 n 和磁场 B 有关。实验发现，当给定 n 时 ρ_{xy} 随 B 的变化本应为直线，但却出现了一系列平台，如图 5－20 所示。在所有平台处 $\rho_{xx}=0$，同时 Hall 电阻率 ρ_{xy} 可以统一表示为

$$\rho_{xy}=-\frac{1}{\sigma_{xy}}=\frac{1}{\nu\left(\dfrac{e^2}{h}\right)}=\frac{h}{\nu e^2} \qquad \nu=1,2,3\cdots \tag{5-61}$$

上式表明，Hall 电导率 σ_{xy} 是量子化的，其数值是 e^2/h 的整数倍，称为整数量子 Hall 效应。

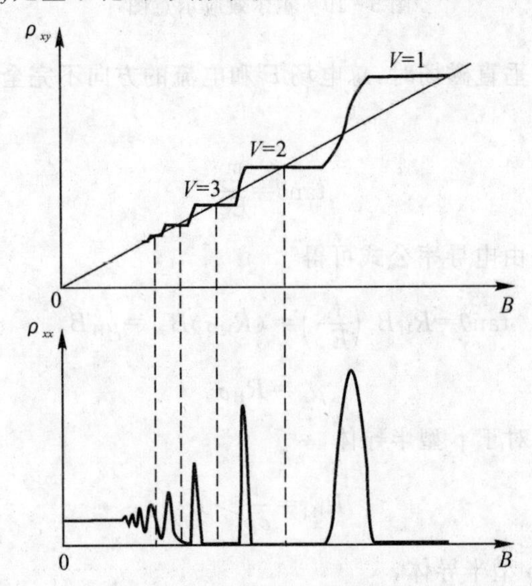

图 5－20　量子 Hall 效应，ρ_{xy} 与 ρ_{xx} 随磁场的变化曲线

实验是在低温强磁场下进行，量子 Hall 效应的出现应与磁场作用下电子的能量量子化有关。在磁场作用下，二维自由电子体系的准连续能谱分裂为一系列 Landau 能级，其能量本征值为

$$E=\left(\frac{1}{2}+n\right)\hbar\omega_e \qquad n=0,1,2,\cdots \tag{5-62}$$

式中，$\omega_e=eB/m$，是电子的回旋频率。每一个 Landau 能级都是高度简并的，简并度为 $g=eB/h$。低温强磁场下可认为所有电子的自旋平行取向，每一个 Landau 能级所能容纳的电子数为 g。g 和 Landau 能级间的间隔 $\hbar\omega_e$ 都与 B 成正比。低温下，$k_BT\ll\hbar\omega_e$，可不考虑热激发。若所有电子恰好填满 E_g 以下的 ν 个能级，此时电子浓度可表示为 $n=\nu g=\nu\dfrac{eB}{h}$，ν 为整数。代入式（5－60）即得式（5－61）。表明 σ_{xy} 的取值是量子化的，但不能说明为什么会出现平台以及

如何从一个平台过渡到另一个平台。

由于实验的二维电子体系不是理想的，电子受杂质和界面粗糙性产生的无规势场的作用，使每个 Landau 能级展宽为一个带(Landau 子带)。每个 Landau 子带中心区域是扩展态而两边是局域态，如图 5－21 所示。每个子带所能容纳的电子数仍为 eB/h。

考虑电子在各个 Landau 子带中的填充，固定 n 改变 B，当费米能级 E_F 位于 ν 和 $\nu+1$ 两个子带间时，所有电子填满 E_F 以下 ν 个子带，此时 $n=\nu g=\nu eB/h$，得出 $\rho_{xy}(\sigma_{xy})$ 是量子化的。改变磁场 B，每个子带能容纳的电子数及带间距离均随 B 的增大而增加，使 E_F 的相对位置发生变化。当 E_F 在局域态区域发生相对移动时，只是局域态的填充情况发生变化而扩展态的填充情况不变，由扩展态电子所贡献的 σ_{xy} 保持不变，出现平台。只有当 E_F 进入扩展态区域时，σ_{xy} 才发生变化，这与经典 Hall 效应类似。因此，每当 E_F 越过扩展态进入另一局域态区域时，σ_{xy} 就从一个平台过渡到另一平台。在平台处，由于 E_F 附近的局域态电子对电导没有贡献，而扩展态完全填满，电子不发生散射，低温下带间跃迁难以发生，故纵向电阻率 $\rho_{xx}=0$。

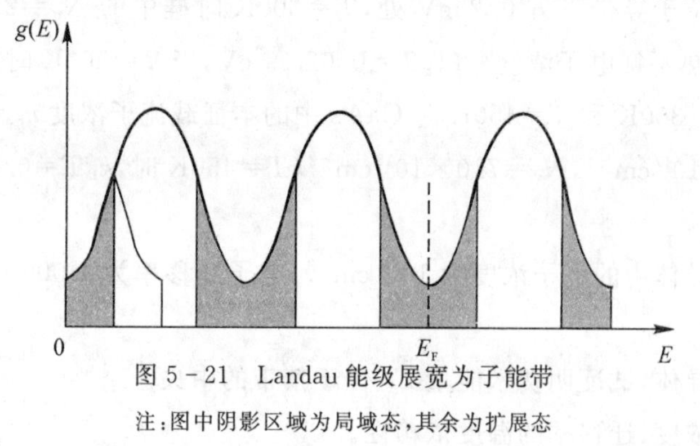

图 5－21　Landau 能级展宽为子能带

注：图中阴影区域为局域态，其余为扩展态

从式(5－61)可见，在平台处 Hall 电阻率只依赖于基本物理常数 e 和 h，与具体材料性质无关，这已被实验反复证实。对于二维情况，Hall 电阻与 Hall 电阻率 ρ_{xy} 相同，因为此时的电流密度定义是单位长度上通过的电流。一阶($\nu=1$)Hall 电阻率 $\rho_{xy}=h/e^2$，Hall 电阻(用 R_k 表示)也等于 h/e^2，R_k 称为 Klitzing 常数。$R_k=25\ 812.807\Omega$，已被国际计量委员会确定为电阻标准。同时，利用 Hall 电阻率的测量结果也可以确定精细结构常数 $\alpha=e^2/\hbar c$，c 为光速。$\alpha^{-1}=137.035\ 999\ 76(50)$，其不确定度仅为 10^{-6}。Klitzing 由于发现整数量子 Hall 效应而获 1985 年诺贝尔物理学奖。

1982 年，崔琦、Störmer 等人对 GaAs－AlGaAs 异质结样品，在更低温度($T<1$K)和更强磁场($B\geqslant 20$T)条件下，研究 Hall 效应时发现，在 ρ_{xy} 随 B 的变化中还出现 $\nu=\frac{1}{3},\frac{2}{3}$ 的平台，平台处仍有 $\rho_{xx}=0$。随后陆续发现 $\nu=\frac{4}{3},\frac{5}{3},\frac{1}{5},\frac{2}{5},\frac{3}{5},\cdots$ 等更多的 ν 取分数值的平台，这种效应称为分数量子霍尔效应。实验发现，在同一样品中，在不同磁场下 ν 既有整数也有分数，同样的效应在 Si 的反型层中也出现。表明这是二维电子体系在低温强磁场条件下的一种普遍现象，与样品无关。

ν 为整数时，表示在一定磁场作用下电子填充 Landau 子能带的个数，随着磁场的增加，每个子能带所容纳的电子数也增加，$\nu=1$ 时全部电子填满一个子能带。当 ν 为分数时，如 $\nu=\frac{1}{m}$，表示全部电子只填充一个子带的 $\frac{1}{m}$，ν 又称为填充因子。

1983 年 Laughlin 指出，在分数填充的状态中电子间的相互作用十分重要，电子间的强关联作用使体系成为一种新型的量子液体。并提出描述该体系的近似波函数，证明基态与激发态之间有能隙，存在带有分数电荷的准粒子激发，对分数量子 Hall 效应做出了解释，有关分数电荷准粒子的预言也为后来的实验所证实。因此，分数量子 Hall 效应不能简单地看成是整数量子 Hall 效应的延伸或补充，它更深刻揭示了二维电子体系的本质属性。崔琦、Störmere 及 Laughlin 三人于 1998 年获诺贝尔物理学奖。

习　题

1. 设费米能级位于导带下方 0.25eV 处，$T=300\text{K}$ 时硅中的 $N_c=2.8\times10^{19}\ \text{cm}^{-3}$，计算 $T=300\text{K}$ 时硅中的热平衡电子浓度。($k_BT=0.025\,9$ eV，当 $T=300\text{K}$ 时)

2. 分别计算 $T=300\text{K}$ 和 $T=450\text{K}$ 时 GaAs 中的本征载流子浓度 n_i。已知 GaAs 的 $E_g=1.42\text{eV}$，$N_c=4.7\times10^{17}\ \text{cm}^{-3}$，$N_v=7.0\times10^{18}\ \text{cm}^{-3}$ ($T=450\text{K}$ 时，$k_BT=0.038\,85\text{eV}$)。计算结果说明了什么？

3. 已知 n 型半导体中的电子浓度为 $10^{15}\ \text{cm}^{-3}$，电子迁移率为 1 000 $\text{cm}^2/\text{V}\cdot\text{s}$，计算其电阻率。

4. 对于本征半导体，试证明费米能量 E_F 位于禁带的中央。

5. 解释载流子浓度、迁移率的温度依赖性。

第六章　超导电性

1908年昂纳斯(H. K. Onnes)成功地获得了液氦，使实验室温度达到了4.2K。三年后他发现汞(Hg)的直流电阻在4.2K附近突然降为零，这标志着人类对超导研究的开始。他认为在温度T低于4.2K时，汞进入了一种新的物理状态，只依赖于状态参量(如温度)，而与样品的历史无关。在这种状态下汞的电阻为零，具有超导电性，这种显示超导电性的新的物理状态称为超导态，在一定温度下能表现出超导电性的材料称为超导体。随后昂纳斯发现超导体在一定的外磁场作用下会失去超导电性。因此超导体随着环境条件的不同(温度、磁场、压强等)可处于超导态，也可处于正常态。超导体从正常态变为超导态的温度称为超导转变温度或临界温度，用T_c表示。到目前为止，人们已经发现二十多种元素和数千种合金及化合物在常压下具有超导电性，表6-1列出了一些元素超导体和化合物超导体的临界温度。

表6-1　一些元素超导体和化合物超导体的临界温度

元　素	T_c/K	化合物	T_c/K
V	5.38	Nb_3Sn	18.05
Nb	9.50	Nb_3Ge	23.2
Ta	4.483	Nb_3Al	17.5
Ti	0.39	NbN	16.0
Zr	0.546	V_3Ga	16.5
Hf	0.12	V_3Si	17.1
La	6.00	$YBa_2Cu_3O_{6.9}$	90.0
Hg	4.153	Rb_2CsC_{60}	31.3
Pb	7.193	MgB_2	39.0

由于物质处于超导态时表现出许多奇妙特性和在技术上的诱人应用前景，使得超导问题成为物理、材料、电子等学科十分活跃的研究领域，取得了不少卓越的成果。例如，1957年巴丁(Bardeen)、库柏(Cooper)和施瑞弗(Schrieffer)提出的超导微观理论，即BCS理论，解决了超导微观机理问题；1986年缪勒(Müller)和贝德诺兹(Bednorz)发现高T_c氧化物超导体，为超导的广泛应用带来了新希望，从而引发了世界范围的超导热。

本章主要介绍超导态的基本特性、超导电性的基本理论。

第一节 超导态的基本特性

一、零电阻特性

图 6-1 为金属正常态和超导态的电阻率随温度变化的示意图。在低温处于正常态的金属样品的电阻率 $\rho(T)=\rho_0+BT^5$，第一项是缺陷和杂质散射的结果，称为剩余电阻率，第二项是由声子散射机构引起的。在超导态，所有上述机制失去作用，在 T_c 温度电阻率突然降为零（见图 6-1(b)），载流子能够毫无能量损失地在超导体中流动，出现零电阻现象。超导体从正常态变为超导态的温度 T_c 称为超导转变温度或临界温度，它是表征超导电性的最基本参量，目前测量到的临界温度范围从几毫 K 到上百 K，相应的热能 $k_B T_c$ 从 10^{-7} eV 到千分之几 eV。

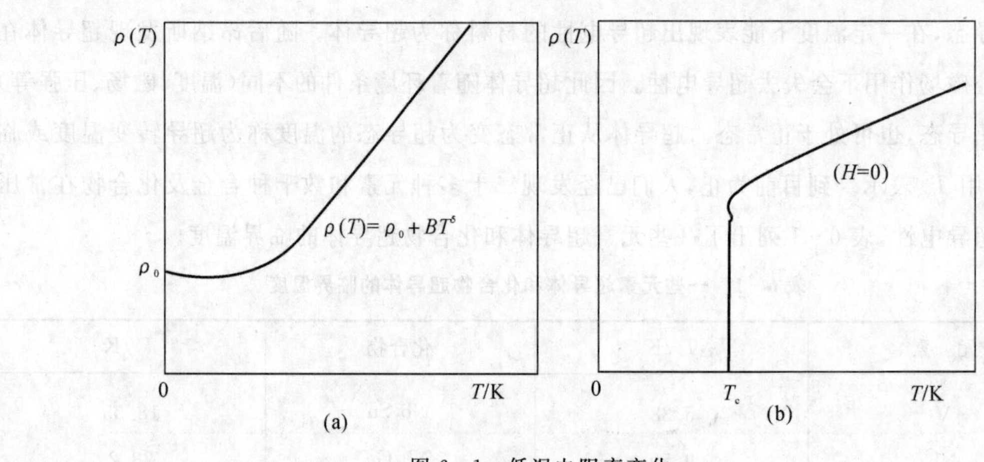

图 6-1 低温电阻率变化

(a)正常金属；(b)超导体

需要指出的是，电阻率的测量总是受到测量仪器灵敏度的限制，电阻率为零只是相对的。目前，较精确测量超导态电阻率的方法是持续电流法。有人在超导态的 Pb 环中激励起电流，在持续两年的时间内没有观察到电流的变化，电流的衰减非常之缓慢，由此推算出电阻率的上限为 $10^{-23}\,\Omega\cdot$cm，而纯铜在低温下的电阻率约为 $10^{-9}\,\Omega\cdot$cm。因此，可以认为确实存在电阻为零的状态。另外，实际超导体从正常态转变为超导态时，电阻变到零是在一定的温度间隔 ΔT 内完成的。

对于很纯的无应力单晶样品 $\Delta T\leqslant10^{-3}$ K，而对于一些合金及化合物特别是高温氧化物超导体，ΔT 较宽可达几 K 甚至十几 K。所以，往往需要指明是零电阻转变温度或零电阻起始转变温度。

二、完全抗磁性和临界磁场

（一）迈斯纳（Meissner）效应

1933 年，迈斯纳（Meissner）和奥森菲尔德（Ochenfeld）从实验中发现，无论是否在外加磁

场作用下使材料变为超导态，在超导体的内部不允许有净的磁通密度存在，即总有

$$\boldsymbol{B}=\mu_0(\boldsymbol{H}+\boldsymbol{M})=\boldsymbol{0} \tag{6-1}$$

磁化强度 $\boldsymbol{M}$ 与外加磁场 $\boldsymbol{H}$ 大小相等且方向相反，即 $\boldsymbol{M}=-\boldsymbol{H}$，样品具有完全抗磁性，称为迈斯纳(Meissner)效应。

如果把超导体看成是电阻 $R=0$ 的理想导体，电流密度为有限值时电场 $\boldsymbol{E}$ 必是零，则由麦克斯韦方程得

$$\nabla\times\boldsymbol{E}=-\frac{\partial\boldsymbol{B}}{\partial t}=\boldsymbol{0} \tag{6-2}$$

式中，$\boldsymbol{B}$ 不随时间改变，它的值由初始条件决定，得不出总有 $\boldsymbol{B}=\boldsymbol{0}$ 的结论。当理想导体在磁场作用下冷却到 $R=0$ 的状态后，体内的 B 应保持不变，再把外磁场减少至零，体内的 $\boldsymbol{B}$ 仍然不变。但对于超导体，在外磁场($\boldsymbol{H}<\boldsymbol{H}_c$)中冷却至超导态后，体内 $\boldsymbol{B}=\boldsymbol{0}$，去掉外磁场后仍保持 $\boldsymbol{B}=\boldsymbol{0}$，如图 6-2 所示。这表明超导体不是普遍意义上的理想导体，$R=0$ 和 $\boldsymbol{B}=\boldsymbol{0}$是超导体的两个相互独立的基本特征。

在给定的温度和外磁场条件下，理想导体的状态并不是唯一的，而与其变化的具体途径有关，理想导体在磁场中的行为是不可逆的。超导体的磁化状态是一种热力学状态，在给定的条件(温度、磁场)下，它的状态是唯一确定的，与达到这一状态的过程无关。

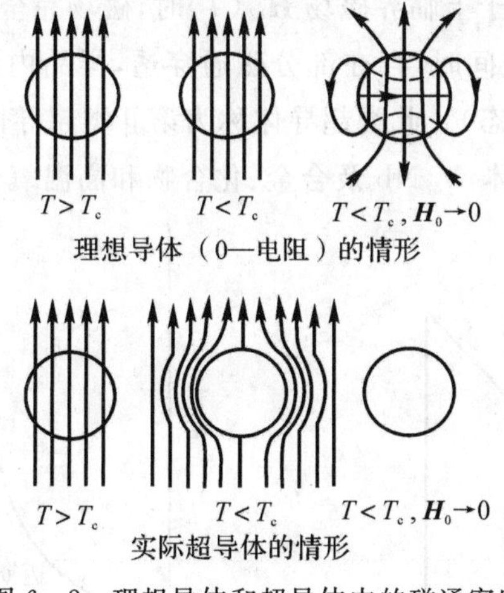

图 6-2　理想导体和超导体中的磁通密度

(二)临界磁场

实验发现，磁场可以破坏超导电性。在样品温度低于 $\boldsymbol{T}_c$ 的某一温度下，当外加磁场强度 $\boldsymbol{H}$ 小于某一临界值 $\boldsymbol{H}_c$ 时，超导体处于超导态，具有零电阻特性。当 $\boldsymbol{H}$ 超过临界值 $\boldsymbol{H}_c$ 时，电阻突然出现，超导态被破坏，转变为正常态，称 $\boldsymbol{H}_c$ 为临界磁场，它是破坏超导电性所需要的最小外磁场。随着磁场增加而出现的磁场穿透样品的方式与样品的几何形状有关。对于简单的长实心圆柱样品，当外磁场平行于轴线时，存在两类可区分的磁行为。

第Ⅰ类：临界磁场与温度有关，可近似表示为

$$\boldsymbol{H}_c(T)=\boldsymbol{H}_c(0)\left[1-\left(\frac{T}{T_c}\right)^2\right] \tag{6-3}$$

式中，$\boldsymbol{H}_c(0)$为外推至绝对零度时的临界磁场。在 T_c 以下，$\boldsymbol{H}_c(T)$随温度下降而增大，如图

6-3所示。当外磁场小于 $\boldsymbol{H}_c(T)$ 时，样品内无磁通穿过，处于超导态；当外磁场超过 $\boldsymbol{H}_c(T)$ 时，磁场完全穿透样品，返回到正常态。人们常用宏观的磁化强度 $\boldsymbol{M}$ 与外磁场 $\boldsymbol{B}$ 的关系曲线来表示其穿透行为，如图6-4(a)所示。这种超导体称为第Ⅰ类超导体，其临界磁场 $\boldsymbol{H}_c(T)$ 的典型数值为 10^2 Gs，也称为软超导体，除V，Nb以外的金属超导体属于此类型。

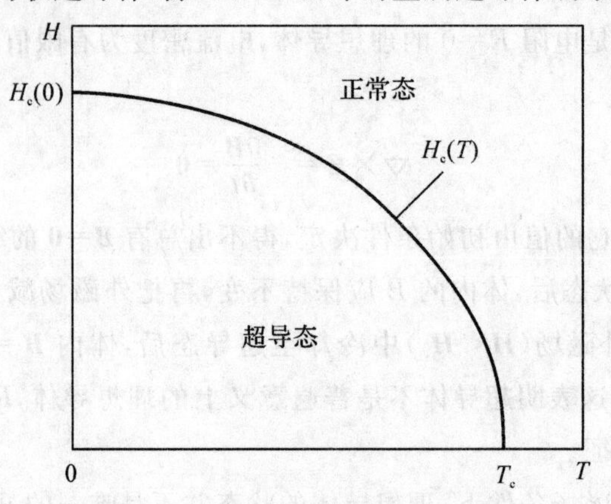

图6-3 临界磁场随温度的变化曲线

第Ⅱ类：如图6-4(b)所示，当外磁场低于下临界磁场 $\boldsymbol{H}_{c1}(T)$ 时，无磁场穿透样品，处于超导态（迈斯纳态）；当外磁场高于上临界磁场 $\boldsymbol{H}_{c2}(T)$ 时，磁场完全穿透样品，返回正常态。当外磁场介于 $\boldsymbol{H}_{c1}(T)$ 和 $\boldsymbol{H}_{c2}(T)$ 之间时，存在部分磁通穿透，样品内形成相当复杂的微观结构，正常态和超导态共存（称为混合态）。此类超导体称为第Ⅱ类超导体，其上临界磁场 $\boldsymbol{H}_{c2}(T)$ 可高达 10^5 Gs，因而常称为硬超导体，V，Nb及合金、化合物和高温氧化物超导体属于这种类型。

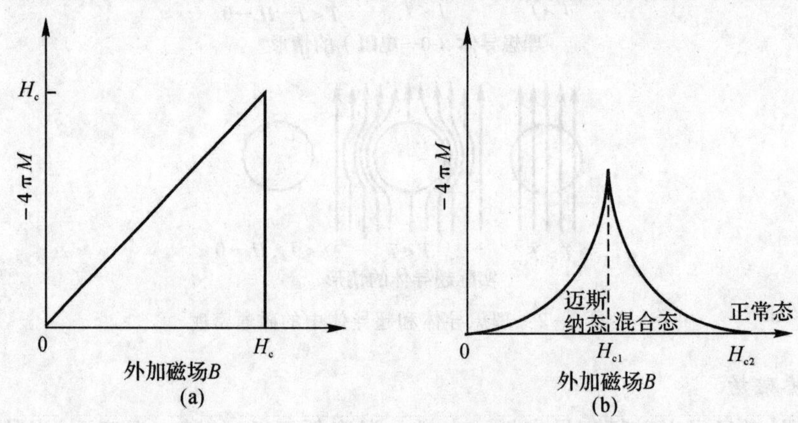

图6-4 磁化强度与外磁场的关系

(a)第Ⅰ类超导体；(b)第Ⅱ类超导体

(三)临界电流密度

实验表明，在不加外磁场的情况下，超导体中通过足够强的电流也会破坏超导电性，导致破坏超导电性所需的最小电流密度称为临界电流密度 $\boldsymbol{J}_c(T)$。$\boldsymbol{J}_c(T)$ 不仅与物质种类有关，而且与样品的几何形状及尺寸有关。例如，长直超导线的 $\boldsymbol{J}_c$ 比紧绕螺线管的 $\boldsymbol{J}_c$ 要大得多。电流破坏超导态的原因是电流所产生的磁场。当通过样品的电流在样品表面产生的磁场达到 $\boldsymbol{H}_c$ 时，超导电性就被破坏，这个电流的大小就是临界电流。

第二节　超导电性理论

一、二流体模型

1934年戈特(Gorter)和卡西米尔(Casimir)提出说明超导现象的二流体模型，主要包括以下内容。

(1)金属处于超导态时，共有化的自由电子分为两部分，正常电子和超流电子，其电子密度分别为 n_N 和 n_S。总电子密度为两部分之和，即 $n=n_S+n_N$。两部分电子占据同一体积，在空间上相互渗透，彼此独立地运动，相对数目都是温度的函数。

(2)n_N 的性质和正常金属的自由电子气相同，受到晶格振动、杂质与缺陷等的散射而产生电阻，对熵有贡献。n_S 不受散射的作用，在晶格中无阻地流动。

(3)n_S 处在一种凝聚状态，凝聚到某一低能态，因而超导电子对熵没有贡献，它的存在使超导态比正常态更加有序。

当 $T<T_c$ 时，出现超流电子，它们的运动是无阻的，超导内部的电流完全来自 n_S 的贡献，对正常电子起到短路作用，正常电子不载荷电流，样品内部不能存在电场，也就没有电阻效应。二流体模型是根据实验规律提出的，由此可以解释许多超导现象，是后来超导唯象理论的基础。

二、伦敦方程

1935年，伦敦兄弟(F. London 和 H. London)在二流体模型的基础上，提出两个描述超导电流与电磁场关系的方程，与麦克斯韦方程一起构成超导体的电动力学基础。

按照二流体模型，London兄弟假定超导体中的电流密度也由两部分组成，即

$$\boldsymbol{J}=\boldsymbol{J}_S+\boldsymbol{J}_N$$

$\boldsymbol{J}_N$ 是正常电子的电流密度，服从欧姆定律 $\boldsymbol{J}_N=\sigma\boldsymbol{E}$。$\boldsymbol{J}_S$ 是超导电子的电流密度，

$$\boldsymbol{J}_S=-n_S e^* \boldsymbol{v}$$

式中，e^* 和 $\boldsymbol{v}$ 分别为超导电子的电荷和速度。在电场 $\boldsymbol{E}$ 作用下超导电子的运动方程为

$$m^* \frac{\mathrm{d}\boldsymbol{v}}{d\mathrm{t}}=-\mathrm{e}^* \boldsymbol{E}$$

m^* 为超导电子的有效质量，由上述两式有

$$\frac{\mathrm{d}\boldsymbol{J}_S}{\mathrm{d}t}=\frac{n_S e^{*2}\boldsymbol{E}}{m^*}=\frac{\boldsymbol{E}}{\Lambda^2} \qquad (6-4)$$

$$\Lambda^2=\frac{m^*}{n_S e^{*2}} \qquad (6-5)$$

式(6-4)称为London第一方程。在稳态下，超导体中的电流为常值，J_S 不随时间变化，即 $\frac{\mathrm{d}}{\mathrm{d}t}\boldsymbol{J}_S=\boldsymbol{0}$，则 $\boldsymbol{E}=\boldsymbol{0}$，再由欧姆定律得 $\boldsymbol{J}_N=\boldsymbol{0}$。因此，London第一方程说明了超导体的零电阻特性。

将式(6-4)代入麦克斯韦方程$\nabla\times\boldsymbol{E}=-\frac{\partial\boldsymbol{B}}{\partial t}$,利用矢势$\boldsymbol{A},\boldsymbol{B}=\nabla\times\boldsymbol{A}$,得

$$\frac{\partial}{\partial t}\left[\nabla\times\boldsymbol{J}_S+\frac{n_s e^{*2}}{m^*}\boldsymbol{B}\right]=\frac{\partial}{\partial t}\nabla\times\left[\boldsymbol{J}_S+\frac{n_s e^{*2}}{m^*}\boldsymbol{A}\right]=\boldsymbol{0} \tag{6-6}$$

$\boldsymbol{B}$ 的解依赖于初始条件,所以不能得出超导体内总有 $B=\boldsymbol{0}$ 的结论。为了能够说明迈斯纳(Meissner)效应,必须选取

$$\nabla\times\boldsymbol{J}_S+\frac{n_S e^{*2}}{m^*}\boldsymbol{B}=\boldsymbol{0} \text{ 或 } \boldsymbol{J}_S+\frac{n_S e^{*2}}{m^*}\boldsymbol{A}=\boldsymbol{0}$$

即

$$\nabla\times(\Lambda^2\boldsymbol{J}_S)=-\boldsymbol{B} \text{ 或 } \boldsymbol{J}_S=-\Lambda^{-2}\boldsymbol{A} \tag{6-7}$$

称为 London 第二方程。按麦克斯韦方程$\nabla\times\boldsymbol{B}=\mu_0\boldsymbol{J}_S$,得

$$\boldsymbol{B}=-\Lambda^2\nabla\times\boldsymbol{J}_S=-\frac{\Lambda^2}{\mu_0}\nabla\times\nabla\times\boldsymbol{B}$$

$$=-\lambda_L^2\left[\nabla\cdot\boldsymbol{B}-\nabla^2\boldsymbol{B}\right]$$

由于是无散场,$\nabla\boldsymbol{B}=0$,故有

$$\nabla^2\boldsymbol{B}=\frac{1}{\lambda_L^2}\boldsymbol{B} \tag{6-8}$$

$$\lambda_L=\frac{\Lambda}{\mu_0^{\ 1/2}}=\left(\frac{m^*}{\mu_0 n_S e^{*2}}\right)^{1/2} \tag{6-9}$$

式中,λ_L 称为穿透深度。大多数具有超导电性的金属元素,穿透深度约为 $10^{-8}\sim10^{-7}$ m。

考虑一维问题,超导体占据 $x>0$ 的半空间,而 $x<0$ 的区域是真空。此时式(6-8)可简化为

$$\frac{\mathrm{d}^2B_y(x)}{\mathrm{d}x^2}=\frac{1}{\lambda_L^2}B_y(x)$$

其解是

$$B_y(x)=B_0\exp\left(-\frac{x}{\lambda_L}\right)$$

式中,B_0 是 $x=0$ 处真空中的磁感应强度。图 6-5 是超导体内磁感应强度 $B_y(x)$ 的变化曲线。可见在 $x\gg\lambda_L$ 的区域,磁感应强度渐趋于零;在 $0<x<\lambda_L$ 区域,磁感应线可以穿透超导体。依据麦克斯韦方程:

$$\mu_0\boldsymbol{J}_S=(\nabla\times\boldsymbol{B})_S=\frac{\mathrm{d}}{\mathrm{d}x}By(x)=-\frac{B_0}{\lambda_L}\exp\left(-\frac{x}{\lambda_L}\right)$$

可知在超导体表层有沿 Oz 轴方向流动的超导电流,它在表层中的分布是不均匀的,沿 Ox 轴指数衰减,衰减的长度就是穿透深度 λ_L。正是这表层的超导电流密度 J_S 产生的磁场在 $x>\lambda_L$ 区域沿着负 Oy 轴方向,以抵消沿着 Oy 轴方向的外磁场,达到体内磁感应强度等于零。由于在表面层流动的超导电流对外磁场起屏蔽作用,才使超导体具有完全抗磁性。表层的超导电流被称为逆磁电流或屏蔽电流,屏蔽电流流动的表面层厚度为穿透深度。依据伦敦理论,在磁场中的超导体样品,就是因为样品表层(厚度为 λ_L)存在闭合的超导电流环,它产生的磁化强度 $\boldsymbol{M}$ 使体内磁感应强度等于零。穿透深度受温度的影响,

$$\lambda_L(T)=\lambda_0\left[1-\left(\frac{T}{T_c}\right)^4\right]^{-1/2} \tag{6-10}$$

式中，λ_0 为绝对零度时超导体的穿透深度。

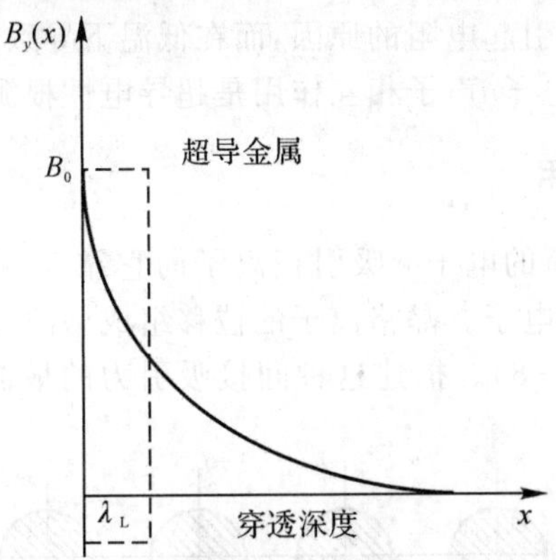

图 6-5　超导金属表层的磁感应强度分布

三、同位素效应

1950 年，麦克斯韦(E. Maxwell)和雷诺(C. A. Raynold)等在测量水银同位素临界转变温度时，发现随着水银同位素质量的增高，临界温度降低，如图 6-6 所示。

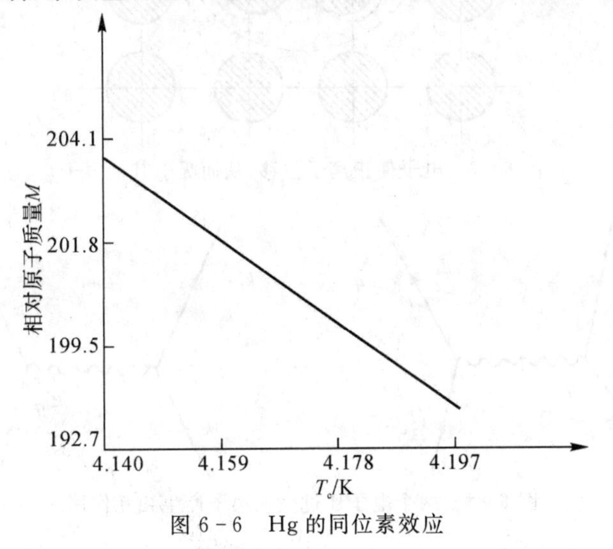

图 6-6　Hg 的同位素效应

这一结果可用公式表示为

$$M^{\alpha}T_c=\text{常数} \tag{6-11}$$

其中，$\alpha=0.50\pm0.03$，M 是同位素质量。这种转变温度 T_c 依赖于同位素质量 M 的现象称为同位素效应。$M\to\infty$，$T_c\to0$，无超导电性。在原子质量 M 趋于无限大时，晶格原子不可能运动，当然不会有晶格振动了。因此，同位素效应明确指出电子一晶格振动的相互作用是超导电性的根源。

晶格振动的频率依离子质量不同而不同(给定波长)。式(6-11)中 M 反映了晶格的性质，T_c 反映了电子的性质，同位素效应把晶格与电子联系起来了。描述晶格振动的能量子称之为声子。因此，同位素效应明确指出电子-声子的相互作用与超导电性的密切关系。

事实上，在同位素效应发现之前，弗洛里希（H. Frolich）鉴于导电性良好的碱金属和贵金属都不是超导体，这些金属的电子-声子相互作用弱。而常温下导电性差的材料，在低温却有可能成为超导体。T_c 高的金属，常温下导电性能差，这是由于电子-声子相互作用强。他提出电子-声子相互作用是高温下引起电阻的原因，而在低温下导致超导电性。同位素效应的实验结果支持了弗洛里希提出的电子-声子相互作用是超导电性根源的预言。

四、电子-声子相互作用

如图 6-7 所示，带负电荷的电子 e 吸引正离子向它靠近，在电子附近形成正电荷集聚的区域，它又吸引附近的第二个电子。晶格离子的位移组成格波，这是电子间通过交换格波声子产生的间接相互作用（见图 6-8）。描述这种间接吸引力的最简单的方法是分析两个电子之间交换“虚声子”的过程。

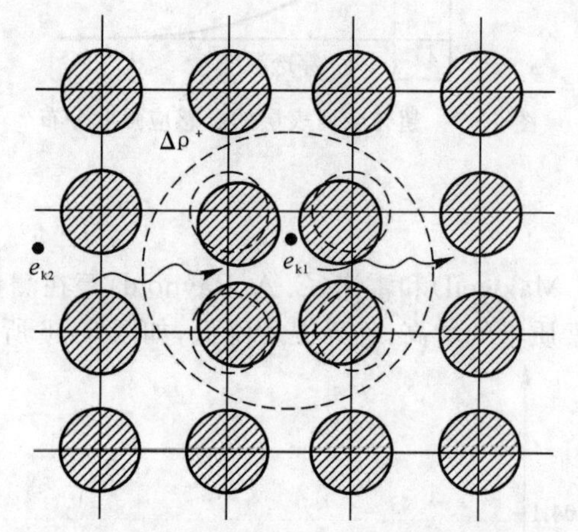

图 6-7 电子使正离子位移，从而吸引其他电子

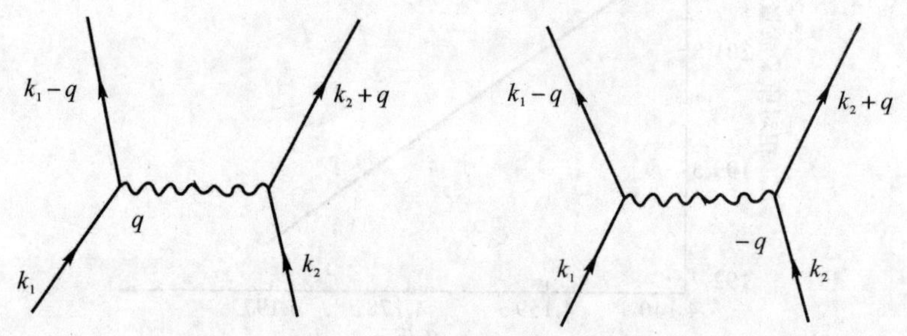

图 6-8 两个电子通过交换声子产生相互作用

(1)波矢为 k_1 的电子发射一个波矢为 q 的声子被散射到波矢为 k_1-q 状态，波矢为 k_2 的电子吸收第一个电子发射的声子 q 进入 k_2+q 状态；按照二级微扰理论，这种跃迁对能量的贡献为

$$[k_1-q,k_2+q|V_I|k_1,k_2]=\frac{M_{k_1,k_1-q}M_{k_2,k_2+q}}{E(k_1)-E(k_1-q)-\hbar\omega_q}$$

式中，M_{k_1,k_1-q} 是第一个电子同声子相互作用势 $W(r_1)$ 的矩阵元；M_{k_2,k_2+q} 是第二个电子同声子相互作用势 $W(r_2)$ 的矩阵元；V_I 代表电子通过交换声子相当的有效势场；$E(k_1)$ 和 $E(k_1-q)$ 是电子在波矢分别为 k_1 和 k_1-q 状态的能量。电子态都是自由电子的平面波，上述二级微扰能量实际上就是有效势场的傅里叶分量。

(2)第一个电子吸收一个波矢为 $-q$ 的声子由状态 k_1 散射到状态 k_1-q，而这个声子正好

是第二个电子发射出来的，该电子由状态 k_2 散射到状态 k_2+q。这个过程对二级微扰能量的贡献为

$$[k_1-q,k_2+q|V_{\mathrm{II}}|k_1,k_2]=\frac{M_{k_1,k_1-q}M_{k_2,k_2+q}}{E(k_1)-E(k_1-q)+\hbar\omega_{-q}}$$

假定电子-声子散射矩阵元 $M_{k_1,k_1-q}=M_{k_2,k_2+q}$ 则两个过程对能量的贡献为

$$[k_1-q,k_2+q|V_{\mathrm{I}}+V_{\mathrm{II}}|k_1,k_2]=\frac{|M_{k_1,k_1+q}|^2 2\hbar\omega_q}{|E(k_1)-E(k_1-q)|^2-(\hbar\omega_{-q})^2}$$

此能量的正负号由分母决定。如果 $|E(k_1)-E(k_1-q)|<\hbar\omega_q$，则此相互作用能量是负值，相当于吸引力。吸引力势能的傅里叶分量可近似写成

$$V(q)\approx-\frac{2|M_{k_1,k_1-q}|^2}{\hbar\omega_q} \tag{6-12}$$

$|M_{k_1,k_1-q}|^2$ 正比于 $\frac{\hbar\omega_q}{Ms^2}$，其中 s 是晶体中的声速。于是

$$V(q)\propto\frac{1}{Ms^2}$$

由于泡利原理的限制，费米能级 E_{F} 以下深处的能级已为电子占满，它们难以吸收或发射声子，同能级相近的电子发生作用。只有在 E_{F} 附近的 $\pm\hbar\omega_D$ 范围的电子才会有间接的吸引作用。ω_D 是德拜频率，也就是金属中声学格波的最大角频率，ω_D 愈大，有间接吸引作用的电子愈多。对各种可能的格波波矢 q 求和，得

$$\sum_q V(q)\propto-\frac{1}{Ms^2}N(E_{\mathrm{F}})k_{\mathrm{B}}\Theta_{\mathrm{D}}$$

式中，$N(E_{\mathrm{F}})$ 是费米能级的态密度，由于 $s^2\propto M^{-1}$，德拜温度 $\Theta_{\mathrm{D}}\propto M^{-1/2}$，如果上述能量相当于凝聚能，应同 $k_{\mathrm{B}}T_{\mathrm{c}}$ 成正比，于是得到同位素效应关系式 $T_{\mathrm{c}}\propto M^{-1/2}$。

五、库柏对

伦敦超导电性的唯象理论，建立了超导电流密度与矢势 $\boldsymbol{A}$ 的关系：

$$\boldsymbol{J}_{\mathrm{S}}=-\frac{n_{\mathrm{S}}e^{*2}}{m^*}\boldsymbol{A}=-\Lambda^2\boldsymbol{A}$$

在矢势为 A 的磁场中，电荷为 $-e^*$ 的粒子的正则动量为

$$\boldsymbol{P}=m^*\boldsymbol{v}+(-e^*\boldsymbol{A})$$

其中，$m^*\boldsymbol{v}$ 是粒子的机械动量，$-e^*\boldsymbol{A}$ 是它的场动量。按照定义，超导电流密度可写为

$$\boldsymbol{J}_S=-n_Se^*\boldsymbol{v}=-\frac{n_Se^*}{m^*}(\boldsymbol{P}+e^*\boldsymbol{A})$$

式中，n_S 是超导电子浓度。如果粒子的正则动量 $\boldsymbol{P}$ 等于零，就得到伦敦第二方程。由此可见，超导态是由正则动量为零的超导电子组成的，它是动量空间的凝聚现象。发生凝聚现象必须有吸引的作用，体系在动量空间怎样凝聚，如何显示出超导电性？

前面的讨论指出，电子间通过交换声子能够产生吸引的作用。当这种间接的吸引作用超过库仑相斥的作用时，电子间就有净的吸引作用，有可能出现凝聚现象。库柏(L. N. Cooper)指出，当电子间有净的吸引作用时，费米面附近的两个电子将形成束缚状态，它的能量比两个独立的电子的总能量低。这种电子对状态称为库柏对，它是现代超导理论的基础。

由于各种金属存在超导相变的相似性，故可认为金属的详细结构不影响超导态的定性特

征。用自由粒子的平面波代替晶体电子的布洛赫波。在费米面上的两个电子，波矢为 k_1,k_2，空间位矢为 r_1,r_2，这两个电子的波函数为

$$\Phi(r_1,r_2)=\frac{1}{V_c}e^{i(k_1\cdot r_1+k_2\cdot r_2)}=\frac{1}{V_c}e^{iK\cdot\left(\frac{r_1+r_2}{2}\right)}e^{ik\cdot(r_1-r_2)}$$

波函数在晶体体积 V_c 范围归一化；$K=k_1+k_2$ 是两个电子质心 $\frac{r_1+r_2}{2}$ 运动的波矢；$k=\frac{1}{2}(k_1-k_2)$ 是描述这两个电子相对运动的波矢。若选取质心坐标系，则波函数可写为

$$\Phi_k(r_1,r_2)=\frac{1}{V_c}e^{ik\cdot(r_1-r_2)}$$

当两个电子有相互作用时，这一对电子的波函数应写成 $\Phi_k(r_1,r_2)$ 的线性组合，即

$$\Psi(r_1,r_2)=\sum_k g(k)\Phi_k(r_1,r_2) \tag{6-13}$$

波矢求和的范围限制在费米球外附近的区域，因为比费米波矢 k_F 小的状态已被电子占满。$\Psi(r_1,r_2)$ 满足的薛定谔方程

$$-\frac{\hbar^2}{2m}(\nabla_1^2+\nabla_2^2)\Psi(r_1,r_2)+V(r_1,r_2)\Psi(r_1,r_2)=(E+2E_F)\Psi(r_1,r_2)$$

采用相对坐标 $r=r_1-r_2$，薛定谔方程则可写成

$$-\frac{\hbar^2}{2m}\nabla^2\Psi(r)+V(r)\Psi(r)=(E+2E_F)\Psi(r) \tag{6-14}$$

式中，E 是有相互作用的两个电子的能量本征值，它是相对于独立的两个电子能量 $2E_F$ 计算的数值。$g(k)$ 满足下面的方程

$$\frac{\hbar^2k^2}{m}g(k)+\sum_k g(k')V_{kk'}=(E+2E_F)g(k) \tag{6-15}$$

式中

$$V_{kk'}=\frac{1}{V_c}\int V(r)e^{i(k-k')\cdot r}dr$$

是相互作用势的矩阵元或傅里叶分量。假定此矩阵元能简化为

$$\begin{cases}V_{k,k'}=-V & (\text{当}|\varepsilon(k)|,|\varepsilon(k')|\ll\hbar\omega_D)\\ V_{k,k'}=0 & (\text{其他情况})\end{cases} \tag{6-16}$$

单电子能量 $\varepsilon(k)$ 是从 E_F 量起，即 $\varepsilon(k)=\frac{\hbar^2k^2}{2m}-E_F$；$V$ 是正的常数。这样式(6-15)可简化为

$$\left[E+2E_F-\frac{\hbar^2k^2}{m}\right]g(k)=-V\sum_{k'}g(k') \tag{6-17}$$

上式右边是同 k 无关的常数 CV，由此可求得自洽方程

$$1=V\sum_k\frac{1}{\frac{\hbar^2k^2}{m}-2E_F-E}=V\sum_k\frac{1}{2\varepsilon(k)-E}$$

单电子状态的密度 $N(\varepsilon)=\frac{4\pi}{(2\pi)^3}k^2\frac{dk}{d\varepsilon}$，由于参与交换的声子能量小于或至多等于 $\hbar\omega_D$，因此只需计算能量 ε 从零至 $\hbar\omega_D$ 范围内的单电子态。自洽方程的累加变成积分，得

$$1=V\int_0^{\hbar\omega_D}N(\varepsilon)\frac{1}{2\varepsilon-E}d\varepsilon \tag{6-18}$$

因为 $\hbar\omega_D\ll E_F$，可近似取 $N(\varepsilon)\approx N(0)$，这样，就很容易计算出上述积分

$$1=\frac{N(0)V}{2}\ln\frac{E-2\hbar\omega_{\mathrm{D}}}{E}$$

或
$$E=\frac{-2\hbar\omega_{\mathrm{D}}}{\exp\left[-1+\dfrac{2}{N(0)V}\right]}$$

对于弱耦合情形，$N(0)V\ll1$，上式分母的指数因子中的1可以略去不计，于是有

$$E=-2\hbar\omega_{\mathrm{D}}\exp\frac{2}{N(0)V} \tag{6-19}$$

结果说明，费米面上的两个电子只要它们之间存在微弱的净吸收作用，它们将结合成束缚态，在费米能级和束缚态间存在一个能隙，其大小约为

$$|E|=2\hbar\omega_{\mathrm{D}}\exp\frac{2}{N(0)V}$$

所谓净吸引作用，即 $V=|V^{\mathrm{p}}|-V^{\mathrm{c}}>0$。$V^{\mathrm{p}}$ 是电子间交换声子产生的吸引作用势的矩阵元；V^{c} 是电子间库仑作用势的矩阵元。下面讨论什么状态的电子最有利于形成库柏对。

在充满电子的费米面之上，放进两个电子，波矢分别为 k_1 和 k_2。由于泡利不相容原理，它们只能处在费米球面之外。这两个电子交换声子散射到 k_1' 和 k_2' 的状态，如图6－9(a)所示。波函数 $\Psi(r_1,r_2)$ 代表所有散射态的组合，任何一次散射，电子能量降低 V。散射过程满足动量守恒：$k_1+k_2=k_1'+k_2'=K$。

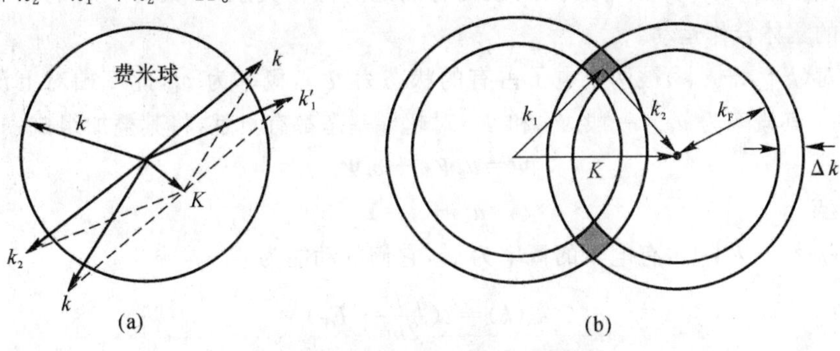

图6－9　两个电子交换声子被散射

在散射过程中电子的能量改变只能在 $\hbar\omega_{\mathrm{D}}$ 范围之内，而 k_1，k_1' 及 k_2，k_2' 必处于 k_{F} 之外厚度为 $\Delta k=\dfrac{m\omega_{\mathrm{D}}}{\hbar k_{\mathrm{F}}}$ 的球壳内，如图6－9(b)所示。而同时满足动量守恒条件的电子态就是图中阴影区绕 K 为轴旋转成的体积。在这体积内的电子态可参与交换声子的散射过程。此体积愈大、参与交换声子的状态愈多，体系的能量愈低。显然 $K=0$ 时，$k_1=-k_2$，两个电子的波矢大小相等方向相反，此时费米球外厚度为 Δk 的球壳中的状态都参与交换声子的散射，体系基态的能量最小，这是库柏对最佳的状态。考虑到电子的自旋，最佳的配对方式是动量相反，同时自旋相反的两个电子组成库柏对，可用$(k_1\uparrow,-k_1\downarrow)$表示。

依测不准关系，可以估算一个库柏对内两个电子间的平均距离 ξ_0：

$$\xi_0=\Delta x\sim\frac{1}{\Delta k}$$

而
$$\Delta k=\frac{m\Delta\varepsilon}{\hbar^2k_{\mathrm{F}}},\quad \Delta\varepsilon\sim\hbar\omega_{\mathrm{D}}$$

所以
$$\xi_0\sim\frac{\hbar^2k_{\mathrm{F}}}{m\Delta\varepsilon}\sim\frac{E_{\mathrm{F}}}{\hbar\omega_{\mathrm{D}}}\frac{1}{k_{\mathrm{F}}}\sim10^{-6}\,\mathrm{m}$$

ξ_0 就是超导体的相干长度。Pippard(皮帕德)证明，当一个电子从金属的正常区移动到超导区时，其波函数不能从它的正常态突然转变为超导态。这种转变只能发生在一个距离 ξ_0 上，称为相干长度。库柏对并非局限在非常小的空间里，而是扩展在 ξ_0($\sim 10^{-6}$ m)的空间宽度上，描述了配对电子间的距离。ξ_0 和 λ 一样，都是超导体的特征参量。

六、超导电性的微观理论(BCS)

费米面附近的电子，两两组成库柏对。这种体系在动量空间怎样凝聚，如何显示出超导电性。1957 年，Bardeen(巴丁)，Cooper(库柏)，Schrieffer(斯瑞弗)以库柏对理论为基础，提出了超导电性的量子理论，解释了库柏对在动量空间如何凝聚，又如何显示出超导电性，人们称之为 BCS 理论。该理论是一个比较全面地说明超导现象的微观理论，他们三人因此而获 1972 年诺贝尔物理学奖。

金属发生超导相变时，费米面附近能量约在 k_BT 范围的电子参与凝聚过程，其浓度约为 $10^{24}/\mathrm{m}^3$。这些电子间的平均距离约 10^{-8} m，比相干长度 ξ_0($\sim 10^{-6}$ m)小得多。在以 ξ_0 为边的立方体内大约有 10^6 个库柏对同时存在，这表明库柏对的波函数之间有显著的交叠。一个库柏对中的电子因同晶格振动耦合，散射到邻近的单粒子状态又重新组成库柏对。在距离为相干长度 ξ_0 的范围内，各个库柏对的波函数间有确定的位相关系，即具有长程的相干特性。故这是库柏对的集体合作运动。

设库柏对($k\uparrow$，$-k\downarrow$)被两个电子占有的状态为 Ψ_{1k}，概率为 v_k^2，此库柏对上没有电子的状态记为 Ψ_{2k}，其概率为 u_k^2。一般 Ψ_{1k} 和 Ψ_{2k} 对超导基态都有贡献，将其叠加组成：

$$\Psi = u_k\Psi_{2k} + v_k\Psi_{1k} \tag{6-20}$$

系数必须满足

$$u_k^2 + v_k^2 = 1$$

库柏对($k\uparrow$，$-k\downarrow$)占有电子的概率为 v_k^2，它们的动能为

$$2\varepsilon(k) = 2\left(\frac{\hbar^2k^2}{2m} - E_F\right)$$

所有库柏对的电子动能的总和是

$$W_{\mathrm{kin}} = \sum_k 2\varepsilon(k)v_k^2$$

再考虑库柏对之间的相互作用能。库柏对($k\uparrow$，$-k\downarrow$)占有态的两个电子交换声子跃迁到($k'\uparrow$，$-k'\downarrow$)的空态，结果库柏对($k\uparrow$，$-k\downarrow$)成为空态，而($k'\uparrow$，$-k'\downarrow$)成为占有态。实现这个过程对相互作用能的贡献为 $-Vu_ku_{k'}v_kv_{k'}$。因为初态为 $v_ku_{k'}$，而末态为 $v_{k'}u_k$，实现这样的散射能量降低 V。所以，体系总的相互作用能量为

$$W_{\mathrm{int}} = -\sum_k\sum_{k'} Vu_kv_ku_{k'}v_{k'}$$

在绝对零度，超导基态的总能量为

$$W_0 = W_{\mathrm{kin}} + W_{\mathrm{int}} = 2\sum_k \varepsilon(k)v_k^2 - V\sum_{k\neq k'} u_kv_ku_{k'}v_{k'} \tag{6-21}$$

以上从形式上求得超导态的总能量 W_0，但波函数的系数 v_k 尚未确定，超导基态的总能量没有得到。既然总能量 W_0 是 v_k 的函数，可把 v_k 看作变分参量，求 $\frac{\partial W_0}{\partial v_k}=0$，由此可求得 v_k 的具体表达式。利用关系式：

$$u_k = (1-v_k^2)^{1/2} \quad \frac{\partial u_k}{\partial v_k} = \frac{-v_k}{\sqrt{1-v_k^2}}$$

$$\frac{\partial W_0}{\partial v_k}=4\varepsilon(k)v_k-2V(\sum_k u_k v_k)\frac{1-2v_k^2}{\sqrt{1-v_k^2}} \tag{6-22}$$

$\Delta_0=V\sum\limits_k u_k v_k$ 称为绝对零度的能隙参量，式(6-22)可写为

$$2\varepsilon(k)v_k\sqrt{1-v_k^2}=\Delta_0(1-2v_k^2) \tag{6-23}$$

整理后得

$$v_k^2=\frac{1}{2}\left(1-\frac{\varepsilon(k)}{\sqrt{\varepsilon^2(k)+\Delta_0^2}}\right)$$

$$u_k^2=\frac{1}{2}\left(1+\frac{\varepsilon(k)}{\sqrt{\varepsilon^2(k)+\Delta_0^2}}\right)$$

$$u_k^2 v_k^2=\frac{1}{4}\frac{\Delta_0^2}{\varepsilon^2(k)+\Delta_0^2}$$

为了保证能隙参量 $\Delta_0=V\sum\limits_k u_k v_k$ 为正值，取

$$u_k v_k=\frac{1}{2}\frac{\Delta_0}{\sqrt{\varepsilon^2(k)+\Delta_0^2}}$$

代入 Δ_0 的表达式，得到能隙方程

$$1=\frac{V}{2}\sum_k\frac{1}{\sqrt{\varepsilon^2(k)+\Delta_0^2}}$$

若在 $d\varepsilon$ 范围内的状态数目为 $N(E_F)d\varepsilon$，则上式求和可以写成积分

$$1=\frac{V}{2}\int_{-\hbar\omega_D}^{\hbar\omega_D}\frac{N(E_F)d\varepsilon}{\sqrt{\varepsilon^2(k)+\Delta_0^2}}$$

积分后得

$$1=VN(E_F)\operatorname{arcsh}\frac{\hbar\omega_D}{\Delta_0}$$

当 $VN(E_F)\ll 1$ 时，上式可以简化，得到能隙参量

$$\Delta_0=2\hbar\omega_D\exp(-\frac{1}{VN(E_F)}) \tag{6-24}$$

求得了 u_k，v_k 和 Δ_0 之后，容易计算出绝对零度时，超导基态的能量为

$$W_0=\sum_k\varepsilon(k)\left(1-\frac{\varepsilon(k)}{\sqrt{\varepsilon^2(k)+\Delta_0^2}}\right)-\frac{\Delta_0^2}{V}$$

很显然，超导基态的能量小于独立电子体系正常态能量 $W_n=\sum\limits_k\varepsilon(k)$。

当温度 $T>0\mathrm{K}$ 时，BCS 理论给出的能隙参量 Δ 是温度 T 的函数，它满足的能隙方程为

$$1=\frac{V}{2}\int_{-\hbar\omega_D}^{\hbar\omega_D}\tan\left(\frac{\sqrt{\varepsilon^2+\Delta^2(T)}}{2k_B T}\right)\frac{N(E_F)d\varepsilon}{\sqrt{\varepsilon^2+\Delta^2(T)}}$$

在临界温度 T_c 时，能隙等于零，即 $\Delta(T_c)=0$，可得弱耦合情形($VN(E_F)\ll 1$)，临界温度 T_c 的表达式为

$$k_B T_c=1.13\hbar\omega_D\exp\left(-\frac{1}{VN(E_F)}\right) \tag{6-25}$$

这个关系说明：

(1)由于德拜角频率 $\omega_D\propto M^{-1/2}$，得到了同位素效应结果：$T_c\propto M^{-1/2}$。

(2)超导体的临界温度 T_c 由金属的晶格振动的德拜频率 ω_D、费米面上电子的态密度 $N(E_F)$ 以及电子-声子相互作用势 V 三者决定。

(3)比较 Δ_0 与 T_c 两个表达式,得到

$$2\Delta_0=3.53k_B T_c$$

表明能隙参量同临界温度 T_c 成正比。

下面讨论在超导态产生正常电子所需的能量。库柏对之间通过交换声子耦合在一起。拆散一个库柏对,产生两个正常态的电子需要外界提供能量。库柏对吸收能量变成两个独立的正常电子的过程称为准粒子激发。经计算拆散一个库柏对产生两个正常电子所需要的能量为

$$U=\sqrt{\varepsilon^2(k_1)+\Delta_0^2}+\sqrt{\varepsilon^2(k_2)+\Delta_0^2} \tag{6-26}$$

当这两个正常电子都在费米面时,$\varepsilon(k_1)=\varepsilon(k_2)=0$,拆散一个库柏对至少所需的能量为 $2\Delta_0$,这个能量称为绝对零度时超导体的能隙。

在超导态产生一个动量为 $\hbar k$ 的正常电子的激发能为

$$E_k=\sqrt{\varepsilon^2(k)+\Delta_0^2} \tag{6-27}$$

图 6-10 是 E_k(曲线)同正常态中单电子的能量 $\varepsilon(k)$(直线)的比较。从图可以看出,在费米波矢 k_F 附近这两者的色散关系差别很明显,离 k_F 愈远的状态上超导体的单粒子能量同正常态的电子能量差别愈小。

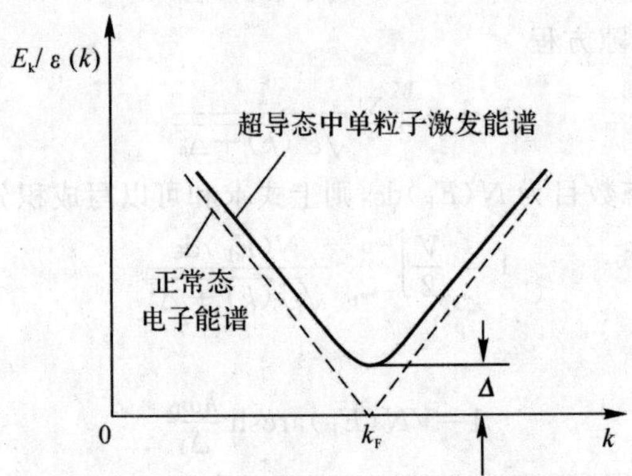

图 6-10　超导态中单粒子激发能谱

当温度 $T\neq 0$K 时,单粒子激发态的能量为

$$E_k=\sqrt{\varepsilon^2(k)+\Delta^2} \tag{6-28}$$

这种状态的态密度 $N_s(E_k)$ 为

$$N_s(E_k)=N(\varepsilon(k))\frac{d\varepsilon(k)}{dE_k}=\begin{cases}N(\varepsilon)\dfrac{E_k}{\sqrt{E_k^2-\Delta^2}}, 当|E_k|>\Delta\\ 0, 当|E_k|<\Delta\end{cases} \tag{6-29}$$

式中,$N(\varepsilon)$是正常态电子的状态密度。在 $T=0$K 时,费米能级 E_F 附近在能量 $|\varepsilon|\leqslant\hbar\omega_D$ 范围的电子全部配成库柏对,这就是超导基态。它们的能量在 E_F 以下为 Δ_0 的位置。当 $0<T<T_c$,由于受热激发有一些库柏对被拆开成为正常电子,能量为 $E=\sqrt{\varepsilon^2+\Delta^2}$。这时,超导体内有两种载流子:一种是超导电子,即库柏对;另一种是被激发到能隙之上单粒子态中的正常电子。

七、宏观的量子现象

伦敦早就认为无阻的超导电流是一种宏观尺度的量子现象。上面实际上只讨论了没有载流时超导态的物理图像,下面从超导微观机理的角度阐明载流超导态。不论是超导的库柏对还是单粒子激发态中的正常电子,在动量(或波矢)空间没有外场的情况下总是均匀分布的,因

而没有电流。当超导体处于载流的超导态时，每个库柏对的总动量不再是零了。此时所有的库柏对都具有同一动量 $P=\hbar K$。考虑第 i 个库柏对是由以下两个波矢构成

$$\left[\left(k_i+\frac{K}{2}\right)\uparrow,\left(-k_i+\frac{K}{2}\right)\downarrow\right]$$

因此，在载流状态，电子在动量(或波矢)空间的分布整体地移动$\frac{\hbar K}{2}$(或$\frac{K}{2}$)。第 i 个库柏对中的电子由于交换声子而散射为第 j 个库柏对，

$$\left[\left(k_j+\frac{K}{2}\right)\uparrow,\left(-k_j+\frac{K}{2}\right)\downarrow\right]$$

散射过程动量是守恒的，保持每个库柏对具有动量 $\hbar K$。所以，超导电流是由具有动量为 $\hbar K$ 的库柏对载送的。交换声子的过程只使得这一库柏对转化为具有同一动量的另一个库柏对，因而超导电流不会衰减，这就是无阻电流的机理。唯一能导致超导电流衰减的过程是使一个库柏对拆散，这个库柏对就不再对电流有贡献，超导电流密度减小。要拆散一个库柏对，至少必须给超导体提供 2Δ 的能量。在电流密度比较低的情形，电流本身不能提供库柏对这么大的能量。

可以求得当动量数值 $\hbar K>\frac{2m\Delta}{\hbar k_F}$时，就不能保持超导电流恒稳。超导体所载送的最大电流密度称为临界电流密度，大小为

$$J_c=\frac{n_s e\hbar\,|K|}{m}=\frac{2\Delta n_s}{\hbar k_F} \tag{6-30}$$

在有外磁场时，若磁场的矢势为 $\boldsymbol{A}$，库柏对的正则动量为

$$\boldsymbol{P}=m^*\boldsymbol{v}+(-e^*\boldsymbol{A})$$

像无载流超导态一样，选正则动量为零，获得库柏对在载流态的动量

$$\hbar\boldsymbol{K}=m^*\boldsymbol{v}=e^*\boldsymbol{A}$$

超导电流密度为

$$\boldsymbol{J}_s=-n_s e^*\boldsymbol{v}=-\frac{n_s e^{*2}}{m^*}\boldsymbol{A}$$

这就是伦敦方程。正如前面讨论过的，结合麦克斯韦电磁场方程，可说明迈斯纳效应。

第三节 约瑟夫森效应

在两块超导体中间夹一很薄的绝缘层，形成一个超导-绝缘-超导结(S-I-S结)，称为约瑟夫森结，如图 6-11 所示。1962 年，约瑟夫森(B. D. Josephson)从理论上预言，当绝缘层足够薄时(如 1nm 左右)，由于超导电子的相干长度达 10^{-6} m，两侧超导体内的库柏电子对就可以通过隧道效应穿过势垒，形成通过绝缘层的电流，这种现象称为约瑟夫森效应。

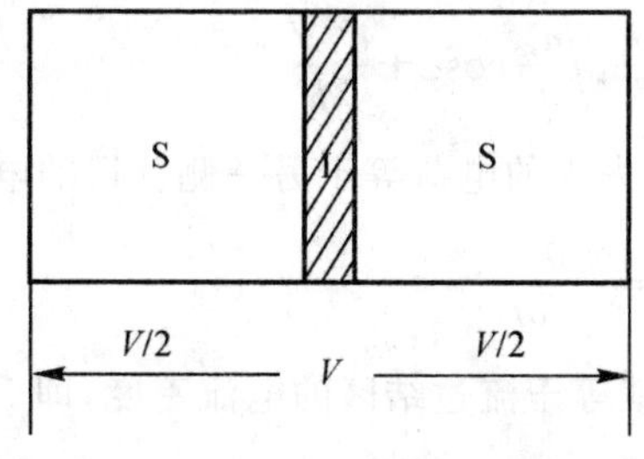

图 6-11 约瑟夫森结示意图

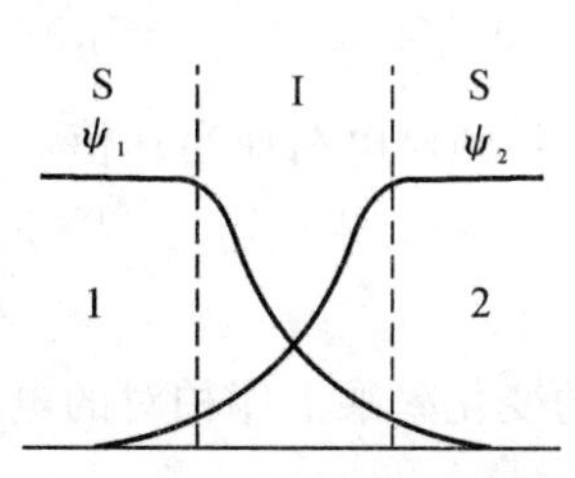

图 6-12 库柏对的波函数

一、约瑟夫森方程

设约瑟夫森结两侧超导体1,2为相同的材料,库柏电子对的波函数分别为Ψ_1和Ψ_2。由于隧道效应,波函数Ψ_1和Ψ_2都可进入绝缘体内呈指数衰减并到达另一区内,如图6-12所示。这样一个区域的波函数就会和另一区域穿过来的波函数发生耦合。结一侧波函数的时间变化率将依赖于结两边的波函数。耦合方程为

$$i\hbar\frac{\partial\Psi_1}{\partial t}=E_1\Psi_1+k\Psi_2$$

$$i\hbar\frac{\partial\Psi_2}{\partial t}=E_2\Psi_2+k\Psi_1$$

式中,E_1和E_2是超导体1和2的能量,k是描写两边的波通过结的相互作用,相当于库柏对隧穿的概率幅。若$k=0$,相当于绝缘层很厚,两边的超导体无耦合,没有相互作用,也没有电流流过结。如果1区和2区是完全对称的,则两边的能量相等,$E_1=E_2$。当k是有限值时,两边的超导体有耦合。假设1区和2区分别联在电池的两端,其电势差为V,取结区中点的电势为零,这样就有$E_1=e^*\frac{V}{2}$,$E_2=-e^*\frac{V}{2}$,$e^*=2e$是库柏对的电荷。上述耦合方程可改写为

$$i\hbar\frac{\partial\Psi_1}{\partial t}=\frac{e^*V}{2}\Psi_1+k\Psi_2$$

$$i\hbar\frac{\partial\Psi_2}{\partial t}=k\Psi_1-\frac{e^*V}{2}\Psi_2$$

由于结两侧的超导体相同,因此可以认为结两侧的库柏对浓度相等,即$n_{s1}=n_{s2}=n_s$,但两侧波函数的相位可不同,因而可将波函数写为

$$\Psi_1=\sqrt{n_{s1}}\,e^{i\varphi_1}\ \Psi_2=\sqrt{n_{s2}}\,e^{i\varphi_2}$$

式中,φ_1和φ_2是波函数的相位角。将上式代入耦合方程,并分别令方程两端的实部和虚部相等可得

$$\frac{\partial n_{s1}}{\partial t}=\frac{2k}{\hbar}\sqrt{n_{s1}n_{s2}}\sin\varphi$$

$$\frac{\partial n_{s2}}{\partial t}=-\frac{2k}{\hbar}\sqrt{n_{s1}n_{s2}}\sin\varphi$$

$$\frac{\partial\varphi_1}{\partial t}=-\frac{k}{\hbar}\sqrt{\frac{n_{s1}}{n_{s2}}}\cos\varphi-\frac{e^*V}{2\hbar}$$

$$\frac{\partial\varphi_2}{\partial t}=-\frac{k}{\hbar}\sqrt{\frac{n_{s2}}{n_{s1}}}\cos\varphi+\frac{e^*V}{2\hbar}$$

式中,$\varphi=\varphi_2-\varphi_1$。结两侧电荷应当守恒,一侧失去的电荷等于另一侧获得的电荷,即

$$\frac{\partial n_{s1}}{\partial t}=-\frac{\partial n_{s2}}{\partial t}$$

库柏对浓度的变化率乘上库柏对的电荷就等于流过结区的电流密度,即

$$J_s=J_{s0}\sin\varphi \tag{6-31}$$

$$J_{s0}=\frac{2e^{*}k(n_{s1}n_{s2})^{1/2}}{\hbar}$$

当 $n_{s1}=n_{s2}=n_{s}$ 时，

$$J_{s0}=\frac{2e^{*}kn_{s}}{\hbar}$$

位相差的变化率为

$$\frac{\partial\varphi}{\partial t}=\frac{e^{*}V}{\hbar} \tag{6-32}$$

式(6－31)和式(6－32)称为约瑟夫森基本方程，它预言了约瑟夫森结的很多奇特的性质，并得到实验的证实。因此它是描述约瑟夫森结量子干涉效应的基础。

二、直流约瑟夫森效应

式(6－32)表明，当 $V=0$ 时 φ 为常量，但可以不为零。由式(6－31)可知，超导电流能够穿过绝缘层并不引起电压降，被两侧超导体夹住的极薄绝缘层好像也具有超导电性。也就是说结上没有电压但有直流电流，其值在 $\pm J_{s0}$ 之间，如图 6－13 所示。这种效应称为直流约瑟夫森效应。实验表明，J_{s0} 最大约为 10mA 的数量级，当 $J>J_{s0}$ 时，绝缘层的理想导电性消失，结上出现一个有限大小的电压，这时结的性质转变为正常态，通过薄绝缘层的电流是正常电流，是由正常电子的隧道效应产生的。

Ambegaokar 和 Baratoff 从超导电性微观理论导出直流约瑟夫森结效应的最大电流密度：

$$J_{s0}=\frac{\pi\Delta(T)}{2eR_{\mathrm{NN}}}\tanh\frac{\Delta(T)}{2k_{\mathrm{B}}T} \tag{6-33}$$

式中，R_{NN} 是约瑟夫森结在两端金属都处于正常态时结每单位面积的电阻。

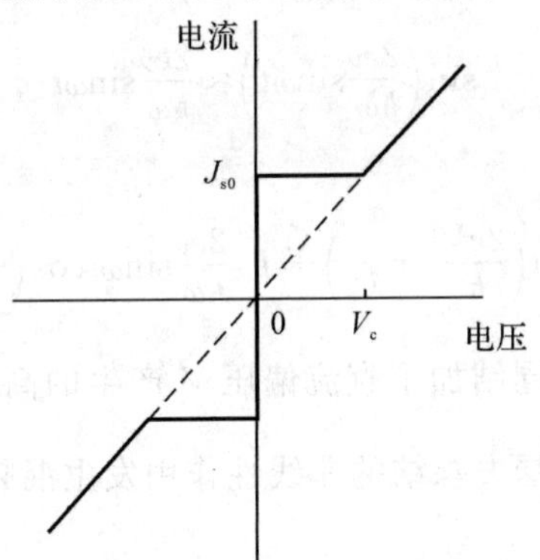

图 6－13　约瑟夫森结电流-电压特性

三、交流约瑟夫森效应

按照式(6－32)，当结两端加恒定电压 V，则两侧超导体的波函数位相差为

$$\varphi=\frac{2e}{\hbar}Vt+\varphi_{0}$$

将上式代入式(6－31)后，得超导电流密度

$$J_{s}=J_{s0}\sin\left(\frac{2e}{\hbar}Vt+\varphi_{0}\right) \tag{6-34}$$

结果说明，当直流电压加在约瑟夫森结两端，就会有交流的超导电流通过结，这就是交流约瑟夫森效应。其频率为

$$\nu=\frac{2eV}{h} \tag{6-35}$$

当外加电压 $V=1\mu V$ 时，电流的频率为 $\nu=483.6\times10^6\,Hz$，在微波范围。这么高频率的交流电流通过结，必然有同一频率的电磁波从结发射。这种电磁波的产生可从能量守恒的角度来理解。当结上有直流偏压存在时，结中两超导体之间就有了电位差，当库柏对越过结区时能量要减少 2eV，这能量以光子的形式辐射出来，就是频率为 ν 的电磁波。

如果用频率为 ω 的微波照射处于直流偏压 V 的约瑟夫森结，此时结两端的电压为

$$V+\nu\cos\omega t,\nu\ll V$$

结两边超导体的电流相位差为

$$\varphi=\frac{2eV}{\hbar}t+\varphi_0+\frac{2e\nu}{\hbar\omega}\sin\omega t$$

超导电流密度为

$$J_s=J_{s0}\sin\left(\frac{2eV}{\hbar}t+\varphi_0+\frac{2e\nu}{\hbar\omega}\sin\omega t\right)$$

利用三角和角公式，得

$$J_s=J_{s0}\sin\left(\frac{2eV}{\hbar}t+\varphi_0\right)\cos\left(\frac{2e\nu}{\hbar\omega}\sin\omega t\right)+J_{s0}\cos\left(\frac{2eV}{\hbar}t+\varphi_0\right)\sin\left(\frac{2e\nu}{\hbar\omega}\sin\omega t\right)$$

当 ν 很小的情形，可取下列近似：

$$\cos\left(\frac{2e\nu}{\hbar\omega}\sin\omega t\right)\approx1$$

$$\sin\left(\frac{2e\nu}{\hbar\omega}\sin\omega t\right)\approx\frac{2e\nu}{\hbar\omega}\sin\omega t$$

于是 J_s 的表达式可改写为

$$J_s=J_{s0}\sin\left(\frac{2eV}{\hbar}t+\varphi_0\right)+J_{s0}\frac{2e\nu}{\hbar\omega}\sin\omega t\cos\left(\frac{2eV}{\hbar}t+\varphi_0\right)$$

如果照射结的微波频率 ω 同结加了直流偏压 V 产生的高频电流的频率 $\frac{2eV}{\hbar}$ 相等，则这两个频率相同的电磁振荡经过约瑟夫森结的非线性作用发生混频，获得的超导电流含有基频的、倍频的及直流的成分，即

$$J_s=J_{s0}\sin(\omega t+\varphi_0)+J_{s0}\frac{2e\nu}{\hbar\omega}\sin(2\omega t+\varphi_0)-J_{s0}\frac{e\nu}{\hbar\omega}\sin\varphi_0$$

显然，基频成分是主要的，倍频成分和直流成分都很小。实验上微波频率是固定的，调节直流偏压，当 $V=\frac{\hbar\omega}{2e}$ 时便有直流成分出现。这是由于在直流偏压下，结所产生的超导电流和微波辐射场所驱动的超导电流两者有相同的频率，又有固定的相位差，叠加一起产生直流的电流。可以证明，每当直流偏压满足下面的条件时，就出现直流成分的超导电流。

$$V=\frac{n\hbar\omega}{2e}\quad(n=1,2,3,\ldots) \tag{6-36}$$

偏压 V 产生的交变的超导电流同微波场产生的 n 次谐波电流有相同的频率，两者的位相差又固定不变，产生干涉效应，得到直流成分的超导电流。

四、超导量子干涉器件

利用约瑟夫森结可以制成超导量子干涉器件(SQUID)。如图 6-14 所示，两个完全相同的约瑟夫森结并联成一个环路。在与环面垂直的方向加一外磁场，通过环路的磁通为 Φ。这时由于从 1 处通过结 a 到达 2 处的超导电流，与从 1 处通过结 b 到达 2 处的超导电流相对于通过环面磁通的环绕方向相反，因而经过 a,b 两结到达 2 的库柏对的相位也不同。计算得出，这相位差为

$$\Delta\varphi=\frac{2e}{\hbar}\Phi$$

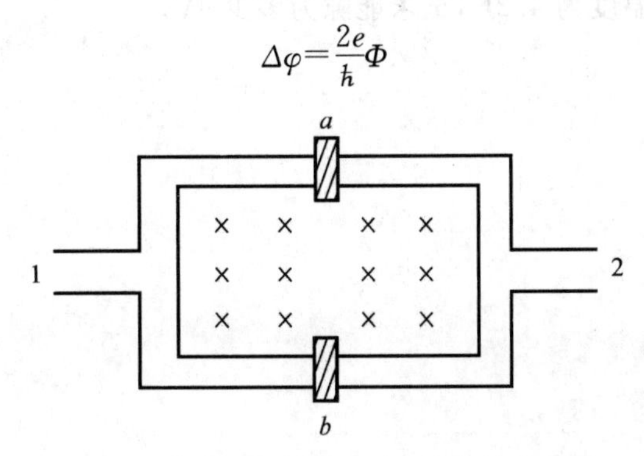

图 6-14　直流超导量子干涉器件的示意图

由于通过结 a 或结 b 本身的相位差为 φ，因此可分别将通过 a,b 到达 2 时库柏对的相位差写为

$$\varphi_a=\varphi-\frac{e}{\hbar}\Phi,\ \varphi_b=\varphi+\frac{e}{\hbar}\Phi$$

这样经两条路径到达 2 处的电子对便会产生量子干涉现象，其合成电流密度为

$$\begin{aligned}J_s=J_a+J_b&=J_{s0}\sin\left(\varphi-\frac{e}{\hbar}\Phi\right)+J_{s0}\sin\left(\varphi+\frac{e}{\hbar}\Phi\right)\\&=2J_{s0}\sin\varphi\cos\frac{e}{\hbar}\Phi\end{aligned}\tag{6-37}$$

式中，$\sin\varphi$ 称为单结衍射因子，$\cos\frac{e}{\hbar}\Phi$ 称为双结干涉因子。式(6-37)表明，2 处的合成电流密度随回路磁通 Φ 的变化而变化，并受到单结衍射因子 $\sin\varphi$ 的调制，这和双缝干涉一衍射现象非常相似。电流取极值的条件为

$$\frac{e\Phi}{\hbar}=n\pi,\Phi=n\frac{\hbar}{e}\pi=n\Phi_0\tag{6-38}$$

由于 $\Phi_0\approx10^{-15}\,\mathrm{Wb}$，因此外加磁场极其微小的变化就会引起电流的变化。例如，对于包围 1 cm^2 面积的超导环，当磁感应强度的变化仅为 10^{-11} 时，就会使电流从极大变到极小。因此，用超导量子干涉器件能制成精度极高的超导磁强计，它能测量弱到 $10^{-15}\,\mathrm{T}$ 的磁场，已广泛应用于医学、计算机、军事等领域。

习 题

1. 总结归纳超导电性微观理论(BCS)的要点。

2. 分析讨论影响临界转变温度 T_c 的因素。

3. 证明在一厚度为 δ 并垂直于 x 轴的平板超导体内,

$$B(x)=B_0\frac{\cosh(x/\lambda)}{\cosh(\delta/2\lambda)}$$

式中,B_0 为平板外部并平行于它的磁场,取在平板的中心处,λ 为穿透深度。

4. 水银的临界转变温度为 4.2K,试求能隙为多少 eV。

第七章　固体的介电性质

讨论固体的物性时，通常可以把其看作电子、原子、离子、分子的集合体，从基本相互作用看，原子或分子之间各式各样的作用力可还原为电磁相互作用。这样，对在科学与技术上有重要应用固体的介电性质研究便可归结为介质在内外条件下的各种电磁作用，统一的电磁理论于是大显身手。在此作用下，电子、离子、空穴等电荷载体在介质中移动形成电导，介质两端分别出现正负表面电荷，体内电场为零；另一种情况是束缚电荷为特征的电荷载体仅能在原子尺度的范围内移动，介质两端出现极化表面电荷，体内建立新电场，称为电极化。

电极化不仅在电场作用下产生，某些介质在外界应力作用下，也能够出现电极化现象。如钛酸钡晶体被压缩后两端出现相反的极化电荷(应变极化)，这就是压电效应。没有外电场时，某些介质分子内部正负电荷的重心不重合而呈现电偶极矩(自发极化)，这一现象最初是在样品加热时观察到的。加热出现极化的现象被称为热释电效应。更特殊的现象是一些材料的自发极化能在外电场作用下方向发生变化，因而在交变电场作用下出现类似磁滞回线的电滞回线，这种材料称为铁电材料。

在外场的作用下，电荷载体在空间的移动形成各种类型的极化，整个介质出现宏观电场。但由于库仑作用是长程的，原子除受到外加电场 $\boldsymbol{E}$ 的作用外，还要受到介质内其他粒子的感应电矩的电场作用，这就引出了局域场(有效场)的计算问题。局域场的计算沟通了微观量和宏观量之间的联系。同样由于关联粒子的干扰，建立不同的极化过程所需的时间不同，当极化落后于激励信号的变化时，便出现弛豫现象。与关联粒子的作用引起极化滞后通常伴随着能量的耗散，产生介质损耗。可见，极化弛豫和介质损耗是从不同的角度(时间和能量)出发描述同一个问题。

外界(如电极)在电场作用下注入电荷，以及电场对介质原子和分子的作用产生载流子，从而形成微传导电流，称为电介质的电导。当介质处在足够高的电场中时，会突然地或者逐渐地被击穿，形成一处或几处导电点。通常所观测到的击穿电场约在 $10^5 \sim 5\times10^6\,\mathrm{V\cdot cm^{-1}}$，宏观地来看这属于是高电场，但从原子尺度计算(电子极化率)来看时，这个场强是很低的，即是说击穿不是原子或分子的直接作用，而是不能被介质补偿的能量集聚的结果。

因此，由束缚电荷的空间移动形成极化，极化的时间性产生的弛豫构成了理论研究的主要问题。介质的电导与电极化同时存在为研究带来了难度，介质击穿的物理讨论到目前为止也只是初步的。因此，本章从介质中的各种荷电粒子对电磁场作用的频率响应入手，给出电极化的微观表述;接着介绍描述极化的宏观参量——介电常数,通过有效电场的问题联系宏观与微观;微观极化的滞后效应引起介质能量损耗,在宏观上定义为复介电常数,在时间上表现为极化弛豫,重点介绍了德拜的弛豫理论,简单给出共振吸收的描述;随后对介质电导中离子电导和电荷注入现象,特别提到研究更复杂电导机理的缺陷化学方法;受篇幅所限,这一章内容并不涉及非均匀介质。另外一些更特殊的极化,如应变极化等也不在此讨论之列。

第一节 电荷与极化

一、电荷和电荷组及其电磁作用

在任何介质中,存在各种类型的电荷和电荷的组合,它们是按照原子核和电子的经典模型定义的各种点电荷,或是根据量子力学定义的各种分布电荷。现在考虑各种电荷和电荷组及其相互作用。

(1)内层电子:它们紧紧地被核束缚着,受外电场的影响很小。但是,它们能伴随高能量($\leqq 10^4$ eV)、短波长($\leqq 10^{-10}$ m)的对应于 X 射线范围的电磁场而共振。

(2)外层电子:即价电子,原子或分子的极化率主要由它们贡献,并且对伸长形状的分子而言,也是由它们引起分子对外电场的取向。

(3)自由电子:自由电子贡献与电场同相位的电导。当施加电场 $\boldsymbol{E}$ 时,它们以速度 $v=\lambda E$ 移动。迁移率 λ 是一种给定材料在一定温度下的特性,它计入了所有的非弹性碰撞,这些碰撞给电场中的电子一个平均速度。

(4)束缚离子:两种带异性电荷而互相束缚的离子,形成分子偶极子(如 H^+Cl^-)或形成缺陷偶极子(如晶体中的空位与替代离子组合)。在电场中,这些永久偶极子受到取向转矩的作用。

(5)自由离子:如在非化学计量的离子晶体中的自由离子,在外电场作用下也能移动,但是通常迁移率较低。

(6)离子偶极子:如 OH^-,同时具有离子和偶极子的特征。

当施加频率为 ω 的电磁场时,这个电磁场使上述的一种或几种形式的电荷发生振荡。每一种电荷类型都有它本身的临界频率(或称为固有频率),临界频率依赖于有关的质量、弹性恢复力和摩擦力。在临界频率以上,它们与电磁场的相互作用变得极小。频率愈低,则会有愈多类型的电荷处于受激状态。

图 7-1 给出一种极性材料典型的复介电常数谱的实部和虚部(ε'和ε'')。我们可以看到,由于内层电子具有 10^{19} Hz 数量级(X 射线范围)的临界频率,因此频率高于 10^{19} Hz 的电磁场不可能在原子内激起任何振动,所以对材料没有极化效应。此频率下,材料的介电常数 ε 和真空介电常数 ε_0 相同(图 7-1 中点①)。如果频率低于内层电子的共振频率,则这些电子可以受到电磁场的电分量的作用,随电磁场而振动,使材料极化,相对介电常数增加到大于 1 的值

(见图 7-1 中点②)。

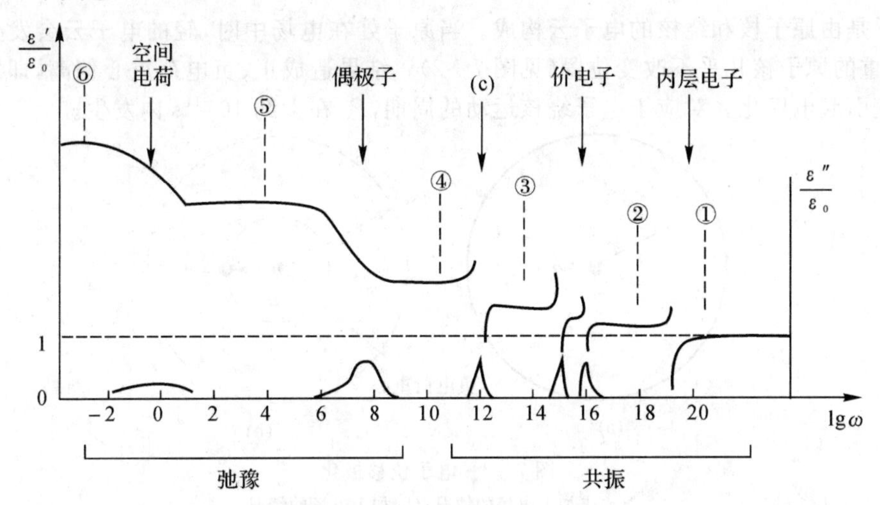

图 7-1　电磁场与固体介质间各种类型的相互作用及其相关的相对介电常数

若电磁场的频率低于价电子的共振频率($3\times10^{14}\sim3\times10^{15}$ Hz,即从紫外到近红外的光谱范围),则价电子参与介质的极化,提高了介电常数(见图 7-1 中点③)。若电磁场的频率在 $10^{12}\sim3\times10^{13}$ Hz 范围内将会发生原子振动的"共振"过程(见图 7-1 中点④)。

在上述所有的过程中,受电场影响的电荷可认为是受弹性力的作用,即电荷的位移与弹性力成正比。需要指出的是上述电荷共振的经典力学的机械模型仅是一种近似,精确的处理需要量子力学的方法。但是由于这些体系的量子数很大,使得这个经典共振模型(考虑了摩擦项)可以给这些相互作用满意的描述。

进一步,当外加电磁场的频率低于原子振动频率。由于不可逆热力学过程,电荷与电磁场的相互作用不再是弹性的,而具有黏滞性的特点。但外场施加或撤除时,偶极子取向的迟缓集合或在电极附近离子空间电荷的迟缓聚积,都是所谓的"弛豫"过程。弛豫过程决定于电荷之间的相互作用。

二、极化的微观机制

任何粒子(电子,原子,离子,分子)在电场 $\boldsymbol{E}$ 中都能产生一个感生偶极矩 μ,根据静电学定义:

$$\mu=\alpha\boldsymbol{E} \tag{7-1}$$

式中,α 为粒子的(微观)极化率。对球对称的原子而言,感生偶极矩必定平行于外电场方向,且极化率 α 为一个标量。一般的离子和分子不具备球对称,这种情况下感生偶极矩不平行于 $\boldsymbol{E}$,极化率 α 是一个关于分子主轴的二阶张量。如图 7-2 所示,当平行板电容器加电场时,介质内部将引起电极化。介质在电场作用下的极化程度用极化强度矢量 $\boldsymbol{P}$ 来表示,$\boldsymbol{P}$ 是电介质单位体积内的感生偶极矩:

$$\boldsymbol{P}=\lim_{\Delta V\to 0}\frac{\sum\mu}{\Delta V} \tag{7-2}$$

式中,ΔV 为体积元。电极化有三种基本的方式:电子云位移极化"P_e",离子位移极化"P_i"和偶极子取向极化"P_0"。因此总的微观极化率为各种贡献的和:

$$\alpha=\alpha_e+\alpha_i+\alpha_0 \tag{7-3}$$

在高聚物和凝聚态物质中,还有更复杂的极化机制,比如空间电荷极化。以下介绍这四种微观电极化机制。

(一)电子位移极化“P_e”

原子是由原子核和绕核的电子云构成。当原子处在电场中时，轻的电子云会发生变形或移动，而重的原子核几乎不改变位置(见图7-2)。结果造成正、负电荷重心偏离，即所谓的电子云畸变引起电极化。对应于电子绕核运动的周期，P_e 在大约 10^{-14} s 内发生。

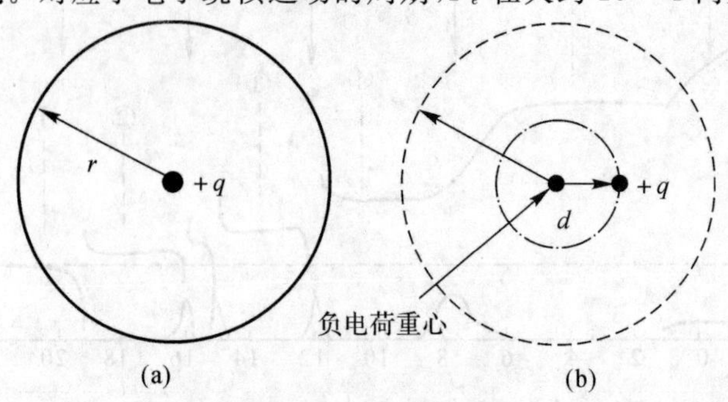

图7-2　电子位移极化

(a)未加上电场的情况；(b)加上电场的情况

目前对于实际介质，单个原子的电子极化率 α_e 精确量子力学计算没有意义。这里仅讨论定性的简化模型：具有一个点状核的球状原子。

一个中性原子可以看作是由一个电荷为 Q 的正点电荷和周围具有均匀电荷密度、半径为 R 的球状电子云组成。当施加外电场时，电子云中心受电场作用($F=QE$)偏离球心。当与正电荷对它的库仑引力平衡时，相对于原子核移动距离 d。根据高斯定律，电子云与原子核之间的库仑引力相当于以 O' 为中心，d 为半径的小球内，负电荷与 O 点正电荷之间的引力，则有：

$$QE=\frac{Q}{4\pi\varepsilon_0 d^2}Q\left(\frac{d}{r}\right)^3 \tag{7-4}$$

因此

$$\mu=\alpha E=Qd=4\pi\varepsilon_0 r^3 E \tag{7-5}$$

以及

$$\alpha_e=4\pi\varepsilon_0 r^3 \tag{7-6}$$

原子半径的数量级为 10^{-10} m，因此 α_e 的数量级为 10^{-40} F·m^2。由简化模型，可以得到两点定性的结果：第一，一般大小的宏观电场所能引起的电子云畸变是很小的；第二，半径越大的原子，电子云位移极化率一般较大，即远离核的外层电子(价电子)受核的束缚较弱，容易受外电场作用而对极化率做出较大贡献。

此外，还有两个经典的电子极化计算模型：圆周轨道模型和物质球模型。

(二)离子位移极化“P_i”

离子晶体是由正负离子规则排列而构成。当离子晶体或其集合体处在电场中时，正负离子各向相反的方向偏移，宏观偶极距不再为0，从而引起极化。对应于离子固有的振动周期，P_i 在大约 10^{-13}～10^{-12} s 内发生。

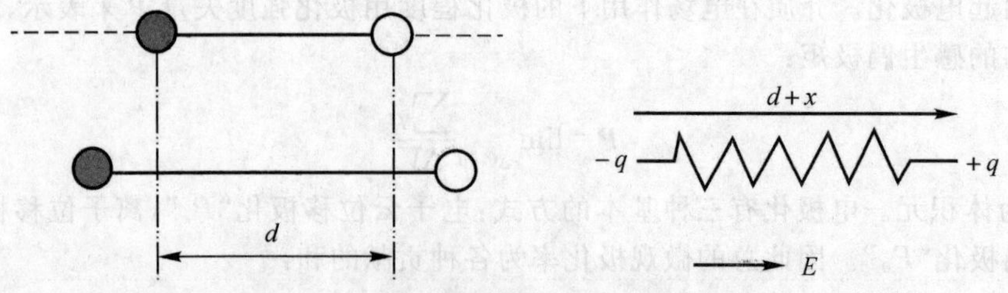

图7-3　孤立正负离子对及其谐振子模型

下面介绍简化计算离子极化率的谐振子模型。考虑一个如图7-3所示的孤立正负离子对，当施加一个平行于离子对的电场 $\boldsymbol{E}$ 时，距离 d 会增加到 $d+x$，由虎克定律得：

$$qE=kx \tag{7-7}$$

系数 k 是弹簧常数。相应地，正负离子对形成的偶极矩也增加一个量：

$$\Delta\mu=qx=q^2E/k \tag{7-8}$$

由式(7-1)得

$$\alpha_i=q^2/k \tag{7-9}$$

若正负离子的质量分别为 m_1，m_2(可以由原子量除以阿伏伽德罗常数获得)，则约化质量 $m=(m_1+m_2)/m_1m_2$，谐振子的动力学方程为

$$\frac{\mathrm{d}^2x}{\mathrm{d}t^2}+\frac{k}{m}x=0 \tag{7-10}$$

根据这个方程，谐振的本征频率为

$$f=2\pi\omega=2\pi\sqrt{k/m} \tag{7-11}$$

由此得到弹簧常数 $k=m\omega^2$，所以离子极化率为

$$\alpha_i=\frac{q^2}{m\omega^2} \tag{7-12}$$

采用典型的原子质量和红外吸收频率时，得到离子极化率与电子极化率有相近的数量级，为 $10^{-40}\,\mathrm{F\cdot m^2}$。

(三)偶极子取向极化"P_0"

具有非对称结构的分子或多或少具有电偶极子。通常由于热运动，无论在时间和空间上偶极子都是任意取向的。当它处在电场中时，偶极子将沿电场方向统计地一致取向，产生电极化。P_0 是非常慢的一种，需要 $10^{-6}\sim10^{-2}$ s 才能达到稳定状态。

为了使问题简化起见，我们不考虑偶极分子之间和偶极子间的相互作用，因此它们只受热运动的支配，即自由偶极子。自由偶极子的聚集体相当于极性气体的情况。在热平衡状态下，同一时间一定空间范围内的不同偶极矩取向是杂乱无章的，显示出各向同性，大量分子平均瞬时偶极矩等于零，可表示为

$$\langle\mu\rangle=0 \tag{7-13}$$

以尖括号表示一个热平衡统计系统的平均值。这种情况对应于图 7-4 中的状态Ⅰ。

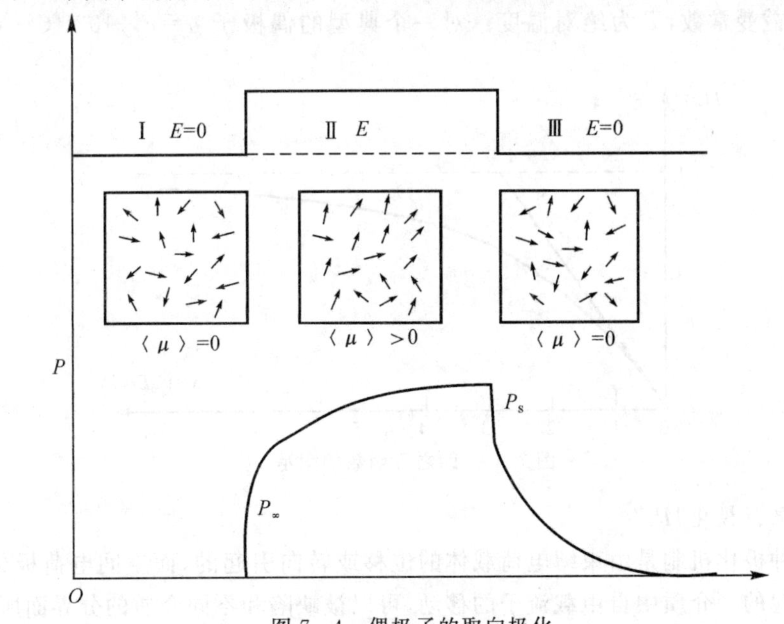

图 7-4　偶极子的取向极化

当存在外电场时，分子受到转矩的作用，趋于使它们的取向与外电场平行。但是热能抵抗这种趋势，直到建立新的平衡。若设一个偶极子某瞬时与电场成 θ 角，则偶极矩沿电场方向的分量

$$\mu_E = \mu_0 \cos\theta \tag{7-14}$$

此时，该偶极子的势能为

$$u = -\mu_0 E \cos\theta \tag{7-15}$$

根据麦克斯韦-玻尔兹曼统计，偶极矩沿电场方向的分量的统计平均值为

$$\langle\mu\rangle = \mu_0 \langle\cos\theta\rangle \tag{7-16}$$

其中，

$$\langle\cos\theta\rangle = \frac{\int_0^\pi \cos\theta \exp\left(\frac{\mu_0 E}{kT}\cos\theta\right)\sin\theta \mathrm{d}\theta}{\int_0^\pi \exp\left(\frac{\mu_0 E}{kT}\cos\theta\right)\sin\theta \mathrm{d}\theta}$$

令 $x = \mu_0 E/kT$，上式可化为

$$\langle\cos\theta\rangle = \coth x - 1/x = L(x) \tag{7-17}$$

$L(x)$ 称为朗之万函数，图 7-5 给出了它的图解表示。形式上可见随着 x 的增大（对应于 E/T 的增大），$\langle\cos\theta\rangle$ 从 0 增至 1。这是因为当 E/T 增大时，电场的取向作用压倒温度的扰乱作用，使得偶极子都趋向与外电场平行。对实际介质而言，$\mu_0 E$ 和 kT 的比值远远小于 1，所以我们只需要在 0 点附近展开朗之万函数：

$$L(x) = \frac{x}{3} - \frac{x^3}{45} + \cdots\cdots \tag{7-18}$$

一般情况下只取头一项即可，于是得到：

$$\langle\mu\rangle = \left(\frac{\mu_0^2}{3kT}\right)E \tag{7-19}$$

由此得到极化率：

$$\alpha_0 = \frac{\mu_0^2}{3kT} \tag{7-20}$$

其中，k 为玻尔兹曼常数，T 为绝对温度。对一个典型的偶极子 $\mu = e \times 10^{-10}\,\mathrm{C \cdot m}$，$\alpha_0 \approx 2 \times 10^{-38}\,\mathrm{F \cdot m^2}$。

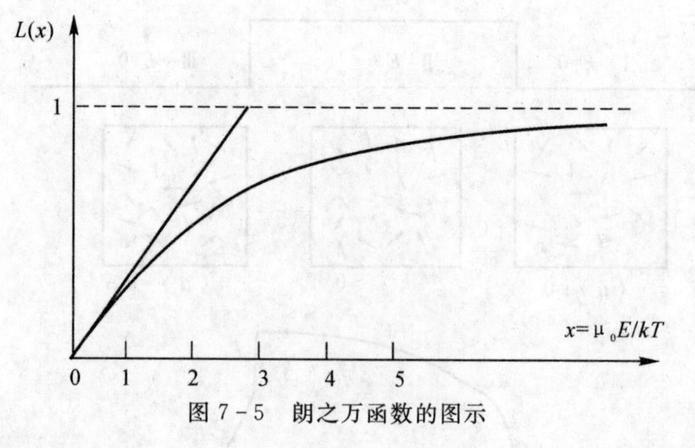

图 7-5 朗之万函数的图示

（四）空间电荷极化“P_s”

前述的三种极化机制是由束缚电荷载体的位移或转向引起的，而空间电荷极化是由自由电荷的移动引起的。介质中自由载流子的移动，可以被缺陷和不同介质的分界面所捕获，形成空间电荷的局部聚集，使得介质中电荷分布不均匀，从而产生偶极矩，称之为空间电荷极化。

由于它们难于运动，只有在频率很低时才对外场有响应。

在气体、液体和理想晶体中，经常出现的极化机制为电子云位移极化、离子位移极化和偶极子取向极化。在非晶固体、聚合物高分子和不完整的晶体中，出现空间电荷极化。在处理空间电荷极化时，在一定程度上等效地化为偶极子取向型，并采用十分麻烦的统计方法。在陶瓷等多晶体中，晶粒边界层缺陷很多，容易束缚大量的空间电荷，这类问题的微观极化机制更为复杂，目前处于总结工艺经验的阶段。

通常，极化是由这几种方式叠加而成的。值得一提的是某些带有电矩的基团产生的极化，如某些缺陷所形成的偶极矩连同周围受其感应的部分而成的微区（极性微区），以及铁电体中的畴壁。它们因为质量大而运动缓慢。

第二节　介电常数与有效场

一、介电常数的两个定义

(1)定义1。介电常数等于两固定距离点电荷在介质和在真空中相互作用力的比值。根据库仑定律，在无限均匀介质中的两个点电荷 q_1，q_2，它们之间的相互作用力

$$F=k\frac{q_1q_2}{\varepsilon_r r^2} \tag{7-21}$$

k 是实验测定的比例常数，为了简化常用的库仑定律的推导公式，将 k 写成：

$$k=\frac{1}{4\pi\varepsilon_0} \tag{7-22}$$

ε_r 为无量纲的常数，由实验测定。于是：

$$F=\frac{q_1q_2}{4\pi\varepsilon_0\varepsilon_r r^2} \tag{7-23}$$

显然，根据定义$\frac{F_{真空}}{F_{真空}}=1$，即真空的介电常数为1。实际上常常做进一步简化，令 $\varepsilon=\varepsilon_0\varepsilon_r$，这时候称 ε 为介质的绝对介电常数。相应地上面定义的介电常数 ε_r 改称为相对介电常数，真空的绝对介电常数为 $\varepsilon_0=\frac{1}{4\pi k}\approx8.85\times10^{-12}\,\mathrm{F\cdot m^{-1}}$。

(2)定义2。介电常数等于平行板电容器充以介质时的电容量 C 与真空时的电容量 C_0 的比值：

$$\varepsilon_r=\frac{C}{C_0} \tag{7-24}$$

设平行板电容器极板面积为 A，极间距离为 d，施加电压 V，真空时极板上电荷密度为 σ_0。此时，电容器容量为

$$C_0=\frac{\sigma_0 A}{V} \tag{7-25}$$

并且根据静电场高斯定律，平行极板间任一点的场强为

$$E=\frac{\sigma_0}{\varepsilon_0} \tag{7-26}$$

充入介质极化后，平行板间电压和距离不变，所以场强 $E=V/d$ 也不变，但由于极化会削弱原电场，故会引起极板上的补充充电。设极化形成的极化电荷密度为 σ'，则极板上也需补充密度为 σ' 的自由电荷（来自于电源）。可见此时电容器容量为

$$C=\frac{(\sigma_0+\sigma')A}{V} \tag{7-27}$$

于是

$$\varepsilon_r=\frac{C}{C_0}=\frac{\sigma_0+\sigma'}{\sigma_0}=\frac{E\varepsilon_0+\sigma'}{E\varepsilon_0} \tag{7-28}$$

$$\sigma'=(\varepsilon_0\varepsilon_r-\varepsilon_0)E=(\varepsilon-\varepsilon_0)E \tag{7-29}$$

同样，定义 $\varepsilon=\varepsilon_0\varepsilon_r$ 为绝对介电常数。

二、微观与宏观的联系——有效场

从以上介电常数的定义可知，介电常数可以由电容器容量的增加来表征。这种容量的增加取决于介质在电磁场中极化的能力。这种能力体现在单位体积的电偶极矩的大小，定义为极化强度 P。它与介电常数 ε、极化率 χ 存在如下宏观关系

$$P=(\varepsilon-\varepsilon_0)E=(\varepsilon_r-1)\varepsilon_0E=\chi\varepsilon_0E \tag{7-30}$$

在分子水平上，极化分子除受到外电场作用外，还有其它分子的感应偶极矩的电场作用，综合成为分子的局域场 E_l。统计分子的极化强度，得到

$$P=N\alpha E_l \tag{7-31}$$

N 为分子浓度，$\alpha=\alpha_e+\alpha_i+\alpha_0$ 即为电子、离子和取向极化的总和。于是宏观量与微观量联系起来

$$P=(\varepsilon-\varepsilon_0)E=N\alpha E_l \tag{7-32}$$

在浓度非常稀薄的情况下，认为 $E=E_l$。但是对于凝聚态介质，局部电场强度大于外电场强度。我们又把一个分子内部其它原子或离子产生的总电场 E_{in} 称为内场，就是说，一个分子中的某个原子或离子受到的总电场为

$$E_e=E_l+E_{in} \tag{7-33}$$

E_e 被称作有效场。有效场的计算一直是一个繁难的问题。下面介绍两个相关的计算模型。

（一）克劳修斯-莫索蒂-洛伦兹模型

为了计算在均匀的、各向同性材料中的局域电场强度，洛伦兹设想了如图 7-6 的模型：在均匀电场 E 的作用下，介质均匀极化，极化强度为 P，以所观察的粒子为圆心 O，取适当半径 r 作一球面。洛伦兹试图把球外的介质看成是介电常数为 ε 的连续均匀介质，如此一来就把其它极化粒子对有效场的作用缩小到球内的范围。球的半径 r 比分子的尺寸大得多，这个想象中的电介质圆球通常称为洛伦兹球。

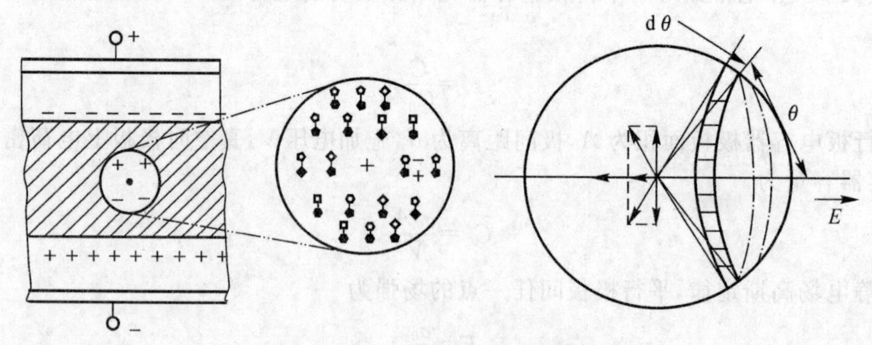

图 7-6　洛伦兹有效场计算模型

设球面以外的连续介质在球心上产生的电场为 E_1，球内的介质在球心上产生的电场为 E_2，于是有效场为

$$E_e=E+E_1+E_2 \tag{7-34}$$

根据模型，球面上的极化强度为 P，极化电荷密度为 $P\cos\theta$（θ 为 P 与球面外法线的夹角）。

球面极化电荷在中心 O 形成的场强与外场 E 垂直方向的分量互相抵消了，平行的分量为

$$E_1=\int_0^{\pi}\frac{P\sin\theta\cos^2\theta}{2\varepsilon_0}\mathrm{d}\theta=\frac{P}{3\varepsilon_0} \tag{7-35}$$

在弥散体系和均匀的立方对称(简单立方、体心立方、面心立方、氯化钠型、金刚石结构等)的晶体中，可以证明 $E_2=0$。于是有效场

$$E_e=E+\frac{P}{3\varepsilon_0} \tag{7-36}$$

将式(7-32)代入式(7-36)得到

$$E_e=\frac{\varepsilon_r+2}{3}E \tag{7-37}$$

这就是洛伦兹有效场。再由介电常数的宏观与微观的联系式(7-32)，得到

$$\frac{\varepsilon_r-1}{\varepsilon_r+2}=\frac{N\alpha}{3\varepsilon_0} \tag{7-38}$$

此式即为著名的克劳修斯-莫索蒂-洛伦兹方程。该方程适用于非极性电介质、稀薄极性气体和立方晶体，但不适用于低频环境。

将式(7-38)进一步变形

$$\varepsilon_r=\frac{1+2N\alpha/3\varepsilon_0}{1-N\alpha/3\varepsilon_0} \tag{7-39}$$

如果 $N\alpha=3\varepsilon_0$，似乎显出 ε_r 应变成无限大，但这肯定是不对的。因为点阵会“锁住”内部位移和极化。由于热膨胀的缘故，N 随温度的升高而减少，即我们能够通过温度的改变来调整 $N\alpha$。我们把 $N\alpha=3\varepsilon_0$ 的那个温度叫作临界温度 T_c。对于类似 $BaTiO_3$ 这样的铁电材料，存在这么一个微妙的条件：如果 $N\alpha$ 只增加一点点，极化就不会被点阵“黏住”了；在那临界温度之下极化恰好才被黏住，成为铁电相。当温度升高时，点阵会膨胀，N 就稍微减少一些。但热膨胀是很小的，所以可以认为

$$N\alpha=3\varepsilon_0-\beta(T-T_c) \tag{7-40}$$

β 是一个小常数(为其热膨胀系数)，于是得到

$$\varepsilon_r=\frac{9\varepsilon_0-2\beta(T-T_c)}{\beta(T-T_c)} \tag{7-41}$$

由于 $\beta(T-T_c)$ 是一个微小的量，所以

$$\varepsilon_r=\frac{9\varepsilon_0}{\beta(T-T_c)} \tag{7-42}$$

就是说铁电体的介电常数反比于温度 T 与临界温度之差(居里-外斯定律)，还可看到介电常数在临界(居里)温度附近会有巨大的放大效应。

(二)昂萨格模型

昂萨格模型可用于极性液体电介质。昂萨格模型描述如下：在一介电常数为 ε 的极性电介质中，考察一个永久偶极矩为 μ 的偶极分子。如同洛伦兹模型一样，把该分子从介质中挖出来，用一个半径为 r、在中心有一个点偶极子的球代替这个分子，只是球内是真空的，且为分子的尺度。昂萨格采用以下关系确定半径 r：

$$n_0\left(\frac{4\pi}{3}r^3\right)=1 \tag{7-43}$$

式中 n_0 为单位体积的分子数，这便是昂萨格分子模型。

按照上述模型，外电场 E 在球心产生电场 E_C，中心点偶极子形成反作用电场 E_r，如图 7-7 所示。

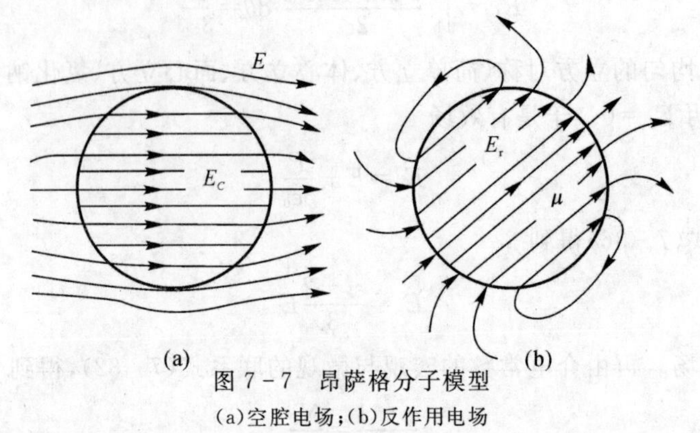

图 7-7　昂萨格分子模型

(a)空腔电场；(b)反作用电场

于是有效场为

$$E_e = E_C + E_r \tag{7-44}$$

静电学中，对不同的边界条件，求解相应球坐标系的拉普拉斯方程可求得 E_c 和 E_r。结果为

$$E_C = \frac{3\varepsilon}{2\varepsilon+\varepsilon_0}E = \frac{3\varepsilon_r}{2\varepsilon_r+1}E \tag{7-45}$$

$$E_r = \frac{1}{4\pi\varepsilon_0 r^3}\frac{2(\varepsilon_r-1)}{2\varepsilon_r+1}\mu \tag{7-46}$$

所以

$$E_e = E_C + E_r = \frac{3\varepsilon_r}{2\varepsilon_r+1}E + \frac{1}{4\pi\varepsilon_0 r^3}\frac{2(\varepsilon_r-1)}{2\varepsilon_r+1}\mu \tag{7-47}$$

即为昂萨格有效场。昂萨格模型比洛伦兹模型进步在于考虑了被考察分子临近的电介质的作用。但是昂萨格模型没有从电介质的微观结构来考虑临近电介质的影响，而采用了过于简化的处理。总之，有效场的问题到现在仍然没有很好地得到解决。

三、复介电常数与介质损耗

在第二节定义了静电场下的介电常数。对于交变电场，需要考虑介质对电场的介电响应的建立过程。先考虑以下现象：

在真空电容器极板上加角频率为 ω 的交变电压 V 时，外电路的感应电流为

$$I = j\omega C_0 V \tag{7-48}$$

其中虚因子 $j=\sqrt{-1}$，表示电流与电压存在 90°相位差。若在此电容器中充满非极性的电介质 ε，于是电容量 $C=\varepsilon C_0$，通过的电流为

$$I = j\omega C V \tag{7-49}$$

这时，观察到的电流与电压的相位差还是 90°。

如果介质是极性或弱导电性的，电流与电压的相位差会略小于 90°，这是由于存在一个与电压相位相同的很小的电导分量 GV，它来源于电荷的运动，如图 7-8 所示。

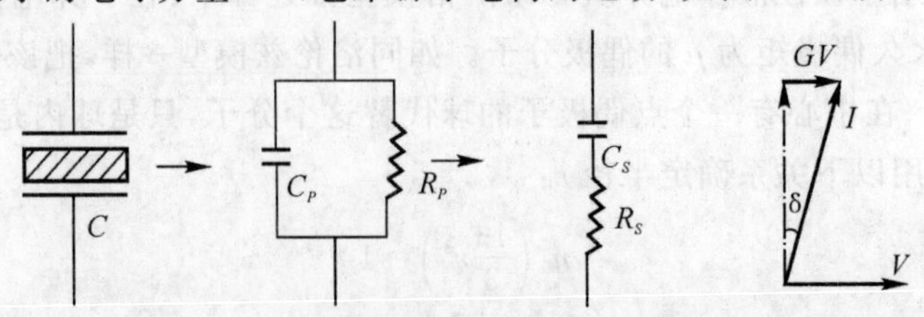

图 7-8　充满介质的电容器及其漏导电流

若这些电荷是自由的，则漏电导 G 与外电压的频率无关，且 $G=\sigma A/d$（A 和 d 分别是电容器的极板面积和距离）。但是如果这些电荷被符号相反的电荷束缚着，如偶极子，那么 G 为频率的函数。在两种情况下的合成电流为

$$I=(j\omega C+G)V=(j\omega\varepsilon+\sigma)AV/d \tag{7-50}$$

若令

$$\varepsilon^*=\varepsilon-j\frac{\sigma}{\omega}$$

则式(7-50)为

$$I=j\omega\varepsilon^*\frac{AV}{d} \tag{7-51}$$

这表明，只要将介电常数定义为复数形式，就可以用它来描述上述的现象。实际上，只要电导不完全是由自由电荷产生，有束缚电荷的作用的话，由于束缚电荷对频率的响应即 σ 为一个依赖于频率的复数量，所以复介电常数 ε^* 的实部并不精确地等于 ε，虚部也不精确地等于 σ/ω。于是，可以把复介电常数表示成如下形式：

$$\varepsilon^*=\varepsilon'-j\varepsilon'' \tag{7-52}$$

定义了复介电常数，我们再来联系前两节的内容。介质极化对应于电子、离子、原子和偶极子对电磁场的响应（见图 7-1）。介电常数是反映介质极化的宏观物理量，它是频率的函数，即 $\varepsilon=\varepsilon(\omega)$。

当电场频率为零或很低时，各种微观过程都能及时参与作用，介质的 ε 是一个常数；随着频率增加，分子偶极子的转向极化逐渐落后于外场的变化，这时采用复介电常数形式 $\varepsilon^*(\omega)=\varepsilon'(\omega)-j\varepsilon''(\omega)$。实部 $\varepsilon'(\omega)$ 随频率的增加而下降，同时虚部 $\varepsilon''(\omega)$（代表损耗）出现如图 7-9 所示的峰值，这种变化规律称为弛豫型的；频率再增加，实部降至新的恒定值，虚部则变为 0，说明偶极子取向极化不再做出响应；当频率增加进入红外区，达到离子的共振频率发生共振时，实部先突然增加，随即陡然下降，同时虚部又出现峰值。过此以后，离子极化也不起作用了；在可见光区，只有电子位移极化的贡献，此时实部称为光频介电常数，记做 ε_∞，虚部对应于光吸收。ε_∞ 随频率的增加先是略有增加，称作正常色散，在某些频率附近，ε_∞ 先突然增加随即又陡然下降，下降部分称为反常色散。与此同时，虚部出现很大的峰值，这对应于电子跃迁的共振吸收。在光频电场下，只有电子过程起作用，故有 $n^2=\varepsilon_\infty$。以上是对介质在广域波段的电磁场中介电响应作一简要描述，下一节将具体从弛豫和谐振来进行理论解释。

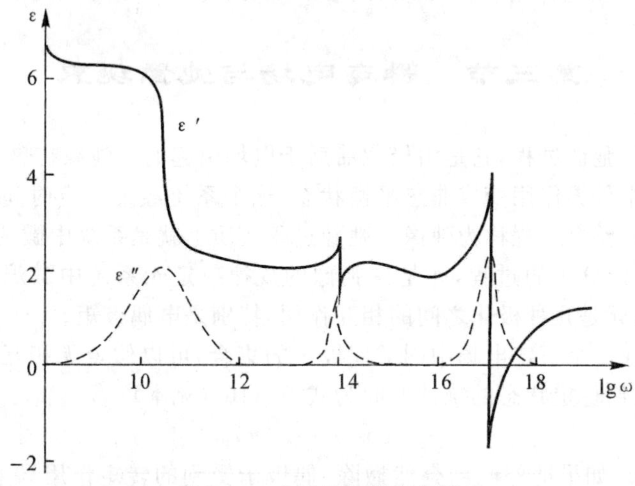

图 7-9 介质的色散和损耗

在电路技术上，充满介质的电容器可以用图 7-8 所示的 C_P，R_P 并联等效电路和 C_S，R_S

串联等效电路来描述。其中并联等效电路的参数为

$$C_P=\varepsilon' C_0,R_P=\frac{1}{\omega\varepsilon'' C_0} \tag{7-53}$$

式(7-53)清楚地说明,复介电常数的实部与介电常数意义相同(表征电容量的增加);虚部越大,电阻 R_P 越小,在一定的分压下损耗越大。两种等效电路参数之间存在如下关系:

$$\frac{1}{\omega C_S R_S}=\omega C_P R_P \tag{7-54}$$

$$\omega C_S R_S+\omega C_P R_P=\omega C_S R_P \tag{7-55}$$

损耗引起的相移角 δ 由下式定义:

$$\tan\delta=\frac{损耗项}{电容项}=\frac{\varepsilon''}{\varepsilon'}=\frac{1}{\omega C_P R_P}=\omega C_S R_S \tag{7-56}$$

随之定义了 $Q=1/\tan\delta$ 为介质的品质因素。

图 7-8 示出的两种等效电路描述了两种不同的损耗机制,并联电路侧重于由介质漏电电流引起的损耗,介质的微小漏电导就好像电容器并联了一个纯电阻;串联电路侧重于介质在交流电场中反复极化产生的损耗,就好像极化过程存在某种摩擦力。利用式(7-53)~式(7-55)可以得到两种电路中 ε',ε''与频率 ω 的关系,如图 7-10。通常,频率不太高时,介质的微弱电导产生的漏电电流占主要地位。在串联等效电路中所涉及的是与电导无关的纯介电响应问题,ε'和ε''的频率关系是典型的弛豫型关系。

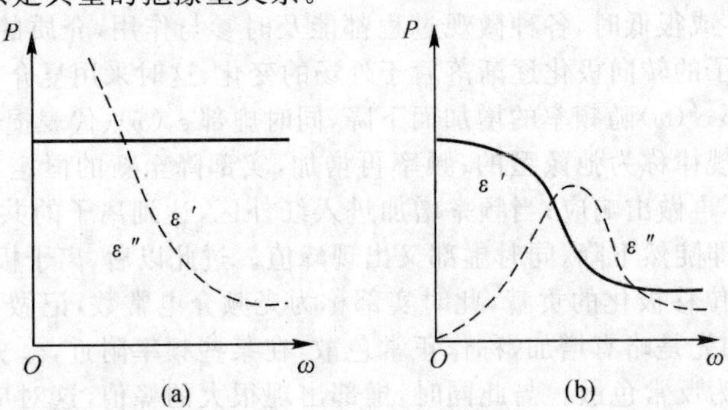

图 7-10 ε'和ε''的频率关系

(a)并联等效;(b)串联等效

第三节 瞬态电场与弛豫现象

前面已经提到了弛豫过程,它是由极化滞后于电场引起的。弛豫在热力学上的定义是:一个宏观体系经受一个外界作用变成非热平衡状态,这个系统经过一定时间又由非平衡状态过渡到新的平衡状态的整个过程称为弛豫。弛豫过程实质上就是系统中微观粒子相互作用而交换能量,最后达到稳定分布的过程,即是说弛豫的规律决定于系统中微观粒子相互作用的性质。对电介质来说,就是几种极化之间的相互作用,特别是电偶极矩。

这里首先考虑在一个恒定电场中同类偶极子的集合,可以假定无相互作用的偶极子在空间可任意取向,但它们稳定状态的统计取向为式(7-16)(见本章第一节):

$$\langle\cos\theta\rangle=L(x)$$

$L(x)$是朗之万函数。如果把外电场突然撤除,偶极子受到的转矩作用马上消失,经过多次碰撞,偶极子体系的统计取向缓慢消除,$\langle\cos\theta\rangle$的值从 $L(x)$减到 0 时存在一个特征时间常数 τ,称之为弛豫时间常数。反之,当施加一个瞬态电场后,原来的各向同性体系变为有取向状态同

样需要这个弛豫时间。

如上分析，外电场突然撤除后，体系的极化强度逐渐下降而趋向于 0。在此过程中极化强度 P 减少的速率与 P 成正比，即

$$dP=-kP\,dt \tag{7-57}$$

将式中的比例常数 k 的倒数定义为

$$\tau=\frac{1}{k} \tag{7-58}$$

微分方程式(7-57)的解为

$$P=P_0 e^{-kt}=P_0 e^{-t/\tau} \tag{7-59}$$

图 7-11(a)描述了式(7-59)的弛豫规律。τ 表示极化降至 e^{-1} 倍时所需的时间。类似地，若在 0 时刻突然加上一个瞬态电场，介质建立平衡极化强度 P_0 的过程为

$$d(P_0-P)=-k(P_0-P)dt \tag{7-60}$$

其解为

$$P=P_0(1-e^{-t/\tau}) \tag{7-61}$$

如图 7-11(b)所示。这样，就用一个特征时间简单地描述了恒定电场下的弛豫现象。但是在介电弛豫过程中，这样的处理过于简单化。

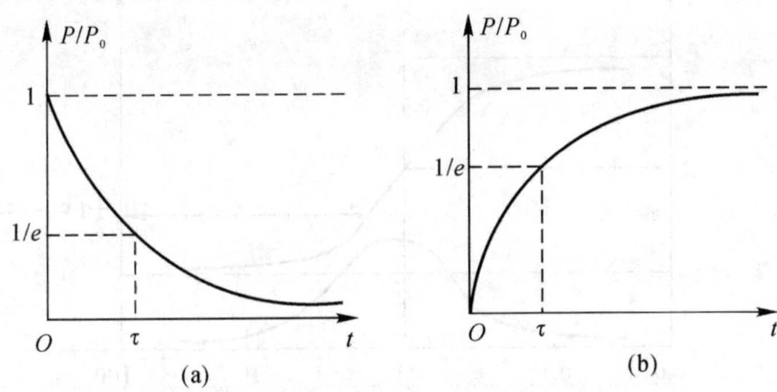

图 7-11　介质的弛豫规律

(a)施加外电场时；(b)去除外电场时

一、德拜弛豫方程

前面叙述偶极子取向极化时，利用朗之万理论确定了恒定电场下偶极子的极化率。在可变电场情况，特别是在 0 时刻突然加上一个瞬态电场或者撤除外电场的情况下，偶极子体系的麦克斯韦-玻尔兹曼因子 $\exp(x\cos\theta)$ 变成一个依赖于时间的加权因子

$$\exp[x\cos\theta\varphi(t)]$$

$\varphi(t)$称为衰减因子(亦称为衰减函数、弛豫函数)。在此过程中，介质极化减弱(增强)在宏观上表现为介电常数的减小，这时介电常数有如下普遍的形式：

$$\varepsilon(\omega)=\varepsilon_\infty+\int_0^\infty \varphi(t)e^{j\omega t}dt \tag{7-62}$$

通常情况下，可令

$$\varphi(t)=\varphi_0\exp(-t/\tau) \tag{7-63}$$

将式(7-63)代入式(7-62)积分后得到

$$\varepsilon(\omega)=\varepsilon_\infty+\frac{\varphi_0}{\dfrac{1}{\tau}-j\omega} \tag{7-64}$$

$\varepsilon(0)=\varepsilon_S$ 为静态相对介电常数,则

$$\varepsilon_S=\varepsilon_\infty+\tau\varphi_0 \tag{7-65}$$

于是式(7-63)可以写为

$$\varphi(t)=\frac{\varepsilon_S-\varepsilon_\infty}{\tau}e^{-t/\tau} \tag{7-66}$$

且

$$\varphi_0=\frac{\varepsilon_S-\varepsilon_\infty}{\tau} \tag{7-67}$$

代入式(7-64),有

$$\varepsilon(\omega)=\varepsilon'-j\varepsilon''=\varepsilon_\infty+\frac{\varepsilon_S-\varepsilon_\infty}{1+j\omega\tau} \tag{7-68}$$

于是可得

$$\varepsilon'=\varepsilon_\infty+\frac{\varepsilon_S-\varepsilon_\infty}{1+\omega^2\tau^2},\varepsilon''=\frac{(\varepsilon_S-\varepsilon_\infty)\omega\tau}{1+\omega^2\tau^2} \tag{7-69}$$

式(7-69)就是德拜方程,在此忽略了介质的电导率。根据德拜方程可以作出图 7-12 的曲线。

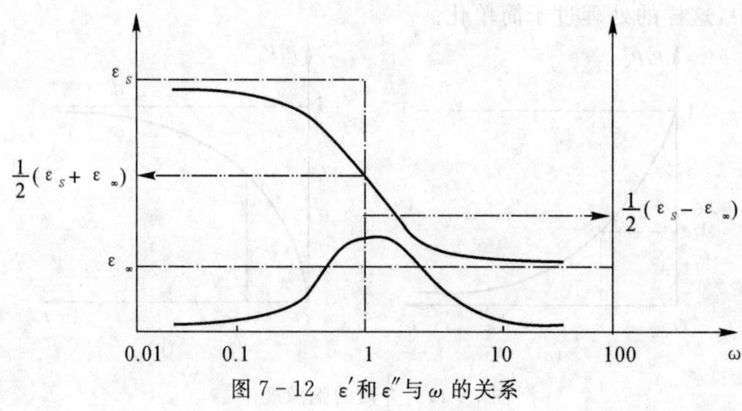

图 7-12 ε'和ε''与ω 的关系

另外从第二节关于偶极子极化率的计算,可得在 μE 比 kT 小得多的情况下(朗之万近似)有

$$\alpha_0=\varepsilon_s-\varepsilon_\infty=\frac{N\mu^2}{3kT} \tag{7-70}$$

近似地,可以应用于德拜方程。

在德拜方程中消去 $\omega\tau$,得到

$$\left[\varepsilon'-\frac{1}{2}(\varepsilon_S+\varepsilon_\infty)\right]^2+(\varepsilon'')^2=\frac{1}{4}(\varepsilon_S-\varepsilon_\infty)^2 \tag{7-71}$$

如果以 ε'为横坐标,ε''为纵坐标作图,方程(7-69)给出了一条半圆周曲线,如图 7-13 所示,我们称这样的图为 Cole-Cole 图。近似式(7-67)、式(7-68)描述的规律的弛豫现象被称为属于德拜型,实验上由 Cole 半圆来确定。

从德拜方程还可以得到

$$\varepsilon'=\frac{\varepsilon''}{\omega\tau}+\varepsilon_\infty \text{或} \varepsilon'=-\omega\tau\varepsilon''+\varepsilon_S \tag{7-72}$$

此式表明,若将测量结果按照$(\varepsilon',\varepsilon''/\omega)$和$(\varepsilon',\varepsilon''\omega)$作图,可以得到两条直线。通过直线的斜率和截距算得出 τ,ε_∞ 和 ε_S。

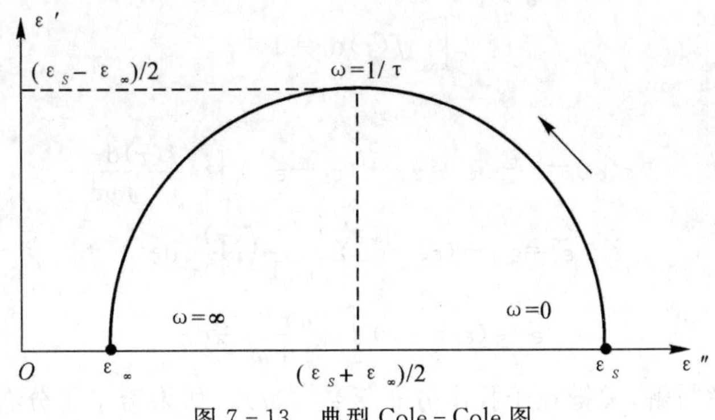

图 7-13　典型 Cole-Cole 图

二、德拜理论的修正

以上讨论的弛豫过程包含了一系列的简化假定，即局部电场等于外电场；介质的电导率忽略不计；介质中所有偶极子(或热离子等)的弛豫状态相同，每个偶极子的弛豫时间一样。对于局部电场的计算到现在可以说并没有完美的公式，因此对于德拜理论中有效场的修正在此并不打算涉及。我们考虑以下两个影响：

(一)直流电导率的影响

在第二节已经介绍过，自由电荷引起的电导率 σ 对介电常数的贡献是$\left(-j\dfrac{\sigma}{\omega}\right)$；引用电容器的并联模型，得到复介电常数的表达式为

$$\varepsilon(\omega)=\varepsilon'-j\varepsilon''=\varepsilon_\infty+\frac{\varepsilon_S-\varepsilon_\infty}{1+j\omega\tau}-j\frac{\sigma}{\omega} \tag{7-73}$$

$$\varepsilon''=\frac{(\varepsilon_S-\varepsilon_\infty)\omega\tau}{1+\omega^2\tau^2}+\frac{\sigma}{\omega} \tag{7-74}$$

由图 7-14 可看到式(7-73)的最后一项对 Cole-Cole 图的影响。当然，电导率越大，图形与 Cole-Cole 半圆的偏离越大。

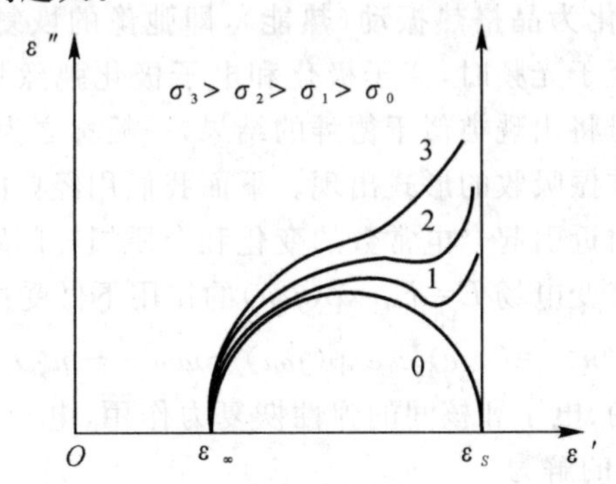

图 7-14　直流电导对偶极子体系的 Cole-Cole 图的影响

(二)多重弛豫时间的影响

事实上，依赖于介质的结构、偶极子所处的状态、分子间的相互作用、热运动的影响等，对不同时间和不同位置而言，弛豫状态有所变化。每个偶极子在任一瞬间各自具有本征弛豫时间，实验测量出来的是整个介质的平均值，实际弛豫时间是围绕其最可几值的一个分布。即是说弛豫时间存在一个分布函数 $f(\tau)$，因此 $f(\tau)\mathrm{d}\tau$ 可表示弛豫时间出现在 τ 和 $\tau+\mathrm{d}\tau$ 之间的机会。显然有

$$\int_0^\infty f(\tau)\mathrm{d}\tau=1$$

德拜方程要改为

$$\varepsilon(\omega)=\varepsilon'-j\varepsilon''=\varepsilon_\infty+(\varepsilon_S-\varepsilon_\infty)\int_0^\infty \frac{f(\tau)\mathrm{d}\tau}{1+j\omega\tau} \quad (7-75)$$

$$\varepsilon'=\varepsilon_\infty+(\varepsilon_S-\varepsilon_\infty)\int_0^\infty \frac{f(\tau)}{1+\omega^2\tau^2}\mathrm{d}\tau \quad (7-76)$$

$$\varepsilon''=(\varepsilon_S-\varepsilon_\infty)\int_0^\infty \frac{\omega\tau f(\tau)}{1+\omega^2\tau^2}\mathrm{d}\tau \quad (7-77)$$

要求解上述方程的解析解，关键在于找出分布函数 $f(\tau)$。如果给定了分布函数 $f(\tau)$，就可以使用傅里叶积分计算得到衰减函数 $\varphi(t)$ 以及复介电常数；反之，如果测定了介质的复介电常数，也可以来确定分布函数 $f(\tau)$。通常总是试图引进一个简单的分布函数来解释介质弛豫的实验数据，经常使用的分布是正态分布，但是这常常导致 ε'，ε'' 对频率的关系式很复杂；在某些情况下，为了适合于实验数据而引进一个简单的 $\varepsilon-\omega$ 关系，然而这又导致分布函数 $f(\tau)$ 很复杂。在科埃略的著作中对各种经验公式做了详细的比较，下面列出其中的一些修正式。

1. Cole－Cole 关系式

$$\varepsilon(\omega)=\varepsilon'-j\varepsilon''=\varepsilon_\infty+\frac{\varepsilon_S-\varepsilon_\infty}{1+(j\omega\tau)^a} \quad (7-78)$$

此式经验性地考虑到实际测量图比德拜方程所表示地 Cole－Cole 半圆要扁一些，a 为表征 Cole－Cole 圆形扁平程度的参数，$0<a<1$。当 $a=1$ 时简化为德拜关系。

2. Cole－Davidson 公式

$$\varepsilon(\omega)=\varepsilon'-j\varepsilon''=\varepsilon_\infty+\frac{\varepsilon_S-\varepsilon_\infty}{(1+j\omega\tau)^b} \quad (7-79)$$

此式主要针对经常遇到的一些非对称的 Cole－Cole 图，$0<b<1$。

三、共振

应该指出，德拜方程及其修正是引用偶极取向弛豫模型得出的结果，频率局限在电频范围内，能量耗散是机械性地转化为晶格热振动（热能），即弛豫的恢复作用来源于热力学的扩散力。如果外场频率增大以至于光频时，离子极化和电子极化弛豫相继出现。ε' 和 ε'' 在离子和电子本征（临界）频率附近时将出现类似于德拜的结果，一般称之为共振，见图 7－1 和图 7－9。不过这时的能量损耗是以共振吸收的形式出现。下面我们用经典的谐振子模型来说明电子极化在电子临界（本征）频率附近引起介电常数的变化和介质损耗问题。

带负电振子（电子）在交变电场 $E=E_0\exp(j\omega t)$ 的作用下做受迫阻尼运动的方程为

$$m\ddot{x}=(-e)E_0\exp(j\omega t)-m\omega_0^2x-m\xi\dot{x} \quad (7-80)$$

方程右边分别为电场的作用、电子和核间的弹性恢复力作用、电子在加速运动中的摩擦作用。ω_0 为电子的临界频率. 方程的解为

$$x(t)=\frac{-e}{m}\frac{E_0\exp(j\omega t)}{\omega_0^2-\omega^2+j\xi\omega} \quad (7-81)$$

由此可得出电子极化贡献的极化强度 p_e 以及相应的电子极化率 α_e 分别为

$$P_e^*(t)=(-e)x(t)=\frac{e^2}{m}\frac{E_0\exp(j\omega t)}{\omega_0^2-\omega^2+j\xi\omega} \quad (7-82)$$

$$\alpha_e^*=\frac{P_e^*(t)}{\varepsilon_0E_0\exp(j\omega t)}=\frac{e^2}{\varepsilon_0 m}\frac{1}{\omega_0^2-\omega^2+j\xi\omega} \quad (7-83)$$

这样电子极化复介电常数 ε_e^* 为

$$\varepsilon_e^* = 1 + N\alpha_e^* = 1 + \frac{Ne^2}{\varepsilon_0 m} \frac{1}{\omega_0^2 - \omega^2 + j\xi\omega} \tag{7-84}$$

同样可令 $\varepsilon_e^* = \varepsilon'_e - j\varepsilon''_e$，因而得出

$$\varepsilon'_e = 1 + \frac{Ne^2}{\varepsilon_0 m} \frac{\omega_0^2 - \omega^2}{(\omega_0^2 - \omega^2)^2 + \xi^2\omega^2} \tag{7-85}$$

$$\varepsilon''_e = \frac{Ne^2}{\varepsilon_0 m} \frac{\xi\omega}{(\omega_0^2 - \omega^2)^2 + \xi^2\omega^2} \tag{7-86}$$

图 7-15 为 ε'_e 和 ε''_e 对电场频率的曲线，其实是图 7-9 的一部分。ε''_e 的峰值（吸收峰）出现在 $\omega = \omega_0$ 处，这种吸收称为共振吸收；在 ω_0 附近，介电常数 ε'_e 随频率而变化，光学上称为色散；当 $\omega > \omega_0$ 后，ε'_e 随频率的增大而减小的部分称为反常色散，如图 7-10 所示。离子极化引起的色散和吸收情况基本上是相同的，只是参量不同而已。图 7-9 就是考虑了简单极性分子的理想晶体取向极化、离子极化和电子极化弛豫引起的色散问题。

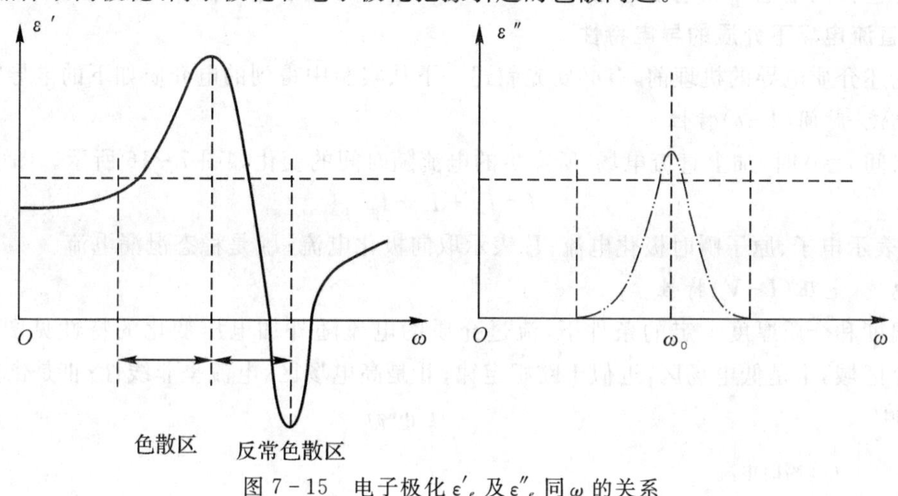

图 7-15　电子极化 ε'_e 及 ε''_e 同 ω 的关系

第四节　离子电导与电荷注入

前面讨论了介质的极化，下面的内容涉及固体介质在电场作用下的另外一个问题——电导。有两种情况将导致介质没有任何电导：除了原子核、内层电子和共价键电子以外不含任何电荷；或者在电场作用下其中的电荷迁移率为零。然而由于宇宙射线的电离化过程以及一些实际的原因，这样的条件不可能得到满足。也就是说电导存在于绝大部分的功能介质中。

物质的导电性与其凝聚状态及组成结构有关。如金属在液态、固态下是典型的导体，但在气态下可能是绝缘体；碳在非晶态和石墨态是导体，但其金刚石结构却是绝缘体。本节将注重于凝聚态材料的离子电导和电荷注入现象，并提到研究复杂电导机理的缺陷化学。

我们知道电导是由介质中载流子的迁移引起的。不同的介质电导率不同，因此像介电常数一样，介质也可以用其导电的性质（即电导率 σ）来表征。存在这样的关于电导率的普遍表示式为

$$\sigma = Nq\mu \tag{7-87}$$

N 表示载流子的数目（浓度），每个载流子的电量为 q，载流子沿电场方向的平均漂移速度称为迁移率 μ。因此研究电介质的导电过程就是研究载流子的产生、浓度及其迁移过程，揭示宏观介电参数 σ 与微观导电机制间联系的规律性。

在功能介质中有电子、空穴和正负离子等载流子存在，可形成电子性电导和离子性电导。根据电子结构（能带理论）的观点，绝缘介质可看作是一种禁带宽度大于 5eV 的半导体。绝缘介质中电子主要处于价带，只有在光、热、电场的作用下才有少量跃迁到导带，参与电导。根据统计热力学理论及相关实验数据，有两点简单结论：

(1)由电子（或空穴）热激发带间跃迁中所产生的本征载流子对绝缘介质的电导没有显著的贡献，甚至在较高温度（500K）下也是如此。

(2)在室温或低于室温时，由杂质能级中电子（空穴）的热激发所产生的非本征载流子对绝缘介质的电导没有贡献。

可见，绝缘介质主要是离子参与导电；对于处在高电场（$E \geqslant 10^7 \mathrm{V \cdot m^{-1}}$）下的绝缘介质，可以测量到非欧姆型的稳定电流，电子电导才较为显著。即是说，高电场下介质的非线性电导特性同时包含离子电导和电子电导的机制，而电子电导对应于电荷注入的过程。

一、直流电场下介质的导电特性

在论述介质电导的机理前，有必要先叙述一下从实验中得到的电介质如下的电导特性。

1. 电流-时间（$I-t$）特性

在时间 $t=0$ 时，加上直流电场，所产生的电流随时间的变化如图 7－16 所示。图中

$$I = I_{sp} + I_a + I_d \tag{7-88}$$

式中，I_{sp} 表示电子、原子瞬时极化电流；I_a 表示取向极化电流；I_d 是稳态泄漏电流。

2. 电流-电压（$I-V$）特性

在温度和介质厚度一定的条件下，流过介质的电流随外加电压变化的特性见图 7－17。存在三个区域：Ⅰ是低电场区，近似于欧姆定律；Ⅱ是高电场区，电流呈非线性；Ⅲ是击穿区。

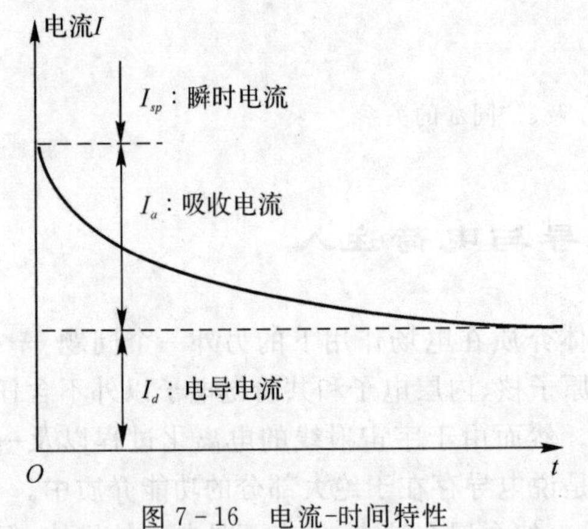

图 7－16 电流-时间特性

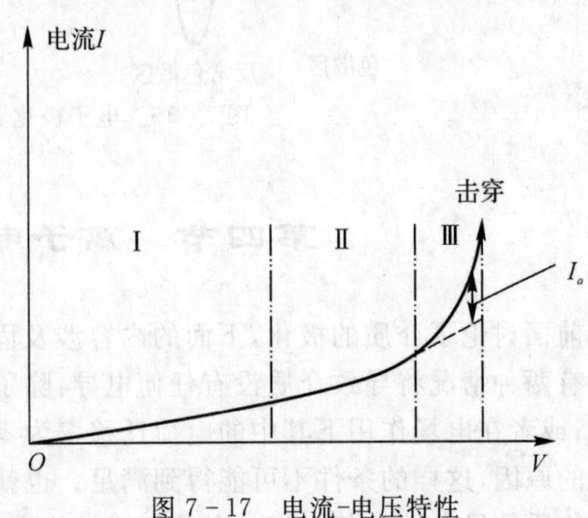

图 7－17 电流-电压特性

二、离子电导与缺陷化学

固体介质有晶态和非晶态之分。目前对非晶态介质的导电机理并不十分清楚，故以下先来讨论无机晶体离子电导的相关情形。晶体中经常存在各种点缺陷、线缺陷、面缺陷。对于点缺陷，空位式点缺陷称为肖特基(Schottky)缺陷，填隙式缺陷称为弗伦克尔(Frenkel)缺陷，见图 7－18。由热平衡态下自由能极小原理，可分别近似求得空位式缺陷和填隙式缺陷的浓度为

$$n_s = N\exp\left(-\frac{E_S}{kT}\right) \tag{7-89}$$

$$n_f = (NN_i)^{\frac{1}{2}}\exp\left(-\frac{W_f}{2kT}\right) \tag{7-90}$$

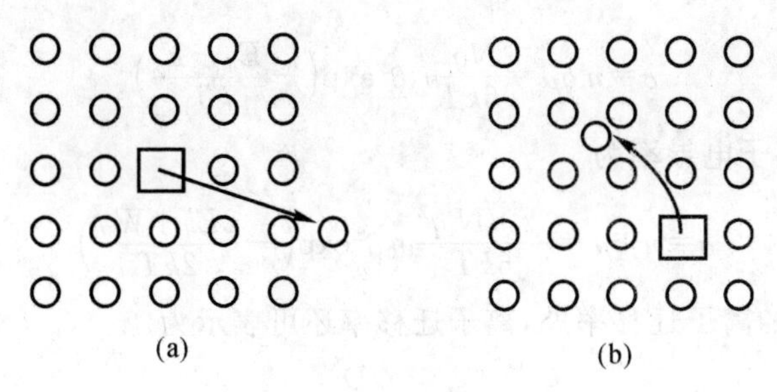

图 7-18　晶体的点缺陷

(a)肖特基缺陷;(b)弗伦克尔缺陷

其中,E_s 为产生一个空位所需的能量,等于将点阵上的一个离子移至晶体表面所做的外功;W_f 为形成填隙式缺陷的能量,等于将晶体格点上一个离子移至填隙位置所需能量。N 为晶体点阵上的离子浓度,N_i 为点阵的间隙位置浓度。

在晶体中,载流子处于一定的位置做频率为 υ_0 的热振动,离子的迁移通常要跳跃势垒 E_d。单位时间跳跃势垒的次数可表示成

$$\upsilon=\upsilon_0\exp\left(-\frac{E_d}{kT}\right) \tag{7-91}$$

无外电场时,晶体中的离子做布朗热运动,从而没有宏观的定向迁移。图 7-19 示出一个正离子的情况,外电场 $\boldsymbol{E}$ 使位置 A 和 B 的势能变化了 $\Delta W=qE\delta/2$,δ 为 AB 间的距离(即离子的跳跃距离)。

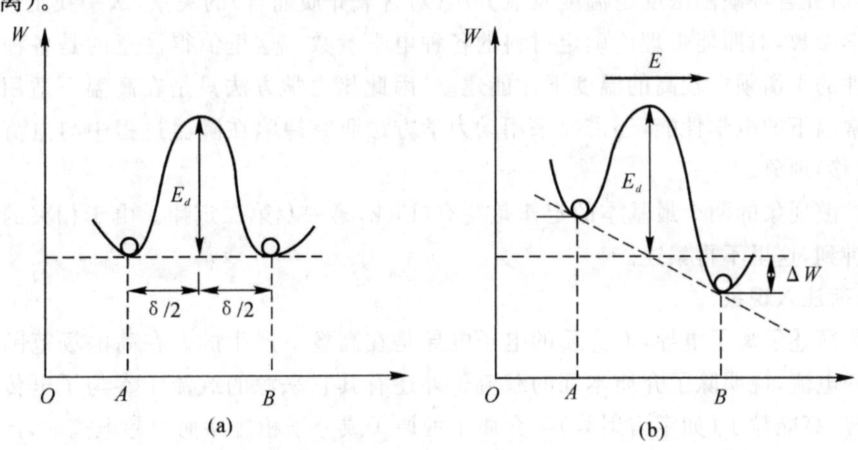

图 7-19　外加电场 $\boldsymbol{E}$ 前后离子的势能曲线

(a)无电场;(b)有电场

于是有电场时,上式变为

$$\upsilon(A\leftrightarrow B)=\upsilon_0\exp[-(E_d\mp qE\delta/2)/kT] \tag{7-92}$$

离子沿电场方向的迁移速度为

$$\begin{aligned}\bar{v}_d&=\upsilon(A\rightarrow B)\delta-\upsilon(A\leftarrow B)\delta\\&=2\upsilon_0\delta\exp(-E_d/kT)\sin(Eq\delta/2kT)\end{aligned} \tag{7-93}$$

弱电场中 $Eq\delta\ll 2kT$,可近似认为,故迁移率为

$$\mu=\frac{q}{6kT}\upsilon_0\delta^2\exp\left(-\frac{E_d}{kT}\right) \tag{7-94}$$

因此,Schottky 缺陷引起的离子电导率为

$$\sigma = n_s q\mu = \frac{Nq^2}{6kT}\upsilon_0\delta^2\exp\left(-\frac{E_d+E_s}{kT}\right) \tag{7-95}$$

Frenkel 缺陷决定的离子电导率为

$$\sigma = n_f q\mu = \frac{\sqrt{NN_i}q^2}{6kT}\upsilon_0\delta^2\exp\left(-\frac{2E_d+W_f}{2kT}\right) \tag{7-96}$$

除以上分析得到的离子迁移率外，离子迁移率还可表示为

$$\mu = \frac{eD}{kT} \tag{7-97}$$

式中，D 为点缺陷的扩散系数。并且迁移率 μ 与固体黏性系数 η 间还有如下关系：

$$\eta\mu = \frac{e}{6\pi K_G r_i} = \text{常数} \tag{7-98}$$

式中，r_i 是离子半径，K_G 是离子几何形状因数，该式称为威尔登(Walden)定律。于是另一个思路自然就出来了，即通过研究点缺陷的扩散系数 D 来了解电导的机理。在电介质中，由于介电极化载流子效应的存在，导致电导过程的复杂化；而对于陶瓷等多晶材料晶界的物理化学特性十分复杂，因此一般的电导理论是不够的。应该采用基于点缺陷理论的缺陷化学方法。由于这一理论的复杂性，这里仅仅给出其一般的思路。

缺陷化学思路基本的出发点就是把含有各种缺陷的晶体看成理想的固溶体，即把晶体中正常的格点看成是溶剂，把点缺陷看成是溶质，两者处于平衡状态。然后利用热力学中的质量作用定律，研究各种缺陷浓度与温度及氧分压(对含氧介质而言)的关系，从中找出各种缺陷形成的热力学参数，对照能带理论确定材料的各种电学参数。这里值得注意的是各种缺陷浓度与环境条件的平衡须在较高的温度下才能建立，因此热力学方法只是在高温下适用。为了弄清介质在常温下的电学性能，还需要采用动力学方法研究缺陷在降温过程中与电荷输运有关的扩散(迁移)现象。

研究扩散现象的两个最基本的定律是斐克(Fick)第一及第二定律。由于相关的专业基础课中已经讲到，这里不再累述。

三、电荷注入现象

上一节简述了离子电导，而介质的电子电导是在高场下产生的。在高电场范围可以测量到非线性的电流，说明除了介质本征的载流子外还有其它来源的载流子参与了电传导。一般有两种来源：高能粒子(如宇宙射线)与介质中的原子或分子相碰撞而引起电离时，产生了非热来源的载流子；通过电极注入导电载流子。高能粒子的作用一般情况下是恒定的，所以主要需要研究电极注入载流子对电子电导的影响。跳过电极与介质间势垒的电子注入机理与电子在真空中从电极发射是相同的，因此固体物理中有关表面电子发射的理论是适用的，但在这里需考虑介质中电子亲和力的作用。固体物理中金属自由电子模型通过理查德森(Richardson)方程，描述了在高温下金属中的自由电子可以离开电极形成真空热电子发射；极强的电场可以通过隧道效应使电子发射，富勒-诺丁赫姆(Fowler - Nordheim)方程描述了这种过程；而在中等温度、中等电场下，肖脱基效应使电极产生电荷注入，由肖特基方程描述。因此我们来看看这两种电极与介质间电荷的注入现象。当然介质内部的受激电离(如普尔-弗兰克尔效应等)也能产生导电载流子，不在此讨论之列。

(一)肖脱基注入

当电子离开电极表面至距离为 x 时，若 $0<x<x_0\approx10^{-7}\,\text{cm}$，电子主要受短程力 F_A 的作

用。F_A 与表面相对于晶轴的取向、表面状态、功函数、表面以外的环境有关。当 $x>x_0$ 时，电子主要受长程力 F_i 的作用，这是一种静电力。一个电子位于真空中离电极表面 x 处，电导率很大的电极表面将感应产生一个正电荷。它对电子的作用与在电子的镜像点，即$(-x)$处真正的正电荷的作用相同。所以由库仑定律

$$F_i=-\frac{e^2}{4\pi\varepsilon_0(2x)^2},\quad x>x_0 \tag{7-99}$$

电子在镜像电荷场中的势能

$$\int_x^{\infty} F_i dx=-\frac{e^2}{4\pi\varepsilon_0(4x)},\quad x>x_0 \tag{7-100}$$

故，电子的势能函数为

$$V(x)=E_0-\frac{e^2}{16\pi\varepsilon_0 x},\quad x>x_0 \tag{7-101}$$

其中，$E_0=V(\infty)=\int_0^{x_0} F_A\mathrm{d}x+\int_{x_0}^{\infty} F_i\mathrm{d}x$。若设电极内部势能为零，则如图 7-20 所示：

$$E_0=V(\infty)=E_F+\varphi \tag{7-102}$$

φ 与 E_F 分别为电极（金属）的功函数（势垒高度）及费米能级，功函数为费米能级与介质电子亲和力 χ 之差，即 $\varphi=E_F-\chi$。

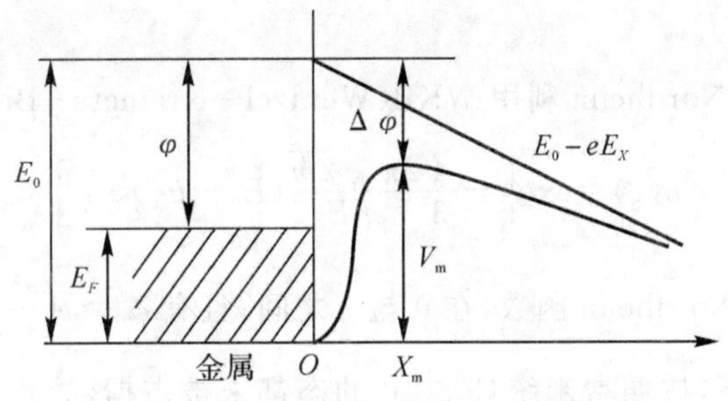

图 7-20　肖脱基效应的能量图

若存在$(-x)$方向的电场 E，则式(7-101)变为

$$V(x)=E_0-\frac{e^2}{16\pi\varepsilon_0 x}-eEx \tag{7-103}$$

由此得到 $V(x)$取极大值的位置

$$x_m=\left(\frac{e}{16\pi\varepsilon_0 E}\right)^{\frac{1}{2}} \tag{7-104}$$

相应的 $V(x_m)$值为

$$V(x_m)=E_0-\left(\frac{e^3 E}{4\pi\varepsilon_0}\right)^{\frac{1}{2}} \tag{7-105}$$

从图 7-20 还可看出，外电场等效地将功函数降低了

$$\Delta\varphi=\left(\frac{e^3 E}{4\pi\varepsilon_0}\right)^{\frac{1}{2}} \tag{7-106}$$

定义有外电场时的功函数为

$$\varphi(E)=\varphi-\Delta\varphi \tag{7-107}$$

这时，只要电子沿 x 方向运动的动能

$$\frac{1}{2}mv_x^2\geqslant E_F+\varphi(E) \tag{7-108}$$

它就可穿越图 7-20 中的势垒形成场助电荷注入。依据金属中的电子热发射的 Richardson 方程可以得到 Schottky 方程

$$J(T,E)=J(T,0)\exp\left(\frac{\Delta\varphi}{kT}\right)=J(0)\exp\left(\frac{e}{2kT}\sqrt{\frac{eE}{\pi\varepsilon_0}}\right) \tag{7-109}$$

式中，$J(T,0)=\frac{4\pi em(kT)^2}{h^3}\exp(-\frac{\varphi}{kT})$，$h$ 为普朗克常量。

（二）隧道注入

按照量子力学的观点，只要电子的德布罗意波长不比势垒的厚度小太多，电子就能以波的形式出现在势垒的另一端，这就是所谓的隧道效应。为了简单起见，上一节所言的电子镜像效应引起的势垒的降低不考虑在内。

令

$$\zeta=E_x-E_F=\frac{1}{2}mv_x^2-E_F$$

Schottky 方程可写成

$$J(T,E)=\frac{4\pi emkT}{h^3}\int_{-E_F}^{\infty}\delta(\zeta)\ln\left[1+\exp\left(-\frac{\zeta}{kT}\right)\right]d\zeta \tag{7-110}$$

其中 $\delta(\zeta)$ 为透射系数。

1928 年，Fowler 和 Nordheim 利用 WKB(Wentzel-Kramers-Brillouin)近似方法计算出

$$\delta(\zeta)=\exp\left[-\frac{4}{3}\frac{2\pi\sqrt{2m}}{ehE}(E_0-E_x)^{3/2}\psi\right] \tag{7-111}$$

其中 $\psi=\psi\left(\frac{e^3\sqrt{E}}{E_0-E_x}\right)$ 为 Nordheim 函数，在 0 与 1 之间；且有 $\psi_0=\psi\left(\frac{e^3\sqrt{E}}{\varphi}\right)$。

在 $T\approx 0K$ 的低温下，按照费米统计 $\zeta>0$ 的态都未被占据，故式(7-110)的积分上限为 $\zeta=0$，而下限可用 $\zeta=-\infty$ 代替。于是

$$J(0,E)=\frac{4\pi em}{h^3}\int_{-\infty}^{0}\delta(\zeta)\zeta d\zeta \tag{7-112}$$

在 $\zeta=0$ 将式(7-111)作级数展开，得到

$$J(0,E)=\frac{e^3E^2}{8\pi h\varphi}\exp\left(-\frac{8}{3}\frac{\psi_0\varphi^{3/2}\pi\sqrt{2m}}{eEh}\right) \tag{7-113}$$

此即为 Fowler-Nordheim 方程，方程中电场 $\boldsymbol{E}$ 取代了温度 T 的作用。

第五节　耦合电性质

电介质的电学、力学、热学、光学、声学、磁学等性质都与其化学组成、微观结构等有密切的关系。外界的宏观作用往往引起材料组成和结构的相应改变，从而使表征材料特性的某一参数或几个参数发生变化。也就是说，电介质材料的各种性质并不是孤立的，而是通过它的组成和结构紧密联系在一起。电介质材料某些性质相联系又相区别的关系叫作材料性质之间的转换和耦合。材料的耦合性质是内容非常广泛的一种性质，应作为一种特殊性加以研究。随着传感技术和信息处理技术的发展，材料的耦合性质将越来越受到重视。

一、铁电性

在介电体中有一个很重要的分支——铁电体。根据宏观对称性(点阵对称操作)，晶体可分为 32 种类型，在非中心对称的 21 种类型中就有 20 种具有压电性，而这 20 种压电体中具有极性的 10 种又具有热释电性，这 10 种热电体中又有一部分具有铁电性，称为铁电体。

铁电体的特征是它们具有居里温度(或居里点)，在居里温度以下，其存在自发极化，且能因外电场而重新取向，铁电体只有在极化之后才能表现出热释电效应。铁电体都具有热释电性，但与非铁电体的热释电性的微观机理不尽相同。以电气石为代表的非铁电体的热释电性是其本身固有的，不需要人工处理而得到。它们由于微观结构对称性太低，每个晶胞会出现非零的自发极化强度 P_S，并且所有晶胞的自发电偶极矩同向排列，使得宏观极化强度 $P = P_S$。这类晶体的电偶极矩只有唯一的一个可能取向，并且一直到晶体温度升到熔化或在晶体完全破坏之前，电偶极矩都不会消失，可以认为整个晶体就是一个“电畴”。而硫酸三甘肽(TGS)等是一种“驻极”铁电体，在未经特殊处理前，热平衡状态下的宏观极化强度恒等于零，但经过人工极化(此过程叫驻极，即把适当电介质高温加热并置于强电场，而后冷却)后，使微观电偶极矩沿极化方向的分量占优势，产生宏观持久的极化强度 P。

经过驻极的铁电体是处于亚稳态的，它的热释电效应只在不太高温度范围内才是可以重现的。此时 P 随温度升高而减小，当温度较高并超过居里点时，其局部电偶极矩和空间电荷将获得足够多的热激发能量，越过势垒达到热平衡态，使 P 和热释电效应消失。这种消失是破坏性的，即使再降低温度，也不能恢复，而是回到驻极前的普通电介质状态，只有再施行人工驻极，才能恢复。

铁电体由于自发极化可以在内部形成若干均匀极化的区域，它们的极化方向不同，这些区域称为电畴。以上现象均是电畴作用的结果。不仅铁电单晶具有电畴，铁电多晶也有电畴。因此，可以说铁电体的特征是具有电畴结构的晶体，这些电畴的界面称为“畴壁”，它将随外电场的变化而移动，显示宏观的极化，直到形成单个电畴。换言之，铁电体的自发极化强度可以因外电场的反向而反向，其极化强度 P 和外电场 E 之间的关系构成了电滞回线，如图 7 - 21 所示。由于铁电性与铁磁性存在许多对应的特征，所以这类具有电畴结构和电滞回线的晶体被称为铁电体，尽管它们并不含有元素铁。

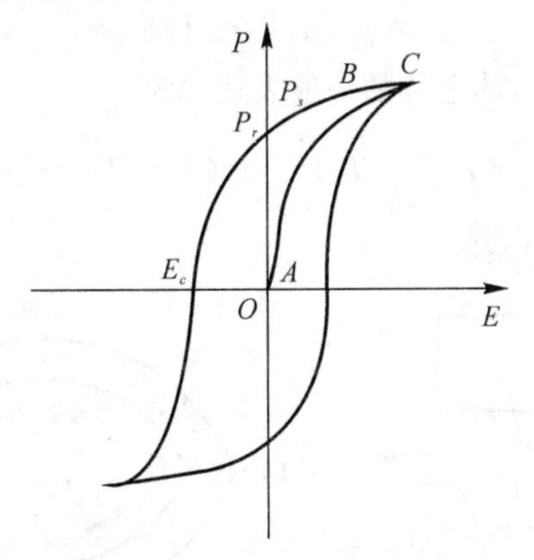

图 7 - 21　铁电体的电滞回线

铁电体的热释电系数 p' 比一般热电体要大得多，特别是在接近居里温度时，因此，具有实用价值的热释电材料都是铁电体。如前所述的 TGS 是典型的铁电体，具有较高的热释电系数和品质因数、较低的介电常数、易从水溶液中培育出优质单晶的优点。

现已知道，具有铁电性的晶体可以分为两类：一类是以钛酸钡为代表的位移型铁电体（硬铁电体），它们在降温过程中，从顺电到铁电的转变，是由于晶体中正离子 Ba^{2+} 和 Ti^{4+} 的亚点阵和负离子 O^{2-} 的亚点阵发生了相对位移。如钛酸锶、钛酸铅、铌酸锂、铌酸钾、钽酸锂、钽酸钾等就属于此类。另一类是以磷酸二氢钾为代表的有序-无序型铁电体（软铁电体），它们从顺电到铁电的转变是氢键的"无序-有序"的过程，属于此类的铁电体包括罗息盐及其有关的酒石酸盐、三甘氨酸硫酸盐、硫脲、硫酸胍铝六水化合物、一水甲酸锂等。

铁电体在工业上的主要用途是制作电容器，由于它们有高的电容率或介电常数，ε' 一般在 $10^2 \sim 10^4$ 之间，因此可用于制造大容量电容器，如改性的钛酸钡多晶态陶瓷等。

二、热电性

在材料中，存在电位差时会产生电流，存在温度差时则会产生热流。从电子论的观点来看，在金属和半导体中，不论是电流还是热流都与电子的运动有关系，故电位差、温度差、电流、热流之间存在着交叉联系，这就构成了热电效应。这种热电现象很早就被发现，它可以概括为三个基本的热电效应。

（一）第一热电效应——塞贝克效应

1821 年德国学者塞贝克发现，当两种不同的导体组成一个闭合回路时，若在两接头处存在温度差则回路中将有电势及电流产生，这种现象称为塞贝克效应。其中产生的电势称为温差电势或热电势，电流称为热电流，上述回路称为热电偶或温差电池。

如图 7-22 所示，将两种不同金属 1 和 2 的两接头分别置于不同温度 T_1 和 T_2，则回路中就会产生热电势 ε_{12}。如图 7-22(b)所示，将 1 或 2 从中断开，接入电位差计就可测得这个 ε_{12}。它的大小不仅与两接头的温度有关，还与两种材料的成分、组织有关，与材料性质的关系可用单位温差产生的热电势即热电势率 α 来描述，即

$$\alpha = \frac{d\varepsilon_{12}}{dT} \tag{7-114}$$

用不同材料构成热电偶，会有不同的 α，但对两种确定的材料，热电势与温差成正比，即

$$\varepsilon_{12} = \alpha(T_1 - T_2) \tag{7-115}$$

上式仅在一定温度范围内成立，热电势的一般表达式为

$$\varepsilon_{12} = \alpha(T_1 - T_2) + \frac{1}{2}\beta(T_1 - T_2)^2 + \cdots \tag{7-116}$$

式中，β 为另一表征材料性质的系数。

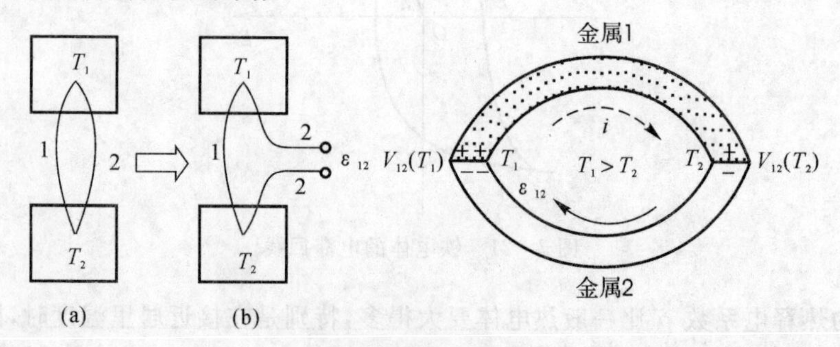

图 7-22 赛贝克效应

两种金属构成的回路有塞贝克效应，两种半导体构成的回路也同样有此效应，而且效应显著得多。

(二)第二热电效应——玻尔帖效应

如图 7－23 所示，当有电流通过两个不同导体组成的回路时，除产生不可逆的焦耳热外，还要在两接头处分别出现吸收或放出热量 Q 的现象。Q 称为玻尔帖热，此现象称为玻尔帖效应，被认为是塞贝克效应的逆效应，是由玻尔帖在 1834 年发现的。

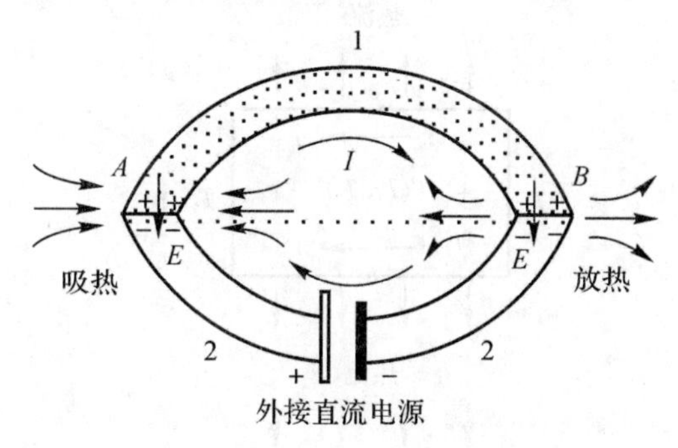

图 7－23　玻尔帖效应

这一效应是热力学可逆的，如果电流的方向反过来则吸热的接头便放热，放热的接头便吸热。1853 年伊西留斯发现，在每一接头上热量的流出率或流人率与电流成正比，即

$$\frac{\mathrm{d}Q}{\mathrm{d}t}=\pi_{12}I \tag{7-117}$$

式中 π_{12} 为玻尔帖系数，它是单位电流每秒吸收或放出的热流。它与接头处两金属的性质及温度有关，而与电流的大小无关。根据惯例，当电流从导体 1 流向导体 2 的接头时，若发生吸热现象，则 π_{12} 取为正，否则为负。

金属热电偶的玻尔帖效应小，半导体热电偶的玻尔帖效应大。玻尔帖效应主要用来进行温差制冷，温差可达 150 ℃之多。尤其对小容量制冷相当优越，适用于做各种小型恒温器，以及要求无声、无干扰、无污染等特殊场合。因此可用在宇宙飞行器和人造卫星、真空冷却阱、红外线探测器等冷却装置上。

(三)第三热电效应——汤姆逊效应

如图 7－24 所示，当电流通过具有一定温度梯度的导体时，会有一横向热流流入或流出导体，其方向视电流的方向和温度梯度的方向而定。此种热电现象称为汤姆逊效应，是 W. 汤姆逊于 1854 年发现的。汤姆逊效应在下列意义上是可逆的，即当温度梯度或电流的方向倒转时，导体从一个汤姆逊热吸收器变成一个汤姆逊热发生器，在单位时间内吸收或放出的能量 $\frac{\mathrm{d}Q}{\mathrm{d}t}$ 与温度梯度 $\frac{\mathrm{d}T}{\mathrm{d}\chi}$ 成正比，

即

$$\frac{\mathrm{d}Q}{\mathrm{d}t}=\mu I\frac{\mathrm{d}T}{\mathrm{d}\chi} \tag{7-118}$$

式中，μ 为汤姆逊系数，它与材料的性质有关。习惯上，若 I 和$\dfrac{dT}{d\chi}$的方向相同为吸热，即 μ 为正值。

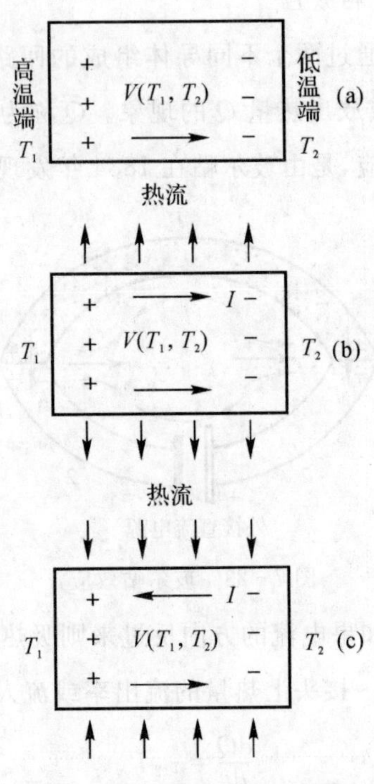

图 7-24　汤姆逊效应的机理

(a)无处加电流；(b)外加电流由高温端流向低温端；(c)外加电流由低温端流向高温端

一个由两种导体组成的回路，当两接触端温度不同时，三种热电效应会同时产生。赛贝克效应产生热电势和热电流，而热电流通过接触点时要吸收或放出玻尔帖热，通过导体时要吸收或放出汤姆逊热。

汤姆逊由热力学理论导出了热电势率 α，玻尔帖系数 π_{12}，汤姆逊系数 μ_1，μ_2 之间的关系式——开尔芬(汤姆逊)关系式

$$\mu_1-\mu_2=T\frac{d\alpha}{dT} \tag{7-119}$$

$$\pi_{12}=\alpha T \tag{7-120}$$

三、热释电性

在某些绝缘介质中，由于温度变化而引起电极化状态改变的现象称为热释电效应。具有热释电效应的物质叫热电体。该效应最初是在电气石上发现的，此外，还有硫酸三甘肽(TGS)、蔗糖、铁电钛酸钡等。

热释电效应只发生在非中心对称并具有极性的晶体中。在 32 类点群晶体中只有 10 类满足此条件。在常温常压下，由于热电体的分子具有极性，其内部存在着很强的未被抵消的电偶极矩，故它的宏观电极化强度不为 0。这种自发极化几乎不受外电场影响，但却很容易受温度的影响。常温下，一般热电体温度变化 1 ℃产生的极化强度约为 $10^{-5}\,C/m^2$，而在恒温下，需

70kV/m 的外电场才能产生同样大的极化强度。

虽然热电体内存在着很强的电场，但通常对外却不显电性，这是因为在热电体宏观电偶极矩的正端表面吸附了一些负电荷，而在其负端表面吸附了一些正电荷，直到它形成的电场被完全屏蔽为止。吸附电荷是一层自由电荷，其来源有两种：一是晶体的微弱导电性导致一些自由电子堆积在表面，二是从大气中吸附的异号离子。一旦温度升高，极化强度减小，屏蔽电荷跟不上极化电荷的变化，而显示极性，温度下降后，极化强度增大，屏蔽响应一时来不及，故显示相反的极性。

从本质上看，热释电效应是温度（热）变化引起了晶体电极化的变化。进一步说，只有晶体存在单一极轴才有可能由于热膨胀引起电极化变化，从而导致热释电效应的必要条件又可归结为晶体具有单极轴或自发极化。

热释电效应的强弱可用热释电系数来描述。设热电体温度均匀地改变了 ΔT（ΔT 较小），宏观永久极化强度改变了 ΔP_0，则热释电系数为

$$P'=\frac{\Delta P_0}{\Delta T} \tag{7-121}$$

热释电材料对温度的敏感性已被用来测量 $10^{-5}\sim10^{-6}$℃这样微小的温度变化。目前性能较好且获得广泛应用的热释电材料有：TGS 及其衍生物、氧化物单晶、高分子压电材料等。热释电红外探测器是一种新型热探测器，广泛用于非接触式温度测量、红外光谱测量、激光参数测量、红外摄像与空间技术等。热释电摄像管结构简单，可用于安全防护与监视、医学热成像、监视热污染等。国内用 ATGSAs 晶体制成的红外摄像管已出口美、意等国。动植物的器官、组织中也都有热释电效应，生物体的热释电性可能对生命过程产生非常重大的影响。

四、压电性

所谓压电效应，顾名思义就是由力产生电的效应。在某些晶体的一定方向上施加压力或拉力，则在晶体的一些对应的表面上分别出现正、负电荷，其电荷密度与施加的外力的大小成正比。这是力致形变而产生电极化的现象，是由居里兄弟于 1880 年在 α 石英晶体上发现的。

压电效应产生于绝缘介质之中，主要是离子晶体中。晶体的非中心对称性是产生压电效应的必要条件。某些各向同性晶体可以被强电场“极化”，并且具有永久性，它也能产生压电效应。压电效应可用图 7－25 形象地加以解释。图 7－25(a)表示非中心对称的晶体中正、负离子在某平面上的投影，此时晶体不受外力，正、负电荷中心重合，电极化强度为零，晶体表面不带电。图 7－25(b)表示在某方向对晶体施加压力，这时晶体发生形变导致正、负电荷中心分离，晶体对外显示电偶极矩，电极化强度不再为零，表面出现束缚电荷，这就是力致电极化。图 7－25(c)表示施加拉力的情况，其表面带电情况与图 7－25(b)相反。如果在晶体的施力面镀上金属电极，就可检测到这种电位差的变化，只是金属电极上由静电感应产生的电荷与晶体表面出现的束缚电荷符号相反，如图 7－25(d)(e)所示，它们分别对应图 7－25(b)(c)的情况。这时电位差的方向与压力或拉力的方位一致，称为纵向压电效应。而有些压电材料，也可能出现图 7－25(f)(g)的情形，即电位差的方位与施力的方位垂直，称为横向压电效应。

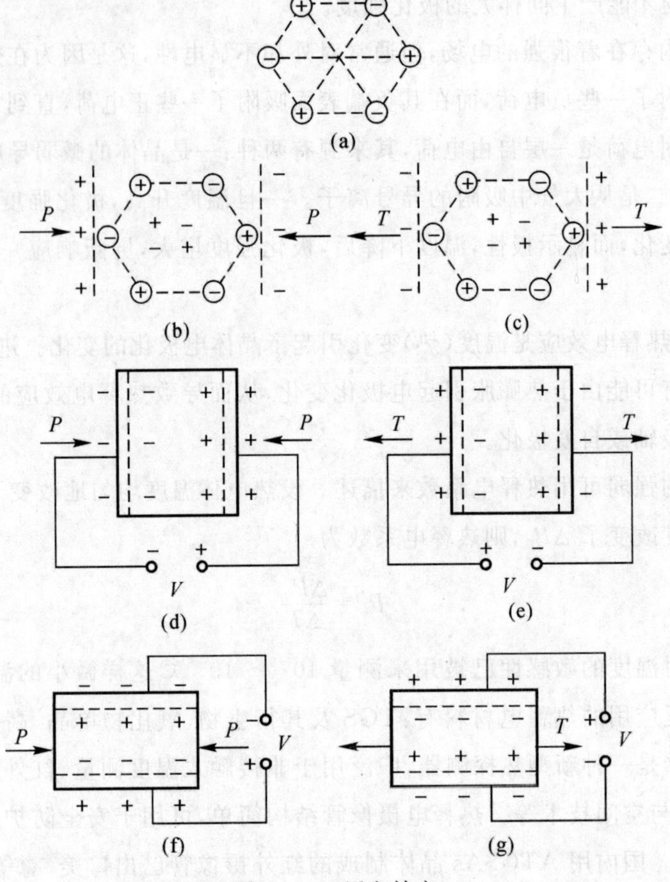

图 7-25 压电效应

压电性晶体用作由机械能转化为电能或电能转化为机械能的换能器应用已有多年了。它的用途很多,例如,用作传声器、话筒、扩声器和立体声拾音器中的双压电晶片;用作保险丝、电磁点火系统和打火器,以及声呐发生器和超声净化器。更为复杂的装置可使用于变压器、滤波器和振荡器中。目前使用最多的压电材料是锆钛酸铅系列陶瓷,考虑到高性能需求兼顾环境友好和可持续发展等因素,探索新的环境友好型无铅压电材料也正是国内外相关领域研究的热点方向。

习 题

1. 电量为 q 的 8 个点电荷分别位于边长为 a 的立方体的各顶角。求其对以下各点的电矩:(1)立方体中心;(2)某一面的中心;(3)某一顶角;(4)某一棱的中点。若 8 个点电荷中 4 个为正电荷、4 个为负电荷,重新计算上述问题。

2. 列举一些材料的极化类型以及其在各种频率下所发生的极化形式。

3. 说明 TiO_2 晶体为什么具有较高的介电常数。

4. 求德拜弛豫方程中 ε'' 吸收峰的半高宽? ε'' 吸收峰高为多少? 出现在什么频率点? ε'' 吸

收峰中(以半高宽为范围)ε''变化了多少?

5.试比较肖特基注入和隧道注入两种电荷注入方式。

6.什么是铁电体,铁电体自发极化的机理是什么?举例说明。

7.说明不同类型的铁电体在居里温度前后,自发极化强度随温度的变化关系。

8.预测下列哪一种晶体可能会显示出压电性(如果有的话):(1)KCl;(2)CaF_2;(3)CsCl;(4)ZnO,纤锌矿;(5)TiO_2,金红石。

第八章　材料的光学性质

光是人们日常接触最多、也是最熟悉的物质之一。光与固体物质的相互作用既有宏观现象也涉及固体内部的微观物理和化学过程,因此通过材料光学性质的研究可以深入认识固体物质的微观结构及性质,是现代材料研究及其应用的重要领域。

本章共有四部分内容:第一节主要讲述固体中通常发生的宏观光学现象,第二节主要讲固体中光吸收的微观机制,第三节讲述了固体的发光机制、常用的发光手段及其应用,第四节专门概述红外光学材料及其应用。

第一节　固体中的一般光学现象

一、光的属性及描述固体光学性质的物理量

光本质上是电磁波,具有波粒二象性(Wave - particle duality)。如表 8 - 1 所示,通常意义上的光波是指从紫外到红外波段很狭窄的一段电磁波,由于频率较小,其波动特性比较明显。

在传播过程中,光服从波动原理,如光的反射和折射就涉及光波的传播问题,通常用电磁波理论进行研究,此时把媒质看作一种连续介质;在与物质相互作用时,光表现出粒子性、被称为光子(Photon),光以最小能量单位——光子能量($h\nu$)的整数倍与物质进行能量交换。光与固体的相互作用,实质上是在光波电磁场的作用下,固体中的电子、原子或离子的运动状态发生了改变,从而吸收或发出光波能量,而这种作用过程通常被看作是光子与电子(Electron)或晶格振动的声子(Phonon)之间的相互作用过程。

与机械波相似,描述电磁波传播的最基本的物理量包括波长(λ),频率(ν),周期(T)、相位(φ)及速度($\boldsymbol{v}$);此外,还有波数(f),波矢($\boldsymbol{K}$)及角频率或圆频率(ω)。其中波数 f 表示单位空间长度内完整波的个数,又被称为空间频率,单位通常为 cm^{-1};波矢 $\boldsymbol{K}$ 的方向与光波传播方向一致。这些物理量之间存在如式(8 - 1)所示的重要关系

$$\begin{cases} \nu=\dfrac{1}{T},\omega=\dfrac{2\pi}{T}=2\pi\nu \\ f=\dfrac{1}{\lambda},K=\dfrac{2\pi}{\lambda} \\ v=\dfrac{\lambda}{T}=\dfrac{\omega}{K} \\ \nu=\dfrac{v}{\lambda} \end{cases} \tag{8-1}$$

其中,K 为 $\boldsymbol{K}$ 的大小,即:$\boldsymbol{K}=K\boldsymbol{S}$,$\boldsymbol{S}$ 为光波传播方向的单位矢量。

表 8-1　电磁波的划分

	辐射名称	波长范围	频率范围	光子能量	产生方法	产生机制	探测方法
波区	无线电波	>300mm	$<10^9$Hz	$<4.13\times10^{-6}$eV	电子线路	电磁振荡	电子线路
波区	微波	300～0.3mm	10^9～10^{12}Hz	4.13×10^{-6}～4.13×10^{-3}eV	行波管、速调管、磁控管	核自旋、电子自旋	晶体
	太赫兹波	3.0mm～30μm	10^{11}～10^{13}Hz	4.13×10^{-4}～4.13×10^{-2}eV			
光区	红外	300～0.76μm	10^{12}～3.945×10^{14}Hz	4.13×10^{-3}～1.63eV	热体、火花	分子转动、振动	热敏元件、光电器件
光区	可见	760～400nm	3.945×10^{14}～7.495×10^{14}Hz	1.63～3.1eV	热体、电弧、灯；激光器	外层电子跃迁	肉眼、照相胶片、光电器件
光区	紫外	400～30nm	7.495×10^{14}～10^{16}Hz	3.1～41.4eV	高压汞灯；激光器	外层电子跃迁	照相胶片、光电倍增管、光电器件
射线区	X射线	300～0.3Å	10^{16}～10^{19}Hz	41.4～41.4×10^4eV	X射线管	内层电子跃迁	照相胶片、离子室、高能探测器
射线区	射线	<0.3Å	$>10^{19}$Hz	$>41.4\times10^4$eV	加速器	原子核跃迁	盖革计数器、高能探测器

对于一个单色平面光波来说，如图 8-1 所示，可用其电矢量表示其波动行为，其波函数可表示为

$$\begin{aligned}\boldsymbol{E}(\boldsymbol{r},t)&=\boldsymbol{E}_0\exp i(K\boldsymbol{S}\cdot\boldsymbol{r}-\omega t)\\&=\boldsymbol{E}_0\exp(iK\boldsymbol{S}\cdot\boldsymbol{r})\exp(-i\omega t)\\&=\boldsymbol{E}_1\exp(-i\omega t)\end{aligned}\tag{8-2}$$

其中 $\boldsymbol{E}_0$ 是电场，$\boldsymbol{r}$ 是空间位置矢量，$K\boldsymbol{S}\cdot\boldsymbol{r}-\omega t$ 为光波在位置 $\boldsymbol{r}$、时刻 t 的相位，$\exp(K\boldsymbol{S}\cdot\boldsymbol{r}-\omega t)$为相位因子。当然，也可用磁矢量 $\boldsymbol{H}(\boldsymbol{r},t)$来表示光波，但在光频段，电矢量对媒质的作用比较显著，而磁矢量的作用很小，所以通常用电矢量 $\boldsymbol{E}(\boldsymbol{r},t)$来表示光波。

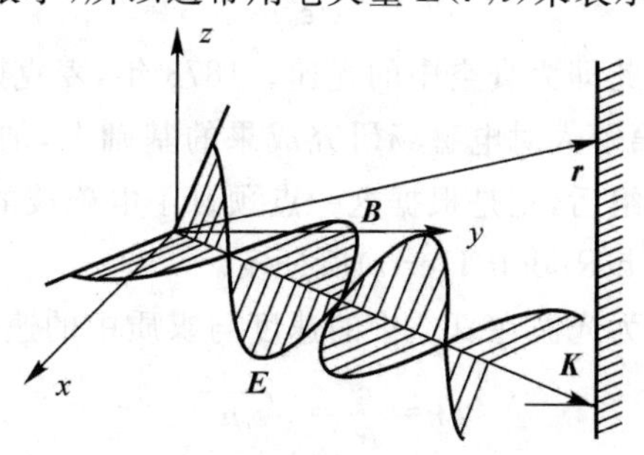

图 8-1　单色平面波入射到固体表面

根据爱因斯坦(Albert Einstein)关于光的波粒二象性假设，光子的能量(E)及动量($\boldsymbol{P}$)服从式(8-3)所示关系，即德布罗意(Louis Victor de Broglie)关系

$$\begin{cases} E = h\nu = \hbar\omega \\ \boldsymbol{P} = \dfrac{h}{\lambda}\boldsymbol{S} = \hbar\boldsymbol{K} \end{cases} \tag{8-3}$$

其中 h 及 $\hbar$ 均称为普朗克常量(Planck constant)，$h = 2\pi\hbar = 6.626\times10^{-34}$ J·s$=4.141\times10^{-15}$eV·s。光子的运动服从量子力学中的薛定谔(Erwin Schrodinger)方程。

固体物质的宏观光学性质通常用折射率(n)、消光系数(κ)或吸收系数(α)等物理量来描述，它们与介电常数(ε)、磁导率(μ)及电导率(σ)等电磁参量有关。这些物理量通常与入射到固体中的光波的频率有关，可表示为$n(\omega)$，$\kappa(\omega)$，$\varepsilon(\omega)$，$\mu(\omega)$，$\sigma(\omega)$等。这些物理量随光波频率而变化的现象被称为色散，此时介电常数被改称为介电响应函数。几乎所有的固体都具有色散，但其色散关系不尽相同。色散是固体的重要光学性质之一。

二、均匀电介质光学性质与电磁参量的关系

根据电磁波理论，在没有净电荷的空间里，电磁波服从式(8-4)所示波动方程

$$\nabla^2\boldsymbol{E} = \varepsilon\mu\frac{\partial^2\boldsymbol{E}}{\partial t^2} + \sigma\mu\frac{\partial\boldsymbol{E}}{\partial t} \tag{8-4}$$

其中$\nabla^2 = \dfrac{\partial^2}{\partial x^2} + \dfrac{\partial^2}{\partial y^2} + \dfrac{\partial^2}{\partial z^2}$，为拉普拉斯算符。

对于均匀电介质来说，其不导电，$\sigma = 0$，则对光不产生吸收，其消光系数 $\kappa=0$、吸收系数 $\alpha=0$。则可把波动方程(8-4)写为

$$\nabla^2\boldsymbol{E} = \varepsilon\mu\frac{\partial^2\boldsymbol{E}}{\partial t^2} \tag{8-5}$$

与波动方程的通用形式$\nabla^2 U = \dfrac{1}{\upsilon^2}\dfrac{\partial^2 U}{\partial t^2}$相比较，可以发现电磁波在不导电均匀介质(即均匀电介质)中的传播速度(相速度)应为

$$\upsilon = \frac{1}{\sqrt{\varepsilon\mu}} = \frac{1}{\sqrt{\varepsilon_0\mu_0\varepsilon_r\mu_r}} \tag{8-6}$$

其中 ε_0 及 μ_0 分别为真空介电常数及真空磁导率，ε_r 及 μ_r 分别为媒质的相对介电常数及相对磁导率。媒质的介电常数可表示为 $\varepsilon=\varepsilon_0\varepsilon_r$，磁导率可表示为 $\mu=\mu_0\mu_r$。由于 ε_0 及 μ_0 是两个常数，所以只有 ε_r 及 μ_r 具有色散性。可以看出，媒质中光的速度也具有色散性，即 $\upsilon(\omega)$。由此可得真空中电磁波的传播速度为

$$c = \frac{1}{\sqrt{\varepsilon_0\mu_0}} \tag{8-7}$$

大小为 $c=2.998\times10^8$ m/s，此即为真空中的光速。1873 年，麦克斯韦(James Clerk Maxwell)在总结奥斯特、安培和法拉第等人对电磁场研究成果的基础上，加入了自己的假设(即位移电流假设)、提出麦克斯韦方程组后，正是根据这一点预言了电磁波的存在及光是电磁波的本质，并于 1888 年为赫兹(Heinrich Rudolf Hertz)所证实。

媒质的折射率可被定义为光波在真空中的速度与媒质中的速度之比，则有

$$n = \frac{c}{\upsilon} = \sqrt{\varepsilon_r\mu_r} \tag{8-8}$$

在光频段，对于一般的非铁磁性物质来说 $\mu_r\approx1$，所以折射率通常可表示为

$$n=\sqrt{\varepsilon_r} \tag{8-9}$$

上式称为麦克斯韦关系。因此，描述均匀电介质的光学性质时，折射率与相对介电常数是等价的。

我们知道，相对介电常数 $\varepsilon_r=1+\chi_e$，其中 χ_e 为介质的极化率。因此，相对介电常数是表征介质材料的介电性质或极化性质的物理量。当光波进入介质内部时，在电场作用下，组成介质的微观粒子的正、负电中心发生相对位移，产生极化。正是由于光波电磁场与介质中的原子、离子及电子等微观粒子的这种相互作用，才使其在介质中的传播速度降低、发生折射现象。

根据式(8-1)，在无吸收均匀电介质中，光的波函数式(8-2)也可表示为

$$\boldsymbol{E}(\boldsymbol{r},t)=\boldsymbol{E}_0\exp i\left(\frac{2\pi}{\lambda}\boldsymbol{S}\cdot\boldsymbol{r}-\omega t\right) \tag{8-10}$$

由于 $\lambda=\frac{\upsilon}{\nu}$，$\lambda_0=\frac{c}{\nu}$，$\upsilon=\frac{c}{n}$，其中 λ 为光波在介质中的波长，λ_0 为光波在真空中的波长。所以上式可写为

$$\boldsymbol{E}(\boldsymbol{r},t)=\boldsymbol{E}_0\exp i\left(\frac{2\pi n}{\lambda_0}\boldsymbol{S}\cdot\boldsymbol{r}-\omega t\right) \tag{8-11}$$

上式表明，当光波在均匀电介质中传播时不会发生衰减，其振幅为 $\boldsymbol{E}_0$ 保持不变，其位相受到折射率 n 的影响。

三、均匀吸收媒质光学性质与电磁参量的关系

对于均匀吸收(或导电)媒质来说，如金属，$\sigma\neq0$，$\kappa\neq0$，$\alpha\neq0$。把光的波函数式(8-2)中的电场 $\boldsymbol{E}$ 对时间 t 分别求一阶及二阶导数，则可得

$$\frac{\partial\boldsymbol{E}}{\partial t}=\frac{i}{\omega}\frac{\partial^2\boldsymbol{E}}{\partial t^2} \tag{8-12}$$

把上式代入波动方程式(8-4)，可得

$$\nabla^2\boldsymbol{E}=\mu\left(\varepsilon+i\frac{\sigma}{\omega}\right)\frac{\partial^2\boldsymbol{E}}{\partial t^2} \tag{8-13}$$

比较式(8-13)和式(8-5)可以发现二者形式上相同，于是令：

$$\tilde{\varepsilon}=\varepsilon+i\frac{\sigma}{\omega}=\varepsilon+i\varepsilon' \tag{8-14}$$

$\tilde{\varepsilon}$ 即为均匀导电介质或吸收介质的复介电响应函数，其实部为介电函数 ε，虚部 $\varepsilon'=\frac{\sigma}{\omega}$。于是有

$$\tilde{\varepsilon}_r=\frac{\tilde{\varepsilon}}{\varepsilon_0}=\varepsilon_r+i\frac{\sigma}{\omega\varepsilon_0}=\varepsilon_r+i\varepsilon'_r \tag{8-15}$$

$\tilde{\varepsilon}_r$ 即为相对复介电响应函数，其实部为相对介电常数 ε_r，虚部 $\varepsilon'_r=\frac{\sigma}{\omega\varepsilon_0}$。对于吸收介质来说，其相应的光学参量均用复数来表示。

复相速度：$\tilde{\upsilon}=\upsilon_1+i\upsilon_2=\frac{1}{\sqrt{\tilde{\varepsilon}\mu}}$ (8-16)

复折射率：$\tilde{n}=n+i\kappa=\frac{c}{\tilde{\upsilon}}=\sqrt{\frac{\tilde{\varepsilon}\mu}{\varepsilon_0\mu_0}}$ (8-17)

复波矢：$\begin{cases}\boldsymbol{K}=\boldsymbol{K}_1+i\boldsymbol{K}_2\\ \tilde{K}=\frac{\omega}{\tilde{\upsilon}}\end{cases}$ (8-18)

其中 $\widetilde{K}$ 为复波矢$\widetilde{\boldsymbol{K}}$的大小。则波函数式(8－2)可改写为

$$\begin{aligned}\boldsymbol{E}(\boldsymbol{r},t)&=\boldsymbol{E}_0\exp i(\widetilde{\boldsymbol{K}}\cdot\boldsymbol{r}-\omega t)\\&=\boldsymbol{E}_0\exp i[(\boldsymbol{K}_1+i\boldsymbol{K}_2)\cdot\boldsymbol{r}-\omega t]\\&=\boldsymbol{E}_0\exp(-\boldsymbol{K}_2\cdot\boldsymbol{r})\cdot\exp i(\boldsymbol{K}_1\cdot\boldsymbol{r}-\omega t)\\&=\boldsymbol{E}_1\exp i(\boldsymbol{K}_1\cdot\boldsymbol{r}-\omega t)\end{aligned}\tag{8-19}$$

其中 $\boldsymbol{E}_1=\boldsymbol{E}_0\exp(-\boldsymbol{K}_2\cdot\boldsymbol{r})$,表示在吸收媒质中,振幅大小为 E_0(即 $\boldsymbol{E}_0$ 的模)的光波经过时间 t 后传播到 $\boldsymbol{r}$ 处,其振幅变为 E_1(即 $\boldsymbol{E}_1$ 的模)。这表明,光波在吸收媒质中传播时,其振幅是以复波矢虚部 K_2(即 $\boldsymbol{K}_2$ 的模)为指数的方式进行衰减。因此,在复波矢中,$\boldsymbol{K}_1$ 即为光波传播的波矢,而 K_2 为光波振幅的衰减系数。此时,光波的等相位面和等振幅面并不重复,等相位面与 $\boldsymbol{K}_1$ 垂直,而等振幅面与 $\boldsymbol{K}_2$ 垂直。由于光波的能量 I 与振幅平方成正比,则:

$$I(\boldsymbol{r})=I_0\exp(-2\boldsymbol{K}_2\cdot\boldsymbol{r})\tag{8-20}$$

因此,媒质的吸收系数 α 为

$$\alpha=2K_2\tag{8-21}$$

式(8－20)即为布格-朗伯定律(Bouguer－Lambert law)。吸收系数 α 的量纲是长度的倒数,通常取 cm^{-1}。若 α 与光的强度无关,则称吸收是线性的;若光的强度很大,则吸收与光的强度有关、吸收为非线性的,布格-郎伯定律不再成立。

对于复折射率 $\tilde{n}$ 来说,其实部就是固体的折射率 n,虚部就是消光系数 κ。把式(8－14)代入式(8－17),并对两边求平方,可得:

$$(n+i\kappa)^2=\frac{\left(\varepsilon+i\dfrac{\sigma}{\omega}\right)\mu}{\varepsilon_0\mu_0}$$

$$\Rightarrow\begin{cases}n^2-\kappa^2=\varepsilon_r\mu_r\\2n\kappa=\dfrac{\sigma\mu_r}{\omega\varepsilon_0}\end{cases}\tag{8-22}$$

对于非铁磁性材料,$\mu_r\approx1$,则求解式(8－22)可得:

$$\begin{cases}n^2=\dfrac{1}{2}\varepsilon_r\left\{\left[1+\left(\dfrac{\sigma}{\omega\varepsilon_0\varepsilon_r}\right)^2\right]^{\frac{1}{2}}+1\right\}\\\kappa^2=\dfrac{1}{2}\varepsilon_r\left\{\left[1+\left(\dfrac{\sigma}{\omega\varepsilon_0\varepsilon_r}\right)^2\right]^{\frac{1}{2}}-1\right\}\end{cases}\tag{8-23}$$

式(8－22)及式(8－23)即为吸收媒质的光学参量与电磁参量之间的关系。因此,描述均匀吸收介质的光学性质时,用折射率 n 及消光系数 κ(即复折射率 $\tilde{n}$ 的实部及虚部)与用相对复介电常数 $\tilde{\varepsilon}_r$ 的实部 ε_r 及虚部 ε'_r 是等价的。从式(8－23)可以看出,当 $\sigma=0$ 时,$\kappa=0$,$n=\sqrt{\varepsilon_r}$,即为电介质材料。

由于 n,κ 及 ε_r,ε'_r 均有色散性,即它们均随着入射光的频率(或波长)而变化,所以材料的光学性质通常使用 n 和 κ 或 ε_r 和 ε'_r 的色散关系来描述。对电介质的色散特性可以用最简单的单振子模型进行直观的解释。在单振子模型中,把介质中的原子或分子看作是以固有频率 ω_0 进行振荡的一个个谐振子(即电子绕着原子核进行振荡),当频率为 ω 的光入射到介质中时这些谐振子就在光波电场的作用下进行受迫振荡。则 ε_r 和 ε'_r 与 ω 的关系可表示为

$$
\begin{cases}
\varepsilon_r = 1 + \dfrac{N}{\varepsilon_0}\chi_e, \varepsilon'_r = 1 + \dfrac{N}{\varepsilon_0}\chi'_e \\[2ex]
\chi_e = \chi_{e0} \dfrac{1 - \left(\dfrac{\omega}{\omega_0}\right)^2}{\left[1 - \left(\dfrac{\omega}{\omega_0}\right)^2\right]^2 + \left(\dfrac{\gamma}{\omega_0}\right)^2 \left(\dfrac{\omega}{\omega_0}\right)^2} \\[2ex]
\chi'_e = \chi_{e0} \dfrac{\left(\dfrac{\gamma}{\omega_0}\right)\left(\dfrac{\omega}{\omega_0}\right)}{\left[1 - \left(\dfrac{\omega}{\omega_0}\right)^2\right]^2 + \left(\dfrac{\gamma}{\omega_0}\right)^2 \left(\dfrac{\omega}{\omega_0}\right)^2}
\end{cases}
\tag{8-24}
$$

其中，N 是材料中单位体积内的原子数目（即谐振子数目），χ_e 及 χ'_e 分别为原子极化率的实部及虚部，χ_{e0} 是原子的直流极化率（即 $\omega=0$ 时的极化率），γ 是电磁波在材料中的损耗系数。则根据公式(8－15)、式(8－23)及式(8－24)，可以研究 n 及 κ 的色散性质。图 8－2 给出了单振子模型下 n 及 κ 随归一化频率 ω/ω_0 的变化关系。可以看出，n 和 κ 的峰值都出现在 $\omega=\omega_0$ 的附近。此时，入射光的频率和谐振子固有频率相等，谐振子在入射光电场的作用下产生了共振，因此谐振子从入射光波中获得的能量最大，即材料对光波的吸收最强，因此 κ 出现峰值。在 $\omega<\omega_0$ 的区域，n 和 κ 均随 ω 的增大而增大，即随波长 λ 的增大而减小，这种现象称为正常色散；在 $\omega>\omega_0$ 的区域，n 和 κ 均随 ω 的增大而减小，即随波长 λ 的增大而增大，这种现象称为反常色散。

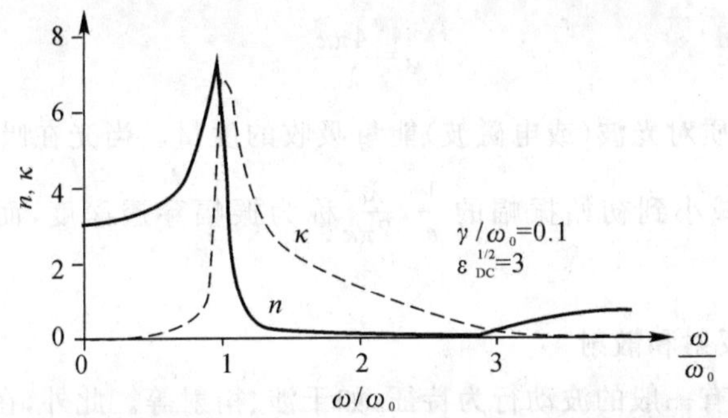

图 8－2　单振子模型下 n 及 κ 随归一化频率 $\dfrac{\omega}{\omega_0}$ 的变化关系曲线

图 8－3 是 Si 晶体的 ε_r，ε'_r 及 n，κ 的色散关系曲线。显然其色散关系曲线比图 8－2 中的曲线复杂得多。单振子模型过于简单，在实际中认为原子或分子的振动是由具有频率 ω_i 的一系列谐振子的振动叠加而成。这些振动在光子的作用下发生量子跃迁。

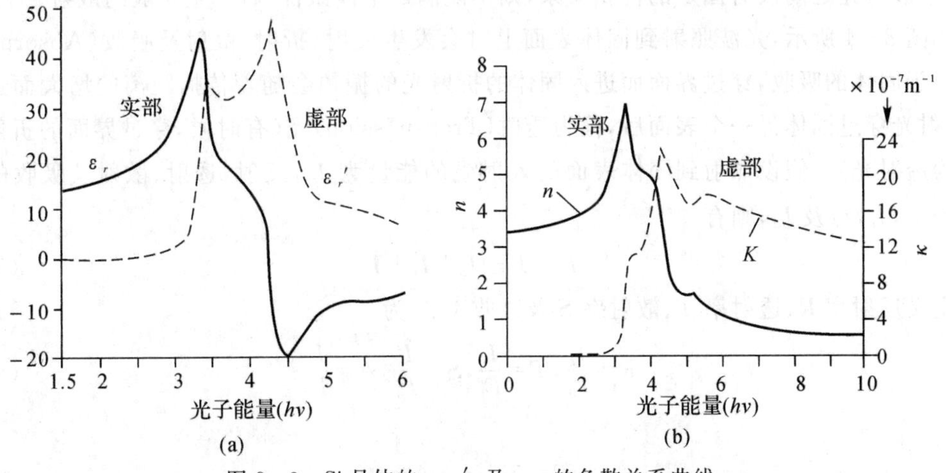

图 8－3　Si 晶体的 ε_r，ε'_r 及 n，κ 的色散关系曲线

人们对折射率的色散关系进行了大量的研究，建立了很多模型，其中最普遍的有赛尔迈耶尔(Sellmeier)色散公式，柯西(Cauchy)色散公式，WDD(Wemple - DiDomenico)色散公式等，在此不再展开叙述。

当光波在吸收媒质中传播时，用式(8 - 11)所表示的波函数中的折射率 n 应该用复折射率 $\tilde{n}$ 来代替，则式(8 - 11)可改写为

$$\boldsymbol{E}(\boldsymbol{r},t)=\boldsymbol{E}_0\exp i\left(\frac{2\pi\tilde{n}}{\lambda_0}\boldsymbol{S}\cdot\boldsymbol{r}-\omega t\right)$$

$$\Rightarrow\boldsymbol{E}(r,t)=\boldsymbol{E}_0\exp i\left[\frac{2\pi(n+i\kappa)}{\lambda_0}\boldsymbol{S}\cdot\boldsymbol{r}-\omega t\right]$$

$$\Rightarrow(r,t)=\boldsymbol{E}_0\exp\left[-\frac{2\pi\kappa}{\lambda_0}(\boldsymbol{S}\cdot\boldsymbol{r})\right]\cdot\exp i\left(\frac{2\pi n}{\lambda_0}\boldsymbol{S}\cdot\boldsymbol{r}-\omega t\right)\tag{8-25}$$

上式中 $\boldsymbol{S}$ 为光波的传播方向上的单位矢量。比较式(8 - 25)与式(8 - 19)可得

$$\begin{cases}K_1=\dfrac{2\pi}{\lambda_0/n}\\K_2=\dfrac{2\pi}{\lambda_0/\kappa}\end{cases}\tag{8-26}$$

同时可得吸收系数与消光系数之间的关系：

$$\alpha=\frac{4\pi\kappa}{\lambda_0}\tag{8-27}$$

因此，消光系数 κ 是媒质对光波(或电磁波)能量吸收的度量。当光在吸收媒质中的传播距离 $\boldsymbol{S}\cdot\boldsymbol{r}=\frac{\lambda_0}{2\pi\kappa}$ 时，其振幅减小到初始振幅的 $\frac{1}{e}$，$\frac{\lambda_0}{2\pi\kappa}$ 称为振幅穿透深度，而把 $\frac{\lambda_0}{4\pi\kappa}$ 称为光强穿透深度。

四、光波的折射、反射和散射

光作为电磁波，具有一般的波动行为特征，如干涉、衍射等。此外，在两种折射率不同的媒质的分界面上会发生反射(Reflection)，从一种媒质通过分界面进入另一种媒质时会发生折射(Refraction)，遇到尺寸与光波长相当的障碍物时会发生散射(Scattering)等。本质上，衍射是散射和干涉综合作用的结果。如果散射光之间有特定的位相关系，能满足干射条件，则形成衍射；如果散射光之间没有固定的位相关系，则不能满足干涉条件，就产生一般的散射。

如图 8 - 4 所示，光波照射到固体表面上时会发生反射、折射、散射及吸收(Absorption)。其中由于固体的吸收，穿过界面而进入固体的折射光的振幅会随着传播距离的增大而逐渐减小；折射光穿过固体另一个表面后，称为透射(Transmission)光(有时候，穿过界面的折射光也被称为透射光)。假设照射到固体表面的入射光的能量为 I_0，反射、透射、散射及吸收的能量分别为 I_r，I_t，I_s 及 I_a，则有

$$I_0=I_r+I_t+I_s+I_a\tag{8-28}$$

分别定义反射率 R、透射率 T、散射率 S 及吸收率 A 为

$$R=\frac{I_r}{I_0},T=\frac{I_t}{I_0},S=\frac{I_s}{I_0},A=\frac{I_a}{I_0}\tag{8-29}$$

则有

$$R+T+S+A=1\tag{8-30}$$

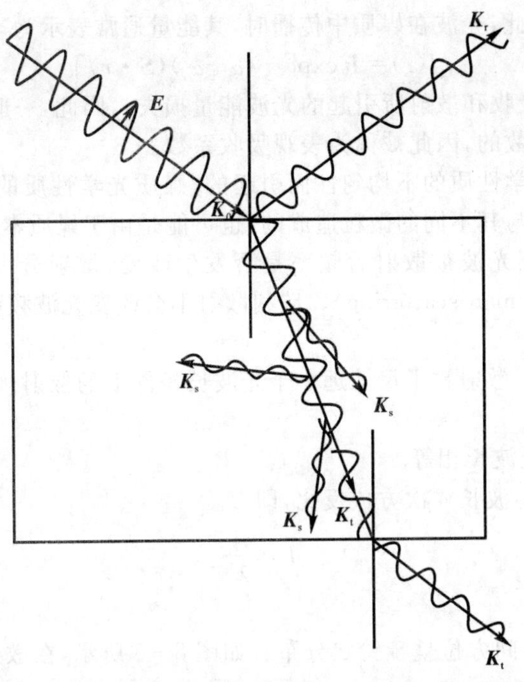

图 8-4　单色平面光波入射到固体上发生的波动行为

对于各向同性的无吸收及无散射的电介质来说，$S=0$，$A=0$，则根据波动光学理论，当光从电介质 1(折射率为 n_1)垂直穿过交界面进入电介质 2(折射率为 n_2)，其反射率 R 可表示为

$$R=\left(\frac{n_1-n_2}{n_1+n_2}\right)^2 \tag{8-31}$$

则

$$T=1-R=\frac{4n_1n_2}{(n_1+n_2)^2} \tag{8-32}$$

对于无吸收媒质来说，光的反射、折射及散射实际上是光在传播过程中，其能量在空间的分布发生了改变，而总的光能量不会发生变化。

当介质 2 为吸收媒质时，反射率为

$$R=\frac{(n_1-n_2)^2+\kappa_2^2}{(n_1+n_2)^2+\kappa_2^2} \tag{8-33}$$

从公式(8-33)可以看出，当 κ 非常大时，即介质吸收非常严重时，反射率接近于 1，即当媒质对某一波长的光吸收很大时则对这一频率的光的反射也很大。

若光不是垂直入射，则电场矢量的 s 分量(垂直于入射面的电矢量分量，即 TE 波)和 p 分量(平行于入射面的电矢量分量，即 TM 波)的反射率及透射率是不相同的，且反射光的位相也可能会发生变化。

在分光光度法中还有一个物理量，称为吸光度(A')：

$$A'=-\ln T=\ln\frac{I_0}{I_t} \tag{8-34}$$

对于气体或溶液来说：

$$A'=abc \tag{8-35}$$

上式即为郎伯-比尔定律(Lambert-Beer law)，其中 a 为吸光系数(L/(g·cm))，b 为光穿过气体或溶液的厚度(cm)，c 为气体或溶液内吸光物质的浓度(g/L)。

与媒质吸收引起的光波能量的衰减类似，媒质中的散射也使光波能量呈指数形式衰减：

$$I(\boldsymbol{r})=I_0\exp[-\alpha'(\boldsymbol{S}\cdot\boldsymbol{r})] \tag{8-36}$$

其中 α' 为散射系数。因此，光波在媒质中传播时，其能量通常表示为

$$I(\boldsymbol{r})=I_0\exp[-(\alpha+\alpha')(\boldsymbol{S}\cdot\boldsymbol{r})] \tag{8-37}$$

而实际上，很难区分开吸收和散射所引起的光波能量损失。因此，一般情况下测得的吸收系数实际上是包含了散射系数的，因此被称为表观吸收系数。

散射是由于媒质光学性质的不均匀性而引起的，媒质光学性质的不均匀性可能是由于均匀媒质中分散着折射率与其不同的微粒造成的，也可能是由于媒质本身的不均匀结构(如密度的不均匀)造成的。根据光波被散射后频率是否发生改变，散射分为瑞利(Rayleigh scattering)散射和拉曼散射(Raman scattering)。瑞利散射不会改变光波频率，而拉曼散射会使光波频率发生改变。

1871 年，瑞利导出了散射粒子尺寸远小于光波长条件下的散射规律，即瑞利散射，它具有以下几点特征。

(1)散射光与入射光波长相等。

(2)散射光强度 I_s 与波长 4 次方成反比，即

$$I_s\propto\frac{1}{\lambda^4} \tag{8-38}$$

上式即为瑞利散射定律。

(3)散射光强度在空间方位呈哑铃状分布。如图 8-5 所示，在散射角 θ 方向上，散射光强度为

$$I(\theta)=I_{\pi/2}(1+\cos^2\theta) \tag{8-39}$$

其中 $I_{\pi/2}$ 为散射角为 $\pi/2$ 的散射光强度。

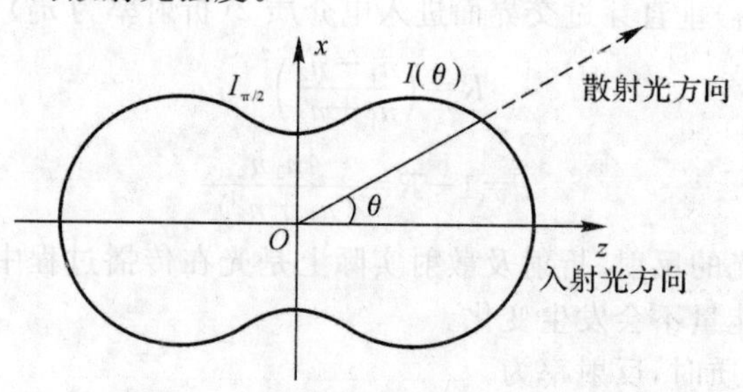

图 8-5　散射光强度的空间方位分布

(4)自然光入射时，与入射方向垂直方向的散射光为线偏振光，平行或反平行方向的散射光为自然光，其它方向的散射光为部分偏振光。

但 G. Mie 于 1908 年计算指出，当散射粒子尺寸与入射光波长之比很小(<0.1)时，瑞利散射成立；当这一比值较大(0.1~10)时，散射光强度与波长的依赖关系逐渐减弱，并且随波长增大交替出现极大和极小值，且其极大和极小值的幅度逐渐减小。这种散射被称为米氏散射。

拉曼散射又称拉曼效应。当光通过媒质时，散射光中除了出现与原入射光相同频率的光波外，还出现另外的光波，它们的频率对称地出现在入射光波频率的两侧。拉曼散射具有如下特征。

(1)散射光中有与入射光波频率 ν_0 相同频率的光(瑞利线)，其两侧还分布着频率为 $\nu_0\pm\nu_1,\nu_0\pm\nu_2,\nu_0\pm\nu_3,\cdots(\nu_1,\nu_2,\nu_3$ 称为拉曼频率)的谱线(拉曼线)，其中长波一侧的称为红伴线(斯托克斯线)、短波一侧的称为紫伴线(反斯托克斯线)。

(2)瑞利谱线和拉曼谱线总是同时出现，前者强度比后者要大三个数量级。

(3)拉曼频率与入射光频率无关，只与媒质分子的固有振动频率有关，一般在红外波段。

拉曼散射可以用量子力学理论进行很好的解释。当入射光的光子(频率 ν_0)与媒质分子振

动的声子(频率 ν_j，$j=1,2,\cdots$)相互作用(即碰撞)时，若发生弹性碰撞，则光子与声子之间不发生能量交换，光子被声子散射后其频率保持不变，此即为瑞利散射。若发生非弹性碰撞，则声子会被激发到较高的激发态，如图 8－6 所示，声子可能具有若干振动频率、则相应的会有若干能级。若声子是从低能级 E_1 被激发到激发能级，然后又跃迁回高能级 E_2，则会发出光子 $h\nu'$：

$$\nu'=\nu_0-\frac{E_2-E_1}{h} \tag{8-40a}$$

这即为拉曼散射中的斯托克斯线。若光子 $h\nu_0$ 与处于高能级 E_2 的声子相互作用，使之激发后又跃迁回低能级 E_1，则会发出光子 $h\nu''$：

$$\nu''=\nu_0+\frac{E_2-E_1}{h} \tag{8-40b}$$

此即为反斯托克斯线。由于一般情况下处于高能级的声子数目比处于低能级的声子数目要少，所以反斯托克斯线总是比斯托克斯线要弱，但随着温度升高，反斯托克斯线的强度会明显增大。

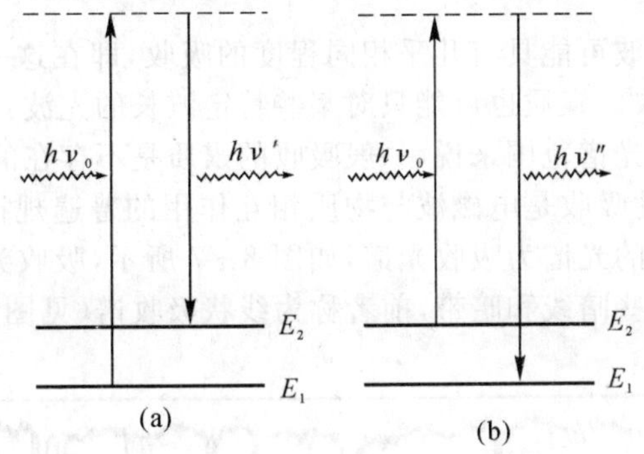

图 8－6　拉曼散射斯托克斯线(a)及反斯托克斯线(b)的产生过程示意图

光的散射现象有广泛的应用，通过测量散射光可以测定散射粒子的浓度、大小、形状和取向等，尤其是通过测量特征拉曼光谱确定物质分子和原子的结构，被广泛用于物理及化学分析测试中。

五、光波在各向异性媒质中的传播

所谓各向异性，是指媒质在不同方向上的光学性质是不相同的。单晶体是常见的各向异性媒质，由于在不同晶向上其结构通常不同，因此具有各向异性。双折射、旋光效应等是光在各向异性晶体中传播时所发生的光学现象。

让一束光入射到各向异性晶体表面，一般情况下在晶体内会产生两束折射光，这种现象称为双折射。在双折射中，一束折射光遵守折射定律(斯涅耳定律)，被称为寻常光(o 光，即 ordinary light)；另一束折射光被称为非常光(e 光，即 extraordinary light)，一般情况下 e 光不遵守折射定律，即其折射线一般不在入射面内，并且当两媒质一定时 $\sin\theta_1/\sin\theta_2$($\theta_1$，$\theta_2$ 分别为入射角与折射角)随入射角 θ_1 的改变而变化。e 光的传播方向不仅与光的入射方向有关，还与晶体的取向有关。晶体中存在一个特殊方向，沿此方向传播的光不发生双折射，这一特殊方向称为晶体的光轴。

光波在各向异性媒质中的传播可通过求解麦克斯韦方程组和表示物质各向异性的物质方程得到。在各向异性晶体中，其介电常数在不同方向上具有不同的值，是一个张量$[\varepsilon_{ij}]$($i=1,2,3$，$j=1,2,3$)，称为介电张量，因此其折射率及消光系数也为张量。在无吸收，无旋光性情况下，ε_{ij} 是实数，则$[\varepsilon_{ij}]$是一对称张量：

$$\begin{bmatrix}\varepsilon_x & 0 & 0\\ 0 & \varepsilon_y & 0\\ 0 & 0 & \varepsilon_z\end{bmatrix}$$

当 $\varepsilon_x=\varepsilon_y\neq\varepsilon_z$ 时，晶体只有一个光轴，称为单轴晶体；当 $\varepsilon_x\neq\varepsilon_y\neq\varepsilon_z$ 时，晶体有两个光轴，称为双轴晶体。单斜、三斜晶体为双轴晶体，三角、四方、六角、正交晶体为单轴晶体，而立方晶系不具有各向异性。

旋光效应是，当偏振光在晶体中传播时，其振动面会以光的传播方向为轴线发生旋转的现象。阿拉果(Arago)于 1811 年在石英晶体中发现了旋光效应。对于无吸收而有旋光效应的晶体，其介电张量为复张量，其虚部为反对称张量，由旋光性引起。复介电张量具有厄米性，即对称位置的元素互为共轭。

对光波在晶体中的传播规律的研究已发展为“晶体光学”这一分支学科。

第二节　材料中的光吸收

一、固体的吸收光谱

媒质对某一波段的光波可能具有几乎相同程度的吸收，即在这一波段的吸收系数是不变的，这种吸收称为一般吸收。媒质也可能只对某些特定波长的光波具有很强的吸收，这种吸收称为选择性吸收。就整个光谱范围来说，一般吸收的媒质是不存在的，因此一般吸收都是针对某一波段来说的；而选择性吸收是电磁波与物质相互作用的普遍规律。让具有连续光谱的光波通过吸收媒质后所形成的光谱为吸收光谱，如图 8-7 所示，吸收光谱形式上是在入射光的连续光谱背景上出现了一些暗线和暗带，前者称为线状吸收谱(见图 8-7(a))，后者称为带状吸收谱(见图 8-7(b))。

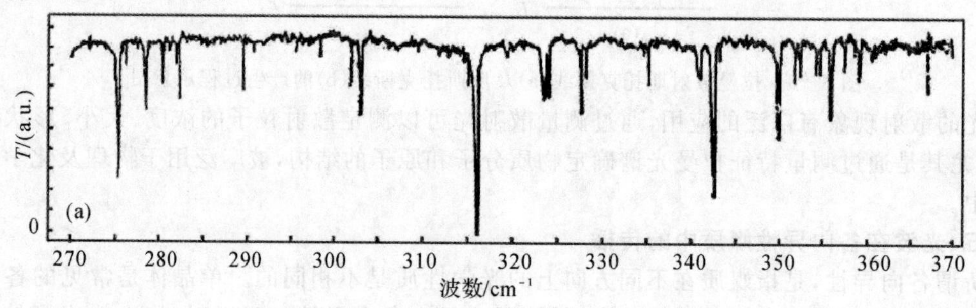

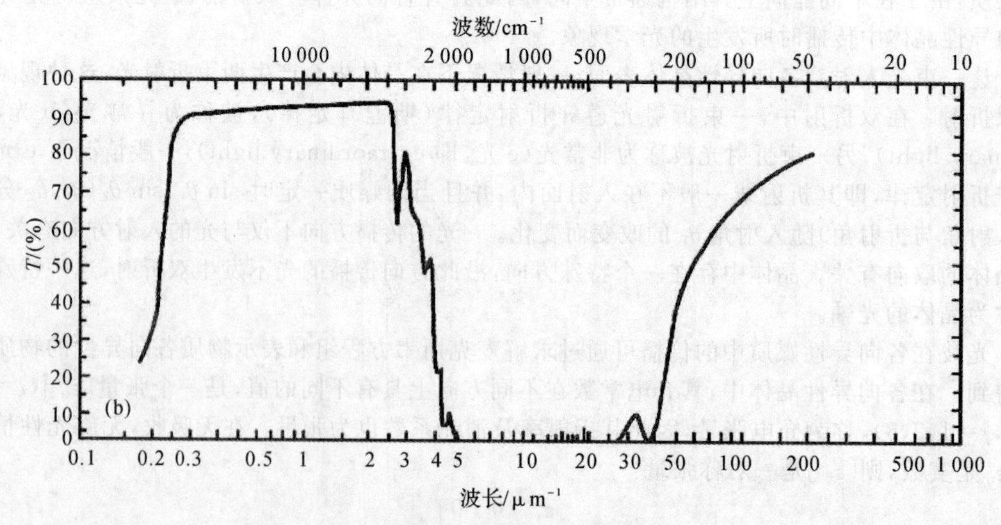

图 8-7　两种吸收光谱

(a)磷掺杂单晶硅的线状吸收光谱；(b)吸石英的带状吸收光谱

根据经典电磁理论,可对吸收光谱进行如下初步解释。构成物质的原子或分子可被看作是一系列弹性偶极振子的组合,其中每个振子有一定的固有振动频率,于是原子或分子就有一系列的固有频率。这种偶极振子在外来电磁场的驱动下作受迫振动,如果外场的频率等于该振子的固有频率,则其振幅达到最大,振子从外场中吸收的能量最多,在吸收光谱中形成一条条与振子固有频率相应的暗线。从微观上说,物质吸收光波与物质内的微观粒子及其运动过程密切相关。某一频率的光波若能使粒子(电子、声子等)从某一较低能级跃迁到某一较高能级,则该频率的入射光就能够被此物质强烈吸收。对于原子来说,每一种元素的原子都有自己独有的能级结构,相应地也具有自己特有的吸收谱线,称为该元素的特征谱线或标识谱线,它犹如人的指纹一样各不相同。固体物质的结构及其组成粒子的运动较为复杂,形成了能带,这时其吸收既可形成尖锐的吸收峰,也可形成宽的带状谱。光谱分析是研究物质结构的重要方法。

电磁波理论证明,当物体对某种频率的光的吸收系数很大时,它对该频率的光的反射率也大。若电介质具有很强的吸收带,则它对吸收带附近频率的光也有很强的反射,这称为选择性反射。

二、K－K 关系

媒质的宏观光学特性是由折射率 n 和消光系数 κ 来描述的,而 κ 主要与媒质的吸收特性有关,n 和 κ 又是材料复折射率 $\tilde{n}$ 的实部与虚部。本质上来讲,n 和 κ 均是由光场作用下媒质中微观粒子的运动决定的,那么它们是不是两个独立的物理量呢?从公式(8－23)可以知道,n 和 κ 都与材料的电导率及介电响应函数相关,并且均具有色散性,因此我们可以设想材料的折射率 n 和消光系数 κ 之间可能存在一定的内在联系。事实上,克喇末斯(Kramas)与克朗尼格(Krönig)首先独立地研究了这个问题,并得出结论:凡是由因果律(The Law of Causality)决定的光学响应函数,其实部和虚部之间并不完全独立,并由此得出描述光学常数之间内在联系的一系列关系式,被称为 K－K 关系。K－K 关系是从物理实验结果的事实出发,根据因果律原理和光学常数的基本性质,运用数学方法推导出的,它不依赖于具体的物理模型。因果律的内涵是物理结果只能发生在物理作用之后,而不是在之前,物理结果是其前面的所有物理作用的累积所产生的效果。固体中某一点在时刻 $t=0$ 时的光学响应取决于该点在 $t\leqslant 0$ 期间所受的作用,也就是说效应只能发生在作用之后。在光学现象中,光波入射到固体上时引起组成该固体的电子和原子核的运动,发生一系列物理过程,如介质的极化等,因此固体的介电响应函数也是光学响应函数,用因果律可表示为

$$\boldsymbol{P}(t)=\varepsilon_0\int_0^{\infty}F(t')\boldsymbol{E}(t-t')\mathrm{d}t' \tag{8-41}$$

其中,$\boldsymbol{P}$ 为极化强度矢量,$\boldsymbol{E}$ 为电场强度矢量,F 表示介质极化对外加电场的响应。公式(8－41)实际上是一个卷积,表明 $\boldsymbol{P}$ 与 t 时刻之前所有的 $\boldsymbol{E}$ 有关,也反映了介质极化跟不上光场变化的事实。根据式(8－15)、式(8－17)及式(8－22),作为光学响应函数时,相对复介电响应函数与复折射率是等价的,因此 ε_r 与 ε_r',n 与 κ 分别满足 K－K 关系。

ε_r 与 ε_r' 的 K－K 关系为

$$\begin{cases}\varepsilon_r(\omega)=1+\dfrac{2}{\pi}p\displaystyle\int_0^{\infty}\dfrac{\omega'\varepsilon'_r(\omega')}{\omega'^2-\omega^2}\mathrm{d}\omega'\\[2ex]\varepsilon'_r(\omega)=-\dfrac{2\omega}{\pi}p\displaystyle\int_0^{\infty}\dfrac{\varepsilon_r(\omega')}{\omega'^2-\omega^2}\mathrm{d}\omega'\end{cases} \tag{8-42}$$

上式中的 $p\int_0^{\infty}$ 表示柯西积分的主值:$p\int_0^{\infty}\equiv\lim\limits_{a\to 0}\left(\int_0^{\omega-a}+\int_{\omega+a}^{\infty}\right)$。$\varepsilon_r$ 与 ε_r' 的 K－K 关系式(8－42)表示,相对复介电响应函数的实部(虚部)在某个频率下的值,可通过其虚部(实部)在尽可能宽的频率范围内积分得到。

与媒质的吸收相关的 ε_r' 谱可能是由一组特定的跃迁所引起,呈线状吸收谱(即对 ω 是局域

化的)，因此通过式(8－42)的积分求 ε_r 时变得比较简单。根据公式(8－15)，用电导率 σ 代替 ε_r' 更为方便，即可得到

$$\varepsilon_r(\omega)=1+\frac{2}{\pi\varepsilon_0}p\int_0^{\infty}\frac{\sigma(\omega')}{\omega'^2-\omega^2}\mathrm{d}\omega' \tag{8-43}$$

上式积分实际上是在一个范围很窄的吸收峰的频率范围内进行。

n 与 κ 的 K－K 关系为

$$\begin{cases} n(\omega)=1+\dfrac{2}{\pi}p\displaystyle\int_0^{\infty}\frac{\omega'\kappa(\omega')}{\omega'^2-\omega^2}\mathrm{d}\omega' \\ \kappa(\omega)=-\dfrac{2\omega}{\pi}p\displaystyle\int_0^{\infty}\frac{[n(\omega')-1]}{\omega'^2-\omega^2}\mathrm{d}\omega' \end{cases} \tag{8-44}$$

同样，公式(8－44)表示，如果知道了复折射率的实部(或虚部)的色散关系，则可由 K－K 关系推导出虚部(或实部)的色散关系。公式(8－44)对于电介质及半导体(无自由载流子吸收)来说是正确的。由吸收系数与消光系数的关系 $\alpha=4\pi\kappa/\lambda$ 可得

$$n(\lambda)=1+\frac{1}{2\pi^2}\int_0^{\infty}\frac{\alpha(\lambda')}{1-\left(\lambda'/\lambda\right)^2}\mathrm{d}\lambda' \tag{8-45}$$

从上式可知，原则上，如果吸收光谱已知，则可从吸收光谱求出折射率的色散关系，但实际上只能确定一个有限波长区域内的吸收光谱，在这个区域外的积分只能靠推测得到，因此上式中的积分实际上只对吸收峰的波长范围进行。当 $\lambda\rightarrow\infty$，即直流状况下时，上式变为

$$n_0=1+\frac{1}{2\pi^2}\int_0^{\infty}\alpha(\lambda)\mathrm{d}\lambda \tag{8-46}$$

该式表明，对长波来说，其折射率由吸收系数与波长的关系曲线所覆盖的积分总面积确定，而与吸收带的位置无关。Gibson 等人测量了 PbTe 晶片在很宽波长范围内的吸收光谱，并对实验数据进行积分得到 $\int_0^{\infty}\alpha(\lambda)\mathrm{d}\lambda=72$，从而获得其长波折射率 $n_0\approx4.7$；Avery 等人也进行了类似的实验，得到 $\int_0^{\infty}\alpha(\lambda)\mathrm{d}\lambda=93$，给出 PbTe 的长波折射率为 $n_0\approx5.8$；而直接实验测量的 PbTe 的长波折射率为 $n_0\approx5.35$。图 8－8 给出了用 K－K 关系从吸收光谱计算得到的 CdS 的折射率及其实验测量值，可见二者吻合的很好。

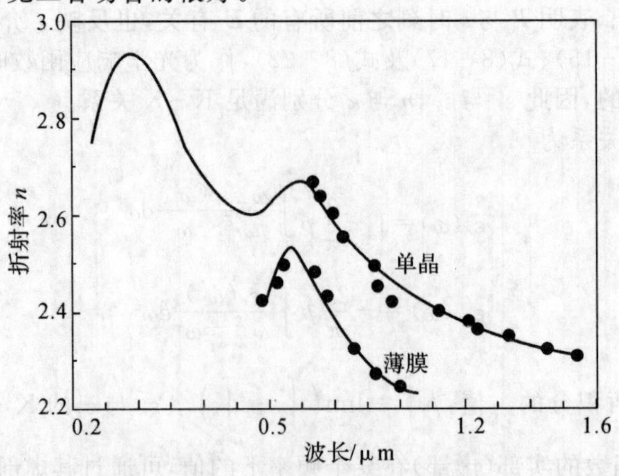

图 8－8　CdS 的折射率与波长的关系曲线

注：图中横坐标为对数坐标，实线为用 K－K 关系从吸收光谱计算得到的结果，圆点为实验测量结果

三、固体对光波的吸收过程

从能量角度看，吸收是光能转变为媒质内能的过程。除真空外，没有任何一种媒质对光波是完全透明的，因此吸收是物质的普遍性质。媒质对光的吸收可由媒质内的微观粒子与光波相互作用的不同物理过程所引起。图 8-9 是一假想半导体的吸收光谱。半导体具有电介质和金属的全部光学性质，所以以半导体为例将更具有代表性。从图 8-9 可知，半导体对光的吸收主要包括本征吸收、激子吸收、杂质及缺陷吸收和自由载流子吸收，此外还有与磁性相关的自旋及共振吸收、与晶格运动相关的声子吸收。

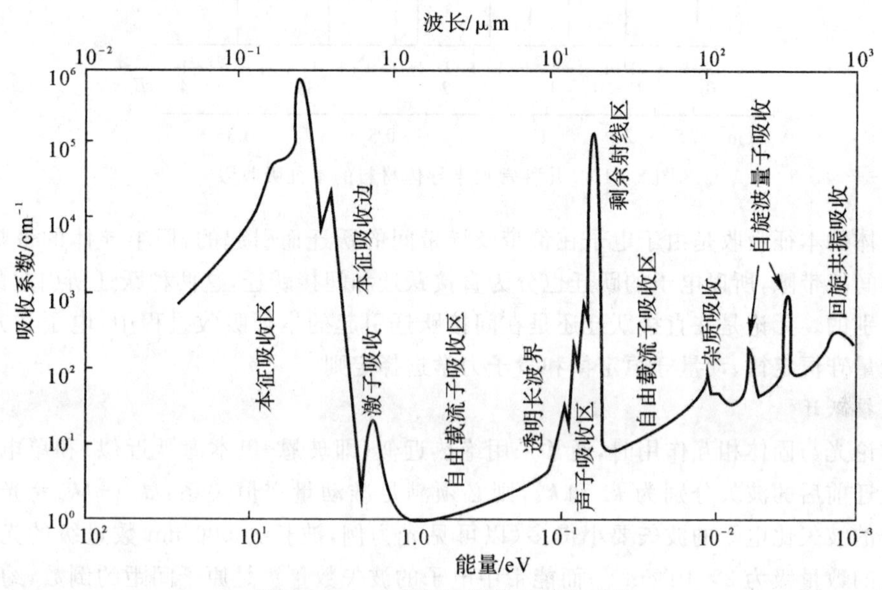

图 8-9　一种假想半导体的吸收光谱

(一)本征吸收

本征吸收是由于价带电子吸收光子能量后跃迁到导带而引起的，属于带间跃迁吸收，在吸收过程中产生"电子-空穴"对，因而产生本征光电导，是内光电效应的一种。固体的本征吸收与其能带结构相关，不同材料的本征吸收区的位置变化很大，可能位于紫外光区域、可见光区域或近红外区域。本征吸收中，光子能量 $h\nu$ 应满足

$$h\nu \geqslant h\nu_0 = E_g \tag{8-47}$$

上式中 E_g 为半导体的禁带宽度。也就是说，对应于本征吸收光谱，在低能量端存在着一个频率界限 ν_0(或能量界限 $h\nu_0$)，当频率小于 ν_0(能量小于 $h\nu_0$)时入射到半导体中的光不能被半导体本征吸收，本征吸收系数迅速下降，ν_0 称为半导体的本征吸收限。若知道半导体的禁带宽度，应用关系式 $\nu = c/\lambda$，则可根据式(8-47)求出其本征吸收限的波长 λ_0

$$\lambda_0 = \frac{1.24}{E_g(\mathrm{eV})}\mu\mathrm{m} \tag{8-48}$$

本征吸收系数 $\alpha(\hbar\omega)$ 正比于电子跃迁的初态及终态的态密度(DOS)以及跃迁概率，对所有能量为 $\hbar\omega$ 的可能跃迁求和

$$\alpha(\hbar\omega) = A\sum W_{if}^{ab} n_i n_f \tag{8-49}$$

上式中，n_i，n_f 为被占据的电子初态密度和空的终态密度，W_{if}^{ab} 为初态和终态间引起吸收的跃迁发生的概率。图 8-10 是几种常见半导体材料的本征吸收限。实际上，在本征吸收限 ν_0(或 λ_0)处，半导体的本征吸收系数并非如理论计算结果那样陡然下降，在本征吸收区的低能量端

吸收系数下降很快，形成了所谓的本征吸收边；在本征吸收区的高能量端，吸收系数下降平缓。吸收边的存在是半导体吸收光谱（或反射光谱）的一个最突出的特征，也是半导体及电介质光谱与金属光谱的主要不同之处。半导体的吸收边的位置及陡峭程度受到压力、温度、电场、杂质、合金化等因素的影响。

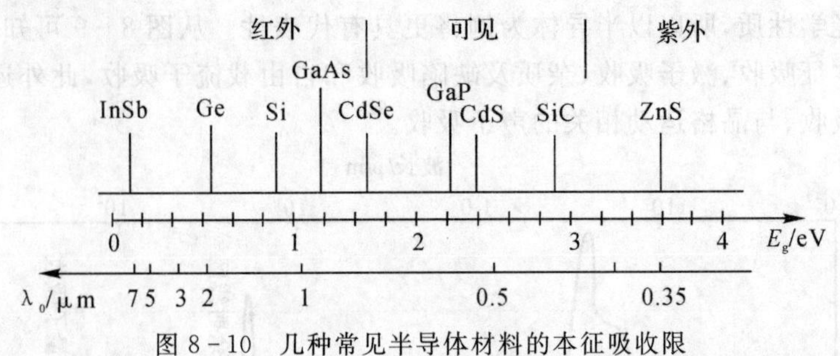

图 8-10 几种常见半导体材料的本征吸收限

半导体的本征吸收是由于电子在价带及导带间的跃迁而引起的，而半导体的带隙分为直接带隙和间接带隙，所以电子的跃迁也分为直接跃迁和间接跃迁，这两种跃迁所引起的吸收是有一定区别的。无论是在直接跃迁还是在间接跃迁引起的本征吸收过程中，电子和光子都必须满足能量守恒定律、动量守恒定律和量子力学选择定则。

1. 直接跃迁

在讨论光与固体相互作用时，通常采用绝热近似（即玻恩-奥本海默近似）和单电子近似。设电子跃迁前后的波矢分别为 $\boldsymbol{k}_e$ 和 $\boldsymbol{k}_e'$，则必须满足准动量守恒关系：$\hbar\boldsymbol{k}_e'-\hbar\boldsymbol{k}_e$＝光子动量。由于光子的波矢比电子的波矢要小得多（以可见光为例，波长为 500 nm 数量级的光，对应的光子波矢的数量级为 $2\times10^4\,\text{cm}^{-1}$；而能带中电子的波矢数量级是原子间距的倒数，约为 $10^6\sim10^8\,\text{cm}^{-1}$），所以光子动量可忽略不计，则电子吸收光子发生跃迁时的准动量守恒关系可表示为

$$\boldsymbol{k}_e'=\boldsymbol{k}_e \tag{8-50}$$

这说明电子吸收光子产生跃迁时能量增加，波矢保持不变。也就是说，在波矢空间中，电子跃迁前后位于同一垂线上，如图 8-11 所示，因而这种跃迁称为直接跃迁。在常用半导体中，Ⅲ-Ⅴ族的 GaAs，InSb 及Ⅱ-Ⅵ族等材料，导带极小值与价带极大值对应于同一波矢，称为直接带隙半导体，这种半导体在本征吸收过程中产生电子的直接跃迁。

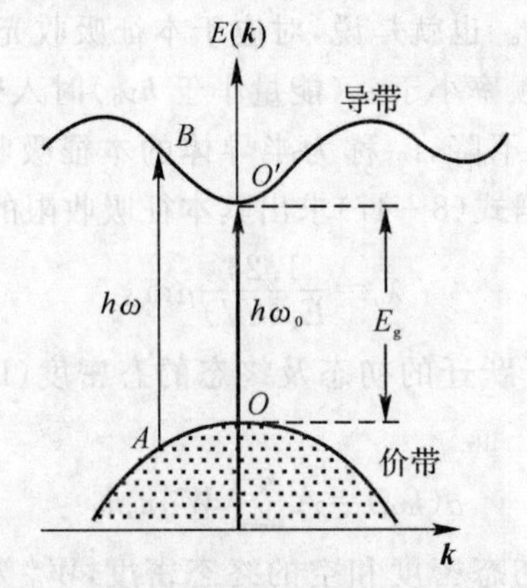

图 8-11 直接跃迁本征吸收示意图

在直接跃迁中，如果对于任何波矢的跃迁都是允许的，且仅涉及导带底和价带顶附近很小

能量范围内的电子态，则对于抛物线形的能带结构的半导体来说，通过公式(8－49)可理论计算得到吸收系数与光子能量的关系为

$$a(h\nu)=\begin{cases}A(h\nu-E_g)^{1/2}(h\nu\geqslant E_g)\\0(h\nu<E_g)\end{cases} \tag{8-51}$$

其中 A 基本为常数，理论计算给出 A 的表达式为

$$A\cong\frac{(2\mu^*)^{3/2}e^2}{ncm_e^*h^2} \tag{8-52}$$

其中 $\mu^*=\frac{m_e^*m_h^*}{m_e^*+m_h^*}$，为电子和空穴的折合有效质量，$n$ 为折射率，c 为光速，e 为电子电量，m_e^* 和 m_h^* 分别为电子和空穴的有效质量，h 为普朗克常数。可见吸收系数与光子能量的平方根成正比。

但对于某些材料，在波矢 $\boldsymbol{k}=\boldsymbol{0}$ 处，电子的直接跃迁不满足量子力学的选择定则，因而是禁止的。例如，半导体的价带由 s 态原子轨道扩展而来、导带由 d 轨道扩展而来(或者相反)，则 $\boldsymbol{k}=\boldsymbol{0}$ 处的跃迁是禁止的；而在 $\boldsymbol{k}\neq\boldsymbol{0}$ 处，电子跃迁是允许的，则理论计算的吸收系数为：

$$a(h\nu)=\begin{cases}A'(h\nu-E_g)^{3/2}(h\nu\geqslant E_g)\\0(h\nu<E_g)\end{cases} \tag{8-53}$$

$$A'=\frac{2}{3}A\left(\frac{\mu^*}{m_h^*}\right)\frac{1}{h\nu} \tag{8-54}$$

图 8－12 给出了吸收系数 $a(\hbar\omega)$ 以及 $a^2(\hbar\omega)$ 与 $\hbar\omega$ 的关系(这里 ω 是圆频率或角频率，$\omega=2\pi\nu$；$h=2\pi\hbar$；因此 $\hbar\omega$ 与 $h\nu$ 是相同的)。可以看出，允许直接跃迁的半导体，吸收系数的平方与光子能量的关系为一条直线，将此直线外推到 $a=0$ 即可获得禁带宽度，用这种方法得到的带隙叫作光学带隙。例如，GaAs 的光学带隙为 1.42eV。因为光学跃迁受选择定则的限制，用吸收边确定的光学带隙与实际的能隙可能有所差别，但光谱方法是一种最常用的确定带隙的方法。这种外推对禁止的直接跃迁是不成立的。

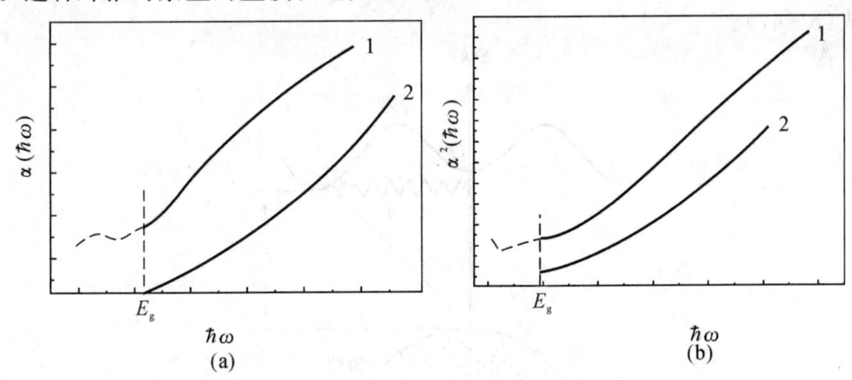

图 8－12 吸收系数 a(a)及 a^2(b)与光子能量 $\hbar\omega$ 的关系

注：曲线 1 为允许的直接跃迁半导体，曲线 2 为禁止的直接跃迁半导体

图 8－13 是 GaAs 的本征吸收谱。GaAs 是直接带隙半导体，其吸收边位于近红外区，当入射光子能量大于一定值时，其吸收系数一开始就很快上升。可以看出，吸收边可分为三个区域：①强吸收区域，吸收系数为 $10^4\sim10^6\,cm^{-1}$，且随光子能量呈幂指数规律变化，其指数可为 1/2，3/2，2；②$\boldsymbol{e}$ 指数吸收区，吸收系数为 $10^2\sim10^4\,cm^{-1}$，且随光子能量呈 $\boldsymbol{e}$ 指数规律变化；③弱吸收区，吸收系数一般在 $10^2\,cm^{-1}$ 以下，在弱吸收区的末端会形成一个吸收边的带尾。

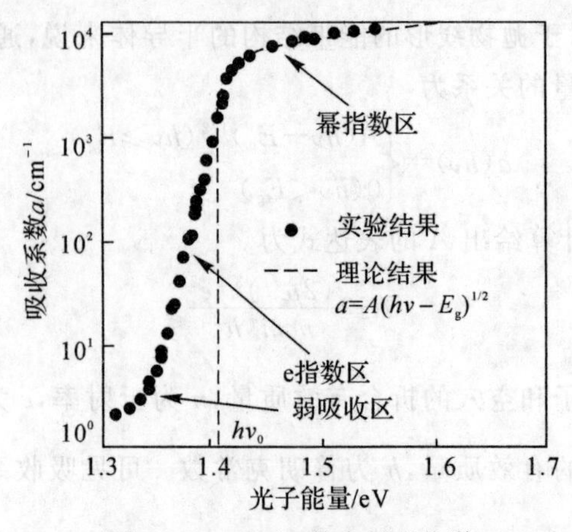

图 8-13 GaAs 的本征吸收谱

2.间接跃迁

对于间接带隙半导体来说，如 Ge，Si 等，其导带极小值与价带极大值不在同一波矢处，而这种材料的本征吸收长波限对应于电子从价带极大值到导带极小值的跃迁。电子在这种跃迁前后的波矢不再相等，即公式(8-50)不再成立，这种跃迁称为间接跃迁。

电子在间接跃迁前后的波矢不相等，则电子在间接跃迁过程中的动量不守恒，而由于光子的动量太小、不足以使电子的动量发生改变，因此为了满足动量守恒，电子不仅吸收光子，还同时和晶格交换一定的振动能量，即释放或吸收一定的声子，如图 8-14 所示。间接跃迁过程是电子、光子和声子三者同时参与的过程，严格上说，其能量交换不再是直接跃迁所满足的公式(8-47)，还需要考虑声子的能量。间接跃迁的能量关系满足：

$$h\nu_0 \pm E_p = \Delta E_e \tag{8-55}$$

其中 ν_0 为间接跃迁的本征吸收限，E_p 为声子能量，"＋"号表示吸收声子，"－"号表示释放声子，ΔE_e 表示电子跃迁前后的能量差。但是实际上，声子的能量非常小，常常可以忽略不计。因此，电子跃迁前后的能量差可认为就是吸收的光子能量。因而，间接跃迁也通常被认为遵守能量关系式(8-47)。

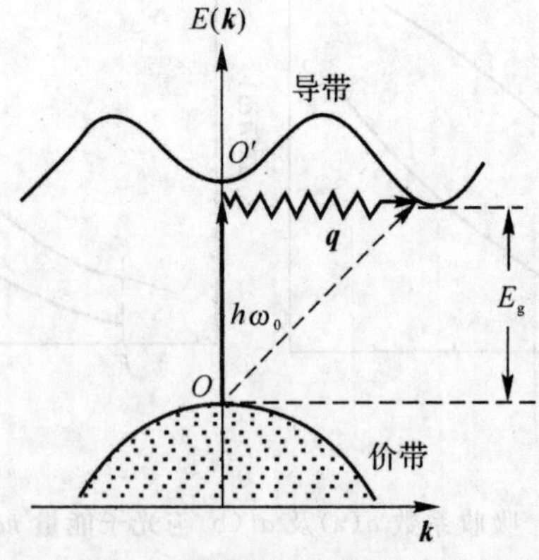

图 8-14 间接跃迁本征吸收示意图

但是对于动量来说，其守恒关系应该为：$(\hbar\boldsymbol{k}'_e-\hbar\boldsymbol{k}_e)\pm\hbar\boldsymbol{q}=$光子动量。忽略光子动量，则可得：

$$\boldsymbol{k}'_e-\boldsymbol{k}_e=\mp\boldsymbol{q} \tag{8-56}$$

其中 $\boldsymbol{q}$ 为声子的波矢。

理论计算可知，伴随着吸收一个声子的间接跃迁所引起的吸收系数为

$$a_a=\frac{B(h\nu-E_g+E_p)^2}{\exp(\frac{E_p}{k_B T})-1}(h\nu>E_g-E_p) \tag{8-57}$$

伴随着释放一个声子的间接跃迁所引起的吸收系数为：

$$a_e=\frac{B(h\nu-E_g-E_p)^2}{1-\exp(\frac{E_p}{k_B T})}(h\nu>E_g+E_p) \tag{8-58}$$

当 $h\nu \geqslant E_g+E_p$ 时，吸收和释放声子的间接跃迁均可发生，则总的吸收系数为

$$a(h\nu)=a_a+a_e \tag{8-59}$$

当 $E_g-E_p<h\nu<E_g+E_p$ 时，只能发生吸收声子的间接跃迁，则 $a(h\nu)=a_a$。而当 $h\nu \leqslant E_g-E_p$ 时，间接跃迁不能发生，$a(h\nu)=0$。以上表明，电子的间接跃迁吸收系数与入射光子能量有平方关系。

由于在间接跃迁中有声子的参与，所以间接跃迁属于一个二级过程，其发生的概率要比直接跃迁的概率小得多。因此，间接跃迁的吸收系数比直接跃迁的吸收系数要小得多，大约为 $10^0 \sim 10^3\,cm^{-1}$ 数量级，而直接跃迁的吸收系数可达 $10^4 \sim 10^6\,cm^{-1}$ 数量级。

图 8-15 是 Ge 和 Si 的本征吸收边。与图 8-13 比较，可以看出直接跃迁与间接跃迁吸收边的特征及区别。在直接带隙半导体中，当光子能量大于 $h\nu_0$（或 $\hbar\omega_0$）时，一开始就有强烈的吸收，吸收系数迅速增大，吸收边陡峭上升。在间接带隙半导体中，当光子能量大于 $h\nu_0$（或 $\hbar\omega_0$）时，吸收系数首先陡峭上升，达到一定值后出现一平缓区域，这对应着间接跃迁；随着光子能量进一步增大，吸收系数通过平缓区后再一次陡增，发生强烈的吸收，表示间接带隙半导体中开始发生直接跃迁。

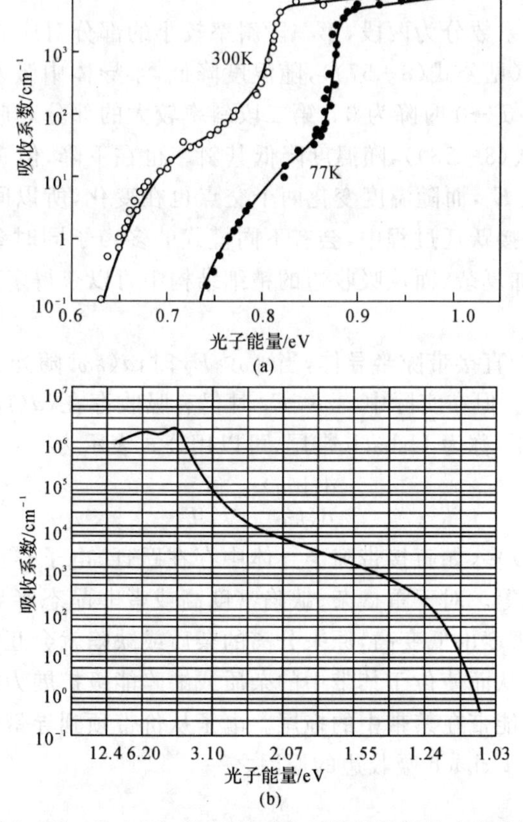

图 8-15　Ge(a)和 Si(b)的吸收系数随波长的变化曲线

在直接跃迁中，只考虑光子与电子的相互作用，吸收光谱与温度无关，当然带隙随温度有微弱的变化，从而吸收边会随着温度的变化而有所移动。在间接跃迁中，涉及声子参与，吸收光谱与温度密切相关。图 8-16 是间接带隙半导体在不同温度下的间接跃迁吸收系数。

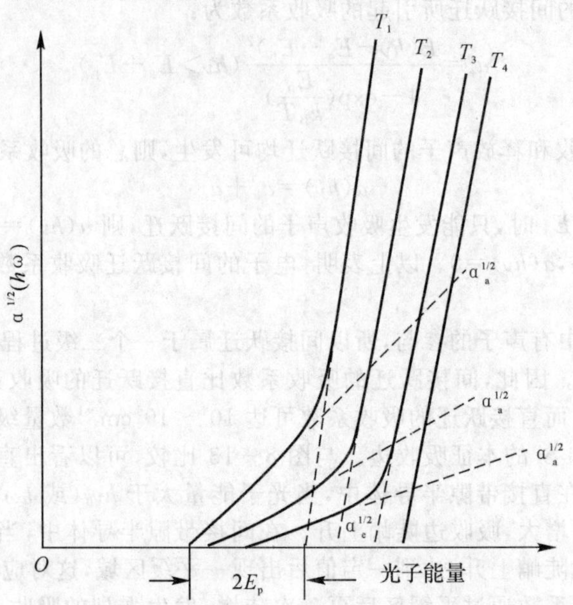

图 8-16　间接带隙半导体的间接跃迁吸收系数随入射光子能量的变化

注：温度 $T_1 > T_2 > T_3 > T_4$

可以看出，间接吸收系数分为两段，第一段斜率较小的部分对应着 a_a，其切线的延长线与光子能量轴交于 $E_g - E_p$（见公式(8-57)），随温度降低，半导体中激发的声子数目减小，所以这部分的斜率减小，直至 $T \to 0$ 时降为 0。第二段斜率较大的部分对应着 a_e，其切线的延长线与横轴交于 $E_g + E_p$（见式(8-58)），随温度降低其斜率也在下降，但 $T \to 0$ 时将为 $B^{1/2}$。通过两个交点可以算出 E_g 及 E_p，而随温度变化两个交点也在变化，所以间接带隙半导体的 E_g 随温度在变化。此外，在间接跃迁过程中，会有不同模式的多声子同时参与，这会使得间接带隙半导体的吸收边结构更加复杂，而从吸收边的精细结构中可以获得多声子吸收过程的信息。

3. 带尾间跃迁

对于允许直接跃迁的直接带隙半导体，当 $\hbar\omega > E_g$ 时，$a(\hbar\omega)$ 随光子能量的平方根而增大。当 $\hbar\omega < E_g$ 时，$a(\hbar\omega) = 0$。但在实际中，$\hbar\omega < E_g$ 时仍有吸收存在，$a(\hbar\omega)$ 随 $\hbar\omega$ 指数下降，这就是通常观察到的吸收带尾，称为 Urbach 带尾，可以用公式表示为

$$\frac{d(\ln a)}{d(\hbar\omega)} = \frac{1}{k_B T} \tag{8-60}$$

引起吸收带尾的原因比较多，如直接带隙半导体中存在跃迁、电子-空穴相互作用、电子-声子相互作用、局域电场影响等。对于重掺杂、缺陷密度高或者非晶态半导体来说，带尾是最显著的特征。当杂质或缺陷密度由低变高，原来分离的杂质或缺陷就会互相靠近，导致杂质、缺陷、电子等的相互发生作用，从而使位于禁带中的杂质或缺陷能级扩展为能带，并且和导带或价带交叠，从而使形式上形成能带在禁带中的拖尾。电子从价带顶到导带带尾（或空穴从导带底到价带带尾）的跃迁是产生 Urbach 吸收边的原因之一。

（二）激子吸收

在本征吸收中形成的“电子-空穴”对是相互独立的，在运动过程中互不影响。弗伦克尔

(Frenkel)首先提出,电子跃迁所形成的可以是束缚在一起的“电子-空穴”对,可由它们之间的库伦作用而被束缚在一起。这种处于相互束缚状态的“电子-空穴”对在外电场中的运动是步调一致的,因此是一种中性的、不能传输电流的激发态,被称为“激子”(Exciton)。激子是一种束缚状态的“电子-空穴”对,形成激子所需的能量比本征吸收的能量低,所以激子吸收处于本征吸收的长波一侧、通常是位于本征吸收边附近的线状吸收谱或吸收尖峰,如图 8-17(a)所示。

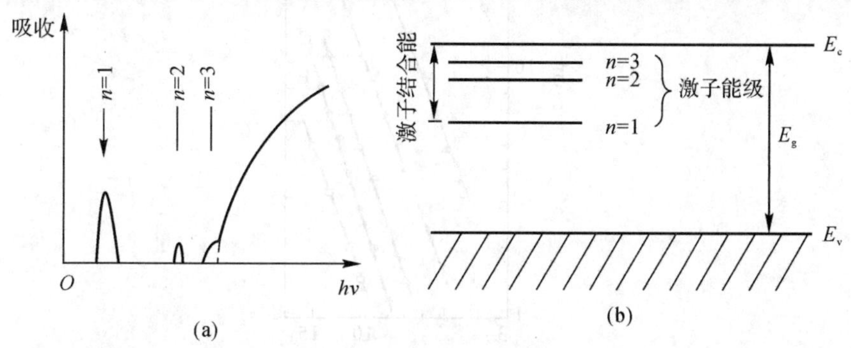

图 8-17　激子吸收谱(a)及旺尼尔激子能级(b)示意图

当电子-空穴的相互作用很强的时候,如在离子晶体(绝缘体)中,电子-空穴对就被限制在了同一个原胞或最近邻原胞中,这时相当于原子被激化,这种激子被称为弗伦克尔激子(Frenkel Exciton)。当电子-空穴相互作用比较弱,如在大多数半导体中,这样的激子称为旺尼尔激子(Wannier Exciton)。旺尼尔激子中,电子与空穴之间平均距离较大,一般为晶格常数的几倍甚至几十倍,它们之间的作用类似氢原子中电子与质子之间的相互作用,因此激子可以具有从“基态”到导带底能级之间的一系列能级,即位于半导体或绝缘体的禁带中的束缚能级,如图 8-17(b)所示。当激子的能级达到导带底能级时,激子中的电子和空穴失去相互作用,变为自由的电子和空穴,即发生本征跃迁。

(三)自由载流子吸收

与本征吸收或激子吸收相比,自由载流子吸收属于带内跃迁吸收。导带中的电子或价带中的空穴吸收光子能量后,在带内发生跃迁。这是一种间接跃迁,即载流子在跃迁前后的波矢发生了变化,因此为了满足动量守恒必须有其他粒子(如声子)参与。

自由载流子吸收的光子能量比本征吸收和激子吸收的光子能量都小,因此位于本征吸收限以外的长波波段,一般位于红外波段。自由载流子吸收谱通常没有精细结构特征、为连续谱线,通常随波长增大而增加,其吸收系数与波长的关系满足式(8-61)。

$$a(\lambda)\propto\lambda^{p} \tag{8-61}$$

指数 p 随电子散射机制的不同而改变,一般取值在 1.5～3.5。图 8-18 是 n-InAs 在室温下的自由载流子吸收谱,其中电子浓度为 $2.8\times10^{16}\sim3.9\times10^{18}\,\mathrm{cm^{-3}}$,用公式(8-61)拟合可得 $p=3$。理论分析表明,如果电子的跃迁是声学声子的散射所引起,其光吸收系数正比于 $\lambda^{1.5}$;受到光学声子散射,则正比于 $\lambda^{2.5}$;受到电离杂质的散射,其吸收系数正比 $\lambda^{3.5}$。一般情况下,以上三种散射机制都可能发生,因而总的自由载流子吸收系数将是这三个过程的总和:

$$a(\lambda) = A\lambda^{1.5}+B\lambda^{2.5}+C\lambda^{3.5} \tag{8-62}$$

式中,A,B,C 是常数。对于有效质量为 $m*$ 的自由载流子来说,其吸收系数的经典公式为

$$a=\frac{N^2\lambda^2}{8\pi^2c^3nm^*\tau} \tag{8-63}$$

式中,N 是载流子浓度;n 是折射率;c 是真空中的光速;τ 是弛豫时间,与散射机制有关。

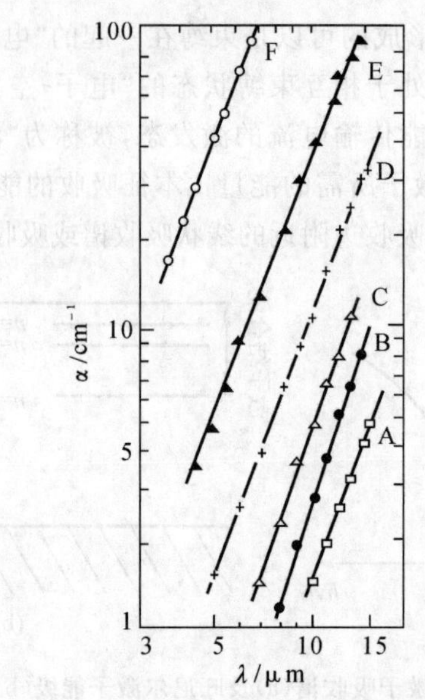

图 8-18　n-InAs 在室温下的自由载流子吸收

注：其中电子浓度分别为 A—2.8×10^{16}，B—8.5×10^{16}；C—1.4×10^{17}；D—2.5×10^{17}；E—7.8×10^{17}；F—3.9×10^{18}。

在有的 p 型半导体中，如 p-Ge 和 p-GaAs，还有另外一种自由载流子吸收，即电子在价带的亚结构间发生跃迁，从而引起吸收。图 8-19(a)是 p-Ge 的价带结构示意图。由于轨道-自旋相互作用，p-Ge 的价带分裂成三支：V_1，V_2 及 V_3。V_1 和 V_2 支在布里渊区原点仍然简并，而 V_3 支则明显降低。这种分裂随着组成半导体的元素的原子量的增大而增强。对应于 V_1，V_2 及 V_3 支之间的自由载流子跃迁，会产生图 8-19(*b*)中的吸收谱。可以看出，在低温下这种带内跃迁吸收更加明显，因此可以用来研究半导体价带的自旋-轨道相互作用引起的分裂。此外，这种跃迁也被用于研制远红外及毫米波段的半导体激光器。

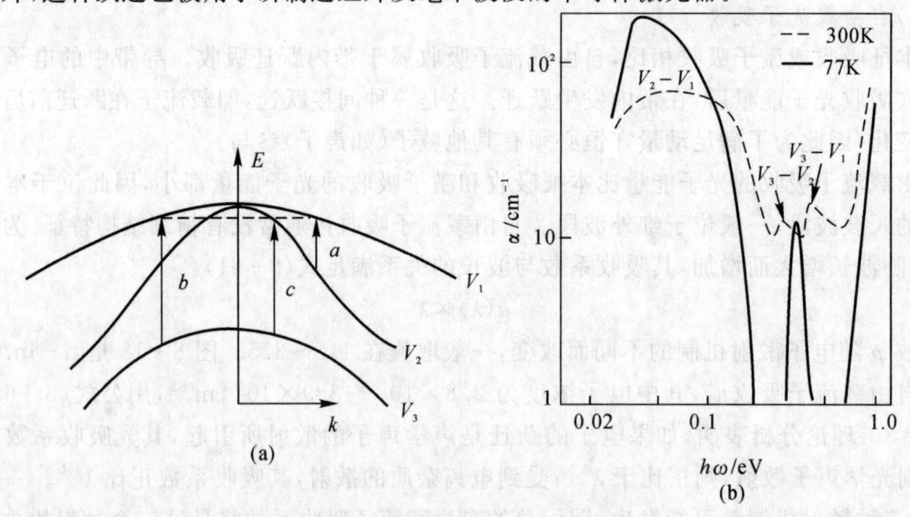

图 8-19　p-Ge 的价带分裂情况(a)及空穴在价带各分支间跃迁的(b)吸收谱

(四)杂质或缺陷吸收

晶格中出现杂质或缺陷，会局部破坏晶格的周期性及其周期性势场，从而使局部区域的电子能态发生变化。一般情况下，杂质或缺陷会在禁带中引入相应的局域能态，且这些能态在波矢空间中的位置随杂质或缺陷的种类、浓度及其在晶格中的位置而发生变化。例如半导体 Si 是Ⅳ A 族元素半导体，当引入Ⅲ A 族杂质(如 B)后，会在价带顶附近的禁带边缘引入受主杂质能级；而当引入ⅤA族杂质（如P）后会在导带底附近的禁带边缘引入施主杂质能级。若杂质浓度很大，则可形成杂质能带，甚至会与价带或导带相交而形成价带尾或导带尾（Urbach带尾）。

以施主杂质为例，当杂质电子脱离杂质原子的束缚而变为晶格中的自由电子（即进入导带）时，杂质发生了电离，所需能量称为杂质电离能（E_i）。杂质原子的电子也可以从基态跃迁到激发态。杂质原子的激发及电离均能够吸收光波，称为杂质吸收。因为杂质能级位于禁带中，显然杂质电离能或激发能小于禁带宽度，所以杂质吸收谱位于本征吸收限以外的长波区域。由于束缚态电子没有一定的准动量，所以杂质电子电离跃迁到导带后的波矢不受限制，也就是说杂质电子可以跃迁到任意的导带能级，因而能够产生连续吸收谱，而杂质电子激发吸收谱一般是尖锐的谱线。图8－20(a)为杂质电离吸收谱示意图。图8－20(b)为掺B单晶Si的杂质吸收谱线，其中分立谱线为激发吸收所引起，连续吸收为电离吸收所引起，其吸收系数随光子能量增大而减小。杂质吸收通常比较弱，因此需要在低温下才能测量。以上所述为中性杂质的吸收，在此过程中电子跃迁前后不必遵守动量守恒定则。

当杂质电离后，施主（或受主）杂质能级变为空的能态，也能接收电子（或空穴），所以价带中的电子（或导带中的空穴）可以跃迁到此能态。对于浅施主（或浅受主）杂质来说，其能级接近于导带底（或价带顶），所以电子（或空穴）从价带（或导带）到电离施主（或电离受主）能级的跃迁所引起的吸收谱线接近于本征吸收边。并且在这种吸收过程中，电子跃迁前后需遵守动量守恒定则，即对于间接吸收来说，需要有声子参与。如图8－20(c)所示，为InSb掺Zn或Cd后电子在电离受主与导带间跃迁，在吸收边附近产生的吸收谱（在10K温度下测试），曲线中有明显的肩峰，与间接带隙跃迁的吸收边的形状相似。由于吸收边附近的吸收机制比较复杂，所以确认这样的肩峰需要非常小心。

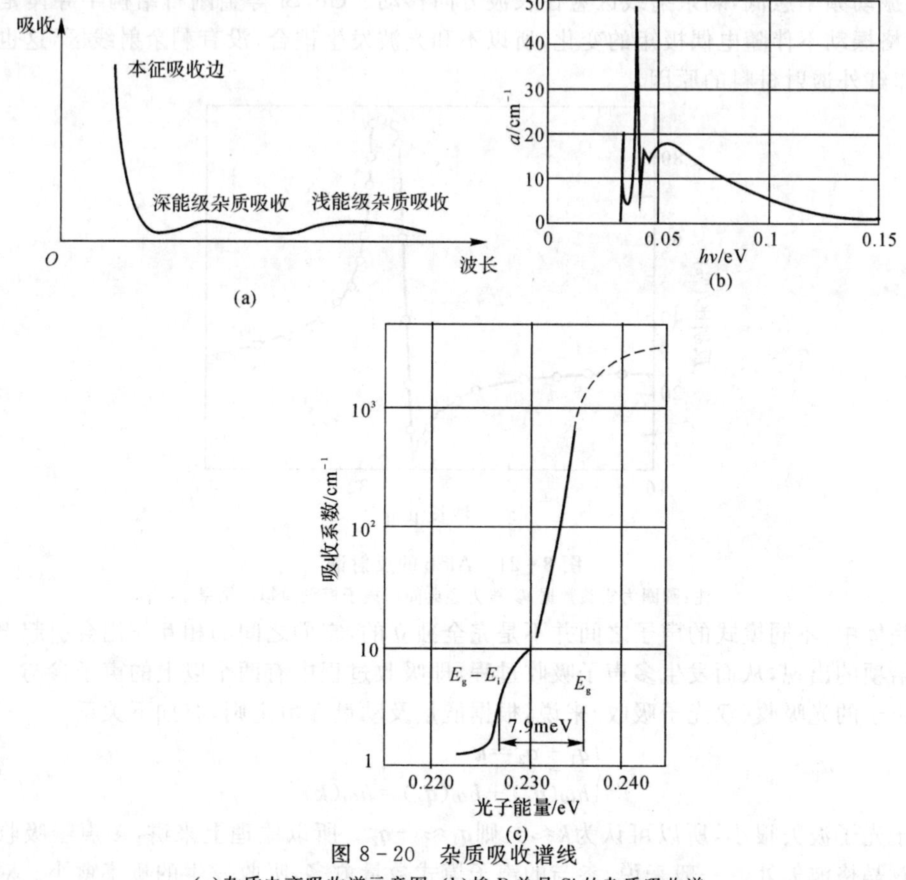

图8－20　杂质吸收谱线

(a)杂质电离吸收谱示意图；(b)掺B单晶Si的杂质吸收谱；
(c)掺Zn或Cd的InSb吸收谱

（五）声子吸收

晶格中原子的振动可以形成格波，在晶格中传播，其相应的能量子称为声子。当晶胞中包含多个原子时，则分化为声学声子和光学声子，而它们又分别分为纵模（LA，LO）和横模（TA，TO）。纵模是由于晶体伸缩或体积变化所引起的，而横模是由剪切运动所引起。光学声子的特征频率在红外波段，其光学性质可以用经典的偶极谐振子（电偶极子的振动）模型进行研究。

入射光波的电磁场除了可以和电子相互作用外，也可以和声子相互作用，从而使得声子态（晶格振动状态）发生改变、发生相应的光吸收过程。因为只有极性半导体（离子晶体）的晶格振动才引起电偶极矩的改变，所以在偶极近似下，只有极性固体的晶格振动能够与入射光波相互作用。

若吸收一个光子只激发一个声子（即单声子吸收），则根据动量及能量守恒定则，声子波矢 $\boldsymbol{q}$ 与光子波矢 $\boldsymbol{k}$ 需要大小相近，而只有在布里渊区原点附近的声子具有几乎为零的波矢、与红外光波矢接近。也就是说，红外光子只能激发布里渊区原点附近的声子。另外，光波是一种横波，只能与 TO 模式的声子发生耦合。在 TO 声子特征频率附近的红外光和晶格振动可以发生强烈耦合，在此频率附近很窄的波段内，反射率接近 100%，这一区域称为晶体的剩余射线区。在吸收谱中，剩余射线区将是很强的吸收带。图 8－21 为 AlSb 的反射谱，其中 29～31μm 波段的高反射区为其晶格振动的剩余射线区。实验上观察到的 GaAs 的剩余射线区为 0.034～0.037eV，与 GaAs 在 $\boldsymbol{q}=\boldsymbol{0}$ 处的 ω_{TO} 一致。在剩余射线区内，晶体的光学常数会具有很大的值或者发生剧烈变化，使得光波不能在晶体内传播。对同一族材料来说，振动的约化质量愈大，振动频率愈低，剩余射线区愈往长波方向移动。Ge，Si 等金刚石结构半导体是非极性晶体，晶格振动不伴随电偶极矩的变化，所以不和光波发生耦合，没有剩余射线区，这也是它们适于用作红外透射材料的原因。

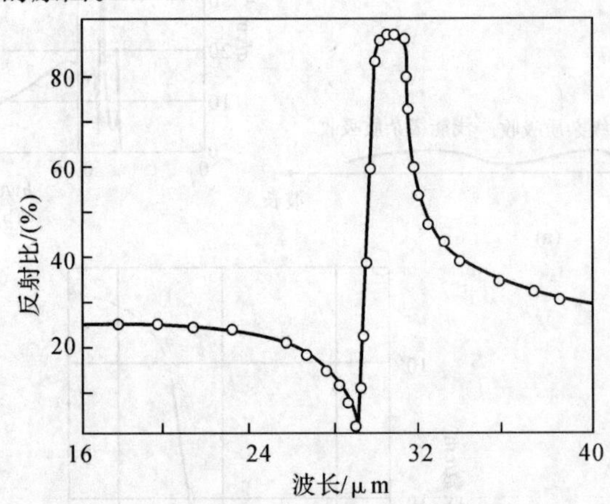

图 8－21　AlSb 的反射谱

注：圆圈为实验数据，实线为经典简谐振子模型模拟的结果

在晶体中，不同模式的声子之间并不是完全独立的，它们之间的相互作用会引起电偶极矩的非简谐项的出现，从而发生多声子吸收过程，即吸收过程中有两个以上的声子参与。对于产生两个声子的光吸收（双光子吸收）来说，根据能量及动量守恒定则，有如下关系：

$$\begin{cases}\boldsymbol{q}_1+\boldsymbol{q}_2=\boldsymbol{k}\\ h\omega(\boldsymbol{q}_1)+h\omega(\boldsymbol{q}_2)=h\omega(\boldsymbol{k})\end{cases} \tag{8-64}$$

由于光子波矢很小，所以可认为 $\boldsymbol{k}\approx 0$，则 $\boldsymbol{q}_1\approx-\boldsymbol{q}_2$。所以原理上来讲，多声子吸收可以发生在任意晶格波矢处。一般来说，参与的声子模式数量愈多，吸收发生的概率愈小。对于离子晶体来说，在剩余射线带两侧存在着对应于不同声子模式组合的多声子吸收带，但比较弱。

图 8－22 是 n－GaAs 的红外吸收光谱，最左边的陡峭吸收边(<45meV)来自剩余射线吸收带，其右边的吸收峰对应于不同模式组合的多声子吸收。表 8－2 给出了各吸收峰对应的多声子组合。

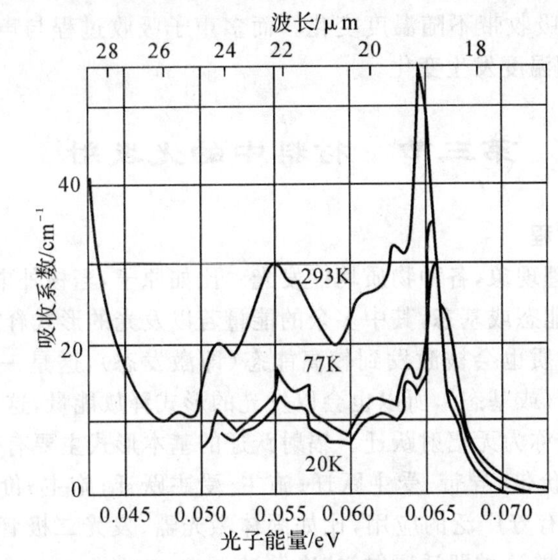

图 8－22　GaAs 的红外吸收光谱

表 8－2　n－GaAs 吸收峰的声子跃迁过程

能量位置/eV	跃迁过程	能量位置/eV	跃迁过程
0.095 5	$TO_1+TO_2+TO_2$ 0.032 4＋0.031 6＋0.031 6	0.058	LO＋LO 0.029＋0.029
0.088 5	TO_1+TO_1+LA 0.032 4＋0.032 4＋0.023 7	0.056 5	TO_1+LA 0.032 4＋0.024 1
0.086 0	TO_2+TO_2+LA 0.031 6＋0.031 6＋0.022 8	0.054 8	TO_2+LA 0.031 6＋0.023 2
0.073 5	TO_1+TO_1+TA 0.032 4＋0.032 4＋0.008 7	0.051 0	LO＋LA 0.028 8＋0.022 2
0.071 6 (?)	TO_2+TO_2+TA 0.031 6＋0.031 6＋0.008 4	0.048 (?)	LA＋LA 0.024＋0.024
0.064 8	TO_1+TO_1 0.032 4＋0.032 4	0.041 3	TO_1+TA 0.032 4＋0.008 9
0.063 1	TO_2+TO_2 0.031 6＋0.031 6	0.039 8	TO_2+TA 0.031 6＋0.008 2
0.061 2	TO_1+LO 0.032 4＋0.028 8 或 TO_2+LO 0.031 6＋0.029 6	0.038	LA＋TA 0.029＋0.009

对于非极性晶体，如 Si 等元素半导体，因为它们没有固有偶极矩，所以不能发生单声子吸

收过程,但仍可观察到这些晶体的晶格振动的红外吸收谱。这是因为,光波的电场作用使得晶体产生感应偶极矩,然后感应偶极矩与光波耦合而引起吸收,这是一个多声子吸收过程。

单声子吸收中,吸收红外光子、发射单声子的一级过程与声子态密度及声子态的占据情况无关,所以与温度无关,吸收带不随温度变化。而多声子吸收过程与声子态密度及其占据有关,所以多声子吸收带随温度发生变化。

第三节　材料中的光发射

一、材料的光发射过程

发光是很普遍的物理现象,各种物质均能发光。比如原子,当核外电子被激发到较高能量轨道后总会跃迁回较低能态或基态,其中多余的能量若以发光的形式释放,则形成了原子发射光谱。与之类似,固体物质也会被激发到较高能态(即激发态),这是一种不稳定的非平衡状态,总要跃迁回较低能态(或基态),所以也会以发光的形式释放能量,这一过程称为辐射跃迁。与之相对,不发光的跃迁称为无辐射跃迁。辐射跃迁的基本形式主要有带间跃迁(本征跃迁),即电子从导带跃迁回到价带;导带-受主跃迁;施主-受主跃迁;施主-价带跃迁;激子跃迁等。固体发光在现代科学中有着广泛的应用,比如固体激光器、发光二极管(LED)、固体照明等。与热辐射发光不同,固体的这种跃迁辐射为"冷发光"。

固体材料的光发射是其光吸收的逆过程。一种物质在较低温度下,吸收光谱中的暗线和它在较高温度下发射光谱中的亮线位置相对应,这说明若某物质在较低温度下吸收某一波长的光,则在较高温度下也辐射同一波长的光,并且吸收与发射通常成正比。图 8-23 是固体发光的基本过程,包括激发形成电子—空穴对(高能态电子的注入和空穴的注入)、电子的弛豫、电子和空穴的辐射跃迁复合、光子在固体中的传播。可以看出,光吸收和光发射过程的不同之处在于,吸收过程可以在固体中所有的能量状态之间发生、涉及费米能级上下两方的所有状态,因此对于带间跃迁来说可形成宽的吸收带;在光发射过程中,激发态电子和空穴在辐射复合前通常会进行弛豫,进入到布里渊区中能量最低的能带极值(如导带底和价带顶)附近,然后进行辐射跃迁,因此能量范围比较窄。

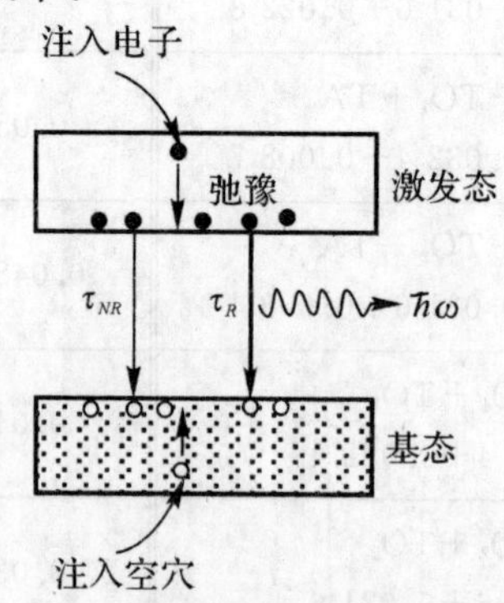

图 8-23　固体发光的基本过程示意图

固体中电子的激发通常有光激发和电激发,所以相应的发光过程也分为光致发光和电致发光。此外,还有一种激发方式,即电子(束)碰撞激发,称为阴极发光,如阴极射线发光即为这种发光方式;还可以通过加热材料的方式进行激发,称为热致发光。与激发过程同时进行的发光现象称为荧光效应(发光持续时间小于 10^{-8}s),而在激发停止后仍然持续的发光过程称为磷光效应(发光持续时间大于 10^{-8}s)。实际上,荧光效应和磷光效应的微观过程也有区别,前者是电子直接由导带跃迁进价带进行发光；而后者往往是因为材料中有杂质，电子首先由导带跃迁进带隙中的杂质能级，然后再从杂质能级跃迁进价带而发光。正是因为电子被杂质能级捕获而延迟了发光，从而延长了磷光的发光时间。

两能级间自发辐射跃迁的速率可以表示为

$$\left(\frac{dN}{dt}\right)_{\text{radiative}} = -AN \tag{8-65}$$

其中 A 为爱因斯坦比例系数，N 为 t 时刻高能级中的电子布居数。则可得

$$N(t) = N(0)\exp(-At) = N(0)\exp(-t/\tau_R) \tag{8-66}$$

其中 $\tau_R = A^{-1}$，为辐射跃迁寿命。

跃迁的总速率可以表示为

$$\left(\frac{dN}{dt}\right)_{\text{total}} = -\frac{N}{\tau_R} - \frac{N}{\tau_{NR}} = -N\left(\frac{1}{\tau_R} + \frac{1}{\tau_{NR}}\right) \tag{8-67}$$

式中 τ_{NR} 为无辐射跃迁寿命。则发光效率为

$$\eta_R = \frac{\left(\frac{dN}{dt}\right)_{\text{radiative}}}{\left(\frac{dN}{dt}\right)_{\text{total}}} = \frac{1}{1+\tau_R/\tau_{NR}} \tag{8-68}$$

可以看出，如果辐射跃迁寿命远远小于无辐射跃迁寿命，则发光效率接近于1。

二、本征跃迁发光和非本征跃迁发光

激发到导带中的电子跃迁回到价带中时，伴随的发光过程为带间跃迁发光，也称为本征跃迁发光。这是本征吸收的逆过程，将导致电子-空穴对的湮灭，所以又被称为电子-空穴辐射复合。根据材料能带结构的不同，带间跃迁辐射又分为直接带间跃迁辐射和间接带间跃迁辐射。与光吸收类似，固体发光过程中，电子从高能态向低能态跃迁，能量和动量必须守恒。对于直接带间跃迁发光来说，电子波矢没有发生改变，辐射跃迁发生概率较高；对于间接带间跃迁发光来说，电子跃迁前后的波矢发生了变化，所以必须有声子或其它粒子的参与，以保证动量守恒，因此跃迁概率较低。

图 8-24 为 GaN 的直接带间跃迁辐射谱，可以看出其辐射谱为较窄的峰，而吸收谱为宽的谱带，这是因为电子在辐射跃迁前发生了弛豫，大部分沉积到了导带底，电子和空穴的复合主要发生在能带的边缘，所以能量范围较窄。因此，直接带间跃迁发射光子的能量满足关系

$$\hbar\omega \geqslant E_c - E_v \tag{8-69}$$

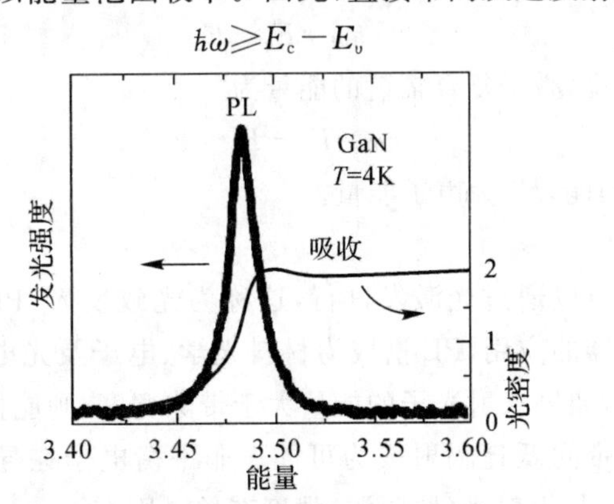

图 8-24　GaN 外延层的光吸收谱及发射谱

对于间接带间跃迁辐射，由于涉及声子，属于二级过程，所以其辐射跃迁寿命很长，发光效率很低。因此，间接带隙材料不是一种好的发光材料。间接跃迁发射光子的能量应该满足如

下关系

$$\hbar\omega \geqslant E_c - E_v - E_p \tag{8-70}$$

其中 E_p 为声子能量。

带间跃迁发光以外的其它跃迁发光均称为非本征跃迁发光，包括导带到杂质能带、杂质能带到价带、杂质能带之间(施主-受主对跃迁)、激子跃迁等。对于间接带隙半导体来说，带间跃迁概率很小，所以非本征跃迁成为发光的主要途径，其中施主-受主(DAP 跃迁)辐射跃迁的概率很高，有着非常重要的应用，多数发光二极管属于这种类型。施主-受主辐射跃迁发射光子的能量为

$$\hbar\omega = E_g - (E_D + E_A) + \frac{q^2}{4\pi\varepsilon_0\varepsilon_r r} \tag{8-71}$$

其中 E_D 和 E_A 分别是施主和受主能级，r 为施主和受主之间的距离，第三项表示施主和受主之间的相互作用所引起的能量的增加。

若只有一种类型的掺杂，如浅受主掺杂，则式(8-71)变为

$$\hbar\omega = E_g - E_A \tag{8-72}$$

此即为导带-受主能级(自由态-束缚态)跃迁所辐射的能量。

通常在较高温度下，所有的浅受主杂质会被电离，空穴会被激发到价带，此时导带中的电子更容易跃迁到价带，导致带-带跃迁辐射；在低温下，空穴被束缚在受主杂质能级上，则主要发生导带-受主能级跃迁辐射，此时若测量出辐射光子能量，即可获得受主杂质能级 E_A。

激子跃迁也是一种重要的发光机制。高纯半导体在低温下受到激发时，价带中的电子会进入导带，形成电子-空穴对，但这种电子-空穴对通常并不是完全“自由”的，而是会通过库伦力相互吸引、形成某种稳定的束缚态，即形成旺尼尔激子，这种激子能够在晶格内自由运动，为自由激子。当半导体中存在低掺杂的中性杂质时，激子通过范德华力会被吸引到杂质周围，从而降低能量，即成为束缚激子。例如，在 GaP 中掺入 N 后，N 替换 P 形成等电子中心(即 P 和 N 具有相同的化学价)，并且能够俘获一个电子从而带负电。这种带负电的等电子中心能够在短程内吸引一个空穴，从而形成束缚激子。低温下，中性杂质俘获激子的效率非常高，并且束缚激子具有较大的复合概率，从而具有较高的发光效率。对于直接带隙半导体来说，激子复合辐射的能量为

$$\hbar\omega = E_g - E_x \tag{8-73}$$

对于间接带隙半导体来说，激子复合辐射的能量为

$$\hbar\omega = E_g - E_x - E_p \tag{8-74}$$

其中 E_x 为激子的总束缚能，E_p 为声子能量。

三、光致发光

固体物质的光发射可以通过光激发进行，这称为光致发光(Photoluminescence，PL)。尤其是随着连续可调激光器的应用，PL 谱成为材料光学、电子及光电性质研究的重要方法。对于直接带隙半导体来说，如果入射光子的能量大于带隙宽度，则能把电子注入导带中形成非平衡电子-空穴对，从而使带间跃迁辐射成为可能。非平衡电子在导带底弛豫后，遵循 Fermi-Dirac 分布，其数密度 N_e 与入射光(照明源)强度有关。则有：

$$N_e = \int_{E_g}^{\infty} g_c(E) f_e(E) \mathrm{d}E \tag{8-75}$$

式中 $g_c(E)$是导带态密度，$f_e(E)$是 Fermi-Dirac 分布。它们由以下公式确定：

$$g_c(E)=\frac{1}{2\pi^2}\left(\frac{2m_e^*}{\hbar^2}\right)^{\frac{3}{2}}(E-E_g)^{\frac{1}{2}} \tag{8-76}$$

$$f_e(E)=\left[\exp\left(\frac{E-E_F^c}{k_B T}\right)+1\right]^{-1} \tag{8-77}$$

式中 E_F^c 表示导带电子的费米能级，这是因为固体系统处于非平衡状态，没有统一的费米能级，所以存在电子费米能级和空穴费米能级。

同理可以写出空穴的数密度：

$$N_h=\int_{E_g}^{\infty}\frac{1}{2\pi^2}\left(\frac{2m_h^*}{\hbar^2}\right)^{\frac{3}{2}}E^{\frac{1}{2}}\left[\exp\left(\frac{E-E_F^v}{k_B T}\right)+1\right]^{-1}dE \tag{8-78}$$

式中把价带顶作为势能 0 点，并且能量向下计量。根据 $N_h=N_e$ 即可计算出电子和空穴的费米能级，从而能够进一步计算出发光强度。

对于低载流子浓度来说，分布函数可以近似用 Boltzmann 分布来代替：

$$f(E)\propto\exp\left(-\frac{E}{k_B T}\right) \tag{8-79}$$

则发光强度为

$$I(hv)\propto(hv-E_g)^{1/2}\exp\left(-\frac{hv-E_g}{k_B T}\right) \tag{8-80}$$

因此，发射光谱在 E_g 附近陡然升高，然后在 $k_B T$ 范围内指数降低，如图 8-25 所示。

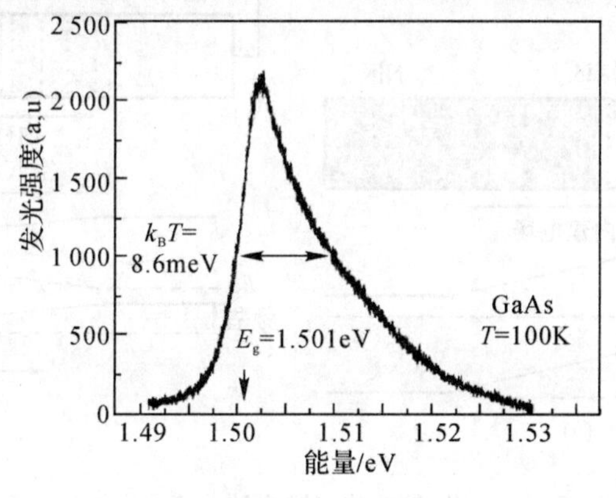

图 8-25　GaAs 在 100K 时的光致发光谱

当载流子浓度比较大时，必须采用 Fermi-Dirac 分布，这时有简并态出现。这时，只要高能级有电子存在、低能级有空穴存在，则可以在任意态之间跃迁产生电子-空穴对，从而发射能量在 E_g 到 $E_g+E_F^c+E_F^v$ 之间的光子，发射光谱被展宽。

光致发光在固体材料，尤其是半导体材料的研究中，经常作为分析测试手段来分析材料的能带结构、缺陷及杂质状态。光致发光谱分为光致发光激发谱和光致发光发射谱。前者是用可调激光器进行激发，记录特定波长的发射光强度随激发光波长的变化；后者是用固定波长的激光进行激发，记录不同波长的发射光的强度。此外还有时间分辨光致发光谱，即采用脉冲激光进行激发，然后记录发射谱随时间的变化，这可以给出光注入载流子的弛豫过程及复合机制，还可以测量辐射寿命。

对于发射光谱来说，可以分为三个能量区域：①$E_g-15\text{meV}<\hbar\omega<E_g+2k_B T$，这个区域的发射过程包括带间跃迁辐射复合、自由激子辐射复合、束缚电子-自由空穴辐射复合等；②$E_g-(50\sim100)\text{meV}<\hbar\omega<E_g-15\text{meV}$，这个区域的发射主要是浅能级杂质相关的跃迁引

起，如束缚激子辐射复合、施主-受主辐射复合，可用于研究半导体中的杂质种类、杂质能级、杂质浓度、杂质补偿度等；③$\hbar\omega < E_g - (50 \sim 100)$ meV，这个区域的辐射主要是与深能级杂质缺陷相关，能提供有关晶体化学配比、无辐射复合过程相关的缺陷密度等信息。

四、电致发光

电致发光又称为场致发光，是由电场直接激发产生非平衡载流子（电注入）而进行发光、直接把电能转换为光能。能进行电致发光的材料很多，一般有粉末、薄膜、PN 结及异质结等。电致发光有着愈来愈重要的应用，如发光二极管（LED）和激光二极管（LD），其中 LED 已经成为很有前途的照明光源。

电致发光的微观机理与光致发光本质上是相同的。对于 PN 结来说，如图 8－26 所示，由于 N 区的电子向 P 区扩散、P 区的空穴向 N 区扩散，在平衡状态下使得 P 区和 N 区的费米能级相等，同时在结区形成了内建电场（即形成势垒区），使得扩散达到饱和。若把 PN 结正向偏置（即 P 区接外电路正极、N 区接外电路负极），使得外加电场和内建电场的方向相反、势垒降低，从而使电子可以继续从 N 区向 P 区扩散、空穴继续从 P 区向 N 区扩散，即发生了少数载流子的电注入。注入的少数载流子（即扩散到 P 区的电子与扩散到 N 区的空穴）会与多数载流子复合产生辐射，这就是 PN 结的发光过程。

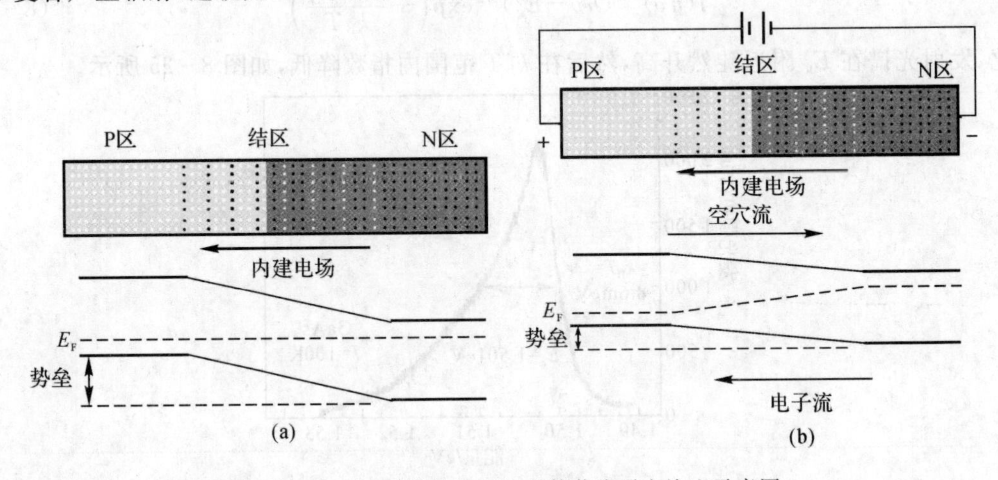

图 8－26 （a）PN 结结构；（b）少数载流子电注入示意图

为了提高少数载流子的电注入效率，还可以采用异质结，如图 8－27 所示。P 区与 N 区的带隙宽度不一致，当正向偏置时两者的价带高度相同，这时对于空穴来说没有势垒、对于电子来说仍然存在很高的势垒，所以空穴可以自由地从 P 区注入 N 区，具有很大的空穴注入效率。带隙宽的区域（这里为 P 区）称为注入源区，带隙窄的区域（这里为 N 区）为发光区。发光区发射的光子，其能量很显然小于注入源区的带隙，不会在注入源区引起本征吸收，因此注入源区对发射光是透明的，可以作为发射光的引出窗口。

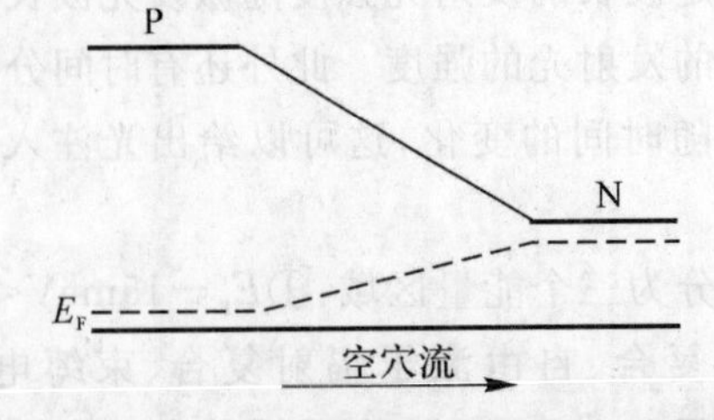

图 8－27 异质结能带结构及电注入示意图

为了获得发射可见光的 LED,半导体的带隙应该在 1.8～2.9eV。Ge,Si 的带隙在红外区、且为间接带隙半导体,所以不适合做 LED;GaAs 为直接带隙半导体,但带隙小于 1.8eV,不能发射可见光;CdS 是直接带隙半导体,带隙在可见光范围,可以作为 LED 的材料,但不易制备 PN 结。现在常用来制备 LED 的材料有 $GaAs_{1-x}P_x$,$Al_xGa_{1-x}As$ 等三元化合物半导体,$(Al_yGa_{1-y})_xIn_{1-x}P$ 等四元化合物。通过掺杂来提高发光效率,也是常用的方法。如在 $GaAs_{1-x}P_x$ 中参入等电子杂质 N,可以俘获电子形成负电中心,进而可以吸引价带中的空穴形成束缚激子,这可以大大提高发光效率。

五、受激辐射

受激辐射是激光器工作的基本原理。由于激发态是一种不稳定的非平衡状态,所以在通常状况下电子大部分处于低能态,高能态的电子布居数小于低能态的。处于高能态的电子能够自发回到低能态,这称为自发跃迁,伴随的发光称为自发辐射。处于高能态的电子,若是在外加能量(如光照)的激发下才跃迁回到低能态并发射光子,则称为受激辐射。自发辐射是一种随机的不可控过程,所以光辐射的相位、方向没有相关性,而受激辐射可以人为控制,使光辐射的频率、相位、方向、偏振态等完全相同。

图 8-28 给出了吸收和受激辐射过程示意图。对于吸收来说,当能量为 $h\nu_{12}$ 的一束光照射在固体中时,低能态(E_1)的电子吸收光子能量后跃迁到高能态(E_2);对于受激辐射来说,当能量为 $h\nu_{12}$ 的一束光照射在固体中时,高能态(E_2)的电子受到作用后跃迁到低能态(E_1),同时发射出能量为 $h\nu_{12}$ 的一个光子,加上原来的光子,这样就有能量为 $h\nu_{12}$ 的两个光子,它们的频率、相位、方向、偏振态等完全相同,所以从固体中发射的光子数将大于入射进固体的光子数,相当于把光子的数目放大了,称为光量子放大,这也是激光(Laser)的原理。一般来说,当能量为 $h\nu_{12}$ 的光照射时,E_1 和 E_2 之间的受激辐射和吸收均可能发生,电子的跃迁概率相同,究竟哪种过程占主导则取决于高能态和低能态的电子布居数。若高能态的电子数大于低能态的电子数,则受激辐射占主导地位,反之吸收过程占主导地位。而通常情况下,低能态的电子数总是大于高能态的电子数,这样系统才处于稳定状态。所以,当系统的高能态电子数大于低能态电子数时,称为粒子数反转。粒子数反转是激光器工作的基本条件。

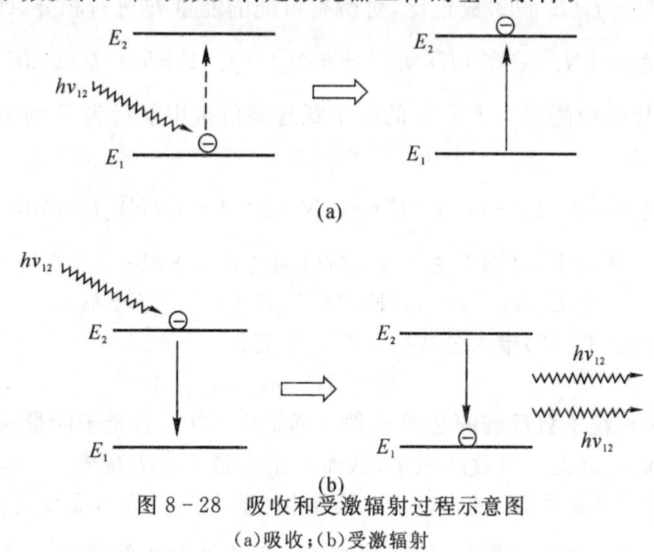

图 8-28　吸收和受激辐射过程示意图

(a)吸收;(b)受激辐射

图 8-29 为 0K 时平衡状态及粒子数反转状态下电子占据导带及价带的情况。在平衡状态下,电子分布在价带,导带为空带;当用光或电场把一部分电子激发到导带后,系统处于非平

衡状态，此时电子和空穴的费米能级不再相同，分别用 E_F^n 和 E_F^p 表示电子的准费米能级和空穴的准费米能级，则可以看出 E_F^p 到 E_v 的能级全部为空、E_c 到 E_F^n 的能级为激发后的电子所占据，即 E_F^p 到 E_F^n 的粒子数(电子数)发生了反转。当温度升高到 T 时，非平衡态下电子占据导带或价带中某一能级 E 的概率 $f_c(E)$ 和 $f_v(E)$ 分别为

$$f_c(E)=\frac{1}{\exp\left(\frac{E-E_F^n}{k_B T}\right)+1} \tag{8-81}$$

$$f_v(E)=\frac{1}{\exp\left(\frac{E-E_F^p}{k_B T}\right)+1} \tag{8-82}$$

则电子未占据的概率分别为 $1-f_c(E)$ 和 $1-f_v(E)$。上面公式中 k_B 为玻尔兹曼常数。

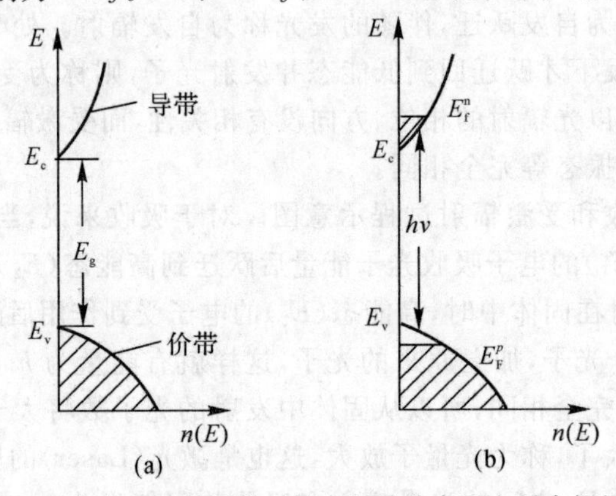

图 8-29 0K 时(a)平衡态；(b)粒子数反转态两种状态下电子占据导带及价带的情况

当能量为 $h\nu$、能流密度(即光强度)为 $I(h\nu)$ 的光子流(即光束)照射到半导体中时，吸收使得价带中能量为 E 的电子跃迁到导带中能量为 $E+h\nu$ 的空能级，其吸收率与价带上的能级密度 $N_v(E)$、电子占据价带能级 E 的概率 $f_v(E)$、导带的能级密度 $N_c(E+h\nu)$、电子未占据导带能级 $E+h\nu$ 的概率 $1-f_c(E+h\nu)$ 成正比，对所有可能的能量 E 进行积分，即得到总吸收率 ξ_a：

$$\xi_a \propto \int N_v(E) f_v(E) N_c(E+h\nu)[1-f_c(E+h\nu)] I(h\nu) \mathrm{d}E \tag{8-83}$$

而受激辐射会使得导带中能量为 $E+h\nu$ 的电子跃迁到价带中能量为 E 的空能级上，同样受激辐射的总发射率 ξ_r 为

$$\xi_r \propto \int N_c(E+h\nu) f_c(E+h\nu) N_v(E)[1-f_v(E)] I(h\nu) \mathrm{d}E \tag{8-84}$$

在发生粒子数反转的状态下，必然有 $\xi_r > \xi_a$，则根据公式(8-83)和公式(8-84)，有

$$f_c(E+h\nu)[1-f_v(E)] > f_v(E)[1-f_c(E+h\nu)] \tag{8-85}$$

把公式(8-81)和公式(8-82)带入公式(8-85)，则有：

$$E_F^n - E_F^p > h\nu \tag{8-86}$$

公式(8-86)即为达到粒子数反转的必要条件。而此时，当入射光子能量满足 $E_g < h\nu < E_F^n - E_F^p$ 时，受激辐射的概率就大于吸收的概率，从而产生光量子放大现象。

固体激光器(半导体激光器)通常是 PN 结结构(激光二极管)，需要有注入机构来实现粒子数反转；同时还需要有光学谐振腔，以实现光量子放大和激光的产生。图 8-30 为激光二极管结构及工作原理示意图，R_1 和 R_2 是反射率分别为 R_1 和 R_2 的两个反射端面，它们构成了光学谐振腔，其中 $R_1 \gg R_2$。

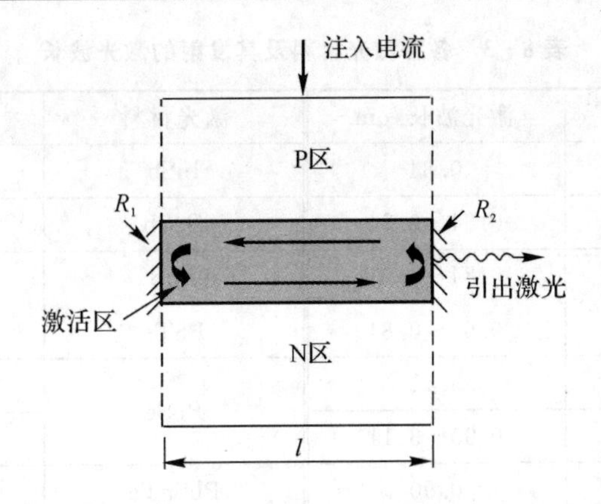

图 8-30　激光二极管工作原理示意图

为了实现粒子数反转，P 区和 N 区必须重掺杂。当正向偏压为 V 时，有非平衡载流子注入。由于重掺杂，即使 V 加大到 $V>E_g$，结区势垒仍存在，这时结平面附近满足 $E_F^n-E_F^p>E_g$，从而实现粒子数反转，这一区域称为激活区。

激活区的非平衡电子及空穴有一部分发生复合，产生自发辐射，其中大部分光子很快跑出激活区，并被损耗掉；但总有一小部分光子在激活区内沿着结平面传播，并引起受激辐射，产生更多能量相同的光子，实现光量子放大。当增大注入电流时，受激辐射逐渐增强，称之为增益。这时辐射的单色性很好、强度增大，但位相不同、相干性差，还不能称之为激光。

当激活区内沿结平面传播的光子到达光学谐振腔的反射面 R_1 和 R_2 时，被反射回激活区，这样形成传播方向相反的两列光波，它们发生干涉、产生驻波。设谐振腔长度为 l，半导体折射率为 n，辐射波长为 λ，则形成驻波的条件是

$$m\left(\frac{\lambda}{2n}\right)=l\ (m\text{ 为整数})\tag{8-87}$$

不符合这一条件的辐射则很快被损耗掉。

激活区中的驻波也会受到损耗，主要包括吸收和反射面的透射，此外还有少量的散射。设单位长度的吸收损耗为 a、增益为 g，则有：

$$\frac{\mathrm{d}I}{\mathrm{d}x}=gI,-\frac{\mathrm{d}I}{\mathrm{d}x}=aI\tag{8-88}$$

当注入电流足够大，使得增益与损耗相等时，则有稳定的激光产生，此电流值称为阈值电流，此时的增益称为阈值增益 g_{th}，可表示为

$$g_{\text{th}}=a-\frac{1}{2l}\ln R_1R_2\tag{8-89}$$

阈值增益和阈值电流为激光器的重要参数。公式(8-89)说明，通过减小吸收、增大谐振腔反射镜的反射率来降低阈值增益，从而使激光器更易于产生激光。除了 PN 结半导体激光器外，还有异质结激光器以及 PIN 结构的半导体激光器。表 8-3 是各种激光材料发射的激光波长。

表 8-3 各种激光材料及其发射的激光波长

激光材料	激光波长/μm	激光材料	激光波长/μm
GaAs	0.84	InSb	5.18
GaAsP	0.64～0.84	GaSb	1.56
GaInAs	0.84～3.11	PbS	4.32
GaAlAs	0.64～0.84	PbTe	6.5 (12K)
InAs	3.11	PbSe	8.5 (12K)
InAsP	0.90～3.11		7.3 (77K)
InP	0.90	PbSnTe	6～28
InAsSb	3.11～5.18	PbSnSe	8～31

第四节 材料的红外光学性质

一、红外光及红外材料概述

1800 年,英国天文学家 W. Herschel 研究太阳光谱的热效应时发现了红外线,其热效应最大。从表 8-1 可以看出,红外光是波长在可见光红光以外(0.76～300μm)的电磁波。有时也认为红外波段延伸到了 1 000μm 波长,此时红外和微波已没有明确界限。对于物质来说,只要其温度大于 0 K,均会产生红外辐射。因此,红外探测技术在现代军事、科研、工业、医疗、气象、环境、航空航天、安全等领域获得了广泛的应用。在不同应用领域,对红外波段有着不同的划分,如表 8-4 所示。表 8-5 给出了一些典型物体的红外辐射波长范围,可以看出大多在中波和长波红外波段。

表 8-4 不同应用领域中红外波段的划分

单位:μm

应用领域	近红外（短波红外）	中红外（中波红外）	远红外（长波红外）	极远红外
军事、空间	0.76～3.0	3.0～6.0	6.0～15.00	15.0～1 000
加热	0.76～1.4	1.4～3.0	3.0～1 000	
光谱	0.76～2.5	2.5～25.0	25.0～1 000	

表 8-5 一些典型物体发出的红外线波长

物体	温度/℃	辐射波段/μm
飞机尾喷管	500～600	3～5
发动机排气管	400	3～5，8～14
导弹尾焰及弹体	600～700	3～5
一般建筑物	30～90	8～14
坦克排气管	200～400	3～5
人体	37	5～20

地球大气是传播红外光最常见的媒质,它对可见光和波长大于 300 nm 的近紫外光是“透

明的”,但由于水分、二氧化碳、臭氧等的吸收,大气对红外光只在某些波段才是透明的,这些波段称为“大气窗口”。充分研究大气条件与红外大气窗口的关系,有助于红外遥感、跟踪、导航等技术的应用和发展。图 8-31 中给出了 0.76～15μm 波长范围内大气的红外透射率与波长的关系。可以看出在近红外、中红外及远红外各有一个大气窗口,分别为:0.76～3.0μm,3.0～5.0μm,8.0～14.0μm。

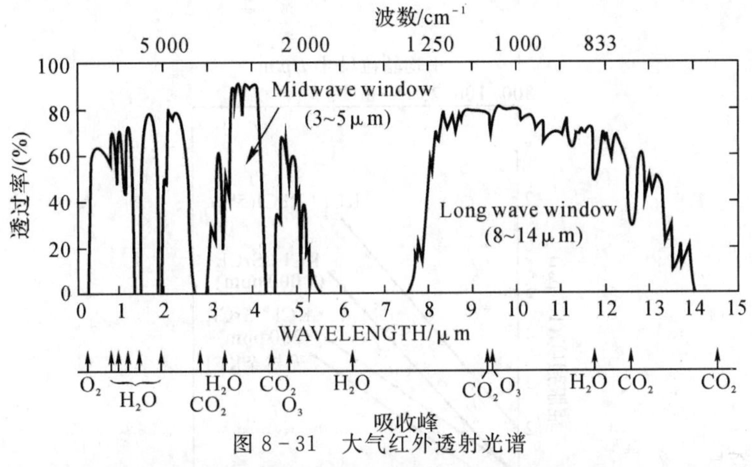

图 8-31　大气红外透射光谱

注:相对湿度为 40%,距海平面为 1.8 km 高度处。

任何材料的透射光谱都存在着紫外端的短波限和红外端的长波限。短波限是由于电子跃迁吸收所引起的,而长波限是由于能级间的电子跃迁或晶格振动(声子)所引起。透明波段的光波在材料中的衰减则由于表面反射、散射、非本征吸收等引起。

红外探测材料的红外吸收是进行红外探测的基础,根据吸收及探测原理的不同,分为热探测器和光子探测器。热探测器基于材料吸收红外光后温度升高、从而引起温差电动势、电阻率变化、自发极化强度变化(热释电效应)等物理现象,因此主要是声子吸收。光子探测器是基于光电效应,即材料吸收红外光后,发生电子跃迁(内光电效应)或电子发射(外光电效应)现象。但由于光电子发射现象主要发生在可见光或更短波长的光区,红外波段的光电子发射很弱,因此探测效率很低。因此,光子探测器的研究大多基于电子的跃迁吸收(如窄带隙半导体中电子在价带与导带间的跃迁)。

红外光学材料是制备红外光学元件的基础,可分为基底材料、薄膜材料、非线性光学材料等。基底材料主要用来制备各种红外窗口、头罩、透镜、棱镜、滤光器、偏振器等光学元器件,需要具有好的光学性质,如吸收小、发射低、折射率适中;还要求具有好的热学、力学及化学性质,如熔点高、热胀系数小、抗热冲击性能好、强度大、硬度高、杨氏模量大、吸湿性低、抗腐蚀及抗氧化性能好等。

红外光学材料的折射率及其随温度的变化对材料的应用有着重要影响。对于反射镜等光学元件一般要求具有高的折射率,否则需要用高折射率材料在基底表面制备高反射薄膜;而对于窗口、头罩等透射光学元件要求具有低的折射率,否则需要用低折射率材料在基底表面制备抗反射薄膜。一般要求折射率随温度的变化越小越好。碱金属的卤化物(碱卤化合物)具有负的折射率温度系数,半导体具有正的折射率温度系数。一般情况下,热胀系数大的材料具有负温度系数。

红外光学材料的硬度和强度也是影响其应用的重要因素。通常情况下，晶格振动模频率低和红外透射率高的材料，其硬度比较低。通过在材料中引入晶界、杂质等缺陷，可以提高材料的硬度和强度。例如，向碱卤化合物中引入单价或二价杂质离子，可以提高其屈服强度及硬度。如图 8－32 所示，缩小晶粒尺寸及掺杂可大大提高 KCl 的屈服强度。此外，红外光学材料的机械加工及制备过程中引入的裂纹、孔洞等显微结构缺陷，会对其强度及韧性带来不利影响。

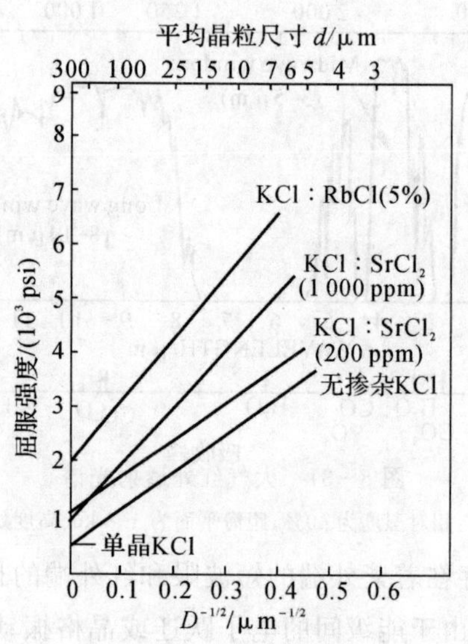

图 8－32 KCl 的屈服强度随晶粒尺寸的变化曲线

注：$1\text{psi}=6.895\times10^{-3}$ MPa。

二、红外发射

固体材料的红外光学性质由红外光与固体之间的相互作用所确定，主要包括红外吸收及红外发射，它们是两个逆过程，二者之间存在紧密的内在关联。基尔霍夫定律表明，物体的吸收率越大，其辐射度也越大，即好的吸收体必然是好的辐射体，因此高反射表面是弱的发射体。

红外吸收的机制与本章第二节中所讲的光的吸收机制相同。红外发射分为连续发射谱和不连续发射谱，而不连续谱又有线状谱和带状谱。不连续红外发射谱由电子在能级间的跃迁、分子的转动或振动态跃迁、固体晶格的振动态（晶格振动的光学支）跃迁等过程产生。红外不连续谱的发射过程与第三节中讲过的光的发射过程相似，在此只对连续红外发射谱进行讲述。

连续红外发射谱是由于材料中的微观粒子（分子、原子、离子和电子）的热运动而产生的，即热辐射，可以用阻尼谐振子模型进行描述。

经典物理学认为，固体中的化学键是一种弹性相互作用，就像弹簧一样把固体中的小球（微观粒子）联系起来，使它们在平衡位置附近作简谐振动。由于电子、离子等微观粒子带电，所以形成一个带电谐振子（偶极谐振子）。假设平衡位置坐标为 0，恢复力系数为 K（即化学键力），当离开平衡位置 x 距离时，受到恢复力为 $-Kx$；该谐振子的阻尼与振动速率成正比，即为 $-\beta\frac{\mathrm{d}x}{\mathrm{d}t}$，$\beta$ 为阻尼系数，则此带电阻尼谐振子的运动方程为

$$m\frac{\mathrm{d}^2x}{\mathrm{d}t^2}+\beta\frac{\mathrm{d}x}{\mathrm{d}t}+Kx=0 \tag{8-90}$$

m 为折合质量，$m=\dfrac{m_1 m_2}{m_1+m_2}$，$m_1$ 和 m_2 为组成带电阻尼谐振子的两个微观粒子(如电子和正离子、正离子和负离子等)的质量。式(8-90)为常系数二阶齐次微分方程，其解为

$$x(t)=x_0\mathrm{e}^{-(\beta/2m)t}\mathrm{e}^{i\omega t}=x_0\mathrm{e}^{-\gamma t}e^{i\omega t} \tag{8-91}$$

其中，x_0 为初始振幅；$\gamma=\beta/2m$，称为衰减系数；ω 为振动的圆频率：

$$\omega=\sqrt{\frac{K}{m}-\left(\frac{\beta}{2m}\right)^2}=\sqrt{\omega_0^2-\gamma^2} \tag{8-92}$$

可以看出，此带电谐振子的振幅随时间指数衰减，振动能量(正比于振幅平方)的衰减用于向外界环境辐射红外光。当衰减系数 γ 很小(阻尼系数 β 接近 0)时，此振动没有衰减，为简谐振动，圆频率为 $\omega_0=\sqrt{\dfrac{K}{m}}$。把固体中的化学键力和折合质量带入公式(8-92)，即可得到辐射的频率(等于带电谐振子的振动频率)为 $10^{12}\sim10^{14}$ Hz，恰为红外波段。

把振动能量衰减为初始值的 $1/e$ 时所用的时间定义为振动的寿命 τ，则可得：

$$\tau=\frac{1}{\gamma}=\frac{2m}{\beta} \tag{8-93}$$

这样一个有限时间的衰减振动不是严格的周期函数，根据傅立叶分析，可看作频率连续分布的简谐振动的叠加，每一简谐振动的振幅不同。因此，辐射具有一定的频率宽度，而不是单色的。对于弱阻尼($\omega_0\gg\gamma$)情形，辐射的强度可表示为

$$I(\omega)=\frac{C}{(\omega-\omega_0)^2+\gamma^2} \tag{8-94}$$

式中，C 为常数。可以看出，在共振频率(ω_0)处，辐射强度为 $I_0=\dfrac{C}{\gamma^2}$。如图 8-33 所示，在谱峰的半高宽处，振动频率偏离共振频率 ω_0 的值为 $\Delta\omega$，则在 $\omega=\omega_0\pm\Delta\omega$ 处，$I(\omega)=I_0/2$，则可得：

$$\Delta\omega=\gamma=\frac{1}{\tau} \tag{8-95}$$

可以看出，辐射谱峰的半高宽 $2\Delta\omega$ 与振子寿命成反比，即振动衰减愈快辐射谱峰愈宽。

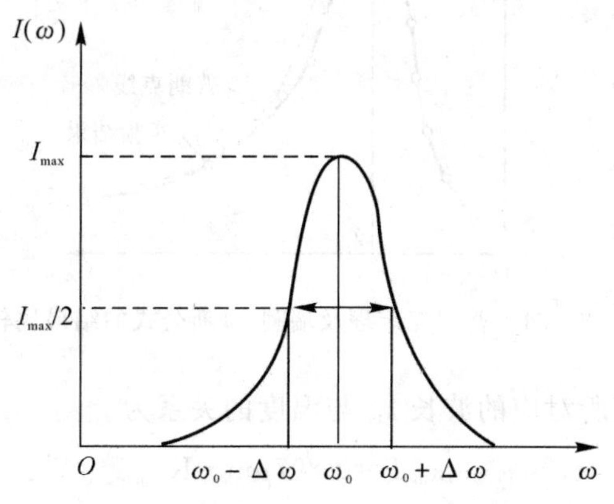

图 8-33　阻尼谐振子的辐射谱峰宽度

上述所讲的只是一个孤立的带电阻尼谐振子的情形。在固体中，有大量的离子、电子等微观粒子，所以形成大量的带电阻尼谐振子。当两个振子分开很远时，彼此互不影响，但当它们的距离靠近时就会互相影响，即发生耦合作用，且距离愈小耦合作用愈强，从而使得振子的共

振频率发生分裂,它们将在两个不同的共振频率上振动。当大量的振子发生耦合作用时,分裂的共振频率非常多,并且频率之间的间隔很小,从而形成连续的红外发射谱。

在不同频率处的振子数目是不同的,即振动模式具有频率分布特征。固体中,单位体积内,在某一频率 $\nu(\nu=\omega/2\pi)$ 处的振动模式数为

$$dZ=\frac{8\pi\nu^2}{c^3}d\nu \tag{8-96}$$

式中,c 为光的速度。

因为热辐射涉及大量具有耦合作用的振子,所以必须采用统计方法进行研究。瑞利和金斯从上述经典振子模型出发,把 dZ 看作是弹性媒质的振动自由度数,则根据玻尔兹曼统计,每一个自由度具有能量 $k_B T$,进而获得辐射的能量密度(光谱辐射能量密度)为

$$W_b(\nu,T)=\frac{8\pi\nu^2}{c^3}k_B T \tag{8-97}$$

此即为黑体(吸收率 $A_b=1$,即能够完全吸收所有波长的电磁辐射的物体)辐射的瑞利-金斯公式,其中 k_B 为玻尔兹曼常数、T 为绝对温度。公式(8-97)在长波(红外)及高温情况下适用的很好;但当 ν 趋于无穷大或趋于 0 时,W_v 趋于无穷大或 0,因此在高频区与实验不符,即为俗称的“紫外线灾难”。

从量子振子模型出发,采用玻色-爱因斯坦统计①,可以获得普朗克定律:

$$W_b(\nu,T)=\frac{8\pi\nu^2}{c^3}\cdot\frac{h\nu}{\exp\left(\frac{h\nu}{k_B T-1}\right)} \tag{8-98}$$

式中,h 为普朗克常数,$h\nu$ 即为光子能量。瑞利-金斯公式是普朗克定理在长波范围的近似。图 8-34 给出了普朗克定理及瑞利-金斯公式的结果。

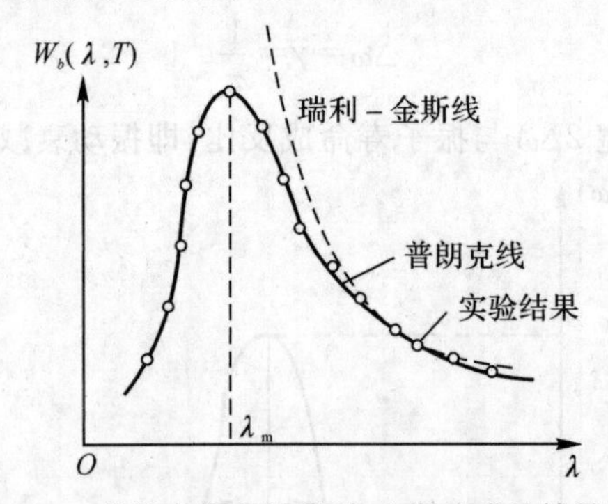

图 8-34　普朗克定理及瑞利-金斯公式的结果比较

黑体辐射能谱的峰值所对应的波长 λ_m 与温度的关系为

$$\lambda_m T=2\ 897\mu m\cdot K \tag{8-99}$$

此即为韦恩位移定律。可以看出,当温度升高时辐射能量的峰值向短波方向移动,如图 8-35 所示。

①此处这一说法并不严谨,因为普朗克在研究黑体辐射时首先提出了量子化概念、引入普朗克常数,为量子力学的出现奠定了基础,这时量子力学还没有出现。但现在看来,普朗克公式可以通过量子振子模型和量子统计的方法获得。

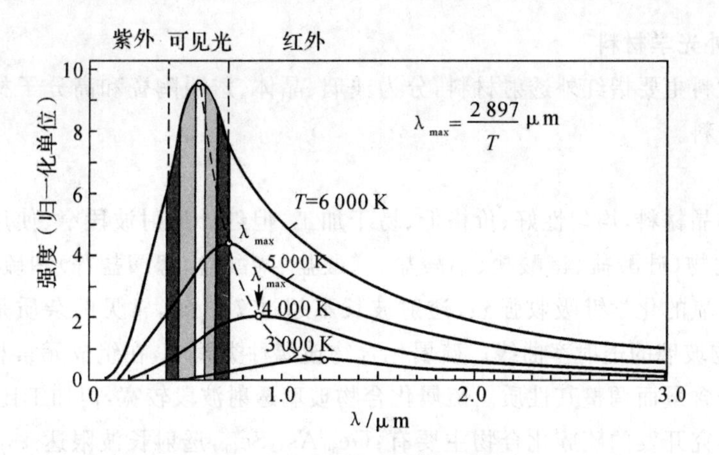

图 8-35　不同温度下的辐射谱

黑体内一点单位时间内向外发射的光谱辐射能量为 $cW_b(\nu,T)$，这些能量均匀地分布在立体角为 4π 的空间，因此分配在单位立体角内的能量为 $L_b(\nu,T)=cW_b(\nu,T)/4\pi$，$L_b(\nu,T)$ 为黑体内一点的光谱辐射亮度。则此点的光谱辐射度（即辐射出射度）为 $M_b(\nu,T)=\pi L_b(\nu,T)=cW_b(\nu,T)/4$，用波长 λ 代替频率 $\nu(\lambda=c/\nu)$ 则普朗克定理可表示为

$$M_b(\lambda,T)=\frac{2\pi hc^2}{\lambda^5}\frac{1}{\exp(\frac{hc}{\lambda k_B T})-1} \tag{8-100}$$

把公式(8-99)带入式(8-100)，则可得辐射峰值波长 λ_m 处的辐射度为

$$M_{b,\lambda_m}(T)=BT^5 \quad (B=1.286\,7\times10^{-11}\,W\cdot m^{-2}\cdot \mu m^{-1}\cdot K^{-5}) \tag{8-101}$$

把公式(8-100)对波长积分，可得到黑体的全谱辐射度：

$$M_b(T)=\int_0^{+\infty} M_b(\lambda,T)d\lambda=\sigma T^4 \quad (\sigma=5.669\,7\times10^{-8}\,W\cdot m^{-2}\cdot K^{-4}) \tag{8-102}$$

公式(8-101)为韦恩最大辐射度定律，公式(8-102)为斯蒂芬-玻尔兹曼公式。

黑体只是理想的模型，自然界中的物体不可能把任意波长的电磁辐射完全吸收，其吸收率 $A<1$，根据基尔霍夫定律，则它们的红外发射也比黑体的小。实际物体的发射性能用其发射率 $\eta(\lambda,T)$ 表示：

$$\eta(\lambda,T)=\frac{M(\lambda,T)}{M_b(\lambda,T)} \tag{8-103}$$

式中，$M(\lambda,T)$ 为实际物体的光谱辐射度。影响材料发射率的因素有：①材料的种类，如电介质的发射率比金属的高，一般氧化物均具有高的发射率；②材料的制备及处理，如不同方式的退火；③表面粗糙度，粗糙表面的发射率比光滑表面的要高；④材料的厚度，⑤温度等。

根据基尔霍夫定律，物体的发射率等于其吸收率，即：

$$\eta(\lambda,T)=A(\lambda,T) \tag{8-104}$$

公式(8-95)可以看作是基尔霍夫定律的不同表达方式。公式(8-104)表明，对于透明的材料来说，其吸收率为 0，所以发射率也为 0；对于有吸收的材料来说，其厚度足够大时透射为 0，若忽略其散射，根据公式(8-30)其吸收率为 $A=1-R$，则根据公式(8-33)其发射率为

$$\eta=1-R=1-\frac{(n_1-n_2)^2+\kappa_2^2}{(n_1+n_2)^2+\kappa_2^2}$$

三、常用红外光学材料

红外光学材料主要指红外透射材料，分为玻璃、晶体、透明陶瓷和高分子材料以及一些新型的红外光学材料。

1. 红外玻璃

玻璃属于非晶材料，均匀性好、价格低、易于加工，但红外透射波段窄、使用温度低。红外玻璃主要有氧化物（硅酸盐、锗酸盐、铝酸盐、锑酸盐、碲酸盐、镓酸盐等）和硫属化合物玻璃。氧化物玻璃由于氧的化学键吸收强烈，透射波长不超过 7.0μm，常见的杂质是 OH^-。图 8-36 是一些氧化物玻璃的透射率曲线。硫属化合物玻璃种类繁多，在组成元素相同的情况下可以通过改变组分含量而调整其性质。硫属化合物玻璃透射波段较宽，但加工比较困难，并且含有有害物质。研究开发的硫族化合物主要有：$Ge_{30}As_{30}Se_{40}$，透射长波限达 13μm；$Te_2As_3Se_5$，长波限为 18μm；此外有 GeS_2，$GeSe_2$，AsS_2-AsSe_3，GeS_2-GeSe_2，$As_2S_3-GeS_2$，$As_2Se_3-GeSe_2$，$As_2S_3-Sb_2S_3$，$As_2Se_3-Sb_2Se_3$ 等。

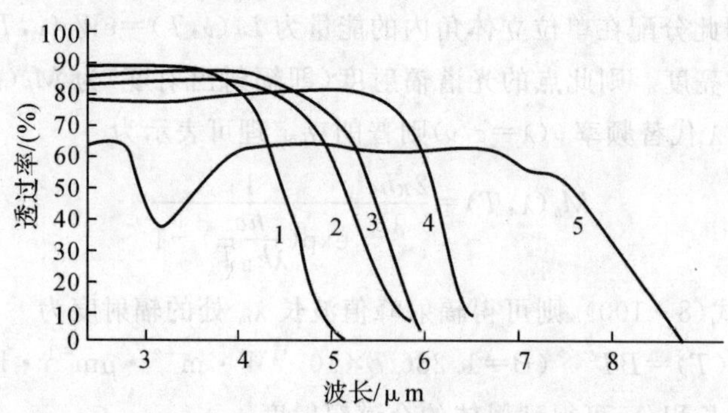

图 8-36　常见氧化物红外光学玻璃的透射率

1-硅酸盐；2-锗酸盐；3-铝酸盐；4-碲酸盐；5-铋酸盐

2. 红外晶体

红外晶体主要有多晶和单晶。与玻璃相比，晶体的红外长波限较远（可达 60μm）、折射率及其色散范围较宽、熔点高、制备难度大。红外晶体材料包括ⅣA族晶体、Ⅱ-Ⅵ族化合物、Ⅲ-Ⅴ族化合物、碱卤化合物、碱土卤化物、氧化物等。

碱卤化合物主要有 LiF，NaF，NaCl，KCl，KBr，KI，RbCl，RbBr，RbI，CsBr，CsI 等。它们熔点低、硬度低、比较容易生长成大块晶体，但通常易溶于水。

碱土卤化物包括 MgF_2，CaF_2，SrF_2，BaF_2 等。它们折射率低（MgF_2 的折射率为 1.38，长波限为 9.0μm）、红外透射率高、硬度及强度比碱卤化合物高很多，但微溶于水或具有吸湿性。碱土卤化物经常用作抗反射膜系的膜料。

ⅣA族晶体主要有金刚石，Si，Ge 及 SiC。其中金刚石堪称完美的红外光学材料，折射率为 2.4，硬度、强度均非常高，长波限为 30μm，但制备难度大、温度到 700℃时就会发生氧化。Si 的折射率为 3.4，长波限为 15μm；Ge 的折射率为 4.0，长波限为 25μm。它们经常用来制备透镜、窗口或头罩，但折射率比较高、硬度比较低。此外，Ge 的透射率随温度升高会显著下降。β-SiC 的长波限为 5.5μm。

Ⅲ-Ⅴ族化合物有 GaAs，GaP，GaSb，InSb 等。GaP 的折射率为 2.9，长波限为 11.0μm，具有较高的硬度、强度和杨氏模量。GaAs 的折射率为 3.3，长波限为 15.0μm，带隙较小

(2.24eV)，对于低阻 GaAs 来说，自由载流子吸收比较明显，因此对微波具有屏蔽作用。

Ⅱ-Ⅵ族化合物有 CdS，CdSe，CaTe，CdTe，ZnS，ZnSe。ZnS 和 ZnSe 是常用的长波红外光学材料。ZnS 的折射率为 2.2(10μm 波长处)，长波限为 14.0μm，ZnS 的折射率为 2.4(10μm 波长处)，长波限为 20μm。ZnS 的硬度比 ZnSe 大，而 ZnSe 的红外透射性能比 ZnS 好。ZnS 在 600℃ 时开始出现氧化现象。

氧化物晶体有蓝宝石(Al_2O_3)，尖晶石($MgAl_2O_4$)，石英(SiO_2)，MgO，ZrO_2，Y_2O_3，氮氧化铝(ALON)，钇铝石榴石(YAG)等。它们都广泛用于中波红外波段。蓝宝石的折射率为 1.7，长波限为 6.0μm；尖晶石的折射率为 1.6，长波限为 6.0μm；石英的折射率为 1.45，长波限为 4.5μm；AlON 的折射率为 1.7，长波限为 5.5μm；MgO 的折射率为 1.7，长波限为 8.0μm；Y_2O_3 的折射率为 1.9，长波限为 8.0μm。蓝宝石的热学、力学及化学稳定性均比较突出，是理想的中波红外材料，但其高温强度有所下降。

此外，金属 Tl 和卤族元素的化合物晶体，如 TlCl，TlBr 等也是重要的红外晶体。它们微溶于水，具有相当宽的透射波段。

3. 红外透明陶瓷

陶瓷工艺技术的难度及成本远比晶体生长的低，因此陶瓷工艺被广泛用于制备多晶红外光学材料，比如 ZnS 可以用热压工艺制备，其红外透射性能比 CVD ZnS 的要差、在可见光波段完全不透明，但其硬度及强度比 CVD ZnS 有所提高。大多数氧化物均可用陶瓷工艺制备，如 Al_2O_3，MgO，ZrO_2，Y_2O_3 等。陶瓷的致密性对其红外透射性能会产生很大的影响，因为其中的孔洞、晶界等显微结构会产生严重的散射。

4. 红外高分子材料

高分子材料由碳氢化合物构成，含有大量的链状碳氢键，所以有丰富的振动及转动能级，对红外光会产生剧烈的吸收，但其吸收谱一般位于中红外波段。有一部分高分子材料在近红外及远红外波段有良好的透射性能，因此可用作红外光学材料。主要包括有机玻璃(聚甲基丙烯酸甲酯，PMMA)、聚乙烯、聚丙烯、聚四氟乙烯、聚异戊二烯(TPX)等。红外高分子材料的价格低廉、不溶于水、耐腐蚀性能好，但其硬度低、熔点低、不能在高温下使用。

5. 类金刚石薄膜

类金刚石(DLC)是碳的一种非晶结构，但其化学键类似于金刚石、以 sp^3 杂化的碳键为主，因此具有与金刚石相似的性质，如好的红外透射性能，高的硬度、耐化学腐蚀。DLC 膜的折射率为 1.8，常用于长波红外波段。DLC 中 sp^3 和 sp^2 杂化键的含量比对薄膜的性质有着重要影响。sp^3 杂化键含量愈高，薄膜的硬度及折射率愈大、吸收愈小。但 DLC 膜具有很大的内应力，所以厚度不能太大，一般不超过 2μm。DLC 膜在一些衬底(如 ZnS)上的附着性很差。

在 DLC 膜的基础上，引入 Ge 原子，可以制备出 $Ge_{1-x}C_x$ 薄膜。由于 Ge 和 C 的原子半径相差很大，所以不能形成稳定的化合物，只能形成无规则的空间网状结构，其中 Ge-C 键的含量对薄膜性质会产生很大的影响。$Ge_{1-x}C_x$ 薄膜中 Ge 含量可以从 0～100% 任意变化，使薄膜的折射率在 1.8～4.0 之间任意改变，这给红外增透膜系的制备带来很大的灵活性。

习题

1. 金属在红外波段的复介电常数可以表达为 $\tilde{\varepsilon}_r=\varepsilon_r+i\dfrac{\sigma}{\varepsilon_0\omega}$，试估算银镜在 100μm 处的反射率。假设 $\mu_r=1,\varepsilon_r\gg\dfrac{\sigma}{\varepsilon_0\omega}$，Ag 的电导率为 $6.6\times10^7\Omega^{-1}\cdot \mathrm{m}$。

2. CdTe 在 500nm 处的复介电常数为 $\tilde{\varepsilon}_r=8.92+i2.29$，计算这一波长的光在 CdTd 中相速度，吸收系数以及反射率。

3. 怎样通过吸收光谱测量来判断半导体是直接带隙还是间接带隙？

4. InP 是直接带隙Ⅲ-Ⅴ族半导体，室温时的带隙宽度为 1.35eV，775nm 处的吸收系数为 $3.5\times10^6\mathrm{m}^{-1}$。一个厚 1μm 的 InP 薄片表面镀高增透膜后反射率可以忽略不计。试估计此 InP 薄片在 620nm 处的透射率。

5. Ge 是间接带隙半导体，其价带顶在 Γ 点，导带底在 L 点，直接带隙宽度为 0.80eV，其间接带隙宽度为 0.66eV。根据公式(8-57)及(8-58)可以得到 Ge 的吸收系数存在关系：$a^{\text{indirect}}\propto(h\nu-E_g\mp E_p)^2$。图 8-37 为室温下测得的 Ge 的吸收系数与光子能量的关系曲线，参考表 8-6 试估计在间接吸收跃迁中有什么类型的声子参与，吸收了一个声子还是发射了一个声子？

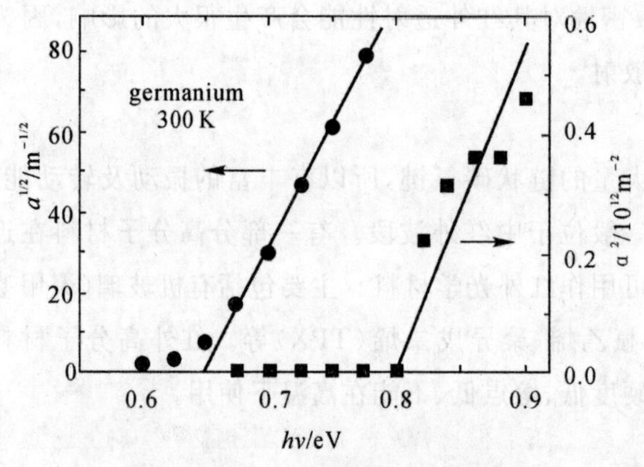

图 8-37 Ge 在室温下的吸收系数

表 8-6 Ge 在 L 点的声子类型及能量

声子模	能量/eV
LA	0.027
TA	0.008
LO	0.030
TO	0.035

6. GaN 和 InN 是直接带隙半导体，它们的带隙宽度分别为 3.4eV 和 1.9eV。要用 $Ga_xIn_{1-x}N$ 制备 LED，发射出 500nm 波长的光。若 $Ga_xIn_{1-x}N$ 的带隙宽度与元素配比 x 成线性增大，则计算 x 为多少。

7. 解释为什么间接带隙半导体不适合用来制备发光器件？对于直接带隙半导体来说，当用能量大于其带隙的光子激发后，其发射光谱通常不会受到激发光波长的影响，为什么？

8. GaAs 的折射率是 3.5，计算空气/GaAs 界面的反射率；设 GaAs 谐振腔的长度为 1mm，一个端面镀膜后反射率为 95%，另一个端面未镀膜，计算激光器的阈值增益。

第九章　材料的磁性

一切物质均具有磁性，但有些物质的磁性很强而有些物质的磁性却很弱。通常所谓的磁性材料与非磁性材料实际上是指强磁性及弱磁性材料。磁性材料已广泛应用于电工电子、信息、计算机、航空航天和生物医学等技术领域中，成为现代工业和科学技术的重要基础材料之一。材料的磁性来源于原子磁矩，包括电子轨道磁矩、电子自旋磁矩和原子核磁矩。理论和实验都证明原子核磁矩很小，只有电子磁矩的几千分之一，通常在考虑它对原子磁矩的贡献时可忽略不计。在固体中轨道磁矩和自旋磁矩的直接或间接的相互作用，以及这些磁矩对外磁场响应的特性，形成各种磁性材料。本章主要介绍各类磁性的基本特征及其产生的本质原因。

第一节　材料磁性的分类

材料的磁性在宏观上是用磁化率 χ 来描写的。对于具有立方对称的晶体或各向同性的磁性材料，在外磁场 $\boldsymbol{H}$ 中，其磁化强度（单位体积所具有的磁矩）

$$\boldsymbol{M}=\chi\boldsymbol{H} \tag{9-1}$$

比例系数 χ 称为单位体积的磁化率，通常为简便起见，就称为磁化率。

$$\chi=\boldsymbol{M}/\boldsymbol{H}=\mu_0\boldsymbol{M}/\boldsymbol{B}_0$$

式中，$\mu_0=4\pi\times10^{-7}$ H/m 是真空磁导率，$\boldsymbol{B}_0=\mu_0\boldsymbol{H}$ 是磁场 $\boldsymbol{H}$ 在真空中的磁感应强度。材料中的磁感应强度为

$$\boldsymbol{B}=\mu\boldsymbol{H} \tag{9-2}$$

式中，μ 为材料的磁导率。上式还可以写为

$$\boldsymbol{B}=\mu_0(\boldsymbol{H}+\boldsymbol{M})=\mu_0(1+\chi)\boldsymbol{H}=\mu_r\boldsymbol{B}_0 \tag{9-3}$$

这里 $\mu_r=1+\chi$ 称为相对磁导率，$\mu_r=B/B_0=\mu/\mu_0$。式(9－3)表明，材料内部的磁感应强度 $\boldsymbol{B}$ 可看成是由两部分场叠加而成：一部分是材料对自由空间磁场的反映 $\mu_0\boldsymbol{H}$，另一部分是材料对磁化引起的附加磁场的反映 $\mu_0\boldsymbol{M}$。

根据物质磁化率的大小、符号以及与温度、磁场的关系，可将物质的磁性大致分为五类。

(1)抗磁体：磁化率 χ 是数值甚小的负数，大约在 10^{-5} 数量级，且几乎不随温度变化，在磁场中受微弱斥力。所有简单的绝缘体，大约一半的简单金属都是抗磁体。

(2)顺磁体：磁化率 χ 是数值较小的正数，约为 $10^{-3}\sim10^{-6}$，它在磁场中受微弱吸力。χ 与温度 T 成反比关系，即

$$\chi=\mu_0C/T$$

称为居里定律，式中 C 是常数。含有顺磁性离子的绝缘体，除了铁磁金属以外许多金属都是顺磁体。

(3)铁磁体:磁化率 χ 是很大的正数,且与外磁场呈非线性关系变化。在某个临界温度 T_c 以下,即使没有外磁场,材料中会出现自发的磁化强度,在高于 T_c 温度,它变成顺磁体,其磁化率服从居里-外斯定律:

$$\chi=\frac{\mu_0 C}{(T-T_c)}$$

铁、钴、镍及其合金都是典型的铁磁体。临界温度 T_c 通常称为居里温度。

(4)亚铁磁体:在温度低于居里点 T_c 时像铁磁体,但其磁化率不如铁磁体那么大,它的自发磁化强度也没有铁磁体的大;在高于居里点的温度时,它的特性逐渐变得像顺磁体。磁铁矿(Fe_3O_4)就是一种亚铁磁体。

(5)反铁磁体:磁化率 χ 是小的正数,在温度低于尼尔温度 T_N 时,它的磁化率同磁场的取向有关;在高于尼尔温度时,它的行为像顺磁体,其磁化率随温度的变化关系为

$$\chi=\frac{\mu_0 C}{(T+T_N)}$$

MnO,MnF_2,NiO,CoF_2 等晶体都是反铁磁体。

第二节　原子和离子的固有磁矩

为什么一切物质均具有磁性,物质的磁性起源于什么,这便是本节要讨论的问题。物质是由大量原子(或离子)组成,因此了解原子的磁矩是了解物质磁矩的基础。原子由原子核和电子组成。原子核和电子都具有磁矩,但原子核的磁矩仅为电子磁矩的 1/1 836.5,所以原子磁矩主要来源于电子磁矩。

原子核外电子的运动相当于一个闭合电流,具有一定的轨道磁矩。根据物质结构的量子理论,电子的轨道磁矩为

$$\boldsymbol{\mu}_l=-\frac{e}{2m}\boldsymbol{l} \tag{9-4}$$

$\boldsymbol{l}$ 为电子的轨道角动量,$\boldsymbol{\mu}_l$ 与 $\boldsymbol{l}$ 的方向相反,比值 $|\boldsymbol{\mu}_l|/|\boldsymbol{l}|=-\frac{e}{2m}$ 称为电子轨道运动的旋磁比,它是一个普适常数。

电子的自旋磁矩 $\boldsymbol{\mu}_s$ 同自旋角动量 $\boldsymbol{s}$ 也成正比:

$$\boldsymbol{\mu}_s=-g_s\frac{e}{2m}\approx\boldsymbol{s} \tag{9-5}$$

可以看出,自旋运动的旋磁比是轨道运动的 g_s 倍,实验测定的结果 $g_s=2.000\,3$,通常取 $g_s=2$ 不致有明显的误差。

一、原子磁矩

原子的电子轨道磁矩和电子自旋磁矩构成了原子固有磁矩,也称为本征磁矩。原子中满壳层的电子,它们的磁矩总和为零,对原子的固有磁矩没有贡献。因此,只需讨论未满壳层电子的磁矩。如果在未满壳层中只有一个电子,此原子的磁矩为

$$\boldsymbol{\mu}_j=\boldsymbol{\mu}_l+\boldsymbol{\mu}_s=-\frac{e}{2m}(\boldsymbol{l}+g_s\boldsymbol{s})=-\frac{e}{2m}(\boldsymbol{j}+\boldsymbol{s}) \tag{9-6}$$

式中,$\boldsymbol{j}=\boldsymbol{l}+\boldsymbol{s}$ 是电子的总角动量。实际的原子,未满壳层可能有几个电子,电子之间有库仑作

用,电子的自旋和轨道运动也有耦合,因此只有未满壳层中全体电子的角动量的总和 J 才是守恒不变的量。

$$\boldsymbol{J}=\sum_i \boldsymbol{l}_i+\sum_i \boldsymbol{s}_i=\boldsymbol{L}+\boldsymbol{S}$$

这里 $\boldsymbol{L}=\sum_i \boldsymbol{l}_i$ 和 $\boldsymbol{S}=\sum_i \boldsymbol{s}_i$ 分别是原子的总轨道角动量和总自旋角动量。原子的总磁矩为

$$\boldsymbol{\mu}=\boldsymbol{\mu}_L+\boldsymbol{\mu}_S=\sum_i \boldsymbol{\mu}_{li}+\sum_i \boldsymbol{\mu}_{s_i}$$

$$=-\frac{e}{2m}(\boldsymbol{L}+g_s\boldsymbol{S})=-\frac{e}{2m}(\boldsymbol{J}+\boldsymbol{S})$$

$\boldsymbol{\mu}$ 与 $\boldsymbol{J}$ 不在同一方向上,故有效的原子的磁矩为

$$\boldsymbol{\mu}_J=g\left(-\frac{e}{2m}\right)\boldsymbol{J} \tag{9-7}$$

式中,g 称为朗德(Lande)因子。由角动量的量子化条件,得

$$g=1+\frac{J(J+1)+S(S+1)-L(L+1)}{2J(J+1)} \tag{9-8}$$

原子磁矩的大小为

$$|\boldsymbol{\mu}_J|=g\sqrt{J(J+1)}\frac{e\hbar}{2m}=g\sqrt{J(J+1)}\mu_B=p\mu_B \tag{9-9}$$

式中,$\mu_B=\frac{e\hbar}{2m}=9.273\times10^{-24}$ J/T,称为玻尔(Bohr)磁子,它是原子磁矩的基本单位。$p=g\sqrt{J(J+1)}$称为原子(或离子)的有效玻尔磁子数。显然,如果某个原子的轨道量子数 $L=0$,则 $J=S$,$g=2$,原子磁矩完全由自旋磁矩所贡献;若原子的自旋量子数 $S=0$,则 $J=L$,$g=1$,原子磁矩完全是轨道磁矩的贡献。

二、洪德定则

从上面的结果可以看出,当原子中的电子壳层均被填满时,$J=0$,原子磁矩为零。只有当原子含有未满的电子壳层时,才可能有不为零的原子磁矩。对于含有未满电子壳层的原子,洪德(F. Hund)根据原子光谱实验结果,总结出计算基态原子或离子角量子数 J 的法则,称为洪德定则。其主要内容包括:

(1)总自旋角动量 $\boldsymbol{S}$ 取泡利不相容原理所允许的最大值;

(2)轨道角动量 $\boldsymbol{L}$ 取与这个 $\boldsymbol{S}$ 值不相矛盾的符合泡利原理条件的最大值;

(3)当支壳层不到半满时,总角动量 $\boldsymbol{J}$ 的值等于$|\boldsymbol{L}-\boldsymbol{S}|$;而当支壳层正好半满或超过半满时,$\boldsymbol{J}$ 的值等于 $L+S$。

洪德定则第一条起源于泡利不相容原理和电子间的库仑排斥作用。泡利不相容原理不允许自旋相同的两个电子同时处于相同位置。因此自旋平行的电子被分离开,分离的距离远于自旋相反的电子。由于库仑相互作用,自旋相同的电子能量较低,即相互平行的自旋的平均势能符号为正,但小于反平行自旋。例如,Mn^{2+} 离子的 3d 壳层中有 5 个电子,因此它是半满的,如果每个电子占据一个不同的轨道,则自旋全都可以相互平行。可被占据的正好有 5 个不同的轨道,以轨道量子数 $m_L=2,1,0,-1,-2$ 标志。每个轨道被一个电子占据,预期 $S=5/2$,同时因为 $\sum m_L=0$,所以 L 唯一可取的值为零,与观测结果相符。

洪德定则第二条最好根据模型计算去理解。例如,Pauling 和 Wilson 计算 p^2 组态所产生的光谱项。第三条是自旋一轨道相互作用的符号所导致的结果。对于单个电子,自旋与轨道

角动量反平行时能量最低。但是由于一个个电子加入壳层，低能量的 m_L，m_S 态逐步被占满。当壳层超过半满时，根据不相容原理，能量最低的态自旋必然与轨道矩相平行。

下面考虑一个应用洪德定则的例子。Nd^{3+} 有 57 个电子，它的组态是

$$1s^2 2s^2 2p^6 3s^2 3p^6 3d^{10} 4s^2 4p^6 4d^{10} 4f^3 5s^2 5p^6$$

不满的壳层是 $4f^3$，有 3 个电子。根据洪德定则：(1)这 3 个 f 电子的自旋角动量可以相互平行，不违背泡利原理。因此 $S=3\times\frac{1}{2}=\frac{3}{2}$；(2)f 电子的磁量子数 $m_l=3,2,1,0,-1,-2,-3$。这三个电子可取 $m_l=3,2,1$，不违背泡利原理。因此离子基态的磁量子数 $M_L=6$，$L=M\hbar$。M_L 的最大值就是 L 应取的数值，即 $L=6$；(3)f 壳层可容纳 14 个电子，现在只有 3 个，不到半满，取 $J=L-S=9/2$。所以，它的磁矩 $|\mu_J|=g\sqrt{J(J+1)}\mu_B=3.62\mu_B$。

三、稀土族离子的磁矩

稀土族元素离子的化学性质彼此很相似。它们的磁学性质引人入胜，既表现出系统的变化，又有鲜明的多样性。三价离子的化学性质之所以相似，是因为它们的最外电子层相同，都处于 $5s^2 5p^6$ 组态，与中性氙一样。表 9-1 是一些稀土族离子的有效玻尔磁子数。表中数值说明，用洪德定则确定的离子基态和它的有效玻尔磁子数 $p=g\sqrt{J(J+1)}$ 同实验值基本上是符合的。应当指出，实验值是对含有稀土离子的晶体测得的，其结果犹如单个离子。这是由于对离子磁矩有贡献的是 4f 电子，在它们的外面还有 $5s^2 5p^6$ 电子。这些外层电子起屏蔽作用，使得每个离子内部的 4f 电子免受邻近原子和离子的影响。但是 Sm^{3+} 和 Eu^{3+} 两个离子的有效玻尔磁子数的实验值同依照洪德定则确定的数值差别很大。范·弗莱克(Van Vleck)和弗兰克(A. Frank)认为 Sm^{3+} 和 Eu^{3+} 的基态附近离它约 $k_B T$ 的能量范围存在其他能级，必须考虑这些能级的影响才能获得同实验符合的结果。他们所求得的 p 值也列在表中，记为精确的计算值。

表 9-1　稀土族离子的有效玻尔磁子数

离子	电子组态	基态	$g\sqrt{J(J+1)}$	p 的精确计算值	实验值
Ce^{3+}	$4f^1 5s^2 5p^6$	$^2F_{5/2}$	2.54	2.56	2.4
Pr^{3+}	$4f^2 5s^2 5p^6$	$^3H_4$	3.58	3.62	3.6
Nd^{3+}	$4f^3 5s^2 5p^6$	$^4I_{9/2}$	3.62	3.68	3.6
Pm^{3+}	$4f^4 5s^2 5p^6$	$^5I_4$	2.68	2.83	—
Sm^{3+}	$4f^5 5s^2 5p^6$	$^6H_{5/2}$	0.82	1.6	1.5
Eu^{3+}	$4f^6 5s^2 5p^6$	$^7F_0$	0	3.5	3.6
Gd^{3+}	$4f^7 5s^2 5p^6$	$^8S_{7/2}$	7.94	7.94	8.0
Tb^{3+}	$4f^8 5s^2 5p^6$	$^7F_6$	9.72	9.7	9.6
Dy^{3+}	$4f^9 5s^2 5p^6$	$^6H_{15/2}$	10.63	10.6	10.6
Ho^{3+}	$4f^{10} 5s^2 5p^6$	$^5I_8$	10.60	10.6	10.4
Er^{3+}	$4f^{11} s^2 5p^6$	$^4I_{15/2}$	9.59	9.6	9.4
Tm^{3+}	$4f^{12} 5s^2 5p^6$	$^3H_6$	7.57	7.6	7.3
Yb^{3+}	$4f^{13} 5s^2 5p^6$	$^2F_{7/2}$	4.52	4.5	4.5

第三节　抗磁性和顺磁性

一、抗磁性

如前所述，抗磁性是指磁化率 $\chi<0$，磁化强度与外磁场方向相反的一种物质。在外磁场作用下，穿过电子轨道回路磁通发生，从而在电子轨道回路产生一个附加的感生电流。此电流产生的磁矩方向与外磁场的方向相反，因而与感生电流相应的磁矩是抗磁性的。抗磁性是任何物质对外磁场响应的共同特性。只不过抗磁性很微弱，对于具有顺磁性和铁磁性的材料，其中电子的抗磁性被掩盖了，可以把它略去。只有在组成固体的原子，其固有磁矩为零的情形下，微弱的抗磁性才得以显示。所有的简单绝缘体，其原子(或离子)都是满壳层的，因而是抗磁体。

由于抗磁体中自旋磁矩相互抵消，因此只需考虑在磁场 $\boldsymbol{H}$(沿 z 方向)中电子轨道运动的变化。按照动量矩定理，电子轨道角动量 $\boldsymbol{l}$ 随时间的变化率等于作用在磁矩 $\boldsymbol{\mu}_l$ 的力矩，即

$$\frac{\mathrm{d}\boldsymbol{l}}{\mathrm{d}t}=\boldsymbol{\mu}_l\times(\mu_0\boldsymbol{H})=\boldsymbol{\mu}_l\times\boldsymbol{B}_0$$

式中，$\boldsymbol{B}_0=\mu_0\boldsymbol{H}$ 为磁场在真空中的磁感应强度，将式(9-4)代入，上式可改写成

$$\frac{\mathrm{d}\boldsymbol{l}}{\mathrm{d}t}=\frac{e}{2m}\boldsymbol{B}_0\times\boldsymbol{l}$$

或

$$\frac{\mathrm{d}\boldsymbol{\mu}_l}{\mathrm{d}t}=\frac{e}{2m}\boldsymbol{B}_0\times\boldsymbol{\mu}_l$$

所以，在磁场 $\boldsymbol{B}_0$ 中电子的轨道角动量 $\boldsymbol{l}$ 和轨道磁矩 $\boldsymbol{\mu}_l$ 均绕磁场旋转，如图 9-1 所示，这种旋转运动称为拉莫(Larmor)进动，拉莫进动的频率为

$$\omega_L=\frac{eB_0}{2m}\tag{9-10}$$

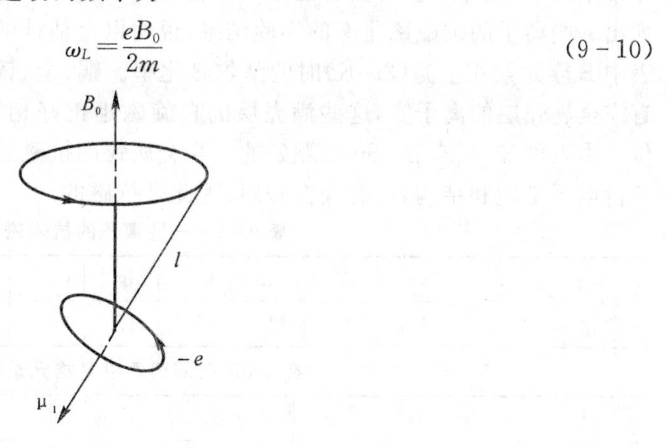

图 9-1　在磁场中电子的拉莫进动

一个电子作拉莫进动所产生的电流是

$$i=-e\frac{1}{T}=-e\frac{\omega_L}{2\pi}=-\frac{e}{2\pi}\frac{eB_0}{2m}$$

式中，T 是电子进动的周期。电子进动的轨道半径的均方值为$\overline{\rho^2}=\overline{x^2}+\overline{y^2}$，轨道面积为$\overline{A}=\pi\overline{\rho^2}$，进动产生的附加磁矩为

$$\Delta\mu=i\overline{A}=-\frac{e^2B_0}{4m}(\overline{x^2}+\overline{y^2})\tag{9-11}$$

与磁场方向相反，从而产生抗磁性。

如果固体中每单位体积有 N 个原子，每个原子有 Z 个电子，则由于进动而产生的磁化强度为

$$M = Ni\sum_{j=1}^{z}\overline{A_j} = -\frac{Ne^2}{4m}B_0\sum_{j=1}^{Z}(\overline{x_j^{\ 2}}+\overline{y_j^{\ 2}})$$

式中负号表示感应磁化强度是抗磁性的。磁化率为

$$\chi = \frac{\mu_0 M}{B_0} = -\frac{Ne^2\mu_0}{4m}\sum_{j=1}^{Z}(\overline{x_j^{\ 2}}+\overline{y_j^{\ 2}})$$

对于抗磁物质，电子的壳层都是满的，电荷分布是球面对称的，$\overline{x_j^{\ 2}} = \overline{y_j^{\ 2}} = \frac{1}{3\ r_j^{\ 2}}$，

如令 $\overline{r^2} = \frac{1}{Z}\sum_{j=1}^{Z}\overline{r_j^{\ 2}}$，则磁化率可写成

$$\chi = -\frac{\mu_0 ZNe^2}{6m}\overline{r^2} \tag{9-12}$$

可见，χ 与 Z 和 $\overline{r^2}$ 有关。原子所含电子数愈多，电子轨道的平均半径愈大，所贡献的抗磁磁化率也愈大。现在估算磁化率的数值，$\overline{r^2} = a_B^2$，$a_B = \frac{4\pi\varepsilon_0\hbar^2}{me^2}$ 是玻尔半径，其中 ε_0 是真空电容率，$N \sim a_B^{-3}$，注意到光速 $c = \frac{1}{\sqrt{\varepsilon_0\mu_0}}$，以及精细结构常数 $\alpha = \frac{e^2}{4\pi\varepsilon_0\hbar c} = \frac{1}{137}$，于是每摩尔物质的抗磁磁化率为

$$\chi = -Z\frac{4\pi}{6}\left(\frac{e^2}{4\pi\varepsilon_0\hbar c}\right)^2 = -Z\frac{4\pi}{6}\left(\frac{1}{137}\right)^2 \sim Z\times10^{-5}\,\mathrm{mol}^{-1}$$

任何原子都存在电子的轨道运动，这种抗磁性是普遍存在的。但由于所产生的附加磁矩非常小，只有当原子没有固有磁矩时才能显示出来，否则被更强的原子磁矩所掩盖。表 9-2 列出一些离子的抗磁磁化率的实验结果，说明以上估计的数值是合理的。表 9-3 则列出周期表中 B 族元素在室温(290K)时的摩尔磁化率。铜、金、锌和镉等都是典型的 B 族元素。它们有完全满壳层的离子实，这些满壳层的自旋磁矩正好相互抵消，芯态电子的抗磁性与主导地位。由表可知，只有 β-Sn 是顺磁的。半金属铋的抗磁磁化率特别大。共价晶体，例如 Ge，它的价电子是饱和结构，没有固有磁矩，因此是抗磁的。

表 9-2　一些离子的抗磁磁化率 χ　　单位：-10^{-6}/mol

离子	Li^+	Na^+	K^+	Rb^+	Cs^+	Mg^{2+}	Ca^{2+}	Sr^{2+}	Ba^{2+}	F^-	Cl^-	Br^-	I^-
磁化率	0.7	6.1	14.6	22.0	35.1	4.3	10.7	18.0	29.0	9.4	24.2	34.5	50.6

表 9-3　在 290K 时周期表中 B 族元素的摩尔磁化率 χ_{mol}　　单位：10^4

ⅠB	Cu	−5.5	ⅠB	Ag	−20	ⅠB	Au	−28
ⅡB	Zn	−10	ⅡB	Cd	−20	ⅡB	Hg	−33.5
ⅢB	Ga	−22	ⅢB	In	−10	ⅢB	Ti	−51
ⅣB	Ge	−7.6	ⅣB	Sn	α，−37 β，+3.1	ⅣB	Pb	−23
ⅤB	As	−5.5	ⅤB	Sb	−72	ⅤB	Bi	−280
ⅥB	Se	−22	ⅥB	Te	−37	ⅥB	Po	

离子晶体中每种离子都具有惰性气体的组态结构，没有固有磁矩，也是抗磁性的。晶体的

磁化率近似等于各种离子磁化率 χ_i 之和：

$$\chi \approx \sum_i N_i \chi_i$$

其中 N_i 是第 i 种离子的浓度。

二、顺磁性

1895 年居里(P. Curie)研究 O_2 气体的顺磁磁化率随温度的变化，得到实验规律：

$$\chi = \mu_0 C/T$$

式中 C 是常数。10 年以后，朗之万(P. Langevin)假定每个原子(或分子、离子)的固有磁矩为 μ_a，它在空间可以任意取向，利用玻尔兹曼统计，获得顺磁体的摩尔磁化率：

$$\chi_{mol} = \mu_0 N_A \mu_a^2 / 3k_B T \tag{9-13}$$

式中 N_A 是阿伏伽德罗常数。这就从理论上说明了居里的经验规律。比较以上两个公式可以看出，从实验获得的居里常数 C 能算出原子的固有磁矩。

由第一节可知，原子磁矩

$$\boldsymbol{\mu}_J = -g\frac{e}{2m}\boldsymbol{J}$$

它在磁场中的取向不是任意的，而是量子化的。它在磁场中的附加能量也是量子化的，即

$$-\boldsymbol{\mu}_J \cdot (\mu_0 \boldsymbol{H}) = -\boldsymbol{\mu}_J \cdot \boldsymbol{B}_0 = g\mu_B M_J B_0$$

式中，M_J 取从 $-J$ 到 $+J$ 之间的整数(或半整数)，称为磁量子数。考虑在温度 T 时，顺磁离子在这 $2J+1$ 磁能级中的分布，利用玻尔兹曼统计求出顺磁离子气体沿磁场方向的平均磁矩。显然，离子处在磁量子数为 M_J 的能级的概率为

$$P \propto \exp(-M_J x)$$

式中，$x = g\mu_B B_0 / k_B T$。于是，沿磁场方向的平均磁矩为

$$\bar{\mu} = \frac{\sum_{M_J=-J}^{J}(-g\mu_B M_J)\exp(-M_J x)}{\sum_{M_J=-J}^{J}\exp(-M_J x)} = g\mu_B \frac{\mathrm{d}}{\mathrm{d}x}\ln\left[\sum_{M_J=-J}^{J}\exp(-M_J x)\right]$$

$$= g\mu_B \frac{\mathrm{d}}{\mathrm{d}x}\ln\frac{\exp\left[\left(J+\frac{1}{2}\right)x\right] - \exp\left[-\left(J+\frac{1}{2}\right)x\right]}{\exp\left(\frac{x}{2}\right) - \exp\left(-\frac{x}{2}\right)}$$

$$= g\mu_B \frac{\mathrm{d}}{\mathrm{d}x}\ln\frac{\sinh\left(J+\frac{1}{2}\right)x}{\sinh\frac{x}{2}}$$

$$= g\mu_B J B_J(y)$$

这里

$$B_J(y) = \frac{2J+1}{2J}\coth\left[\left(1+\frac{1}{2J}\right)y\right] - \frac{1}{2J}\coth\frac{y}{2J}$$

称为布里渊函数，其中 $y = \frac{g\mu_B J B_0}{k_B T}$。因此，磁化率为

$$\chi = \frac{\mu_0 N \bar{\mu}}{B_0} = \frac{\mu_0 N g\mu_B J}{B_0} B_J(y) \tag{9-14}$$

式中，N 是单位体积中有磁矩的原子数。玻尔磁子 μ_B 是很小的量，当 $J \to \infty$ 时，$J\mu_B$ 可视为有限值，这种情形就是磁矩可以在空间任意取向的经典情况。图 9-2 是一些顺磁离子晶体的磁化强度随磁场与温度的比值的变化关系。由图可知，理论值和实验结果符合甚好。在 $y \ll 1$ 时，即

$$g\mu_B M_J B_0 \ll k_B T$$

这是高温的情形，有

$$\coth y=\frac{1}{y}+\frac{y}{3}-\frac{y^3}{45}+\cdots$$

此时，磁化率为

$$\chi=\frac{\mu_0 M}{B_0}=\mu_0\frac{NJ(J+1)g^2\mu_B^2}{3k_B T}=\mu_0\frac{Np^2\mu_B^2}{3k_B T}=\mu_0\frac{C}{T}$$

这里 $C=\frac{Np^2\mu_B^2}{3k_B}$ 是居里常数，$p=g\sqrt{J(J+1)}$ 是有效玻尔磁子。

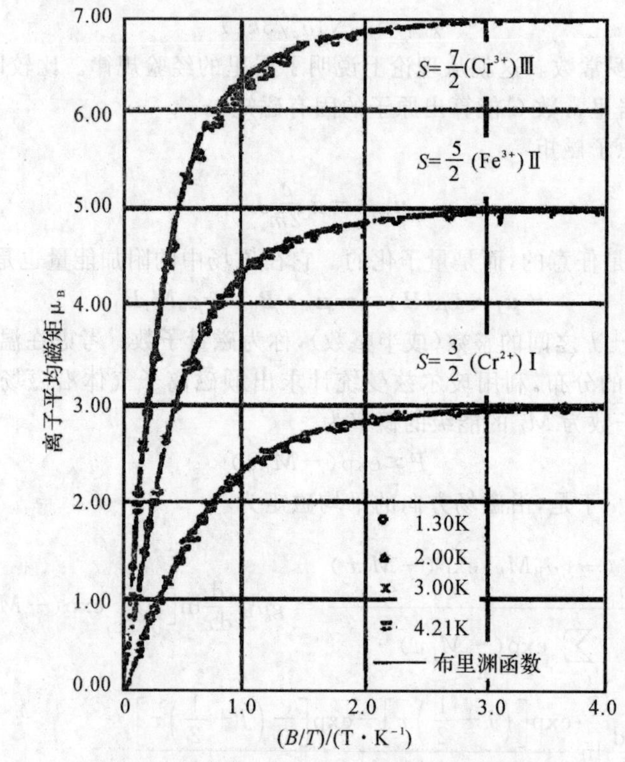

图 9-2　某些顺磁离子晶体的磁化强度随磁场与温度比值的变化

Ⅰ-钾铬钒；　Ⅱ-铁铵钒；　Ⅲ-硫化钆八水化合物

上述结果最先由朗之万(P. Langevin)得出，又称为 Langevin 顺磁理论。因为原子磁矩的取向是相互独立的，所以是一种自由原子磁矩的顺磁理论，适用于具有固有磁矩原子或分子组成的气体、过渡元素或稀土元素离子的化合物或合金。表 9-1 已列出稀土族离子的有效玻尔磁子数，铁族离子的数据列于表 9-4。

表 9-4　铁族离子的有效玻尔磁子数

离子	电子组态	基态	$g\sqrt{J(J+1)}$	$2\sqrt{S(S+1)}$	p 实验值	g 实验值
Ti^{3+}，V^{3+}	$3d^1$	$^2D_{3/2}$	1.55	1.73	1.8	—
V^{3+}	$3d^2$	$^2F_2$	1.63	2.83	2.8	(1.98)
Cr^{3+}，V^{2+}	$3d^3$	$^4F_{3/2}$	0.77	3.87	3.8	(1.97)
Mn^{3+}，Cr^{2+}	$3d^4$	$^5D_0$	0	4.90	4.9	2.0
Fe^{3+}，Mn^{2+}	$3d^5$	$^6S_{5/2}$	5.92	5.92	5.9	2.0

续　表

离子	电子组态	基态	$g\sqrt{J(J+1)}$	$2\sqrt{S(S+1)}$	p 实验值	g 实验值
Fe^{2+}	$3d^6$	$^5D_4$	6.70	4.90	5.4	2.2
Co^{2+}	$3d^7$	$^4F_{9/2}$	6.64	3.87	4.8	2.5
Ni^{2+}	$3d^8$	$^3F_4$	5.59	2.83	3.2	2.3
Cu^{2+}	$3d^9$	$^2D_{5/2}$	3.55	1.73	1.9	2.2

从表中数据可以看出，按照 $p=g\sqrt{J(J+1)}$ 计算得到的结果同实验值相差较大。这是因为铁族离子的 3d 电子壳层是它的最外壳层，它们必然受到其他离子的影响，不能把它们看作是孤立离子中的电子。它们的能级也不同于孤立离子的 3d 态的能级。g 实验值大约等于 2，p 的实验值又很接近 $2\sqrt{S(S+1)}$。这个事实说明，顺磁晶体中铁族离子的 $J\approx S$，或 $L=0$，$g=2$。顺磁晶体的磁化率

$$\chi=\mu_0\frac{N\mu_B^2}{3k_B T}4S(S+1)$$

在指向一个固定原子核的电场中，经典轨道的轨道平面在空间中是固定的，所以轨道角动量的所有分量都是恒量。在量子理论中，对于中心场，其总轨道角动量的平方 L^2 和角动量的一个分量(通常取 L_z)是守恒量；而对于非中心对称场，轨道平面会变形，角动量分量不再是恒量，其平均值可能为零。在晶体中，虽然 L^2 可以很好地保持不变，但是 L_z 不再是运动恒量。当 L_z 的平均值等于零时，轨道角动量就失去作用，即 $J\approx S$。这种效应为轨道角动量的猝灭作用。在沿 z 方向的磁场中，轨道运动对磁矩的贡献正比于 L_z 的平均值。如果动量矩 L_z 猝灭，则轨道磁矩也猝灭。

第四节　金属中自由电子的磁性

为明确起见，这里只讨论简单金属，它们的内壳层是满的，没有净磁矩，其抗磁性的贡献可以忽略。金属的价电子是共有化的，形成自由电子气。它们服从泡利不相容原理和费密－狄拉克统计分布律。金属的摩尔磁化率为

$$\chi_{mol}=\chi\frac{A}{\rho}$$

式中，A 是金属元素的相对原子质量，ρ 是金属的密度。表 9－5 列出碱金属和其他简单金属的摩尔磁化率。由表可知它们的顺磁性是微弱的。

表 9－5　某些简单金属的摩尔磁化率 χ_{mol}

金属	Li	Na	K	Rb	Cs	Mg	Ca	Sr	Ba	Al
$\chi_{mol}/10^{-4}$	24	14	18	18	29	10	50	85	23	17

泡利最先讨论了自由电子气的顺磁性，它来源于电子的自旋磁矩。电子的自旋有两种取向，在没有外磁场时，两种自旋取向的电子数相等，不显示磁性。当有外加磁场时，自旋磁矩同外磁场平行的电子数比取向相反的电子数多，因而显示出顺磁性。由于金属电子气的费密温度甚高，可以认为在实际温度下与在绝对零度的情形相差不远，能量大于费密能级 E_F^0 的状态没有电子，能量比 E_F^0 小的状态充满电子。由第一章可知，能量在 E 到 $E+dE$ 之间的电子浓度为

$$\mathrm{d}n=4\pi\frac{(2m)^{3/2}}{\hbar^3}E^{1/2}\mathrm{d}E=\frac{C_0}{V_0}E^{1/2}\mathrm{d}E$$

在没有外磁场时，自旋磁矩在空间没有择优的方向，也就是说自旋磁矩沿空间某方向的电子数与沿相反方向的电子数各占一半(见图 9-3(a))。在能量 $E<E_F^0$ 的单位能量间隔范围，这两个相反方向的电子浓度为

$$\frac{\mathrm{d}n_+}{\mathrm{d}E}=\frac{\mathrm{d}n_-}{\mathrm{d}E}=\frac{1}{2}\frac{\mathrm{d}n}{\mathrm{d}E}=\frac{C_0}{2V_0}E^{1/2}$$

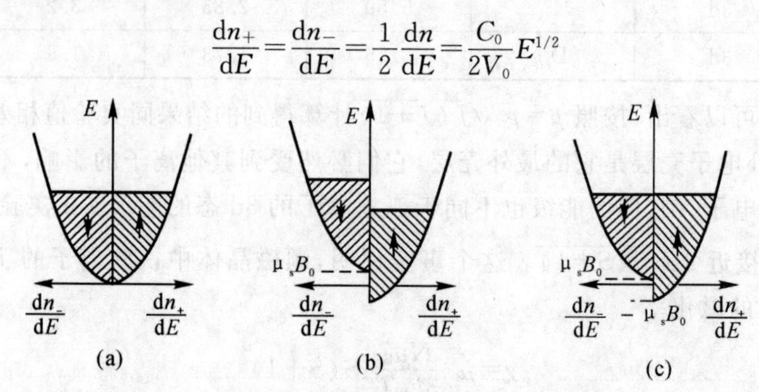

图 9-3 在磁场中电子气两种自旋取向的占有态

(a) $B_0=0$；(b) $B_0\neq0$ 但未平衡；(c) $B_0\neq0$ 达到平衡

当有外磁场 H 时(磁感应强度 $B_0=\mu_0 H$)，自旋磁矩 μ_s 平行磁场的电子有附加能 $-\mu_s B_0$，能量降低了；而自旋磁矩同磁场方向相反的电子附加能为 $\mu_s B_0$，能量升高了，如图 9-3(b)所示。在热力学平衡情形，电子必先填在能量较低的能级，因此在费密能级附近，有一部分磁矩本来同磁场反平行的电子变到同磁场平行的方向，直到两种磁矩取向的电子最高能量相等，如图 9-3(c)所示。由图可知，在外磁场中达到热力学平衡时，自旋磁矩同磁场平行的 $\frac{\mathrm{d}n_+}{\mathrm{d}E}$ 和反平行情形的 $\frac{\mathrm{d}n_-}{\mathrm{d}E}$ 的曲线形状同未加磁场的 $\frac{1}{2}\frac{\mathrm{d}n}{\mathrm{d}E}$ 的曲线形状一样，只是曲线分别沿能量轴下降或上升 $\mu_s B_0$，即

$$\frac{\mathrm{d}n_+}{\mathrm{d}E}=\frac{1}{2}\frac{C_0}{V_0}\sqrt{E+\mu_s B_0}\tag{9-15a}$$

$$\frac{\mathrm{d}n_-}{\mathrm{d}E}=\frac{1}{2}\frac{C_0}{V_0}\sqrt{E-\mu_s B_0}\tag{9-15b}$$

因此，电子浓度为

$$\begin{aligned}n&=\int_{-\mu_s B_0}^{E_F}\mathrm{d}n_+ +\int_{\mu_s B_0}^{E_F}\mathrm{d}n_-\\&=\frac{1}{2}\frac{C_0}{V_0}\left[\int_{-\mu_s B_0}^{E_F}\sqrt{E+\mu_s B_0}\,\mathrm{d}E+\int_{\mu_s B_0}^{E_F}\sqrt{E-\mu_s B_0}\,\mathrm{d}E\right]\\&=\frac{1}{3}\frac{C_0}{V_0}\left[(E_F+\mu_s B_0)^{3/2}+(E_F-\mu_s B_0)^{3/2}\right]\\&=\frac{2}{3}\frac{C_0}{V_0}E_F^{3/2}\left[1+\frac{3}{8}\frac{(\mu_s B_0)^2}{E_F^2}+\cdots\right]\end{aligned}\tag{9-16}$$

在没有磁场时，有

$$n=\frac{2}{3}\frac{C_0}{V_0}(E_F^0)^{3/2}\tag{9-17}$$

将式(9－16)与式(9－17)比较，得到

$$E_F^{3/2}=(E_F^0)^{3/2}\left[1+\frac{3}{8}\frac{(\mu_s B_0)^2}{E_F^2}+\cdots\right]^{-1}$$

即

$$E_F=E_F^0\left[1-\frac{1}{4}\frac{(\mu_s B_0)^2}{E_F^2}-\cdots\right] \tag{9-18}$$

因 $\mu_s B_0 \ll E_F^0$，可以略去上式中的高次项。于是，可近似认为费米能量不因磁场存在而改变，即 $E_F \approx E_F^0$。

在绝对零度时，金属自由电子气的磁化强度为

$$\begin{aligned}M&=\mu_s\left[\int_{-\mu_s B_0}^{E_F}\mathrm{d}n_+-\int_{\mu_s B_0}^{E_F}\mathrm{d}n_-\right]\\&=\frac{1}{3}\frac{C_0}{V_0}\mu_s\left[(E_F^0+\mu_s B_0)^{3/2}-(E_F^0-\mu_s B_0)^{3/2}\right]\\&=\frac{C_0}{V_0}\mu_s^2 B_0(E_F^0)^{1/2}\end{aligned} \tag{9-19}$$

利用式(9－17)便得到

$$M=\frac{3}{2}n\frac{\mu_s^2 B_0}{E_F^0}$$

由此得出自由电子的顺磁磁化率为

$$\chi=\frac{\mu_0 M}{B_0}=\frac{3\mu_0 n\mu_s^2}{2E_F^0}=\frac{3\mu_0 n\mu_s^2}{2k_B T_F^0} \tag{9-20}$$

式中，$E_F^0=k_B T_F^0$，T_F^0 是费密温度。

自由电子气的顺磁性，又称为泡利顺磁性。由上面讨论可以看出，碱金属微弱的顺磁性是同电子气的量子行为密切有关。能量比费密能级小得多的状态，两种自旋取向的电子数相等，对磁性没有贡献。仅在费密能级附近约 $\mu_s B_0$ 范围内的能级上自旋磁矩同磁场平行的电子，对磁化强度有贡献，这些电子的浓度 n' 约为

$$n'\approx\frac{3}{2}n\frac{\mu_s^2 B_0}{E_F^0}$$

每个电子的磁矩是 μ_s，所以磁化强度为

$$M=n'\mu_s=\frac{3}{2}n\mu_s^2 B_0/E_F^0$$

正是这个原因，碱金属的价电子虽是自由电子，但它的磁化率是正的小量。

朗道指出，在磁场中电子气除了自旋磁矩所产生的泡利顺磁性外，电子轨道运动还受磁场影响有抗磁性的贡献。因为自由电子在磁场方向的运动保持不变，而在垂直磁场的平面内电子作圆周运动。这圆周运动产生的磁矩同外磁场方向相反，具有抗磁性。详细的理论计算，得到如下的结果：

$$\chi_{\text{朗道}}=-\frac{1}{3}\chi_{\text{泡利}} \tag{9-21}$$

综上所述，实际测量的磁化率包含三部分贡献：满壳层电子拉莫进动的抗磁磁化率；导电电子的泡利顺磁磁化率以及朗道抗磁磁化率。实验结果不能同理论作直接的比较。前面列出的简单金属的泡利顺磁磁化率是用间接方法分离得到的。

同没有传导电子的绝缘体相比，金属中核磁共振的频率发生移动，这种频移现象称为奈特移动。测量金属元素的核磁共振的奈特移动，有助于确定传导电子的泡利顺磁磁化率。

第五节 铁磁性

一、铁磁性的唯象理论

顺磁晶体中许多非磁性离子把磁性离子隔开相当距离，所以按照独立磁性离子模型建立的顺磁性理论是相当成功的。微弱的磁场（例如 $B_0 \sim 10^{-6}$ T）只能使顺磁性的硫酸亚铁（$FeSO_4$）的磁化强度增加 10^{-3} A/m。但对于铁磁体，同样这么小的磁场，可使硅铁的磁化强度达到 10^6 A/m。这表明在铁磁体内磁性离子的本征磁矩间有强的相互作用，以至它们能够克服热振动的无序作用，离子的本征磁矩能够沿磁场方向排列得相当整齐。当温度 T 超过居里点 T_c 时，铁磁性消失变成顺磁性，其磁化率随温度变化的关系为

$$\chi = \mu_0 C/(T - T_c) \tag{9-22}$$

在温度 $T = T_c$ 时，磁化率趋向无限大。这表明在低于居里点的温度，铁磁体内存在自发磁化强度，温度越低，自发磁化强度越大，平常人们看到的永久磁体的磁场就是材料中自发磁化强度产生的场。

（一）外斯的内场理论

为了解释铁磁体的特性，外斯（Weiss）提出下列假说。

(1)铁磁物质内包含很多小区域，即使没有外磁场，在这些区域内也有自发磁化强度。每个小区域是一个磁畴，不同的磁畴有不同的磁化方向，整个铁磁体的磁化强度是各个磁畴磁化强度的矢量和。在没有外磁场时，这些矢量和一般是零。

(2)在磁畴内部存在自发磁化强度，意味着磁畴内原子的本征磁矩趋向于平行排列，即在磁畴里存在分子场或内磁场。

按照外斯的设想，单个磁畴内的自发磁化强度，可以用半经典的顺磁理论，添进内场的作用来说明。内场同磁化强度 M 成正比，等于 λM。因此，铁磁体中作用于本征磁矩的是有效磁感应场：

$$B_{\text{eff}} = B_0 + \lambda M \tag{9-23}$$

顺磁体磁化强度表示式为

$$M = Ng\mu_B J B_J\left(\frac{g\mu_B J B_0}{k_B T}\right)$$

式中，B_0 用 B_{eff} 替代，就得到铁磁体的磁化强度

$$M(B_0) = Ng\mu_B J B_J\left(\frac{g\mu_B J(B_0 + \lambda M)}{k_B T}\right)$$

在没有外磁场时，铁磁体的磁化强度就是自发磁化强度，即

$$M_s = M(0) = Ng\mu_B J B_J\left(\frac{g\mu_B J\lambda M_s}{k_B T}\right) \tag{9-24}$$

记
$$y = g\mu_B J\lambda M_s/k_B T$$
或
$$M_s = yk_B T/g\mu_B J\lambda \tag{9-25}$$

因而式(9-24)可改写成

$$M_s = Ng\mu_B J B_J(y) \tag{9-26}$$

其中

$$B_J(y) = \frac{2J+1}{2J}\coth\left[\left(1+\frac{1}{2J}\right)y\right] - \frac{1}{2J}\coth\frac{y}{2J} \tag{9-27}$$

通常采用图解法求解式(9-25)和式(9-26)的联立方程组。如图 9-4(a)所示，先画出

$M_s = Ng\mu_B J B_J(y)$曲线，再依照温度的数值画出直线 $M_s = yk_B T/g\mu_B J\lambda$。曲线和直线的交点就是联立方程组的解，即对应温度 T 时铁磁体的自发磁化强度 M_s。这样可以求出 M_s 随温度 T 变化的曲线，如图 9-4(b)所示。由图可知，在温度很低时，内场的作用显著，晶体中本征磁矩趋于平行排列。温度愈低，它们平行排列的程度愈高，自发磁化强度趋于饱和。温度逐渐上升，热运动的无序作用逐渐加强，铁磁体的自发磁化强度 M_s 逐渐减小。当温度达到 T_c 时，直线和曲线在 $y=0$ 处相切。实际上，在 y 小的时候，曲线 $B_J(y)$ 近似于一条直线，$B_J(y)\approx(J+1)y/3J$。因此有

$$M_s \approx Ng\mu_B(J+1)y/3$$

同式(9-25)在 $T=T_c$ 情况比较，得到居里温度

$$T_c = Ng^2\mu_B^2 J(J+1)\lambda/3k_B \tag{9-28}$$

由此可见，居里温度 T_c 直接依赖于铁磁体的内场的常数 λ，温度 T 小于 T_c 时，磁畴里有自发磁化强度；温度达到居里点，自发磁化强度等于零，此物体失去它的铁磁性，转变成顺磁体。

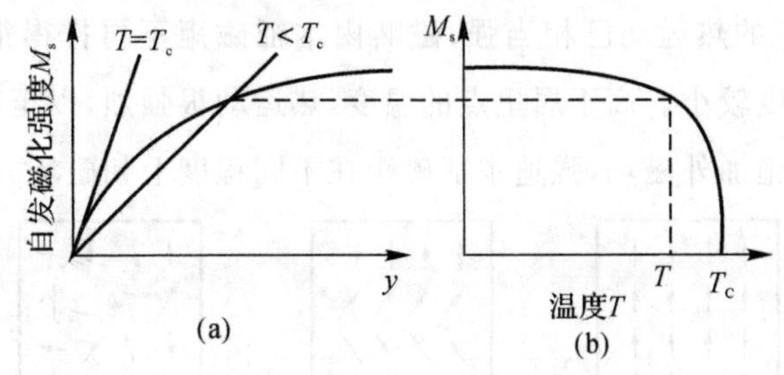

图 9-4　用图解法(a)求铁磁体的自发磁化强度随温度的变化关系(b)

(二)居里-外斯定律

当温度高于 T_c 时，自发磁化强度已消失，只有在外磁场 B_0 的作用下才产生磁化强度。在温度 T 比 T_c 大得多的情况，可令

$$\frac{g\mu_B J(B_0+\lambda M)}{k_B T} \ll 1$$

与此相应地，

$$B_J\left(\frac{g\mu_B J(B_0+\lambda M)}{k_B T}\right) \approx \frac{g\mu_B(J+1)}{3k_B T}(B_0+\lambda M)$$

于是

$$M \approx \frac{Ng^2\mu_B^2 J(J+1)}{3k_B T}(B_0+\lambda M)$$

利用 T_c 的表示式(9-28)，上式可改写成

$$M = \frac{C}{T-T_c}B_0 = \frac{\mu_0 C}{T-T_c}H \tag{9-29}$$

其中居里常数

$$C = \frac{Ng^2\mu_B^2 J(J+1)}{3k_B} \tag{9-30}$$

式(9-29)称为居里-外斯定律，它描述铁磁物质在温度高于居里点 T_c 时，磁化强度 M 随外磁场以及温度 T 的变化规律，磁化率

$$\chi = \frac{\mu_0 M}{B_0} = \frac{\mu_0 C}{T-T_c} \tag{9-31}$$

这说明当温度比居里点高时,热运动破坏了分子场对本征磁矩的作用,这样磁矩各自独立地向磁场方向偏转,而呈现顺磁性。

（三）自发磁化强度

在很低温度,可令 $T\to0, y\to\infty$,则 $B_J(y)\to1$,于是自发磁化强度

$$M_s(T)=M_s(0)B_J(y) \tag{9-32}$$

其中

$$M_s(0)=Ng\mu_B J \tag{9-33}$$

表示绝对零度时铁磁体的饱和磁化强度。

综合上述内容,在不同温度铁磁体磁畴内原子本征磁矩的排列情况,如图 9-5 所示。在很低的温度,磁畴内本征磁矩排列很整齐,自发磁化强度 M_s 接近于饱和磁化强度。当温度 T 低于 T_c 不太多时,原子的热运动已相当强,磁畴内本征磁矩不再排得很整齐,还有沿某一方向的趋势,自发磁化强度较小。高于居里点的温度,热运动很强烈,以至本征磁矩杂乱排列,净磁化强度等于零,除非施加外磁场,强迫本征磁矩在不同程度上朝磁场方向靠拢。

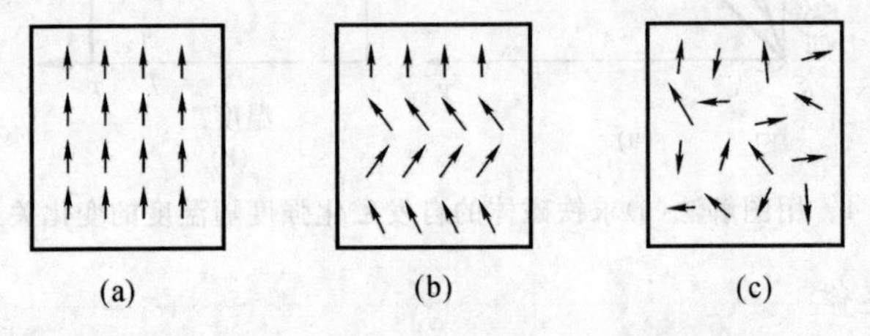

图 9-5　在不同温度时磁畴中本征磁矩的排列

(a)很低温度;(b)低于 T_c 不多的温度;(c)居里温度以上

图 9-6 中的曲线代表不同的角动量量子数 J 的 $M_s(T)$ 关系。由图可知,铁、钴、镍的实验数据同 $J=1/2$ 的曲线符合。这表明铁磁体中自旋磁矩是铁磁性的主要来源。可是在极低温度,外斯理论得到的磁化强度-温度关系与实验结果不太符合,有待理论改进。表 9-5 列出一些铁磁体的临界温度 T_c 和饱和磁化强度。

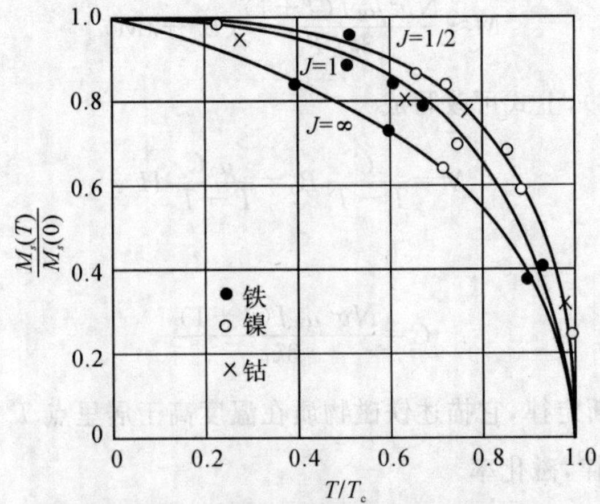

图 9-6　自发磁化强度作为温度的函数

注:曲线是理论结果,点和小圈是实验数据

表 9-5　某些铁磁体的临界温度 T_c 和饱和磁化强度 M_S

物质	T_c/K	M_s/G		物质	T_c/K	M_s/G	
		室温	0K			室温	0K
Fe	1 043	1 707	1 740	CrO_2	386	515	—
Co	1 388	1 400	1 446	$MnOFe_2O_3$	573	410	—
Ni	627	485	510	$FeOFe_2O_3$	858	480	—
Gd	292	—	2 060	$NiOFe_2O_3$	(858)	270	—
Dy	88	—	2 920	$CuOFe_2O_3$	728	135	—
MnAs	318	670	870	$MgOFe_2O_3$	713	110	—
MnBi	630	620	680	EuO	69	—	1 920
MnSb	587	710	—	$Y_3Fe_5O_{12}$	560	130	200

二、交换作用

外斯的内场理论相当成功地描述了铁磁体的磁化特性。但是，这个理论没有说明内场的本质，是什么样的作用使铁磁体中自旋磁矩有平行排列的趋势。1928 年海森堡(Heisenberg)首先提出用量子力学来阐明铁磁性的内场。从能量的观点来看，自旋平行的状态是铁磁物质能量较低的状态。海森堡注意到多电子体系的能量中有一项依赖于电子自旋的取向，这部分能量称为交换能。该能量的出现是由于要满足泡利原理的要求，体系的波函数应是反对称的结果。它在铁磁物质中起极为重要的作用。

(一)铁磁晶体中的直接交换作用

海森堡最先认为当交换能 A(或交换积分 J)大于零时，自旋平行的状态是能量更低的状态。他认为磁畴中自旋磁矩所以有自发平行排列的趋势，就在于铁磁体中相邻原子间电子的交换能是正的。

假定铁磁晶体每单位体积有 N 个原子，每个原子有一个电子对铁磁性有贡献。晶体中依赖于自旋取向的那一部分能量可写成

$$H_{交换}=-\sum_{\boldsymbol{R}_i\neq \boldsymbol{R}_j}\sum_{\boldsymbol{R}_i\neq \boldsymbol{R}_j}2J(\boldsymbol{R}_i-\boldsymbol{R}_j)\boldsymbol{S}(\boldsymbol{R}_i)\cdot \boldsymbol{S}(\boldsymbol{R}_j) \tag{9-33}$$

式中，$\boldsymbol{R}_i$ 和 $\boldsymbol{R}_j$ 是晶体中两个格点位矢，$\boldsymbol{S}(\boldsymbol{R}_i)$和 $\boldsymbol{S}(\boldsymbol{R}_j)$是相应的自旋角动量。若只计相邻原子的电子的直接交换作用，$H_{交换}$ 可简化写成

$$H_{交换}=-\sum_{R_i}\Big(2\sum_{Rj}^{近邻}J(\boldsymbol{R}_i-\boldsymbol{R}_j)\boldsymbol{S}(\boldsymbol{R}_j)\Big)\cdot \boldsymbol{S}(\boldsymbol{R}_i)$$

对于立方晶体，如果原子的配位数是 Z，则此式括号中的求和为 $ZJ\langle S(\boldsymbol{R}_j)\rangle$，这里$\langle S(\boldsymbol{R}_j)\rangle$是自旋角动量的平均值。另一方面，磁化强度可写成

$$M=N\gamma\langle S(\boldsymbol{R}_j)\rangle$$

式中 P 为旋磁比，因此

$$H_{交换}=-\sum_{R_i}S(\boldsymbol{R}_i)ZJM/N\gamma$$

依照内场的概念，$H_{交换}$ 应写成

$$H_{交换}=-\sum_{R_i}\gamma S(\boldsymbol{R}_i)\lambda M$$

比较 $H_{交换}$ 的这两个表达式，得到内场的系数为

$$\lambda=\frac{ZJ}{N\gamma^2} \tag{9-34}$$

同时得到居里点温度

$$T_c=ZJs(s+1)\hbar^2/3k_B \tag{9-35}$$

很明显，交换积分 J 是愈大的正数，内场就愈强，居里点愈高。α－铁、钴、镍是铁磁体，它们的铁磁体是3d电子的贡献。人们预料这些物质的交换积分 J 应该是正值。

海森堡等人认为，铁、钴、镍的3d电子产生定域的原子磁矩，相邻原子的3d电子之间的交换作用，使定域磁矩有平行排列的趋势。这样的理论称为铁磁性的直接交换作用模型。这个模型在定性上取得相当好的结果，可是在定量上它是不成功的。按此模型，在绝对零度每个原子对铁磁体有贡献的定域磁矩应该是玻尔磁子的整数倍，然而实验结果指出它不是玻尔磁子的整数倍。例如，Fe为 $2.22\mu_B$，Co为 $1.72\mu_B$，Ni为 $0.606\mu_B$。这用直接交换作用是难以解释的。1960年有人详细计算了铁晶体两个相邻原子的3d电子间的交换积分，得到 $A=2.27\times10^{-4}$ eV。照此数据求得居里温度只有实验值的七十分之一。

（二）s－d电子的交换作用

1946年，冯索夫斯基(S. V. Vonsovski)提出修改的模型，他认为相邻原子3d电子之间的直接交换作用使定域磁矩排列趋于平行，所形成的内场使4s电子的自旋发生极化，估计这种极化相当于每个原子的磁矩为 $0.15\mu_B$。所以，铁的每个原子磁矩 $2.22\mu_B$，3d电子的贡献为 $2.07\mu_B$，余下的数额是4s电子受内场作用极化的贡献。

20世纪50年代，齐纳(C. Zener)提出s－d间接交换作用说明磁性。他认为，如果 s_d，s_c 是d电子和传导电子的自旋角动量，每个原子内部依赖自旋取向的能量取下列形式

$$E_{自旋}=\frac{1}{2}\alpha_d s_d^2-K_{dc}s_d s_c+\frac{1}{2}\gamma_c s_c^2$$

此关系式右边第一项是d－d电子的交换能，第二项是s-d电子的交换能，第三项是4s电子极化而增加的动能和关联能，α_d，K_{dc}，γ_c 是有关的系数。由 $dE_{自旋}/ds_c=0$，得最稳定状态的条件

$$s_c=\frac{K_{dc}}{\gamma_c}s_d$$

因此

$$E_{自旋,最小}=\frac{1}{2}\left(\alpha_d-\frac{K_{dc}^2}{\gamma_c}\right)s_d^2$$

这能量相当于交换积分 $J=\frac{1}{4}\left(\alpha_d-\frac{K_{dc}^2}{\gamma_c}\right)$。按照齐纳的看法，原子内部s－d电子的交换决定了此材料是否为铁磁性。然而实验又表明，在铁、钴、镍中s电子的磁极化方向和原子本身的磁极化方向相反，靠s－d电子的交换耦合只能产生反铁磁性，相邻原子的磁矩有相反的取向。

三、巡游电子模型

1929年布洛赫提出金属中自由电子气在一定条件下可能产生铁磁性。后来斯通纳(E. C. Stoner)、斯莱特沿着这个方向发展铁磁理论，形成巡游电子模型。所谓巡游电子，即参与导电的电子。这里需要处理以下三个问题：①在什么条件下导电电子会产生铁磁性；②怎样解释原子磁矩不是玻尔磁子的整数倍；③铁为什么有铁磁性。

（一）电子气产生铁磁性的条件

在不计相互作用时，电子气的费密能级为 E_F，自旋朝上和朝下的电子浓度各占一半，即 $n/2$。每种自旋的电子能量（即平均动能）为

$$E_0=\frac{3}{10}nE_F$$

在有外磁场 H（相应的磁感应场为 B_0）时，自旋朝上的电子浓度为 $n_+=n(1+\zeta)/2$，它们的能量（动能和势能）为

$$E_0^+=E_0(1+\zeta)^{5/3}-\frac{1}{2}n(1+\zeta)\mu_sB_0 \tag{9-36}$$

式中，μ_s 是电子的磁矩。如果考虑到自旋平行的电子之间交换能为 $-A$。设 A 是正的常数，则 n_+ 个自旋朝上的电子之间的交换能为 $-\frac{1}{8}An^2(1+\zeta)^2$。于是，这些电子的能量不是 E_0^+ 了，而是

$$E^+=E_0^+-\frac{1}{8}An^2(1+\zeta)^2 \tag{9-37}$$

同理，自旋朝下的电子的浓度是 $n_-=\frac{1}{2}n(1-\zeta)$，它们的交换能为 $-\frac{1}{8}An^2(1-\zeta)^2$，它们的能量（动能、势能和交换能）为

$$E^-=E_0(1-\zeta)^{5/3}+\frac{1}{2}n(1-\zeta)\mu_sB_0-\frac{1}{8}An^2(1-\zeta)^2 \tag{9-38}$$

整个体系的能量 $E=E^++E^-$。

在热力学平衡时，$dE/d\zeta=0$，若 $B_0=0$，则平衡条件写成

$$\frac{3}{10}\frac{An^2}{E_0}\zeta=(1+\zeta)^{2/3}-(1-\zeta)^{2/3} \tag{9-39}$$

实际上 $\zeta=(n_+-n_-)/n$ 代表电子气中平均来说每个电子对磁化强度的贡献。式(9-39)右边是随 ζ 而增加的函数，在 $\zeta=0$ 时，此等式右边函数的导数等于 4/3。如果

$$\frac{3}{10}\frac{n^2A}{E_0}<\frac{4}{3}$$

则式(9-39)只有一个 $\zeta=0$ 的解，即不存在自发磁化强度，所以存在自发磁化强度的必要条件是

$$\frac{3}{10}\frac{n^2A}{E_0}>\frac{4}{3}$$

因为 ζ 至多等于 1，按照式(9-39)，有 $\frac{3}{10}\frac{n^2A}{E_0}<2^{2/3}=1.587$

总之，考虑了自旋平行的电子之间的交换能，电子气具有铁磁性的条件是

$$\frac{4}{3}<\frac{3}{10}\frac{n^2A}{E_0}<2^{2/3}=1.587 \tag{9-40}$$

（二）能带模型解释铁磁体中的原子磁矩

以电子气模型描写铁磁金属中的导电电子过于简单，应当考虑能带的状态密度。铜和镍都是面心立方结构，原子序数相差 1，它们的 3d 带和 4s 带的状态密度基本上类似。如图 9-7 所示，铜的 3d 能带宽度是 3.46eV，全被电子占满，4s 带只有一个电子，费密能级位置在 4s 能带底之上 7.1eV。铜不是铁磁物质，没有净的原子磁矩。镍的能带像铜，如图 9-8 所示。从

铜中取走一个电子就变成镍。在温度高于居里点时，镍是顺磁体。它的能带中电子的充填情况，相当于铜4s带取走0.46个电子/原子；3d带取走2×0.27个电子/原子。在3d带自旋朝上和朝下的电子都是4.73个电子/原子，磁矩相互抵消，显不出强磁性。把实验结果外推到绝对零度，镍每个原子的磁矩为0.6μ_B。扣除轨道磁矩的贡献，每个镍原子沿择优方向的磁矩为0.54μ_B。这相当于镍的3d带中每个原子有5个电子是自旋朝上的，有4.46个电子是自旋朝下的。大家可能认为这里似乎没有考虑电子间的交换作用。其实，正因为是考虑了交换作用，3d能带才分成两个支带，自旋朝上的电子数多，交换能量是大的负值，自旋朝下的电子数少，交换能取不那么大的负值。因此自旋朝上的3d支带的能量比朝下取向的支带能量低。实际上，能带计算必须是自洽的，电子的势能场应当同电子在各支带的充填情况相符合。所以要说明铁磁体的原子磁矩不是玻尔磁子的整数倍，需要考虑铁磁金属的具体能带结构。

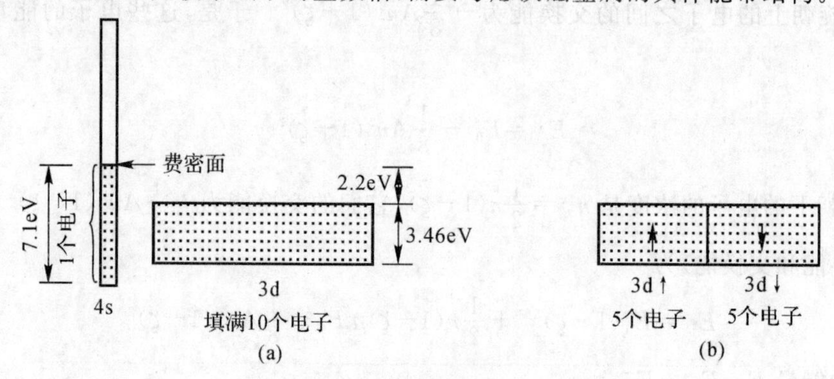

图9-7　Cu的能带模型

(a)金属铜的4s和3d能带示意图和电子填充情况；

(b)铜3d能带分成自旋取向相反的两个支带，它们都填满电子

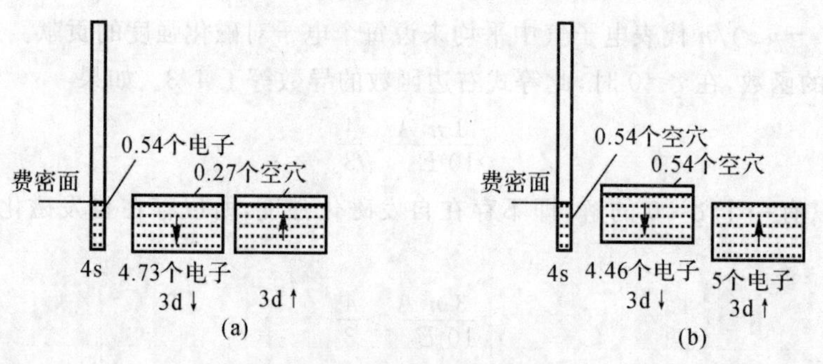

图9-8　镍的4s和3d能带

(a)温度高于居里点的顺磁镍的能带；(b)温度低于居里点的铁磁镍的能带

铁、钴、镍的二元合金的平均原子磁矩依赖于合金中平均每个原子所具有的电子数，如图9-9所示。这样的曲线称为斯莱特-鲍林曲线。图中的几个分支相应于铁、钴、镍中加Mn，Cr，V等元素后，每个原子的平均电子数减少，因而平均的原子磁矩也变小了。曲线最高点对应的平均电子数约为8.3，在这个平均数附近晶体结构发生变化。左边是体心立方结构，右边是面心立方结构。虽然合金的成分不同，同一种晶格结构的材料平均的原子磁矩却相当好的位于一条直线上。说明3d电子能带只依赖于晶格结构，这就是所谓刚性能带模型，合金的成分支配电子数，它又决定了平均原子磁矩。总之，说明斯莱特-鲍林曲线，必须要考虑具体的

能带结构和电子的巡游运动,才有可能解释平均原子磁矩值。

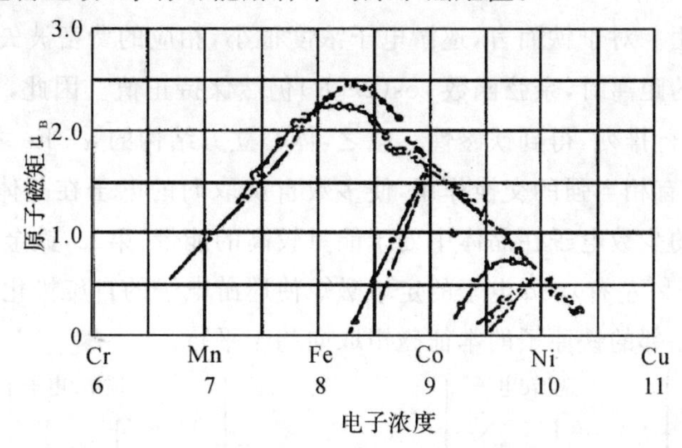

图 9-9 铁族元素二元合金的平均原子磁矩

(三)铁的强磁性的来源

体心立方结构的铁为什么具有铁磁性呢?这是一个难题,长期以来人们不断探索,认识逐步深入。铁磁现象是本征磁矩长程有序的现象,是本征磁矩集体的合作运动的结果。原子的本征磁矩通过什么样的作用作为媒介而发生平行排列的趋势,这关键是对 3d 电子行为的认识。过去人们总认为 3d 电子是定域的,它只产生定域磁矩。可是原子磁矩不是玻尔磁子整数倍的事实表明,3d 电子当中有一部分能较自由地运动,即所谓巡游电子,大概除了铬和钨之外,其他所有过渡金属的低温比热都比只考虑 4s 电子的比热大,这也预示至少有一小部分 3d 电子是巡游电子。铁的 3d 电子中究竟巡游电子有多少,这得从实验数据和能带计算综合起来判断。实际上能带结构就是计算得到的能量-波矢关系曲线。巡游电子行为像自由电子,它的能量-波矢关系像抛物线。定域电子的波函数是原子范围的波包,把它展开成平面波需要各种波矢的平面波一起叠加,所以定域电子的能量-波矢关系将是一条近乎平直的线或是一条缓变的曲线。由于原子内部的交换作用相当大,铁的多数自旋取向的电子(自旋朝上)形成的能带比少数自旋取向的电子(自旋朝下)形成的能带低,相差可达几个电子伏特。图 9-10 画出体心立方铁的两种自旋取向的电子能带。图中最低的一支是 s 电子的能带,3d 电子有 5 支能带,其中 4 支能能量-波矢关系接近于平直线或是缓变曲线。这 4 支带中的电子是定域电子;3d 电子中还有一支能带很像抛物线,在这支能带中的电子是巡游电子。根据费密能级以下各支 3d 电子带的状态数总和,可以估计 3d 电子中巡游电子占多少。据估计 3d 电子中 95%是定域电子,约 5%是巡游电子。巡游电子在晶体中的电荷分布是均匀的,但在定域磁矩的环境中,巡游电子气发生极化,磁矩同定域磁矩平行的巡游电子云集于这个定域磁矩周围以利交换能有较大的负值,磁矩方向相反的巡游电子在定域磁矩周围被排开。实际上两种自旋磁矩取向的巡游电子的密度在空间形成衰减的振荡,如图 9-11 所示,因为在费密能级附近的巡游电子才有可能重新分布。这种自旋极化的密度分布可用函数$\frac{1}{R^3}\cos(2k_F R)$描述。整个空间巡游电子的电荷分布仍然是均匀的,只是自旋朝上的电子分布多的地方,相反自旋取向的电子减少;自旋朝下的密度大的地方,朝上的密度减少,净的巡游电子磁矩分布则是这两者之差,在空间呈衰减的振荡。第二个定域磁矩离第一个定域磁矩的距离为 R_0,如果$\frac{1}{R_0^3}\cos(2k_F R_0)$是正的,则两个定域磁矩趋向于平行,产生铁磁铁;如果余弦函数是负的,两个定域磁矩趋向于平行,这是反铁磁的作用。对于铁而言,巡游电子浓度很小,相应的费密波矢 k_F 也小,当 R 在铁原子第一、第二近邻的距离时,余弦函数 $\cos(2k_FR)$仍然保持正值。因此,对于铁来说,相邻原子的本征磁矩趋于平行排列,得到铁磁性。总之,体心立方结构的 α - Fe 之所以有铁磁性是由于:第一,铁原子内部有相当强的交换作用,使多数自旋取向的电子在晶体中处于能量较低的能带,相反自旋取向的少数电子在晶体中处于能量较高的能带;第二,铁金属中 3d 电子有一小部分的巡游电子(占 5%左右),3d 电子的定域磁矩使巡游电子的自旋极化,在空间形成衰减振荡分布,传递耦合使相邻的铁原子的本征磁矩取向趋于平行。

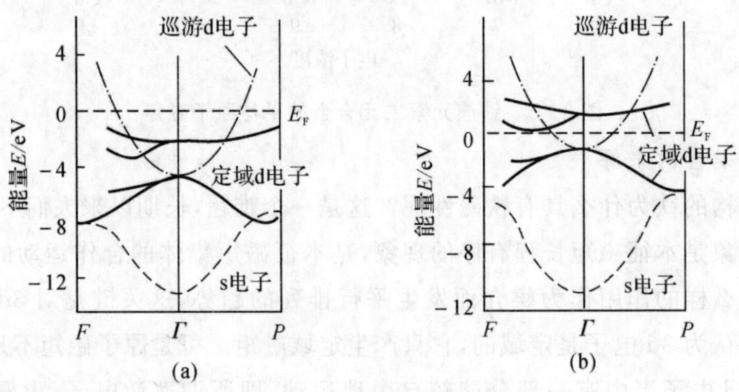

图 9 - 10　铁的电子能带

(a)自旋朝上的;(b)自旋朝下的

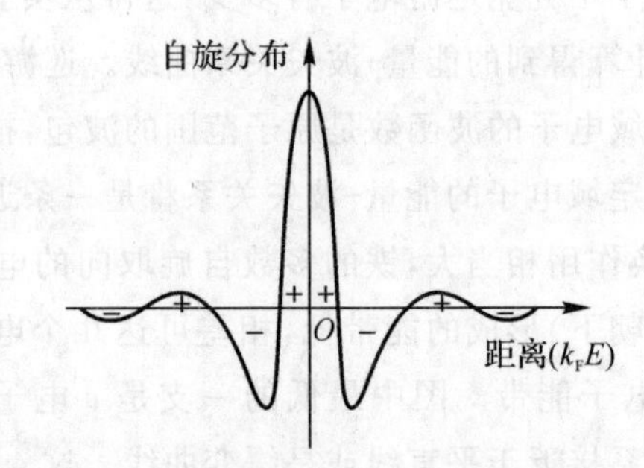

图 9 - 11　定域磁矩附近电子气自旋磁矩的分布

四、磁畴

外斯假设认为自发磁化是以小区域磁畴存在的。各个磁畴的磁化方向是不同的,所以大块磁铁对外不显示磁性。磁畴已为实验观察所证实。从对磁畴组织的观察中,可以看到有的磁畴大而长,称为主畴,其自发磁化方向必定沿晶体的易磁化方向;小而短的磁畴叫副畴,其磁化方向就不一定是晶体的易磁化方向。相邻磁畴的界面称为磁畴壁,磁畴壁是一个过渡区,有一定厚度。

对铁磁材料励磁,磁畴就要运动。在磁场较弱时,磁矩同外磁场方向较接近的那些磁畴的体积逐渐增大,磁矩取向离磁场方向远的那些磁畴的体积减小,这反映在磁畴壁的移动。当外磁场较大时,磁畴中的磁矩尽可能旋转到同外磁场平行的方向,如图 9 - 12 所示。

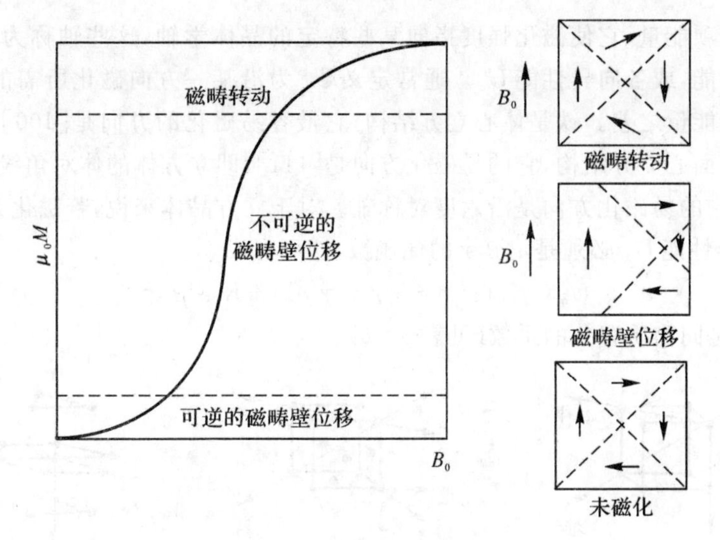

图 9-12　磁化曲线示意图

人们自然要问，为什么在铁磁晶体中会出现磁畴呢？如果不考虑温度的效应，讨论在绝对零度时的磁化情况。从能量的观点来看，出现磁畴必须在能量上是有利的。在讨论磁畴可否存在时，通常需要考虑空间磁场能、各向异性能、磁畴壁能和交换能。交换能 U_{ex} 是决定磁畴中磁矩平行排列程度的内在原因，在前面已进行了讨论。空间磁场能、各向异性能和磁畴壁能以各自的特点同交换能相竞争，导致了磁畴必然出现。下面分别讨论这些能量对形成磁畴的影响。

(一)空间磁场能量

设想整块晶体是一个磁畴，如图 9-13(a)所示。晶体表面便显示 N 极和 S 极。磁畴里自发磁化强度在整个空间建立起磁场(磁感应强度为 B_0)，它的能量为

$$U_m = \int (B_0/2\mu_0)\ d\tau$$

这项能量相当可观。要是晶体分成方向相反的两个磁畴(见图 9-13(b))或分成四个磁畴(见图 9-13(c))，则散在空间的磁场减小，相应的空间磁场能也减小了。如果磁畴按照图 9-13 中(d)或(e)的形式组合起来，晶体上、下部分是呈三角棱体的磁畴。这时，磁感应线都封闭在晶体之内，在晶体表面不显示有磁极，空间磁场能达到最小。但是这未必是最佳的情况，因为还有其他因素起作用。

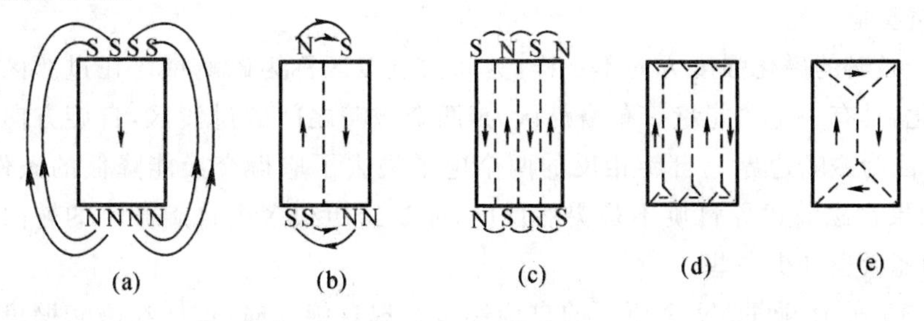

图 9-13　磁畴起因

(二)晶体各向异性能

铁、钴、镍的单晶体，沿不同晶向外加磁场，它们的磁化曲线各不相同，如图 9-14 所示。

铁磁晶体具有一项能量，它使磁化强度指向某些特定的晶体学轴，这些轴称为易磁化方向，这项能量称为磁晶能，或各向异性能 U_a。通常定义 U_a 为沿某一方向磁化所需的能量同最容易磁化方向所需的能量之差。铁是体心立方结构，它最容易磁化的方向是[100]，即立方体的四度轴方向。镍是面心立方结构，它的易磁化方向是[111]，即立方体的体对角线或三度轴方向。钴是六角晶体，它的易磁化方向是沿六度对称轴。对于立方晶体来说，若磁化方向的方向余弦为 α,β,γ，各向异性能 U_a 必须是 α,β,γ 的偶函数，这可写成

$$U_a=K_1(\alpha^2\beta^2+\beta^2\gamma^2+\gamma^2\alpha^2)+K_2\alpha^2\beta^2\gamma^2 \tag{9-41}$$

其中 K_1 和 K_2 是同物质有关的系数(见表 9-6)。

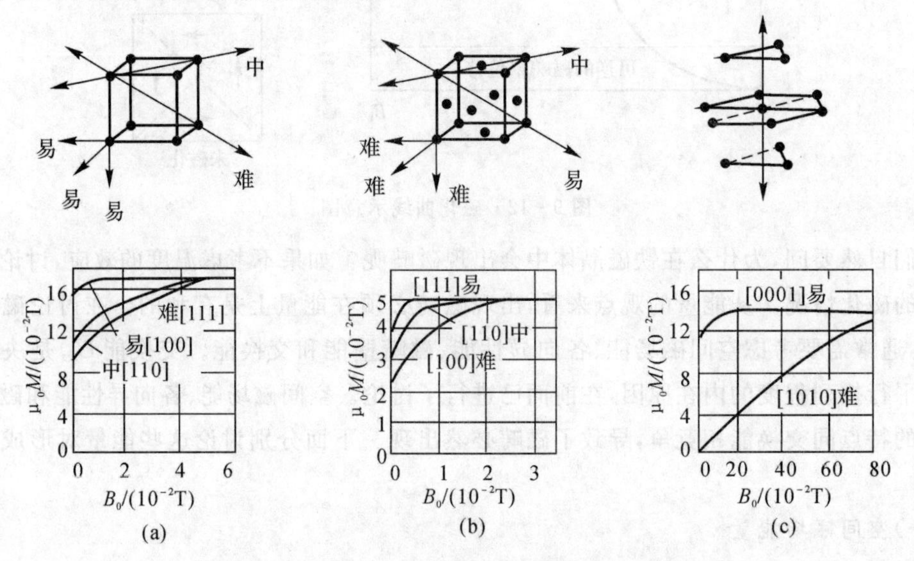

图 9-14 铁、镍和钴沿不同晶向的磁化曲线

表 9-6 Fe 和 Ni 的各向异性能系数

	Fe	Ni
$K_1/(J\cdot m^{-3})$	4.2×10^4	-4.5×10^3
$K_2/(J\cdot m^{-3})$	1.5×10^4	2.34×10^4

存在各向异性能，意味着自旋磁矩的取向同晶体结构有关。这是由于晶体的电场影响电子的轨道运动，经过自旋-轨道耦合，使得自旋磁矩的取向同晶格的对称性有关。铁族元素虽然电子轨道角动量猝灭了，但猝灭不够完全，因此晶体的电场对自旋取向有影响。

(三)磁畴壁能

相邻两个磁畴的磁化强度方向不一样，其间的过渡区称为磁畴壁。在过渡区里磁矩取向随位置而变化，具有一定的能量。布洛赫认为，两个磁畴之间的过渡区，自旋方向突变在能量上是不利的，因为磁畴边界上自旋相反的两个电子失去了取得交换能降低的条件，能量增加了。然而，如果在磁畴边界自旋不是突然反向，而是经历很多个自旋微小的转向逐步完成反向，所增加的能量也许少一些。

如图 9-15 所示，通过 N 个原子的自旋逐步实现自旋反向，这样在磁畴壁里两个相邻原子的自旋的夹角为 π/N，它们之间的交换能不是 $-JS^2$，而是

$$-JS^2\cos(\pi/N)\approx-JS^2\left(1-\frac{\pi^2}{2N^2}\right)$$

因此，两个相邻原子的自旋夹角为 π/N 时，交换能仅仅增加 $JS^2\pi^2/N^2$。

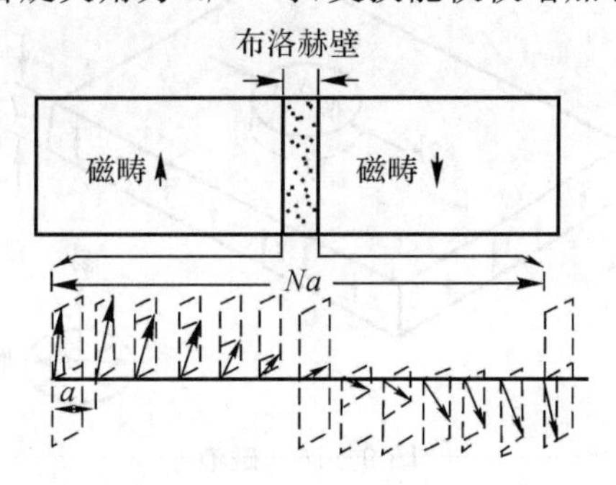

图 9-15　磁畴壁示意图

如果相邻的两个磁畴的磁化方向的夹角是 φ_0，则磁畴壁增加的交换能是

$$\Delta E_{交换}=NJS^2\frac{1}{2}\left(\frac{\varphi_0}{N}\right)^2=\frac{JS^2\varphi_0^2}{2N}$$

从这里可以知道，磁畴壁愈厚（即 N 愈大），增加的交换能愈少，然而磁畴壁太厚，沿非最优方向排列的自旋数目增多，使各向异性能增加了。所以，磁畴壁究竟多厚取决于交换和各向异性能的得失来评定。

如果磁畴壁厚度是 Na（a 是晶格常数），磁畴壁每单位面积的能量为

$$\sigma=\sigma_{交换}+\sigma_{各向异性}$$

设想每个原子只有一个自旋磁矩对铁磁性有贡献。单位面积中的自旋磁矩的数目是 a^{-2}。所以

$$\sigma_{交换}=\frac{1}{a^2}JS^2\frac{\varphi_0^2}{2N}$$

而各向异性能是同磁畴壁厚度成正比，即

$$\sigma_{各向异性}=K_aNa$$

这里 K_a 是各向异性常数。单位面积磁畴壁的体积为 $Na\times1$，所以

$$\sigma=JS^2\frac{\varphi_0^2}{2N}\frac{1}{a^2}+K_aNa$$

磁畴壁能 σ 取最小值的条件是 $d\sigma/dN=0$，由此求得

$$N=\left(\frac{JS^2\varphi_0^2}{2K_aa^3}\right)^{1/2} \tag{9-42}$$

选取 $\varphi_0=\pi$，$S=\hbar/2$，以及 $K_a=10^4\,J/m^3$，得到 $N=300$。就是说估计磁畴壁厚度约为 30～100nm。畴壁能 $\sigma\sim10^{-3}\,J/m^2$。

磁畴壁的能量对于决定磁畴的尺度起重要作用。因为要减少空间磁场能量，铁磁体中磁畴数目要多些为佳。可是，磁畴数多了，畴壁也多了，磁畴壁能随之增加。对于具体的铁磁晶体，必须同时考虑各种能量，权衡得失，原则上能够说明符合总能量最小的磁畴结构。

（四）磁泡畴

有些物质其化学成分是 $MFeO_3$，这里 M 是稀土离子，这类材料具有微弱的铁磁性，称为正铁氧体（orthoferrites），它是单轴磁性晶体。制备该晶体的薄膜样品，垂直膜面的方向是容易磁化的轴，平行膜面的方向是难磁化方向。如果薄膜厚度约 10μm，在易磁化方向施加磁场，薄膜中会出现圆柱形的磁畴，称为磁泡，如图 9-16 所示。

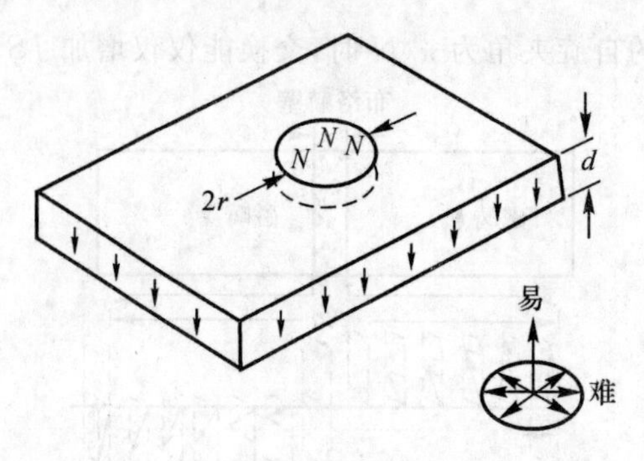

图 9-16　磁泡

设圆柱形磁畴的半径是 r,厚度为 d。磁泡畴的尺寸由各种能量平衡来决定。磁泡能量通常约定以薄膜均匀磁化的情况为能量零点,它的来源有三个:

(1)磁畴壁能 U_ω,磁畴壁的面积为 $2\pi rd$,单位面积的磁畴壁能是 σ,所以

$$U_\omega=\sigma 2\pi rd$$

(2)磁泡的静磁能 U_m,这是指没有外磁场时,圆柱体磁化方向和薄膜其他部分磁化方向相反,它们之间具有的能量。在没有磁泡畴情形,该圆柱体的磁化能量是 $(\mu_0 M_s^2/2)\times\pi r^2 d$;在有磁泡畴时,能量为 $(-\mu_0 M_s^2/2)\times\pi r^2 d$。后者减去前者就是磁泡畴的静磁能,$U_m=-\mu_0 M_s^2\pi r^2 d$。

(3)磁泡在外磁场 B_0 中的磁能 U_0,在薄膜均匀磁化(即没有磁泡)时,泡区磁矩在外磁场中的势能为 $-M_s B_0\times\pi r^2 d$,此时磁矩方向同外场平行。在有磁泡的情形,泡区磁矩反向,势能是 $M_s B_0\times\pi r^2 d$。所以,相对于没有磁泡的情形,势能增加 $U_0=2\pi r^2 dM_s B_0$,磁泡畴的总能量

$$U=U_\omega+U_m+U_0=2\pi rd\sigma+\pi r^2 d\mu_0 M_s^2+2\pi r^2 dM_s B_0$$

在热力学平衡时,磁泡能量应取最小值,这由条件 $\mathrm{d}U/\mathrm{d}r=0$ 决定。按照此条件,平衡时磁泡半径为

$$r_0=\frac{\sigma}{(\mu_0 M_s^2-2M_s B_0)}$$

显然,在没有外场的情形,磁泡半径 $r_0\approx\frac{\sigma}{\mu_0 M_s^2}$。对于磁性材料 $YFeO_3$,实验结果是 $\sigma\sim10^{-3}$ $\mathrm{J/m^2}$,$M_s\sim10^4\ \mathrm{A/m}$。所以圆柱形磁泡的半径 $r_0\sim\frac{\sigma}{\mu_0 M_s^2}\approx10^{-5}\ \mathrm{m}$。

以上简单的分析,没有讨论偏置磁场 B_0 的重要作用。实际上,在磁场 B_0 低于某个临界值时,圆柱形磁泡是不稳定的。因为有磁泡时磁畴壁能和在外场的势能都是正值,倾向于使磁泡体积减小,这两项能量才会降低。于是磁泡不能保持原来的尺寸。对于 $YFeO_3$ 来说,临界场为 $33\times10^{-4}\ \mathrm{T}$,低于此数值的磁场,磁泡不稳定,变成蛇形畴的图样,如图 9-17(a)所示,若反复再施加脉冲磁场则形成一个个磁泡畴,如图 9-17(b)所示。

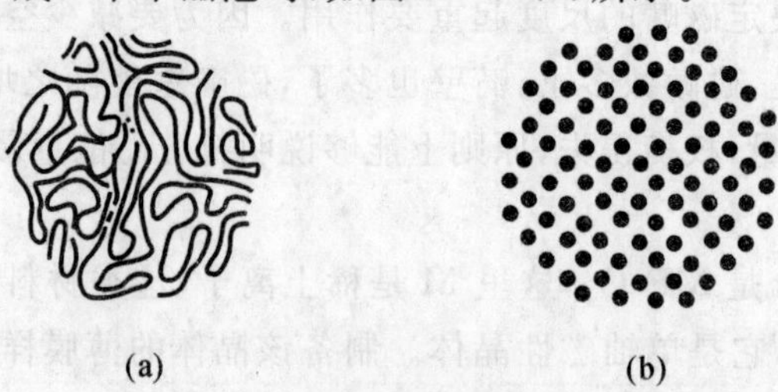

图 9-17　磁泡畴

(a)蛇形磁畴;(b)磁泡畴

第六节　反铁磁性和亚铁磁性

一、反铁磁性

1932 年尼尔(L. Neel)发现铂、钯、锰、铬等金属和某些合金的磁化率数值较大，但随温度的变化很小，这些物质的磁性不能用电子气的泡利顺磁性理论解释。这些材料属于反铁磁体，具有以下特性。

(一)磁化率同温度的关系

在温度 T 高于尼尔温度 T_N(或称尼尔点)时，呈现顺磁性，其磁化率与温度的关系仍具有居里－外斯定律的形式

$$\chi=\frac{\mu_0 C}{T+\Theta}$$

式中，C 为居里常数，Θ 为顺磁尼尔温度。而当 $T<T_N$ 时，χ 随温度降低而变小，图 9－18 是氧化锰(MnO)的磁化率－温度关系。由图可知，MnO 的 $T_N=122\text{K}$。在尼尔点，磁化率－温度曲线出现最大值。

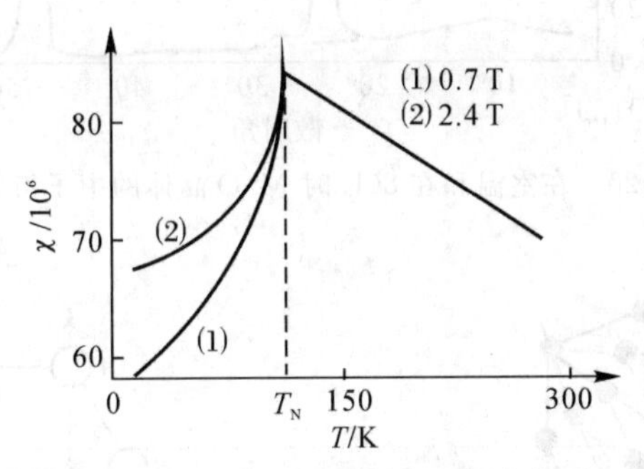

图 9－18　MnO 的磁化率－温度关系

反铁磁体的比热 c_V 在尼尔点显现反常的峰，图 9－19(a)和(b)是氧化锰和金属铬的比热-温度曲线。

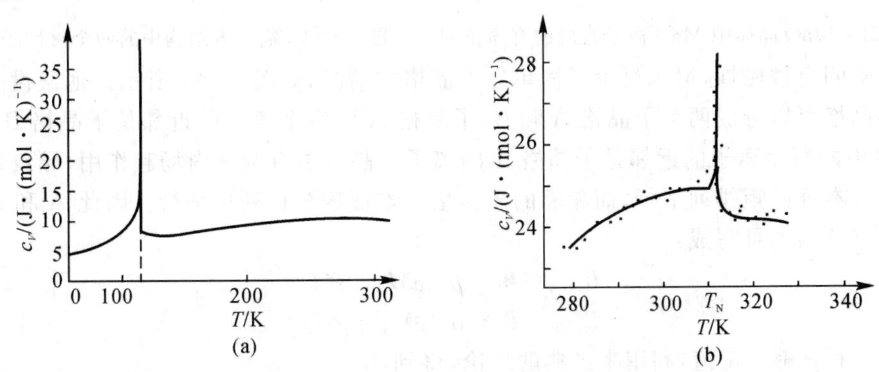

图 9－19　不同材料的比热-温度曲线

(a)氧化锰；(b)铬

(二)本征磁矩排列有序性

慢中子的德布罗意波约几个埃，正好适用于确定磁性晶体中离子磁矩的有序排列，图 9－

20是室温和80K时MnO晶体的中子衍射图。实验结果表明，在室温MnO具有与氯化钠一样的立方结构，晶格常数是0.443nm；而在80K它还是立方结构，但晶格常数是0.885nm，同时还存在新的衍射峰。舒尔(C. G. Shull)等认为这些附加峰的出现是低温下离子本征磁矩排列有序性的结果。他们发现在单个(111)面上锰离子的自旋相互平行，但两个相邻的(111)面上锰离子的自旋是反平行的。图9-21为低温下氧化锰晶体中Mn^{2+}离子的自旋排列，为了看得较清楚，图中省去相邻两个Mn^{2+}平面之间O^{2-}离子所在的平面。

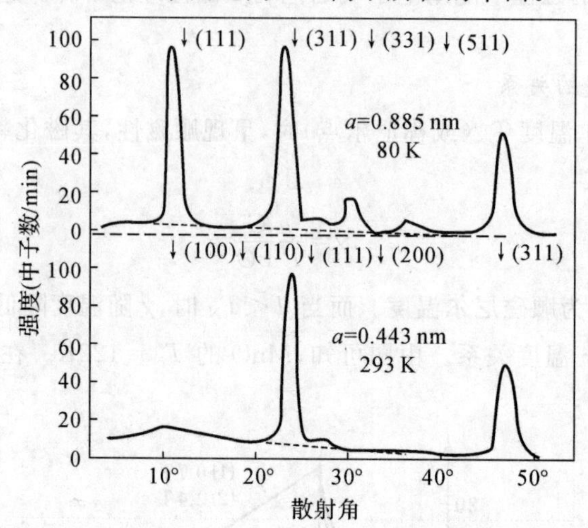

图9-20　在室温和在80K时MnO晶体的中子衍射图样

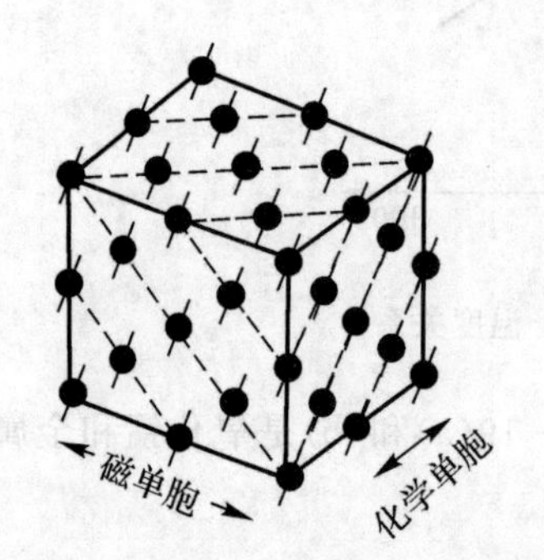

图9-21　MnO晶体中Mn^{2+}离子自旋的有序排列

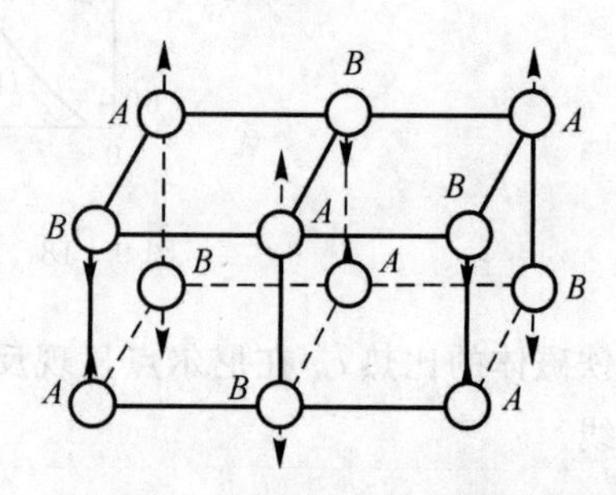

图9-22　简立方结构中的两个磁性子晶格

为了阐明反铁磁性，尼尔讨论了简单立方晶格的情况，如图9-22所示。他假设晶体中磁性离子的晶格可以分成两个子晶格A和B，子晶格A中每个离子的近邻是子晶格B的离子，子晶格B中的每个离子的近邻是子晶格A的离子。晶体中有两种内场起作用，导致在同一个子晶格中的本征磁矩排列平行，而相邻的子晶格上本征磁矩排列反平行。因此A和B两个子晶格上的有效内场可写成：

$$\boldsymbol{B}_{\mathrm{eff,A}}=\boldsymbol{B}_0-\mu_0(\alpha\boldsymbol{M}_{\mathrm{A}}+\beta\boldsymbol{M}_{\mathrm{B}}) \tag{9-43}$$

$$\boldsymbol{B}_{\mathrm{eff,B}}=\boldsymbol{B}_0-\mu_0(\alpha\boldsymbol{M}_{\mathrm{B}}+\beta\boldsymbol{M}_{\mathrm{A}}) \tag{9-44}$$

其中系数α和β都是正值，利用半经典的理论，得到

$$\boldsymbol{M}_{\mathrm{A}}=N_{\mathrm{A}}g\mu_{\mathrm{B}}J\boldsymbol{B}_J\left(\frac{g\mu_{\mathrm{B}}JB_{\mathrm{eff.A}}}{k_{\mathrm{B}}T}\right) \tag{9-45}$$

$$\boldsymbol{M}_{\mathrm{B}}=N_{\mathrm{B}}g\mu_{\mathrm{B}}J\boldsymbol{B}_J\left(\frac{g\mu_{\mathrm{B}}JB_{\mathrm{eff.B}}}{k_{\mathrm{B}}T}\right) \tag{9-46}$$

式中，N_{A}和N_{B}是两个子晶格的离子浓度。下面分三种情况讨论。

1. 高温区，$T > T_N$

此时，布里渊函数的宗量 y 比 1 小得多，

$$B_J(y) \approx \frac{J+1}{3J} y$$

设 $N_A = N_B = N$，则晶体的磁化强度

$$\boldsymbol{M} = \boldsymbol{M}_A + \boldsymbol{M}_B = \frac{Ng^2\mu_B^2 J(J+1)}{3k_B T}[2\boldsymbol{B}_0 - \mu_0(\alpha+\beta)\boldsymbol{M}]$$

磁化率

$$\chi = \frac{\mu_0 \boldsymbol{M}}{\boldsymbol{B}_0} = \frac{\dfrac{2\mu_0\mu_a^2}{3k_B}}{T + N\dfrac{\mu_0\mu_a^2(\alpha+\beta)}{3k_B}}$$

或

$$\chi = \frac{\mu_0 C}{T+\Theta} \tag{9-47}$$

式中，$\mu_a^2 = g^2\mu_B^2 J(J+1)$ 是磁性离子的有效磁矩，$C = \frac{2N\mu_a^2}{3k_B}$，$\Theta = \frac{\mu_0 C(\alpha+\beta)}{2}$。式(9-47)表明，磁化率与温度的关系仍具有居里—外斯定律的形式，Θ 为顺磁 Neel 温度。

2. 尼尔点

在没有外磁场时，在尼尔点晶体的离子热运动已相当强，$\boldsymbol{M}_A$ 和 $\boldsymbol{M}_B$ 在数值上都很小，仍可用布里渊函数的高温近似。因此

$$\begin{cases} \boldsymbol{M}_A = -\dfrac{\mu_0 C}{2T_N}(\alpha\boldsymbol{M}_A + \beta\boldsymbol{M}_B) \\ \boldsymbol{M}_B = -\dfrac{\mu_0 C}{2T_N}(\alpha\boldsymbol{M}_B + \beta\boldsymbol{M}_A) \end{cases} \tag{9-48}$$

这是关于 $\boldsymbol{M}_A$ 和 $\boldsymbol{M}_B$ 的线性齐次方程组，根据 $\boldsymbol{M}_A$ 和 $\boldsymbol{M}_B$ 有非零解的条件可求得尼尔点温度

$$T_N = \frac{\mu_0 C(\beta-\alpha)}{2} \tag{9-49}$$

要存在反铁磁性，必须 $T_N > 0$，即应当 $\beta > \alpha$，这说明两个子晶格之间自旋反平行的相互作用应当比同一子晶格的自旋反平行的相互作用强。需要注意，在尼尔理论中特征温度 T_N 和 Θ 是不一样的，它们之间有如下关系：

$$T_N = \frac{\beta-\alpha}{\beta+\alpha}\Theta \tag{9-50}$$

表 9-7 列出一些反铁磁体的 T_N 和 Θ 值。

表 9-7　某些反铁磁体的特征温度

物质	顺磁离子晶格	T_N/K	Θ/K	Θ/T_N	$\frac{\chi(0)}{\chi(T_N)}$
MnO	面心立方	116	610	5.3	2/3
MnS	面心立方	160	528	3.3	0.82
MnTe	六角层状	307	690	2.25	
MnF_2	体心四方	67	82	1.24	0.76
FeF_2	体心四方	79	117	1.48	0.72

续 表

物质	顺磁离子晶格	T_N/K	Θ/K	Θ/T_N	$\frac{\chi(0)}{\chi(T_N)}$
$FeCl_2$	六角层状	24	48	2.0	<0.2
FeO	面心立方	198	570	2.9	0.8
$CoCl_2$	六角层状	25	38.1	1.53	
CoO	面心立方	291	330	1.14	
$NiCl_2$	六角层状	50	68.2	1.37	
NiO	面心立方	525	~2 000	~4	
Cr	体心立方	308			

3. 低温区，$T \ll T_N$

此时，热运动不重要，内场的反铁磁作用比较突出，每个子晶格中磁矩都比较有规则的排列。绝对零度时，$\boldsymbol{M}_{A0}$ 和 $\boldsymbol{M}_{B0}$ 方向相反，两者恰好抵消。在温度甚低时，它们近于抵消，所以反铁磁体磁化强度比较小。若外磁场 $\boldsymbol{B}_0$ 垂直于 $\boldsymbol{M}_{A0}$ 和 $\boldsymbol{M}_{B0}$，如图 9-23 所示。

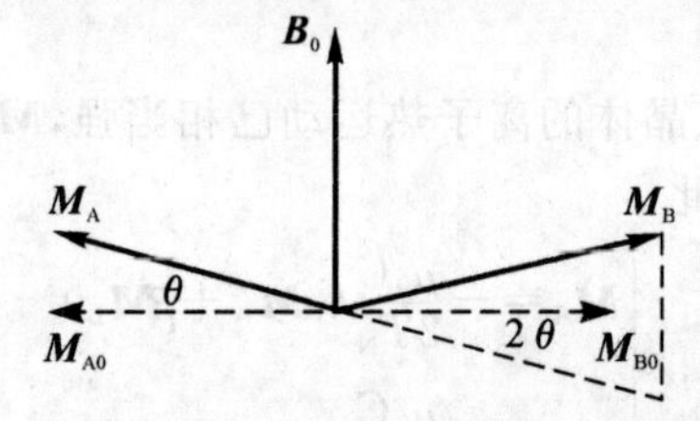

图 9-23　低温下反铁磁体子晶格的磁化强度

此时，$\boldsymbol{M}_A$ 和 $\boldsymbol{M}_B$ 分别同 $\boldsymbol{M}_{A0}$ 和 $\boldsymbol{M}_{B0}$ 的夹角为 θ。如果略去离子所在的子晶格产生的内场，则有

$$\boldsymbol{B}_{\mathrm{eff,B}} = \boldsymbol{B}_0 - \mu_0 \beta \boldsymbol{M}_A$$

达到平衡时，内场 $\boldsymbol{B}_{\mathrm{eff,B}}$ 对磁化强度 $\boldsymbol{M}_B$ 的力矩必须等于零，即

$$\boldsymbol{B}_{\mathrm{eff,B}} \times \boldsymbol{M}_B = 0$$

由此得

$$\boldsymbol{B}_0 \boldsymbol{M}_{B0} \cos\theta - \mu_0 \boldsymbol{M}_{A0} \boldsymbol{M}_{B0} \sin 2\theta = 0$$

当 θ 角很小时，再利用 $|\boldsymbol{M}_{A0}| = |\boldsymbol{M}_{B0}|$，得到

$$\boldsymbol{B}_0 \approx 2\mu_0 \beta \boldsymbol{M}_{A0} \theta$$

总磁化强度为

$$\boldsymbol{M} = \boldsymbol{M}_{A0} \sin\theta + \boldsymbol{M}_{B0} \sin\theta \approx (\boldsymbol{M}_{A0} + \boldsymbol{M}_{B0})\theta = 2\boldsymbol{M}_{A0}\theta = \frac{\boldsymbol{B}_0}{\mu_0 \beta}$$

所以，磁化率为

$$\chi_{\perp} = \frac{\mu_0 \boldsymbol{M}}{\boldsymbol{B}_0} = \frac{1}{\beta} \tag{9-51}$$

当外磁场 $\boldsymbol{B}_0$ 同 $\boldsymbol{M}_{A0}$ 平行时，只考虑最简单的情形。在绝对零度，$\boldsymbol{B}_0$ 同 $\boldsymbol{M}_{A0}$ 平行，同 $\boldsymbol{M}_{B0}$ 反平行，都没有力矩。因此在 $T=0K$ 时，$\chi_{/\!/}=0$。如果温度 T 在 $0<T<T_N$ 之间，$\chi_{/\!/}$ 的计算比较复杂，这里不再介绍。在尼尔点，范·费莱克计算的结果是

$$\chi_{\perp} = \chi_{/\!/} = \chi$$

图 9-24 是反铁磁体 MnF_2 的磁化率-温度曲线。由图可知，尼尔理论能够说明实验结果的主要特点。沿平行和垂直于 c 轴方向测量的磁化率 $\chi_{/\!/}$ 和 $\chi_{\perp}$ 是不同的，$\chi_{\perp}$ 几乎与温度无关；$\chi_{/\!/}$ 随温度的升高而增加，$T=T_N$ 时达到最大。

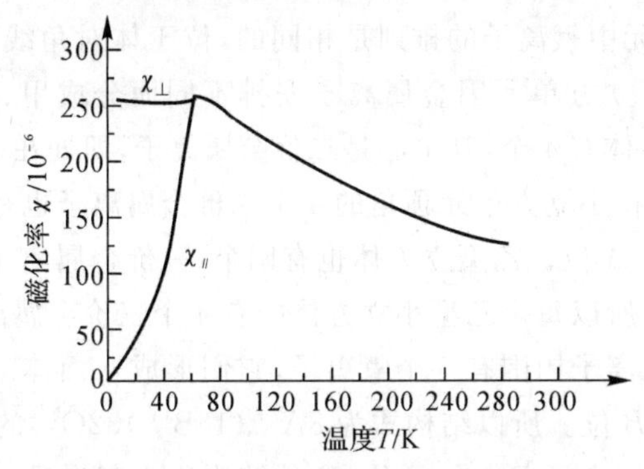

图 9-24　MnF_2 晶体在平行和垂直四度轴方向的磁化率 $\chi_{/\!/}$ 和 $\chi_{\perp}$

反铁磁体 MnO 是靠什么机理产生反铁磁性呢？克位默斯和安德逊先后以所谓超交换模型解释氧化锰晶体的反铁磁性。MnO 晶体的化学结构和氯化钠晶体结构一样。中子衍射实验表明，在相邻的(111)面上锰离子的自旋取向相反；在同一个(111)面上锰离子自旋平行。在平行于立方体边晶列上交替排列着…Mn^{2+}—O^{2-}—Mn^{2+}—…。锰离子之间距离较大，它们之间不会有直接的交换作用。O^{2-} 的 6 个 p 电子可以组成 p_x，p_y 和 p_z 态。例如，沿[100]方向 p_x 态的波函数正好沿着该轴延伸同相邻的锰离子的波函数交叠，如图 9-25 所示。由于不相容原理在 p_x 态上的两个电子必须自旋取向相反；这两个电子分别同两侧的锰离子的 d 态有交换作用，各自取自旋平行方向。这样，在氧离子两侧的锰离子自旋反平行，显示反铁磁性。这种耦合称为超交换作用。

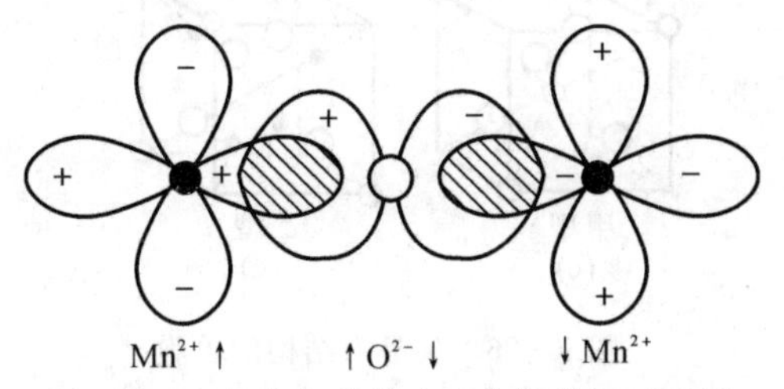

图 9-25　氧化锰晶体中超交换作用示意图

二、亚铁磁性

反铁磁体中 A 和 B 两个子晶格上的原子磁矩大小相等方向相反，因此总的磁化强度很小。如果 A 和 B 两个子晶格上原子磁矩大小不等，虽然子晶格之间是反铁磁作用，仍可能产生相当可观的自发磁化强度，这种磁性称为亚铁磁性。具有这样磁性的材料称为亚铁磁体，天然的磁铁矿(Fe_3O_4)是人类最早认识和利用的亚铁磁体，其中的铁离子有二价的也有三价的。后来，人们发现磁铁矿的二价铁离子被 Mn^{2+}，Co^{2+}，Ni^{2+}，Cu^{2+}，Mg^{2+}，Zn^{2+}，Cd^{2+} 等取代的物质也具有亚铁磁性。这种材料称为铁淦氧磁体，简称铁氧体。化学上金属取代醇中羟基的氢所产生的物质叫作醇淦。对此，当磁铁矿中二价铁离子被其他金属离子取代形成的物质称为铁淦氧磁体。铁淦氧磁体有两个主要特点：第一，有相当大的自发磁化强度，但比铁磁体内的磁化强度小；第二，这类材料的电阻率都相当大，具有半导体的性质。所以，它又称为磁性半导体。电阻率从磁铁矿的 $5\times10^{-3}\,\Omega\cdot cm$，直到铁镍铁氧体的 $10^{11}\,\Omega\cdot cm$。

化学式为 AFe_2O_4 这类的亚铁磁体，它的晶体结构同尖晶石矿 $MgAl_2O_4$ 的结构一样，属于立方晶系。图 9-26 是 $MgAl_2O_4$ 的晶胞，其中有 32 个氧离子 O^{2-}，16 个铝离子 Al^{3+} 和 8 个镁离子 Mg^{2+}，它的结构式应写成 $8Mg^{2+}(16Al^{3+})32O^{2-}$。氧离子半径较大，约 1.32Å，金属离子半径较小，约 0.6～0.8Å。氧离子是立方密堆积结构，即按面心立方排列。晶胞可分成 8 个小的立方单元，每个单元中氧离子的排列是相同的，位于体对角线顶角 1/4 之处，即在正四面体的顶角位置。这 8 个立方单元因金属离子安排不同而分成甲、乙两个类型，如图 9-26(b)～(d)所示。甲型立方体有 4 个，其中心是二价金属离子，即处在氧离子形成的四面体的中心，这位置称为 A 位。处在小立方单元顶角的 4 个二价金属离子也是 A 位。所以整个晶胞中有 8 个二价金属离子处于 A 位。乙型立方体也有四个，三价金属离子处在体对角线上同氧离子位置成对称的地点上。所以每个乙型小立方体中有 4 个三价金属离子，整个晶胞有 16 个这样的离子。每个三价金属离子周围有 6 个氧离子，它们形成八面体。三价金属离子就处在这八面体中心，这位置称为 B 位。所以结构式为 $8A^{2+}(16B^{3+})32O^{2-}$ 的亚铁磁体，8 个二价离子 A^{2+} 在 A 位，16 个三价金属离子 B^{3+} 在 B 位，这种结构称为正尖晶石结构。如果 8 个二价金属离子 A^{2+} 同 8 个三价金属离子对调位置，则结构式为 $8B^{3+}(8B^{3+}8A^{2+})32O^{2-}$，这种结构称为反尖晶石结构。

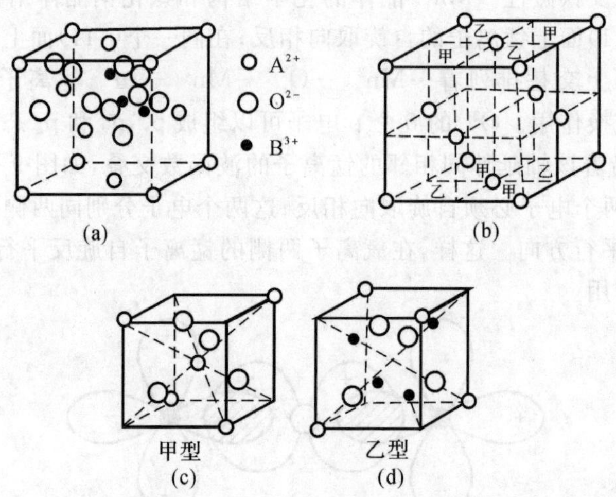

图 9-26　尖晶石结构的单胞

磁铁矿 $FeOFe_2O_3$ 是什么结构呢？由实验测量得到每个 Fe_3O_4 分子的磁矩是 $4.2\mu_B$。因为 Fe^{2+} 有 6 个 3d 电子，自旋量子数 $S=2$，Fe^{3+} 有 5 个 3d 电子，自旋量子数 $S=5/2$。假定磁铁矿是正尖晶石结构，每个分子的磁矩为

$$\mu_{分子}=g\mu_B\left[2\times\frac{5}{2}-2\right]=6\mu_B$$

如果设想磁铁矿是反尖晶石结构，则每个分子的磁矩

$$\mu_{分子}=g\mu_B\left[2+\frac{2}{5}-\frac{5}{2}\right]=4\mu_B$$

同实验结果比较，可以判定磁铁矿应该是反尖晶石结构。

又如化学式为 $Fe(A\cdot Fe)O_4$ 型的铁氧体，A 分别是 Mn^{2+}，Fe^{2+}，Ni^{2+}，Co^{2+}，Cu^{2+}，Zn^{2+}，每个分子磁矩分别为 $5\mu_B$，$4\mu_B$，$3\mu_B$，$2\mu_B$，μ_B 和 0。实验的结果都接近于这些理论估计值。

假定只有 A 位和 B 位之间有反铁磁的作用，则 A 位和 B 位上的内场分别为

$$\begin{cases} \boldsymbol{B}_{\mathrm{eff},A} = -\mu_0 \beta \boldsymbol{M}_B \\ \boldsymbol{B}_{\mathrm{eff},B} = -\mu_0 \beta \boldsymbol{M}_A \end{cases} \tag{9-52}$$

其中 β 是正的常数。在高于临界温度的情形下，外磁场 $\boldsymbol{B}_0$ 中两个子晶格的磁化强度可分别写成

$$\begin{cases} \boldsymbol{M}_A = \frac{C_A}{T}(\boldsymbol{B}_0 - \mu_0 \beta \boldsymbol{M}_B) \\ \boldsymbol{M}_B = \frac{C_B}{T}(\boldsymbol{B}_0 - \mu_0 \beta \boldsymbol{M}_A) \end{cases} \tag{9-53}$$

其中 C_A 和 C_B 分别是子晶格 A 和 B 的居里常数。当 $\boldsymbol{B}_0=0$ 时，由 $\boldsymbol{M}_A$ 和 $\boldsymbol{M}_B$ 存在非零解的条件求得温度 T，即亚铁磁体的居里温度

$$T_c = \mu_0 \beta (C_A C_B)^{\frac{1}{2}} \tag{9-54}$$

亚铁磁体不限于铁的氧化物。1964 年洛泽英(F. K. Lotgering)发现具有正尖晶石结构的化合物 $CuCr_2S_4$，$CuCr_2Se_4$ 和 $CuCr_2Te_4$ 等也是亚铁磁体。1 价的铜离子的组态是 $3d^{10}$，这是抗磁离子，位于正尖晶石结构的 A 位。铬离子在 B 位，一半是 3 价的 Cr^{3+}，组态为 $3d^3$；一半是 4 价的 Cr^{4+}，组态为 $3d^2$。所以，每个分子的磁矩约为 $\mu_{分子}=(3+2)\mu_B=5\mu_B$，而实验数值如表 9－8 所示。因此，可以认为上述分析基本上是正确的。

表 9－8　一些亚铁磁体磁矩的实验值

化合物	$CuCr_2S_4$	$CuCr_2Sc_4$	$CuCr_2Te_4$
$\mu_{分子}$	$4.58\mu_B$	$4.94\mu_B$	$4.93\mu_B$

除了尖晶石型的铁氧体，化学式为 $M_3Fe_5O_{12}$ 的物质也是亚铁磁体，其中 M 是 Y^{3+} 或 Dd^{3+}，也可以是其他稀土元素 Pm，Sm，Eu，Tb，Dy，Ho，Er，Tm，Yb 或 Lu 等离子。这种材料的结构和石榴石一样，最著名的是钇柘榴石 YIG(Yttrium Iron Garnet)。3 价的钇离子(Y^{3+})是抗磁的。YIG 的化学式是 $Y_3Fe_2(FeO_3)_3$。每个 Fe^{3+} 的自旋磁矩是 $5\mu_B$，5 个 Fe^{3+} 有三个在 A 子晶格，另两个在 B 子晶格。子晶格之间是反铁磁作用。所以每个 YIG 分子的磁矩为

$$\mu_{分子}=(3-2)5\mu_B=5\mu_B$$

钇柘榴石铁氧体的电阻率较高，在高频时它的损耗小。这类铁氧体的共振线宽度很窄，共振损失小。用它制作微波元件特别有利，因此受到广泛重视。

习　题

1. 分析讨论抗磁性、顺磁性、铁磁性、反铁磁性的磁化率与温度的关系。

2. 利用洪德定则求 Yb^{3+} 和 Tb^{3+} 离子的基态。

3. 铁、钴、镍具有不太高的交换常数，为铁磁金属；碱金属和碱土金属具有更高的交换作用，却不出现铁磁性。试解释其原因。

4. 试用磁畴模型解释技术磁化过程。

参考文献

[1] 方俊鑫,陆栋. 固体物理学:上册[M]. 上海:上海科学技术出版社,1980.
[2] 方俊鑫,陆栋. 固体物理学:下册[M]. 上海:上海科学技术出版社,1981.
[3] 徐毓龙,阎西林,贾宇明,等. 材料物理导论[M]. 成都:电子科技大学出版社,1995.
[4] 陈治明,王建农. 半导体器件的材料物理基础[M]. 北京:科学出版社,1999.
[5] 基泰尔. 固体物理导论[M]. 8 版. 项金钟,吴光惠,译. 北京:化学工业出版社,2005.
[6] 周公度,段连运. 结构化学基础[M]. 2 版. 北京:北京大学出版社,1995.
[7] 王一禾,杨膺善. 非晶态合金[M]. 北京:冶金工业出版社,1989.
[8] 姜传海,杨传铮. 材料射线衍射和散射分析[M]. 北京:高等教育出版社,2010.
[9] Galasso F S. Structure and properties of inorganic solids[M]. Oxford: Pergamon Press,1970.
[10] 方俊鑫,殷之文. 电介质物理学[M]. 北京:科学出版社,1989.
[11] 张良莹,姚熹. 电介质物理[M]. 西安:西安交通大学出版社,1991.
[12] 雷清泉. 工程电介质的最新进展[M]. 北京:科学出版社,1999.
[13] 科埃略 R,阿拉德尼兹 B. 电介质材料及其介电性能[M]. 张冶文,陈玲,译. 北京:科学出版社,2000.
[14] 李景德,沈韩,陈敏. 电介质理论[M]. 北京:科学出版社,2003.
[15] Fan Huiqing,Ke Shanming. Relaxor behavior and electrical properties of high dielectric constant materials[J]. Science in China Series E-Technological Sciences, 2009,52(8):2180-2185.
[16] 沈学础,等. 半导体光谱和光学性质[M]. 2 版. 北京:科学出版社,2002.
[17] 刘恩科,朱秉升,罗晋生,等. 半导体物理学[M]. 7 版. 北京:国防工业出版社,2011.
[18] Fox M. Optical Properties of Solids[M]. 北京:科学出版社,2009.
[19] 宗祥福,翁渝民. 材料物理基础[M]. 上海:复旦大学出版社,2001.
[20] Yu P Y, Maneul Cardona. Fundamentals of Semiconductors: Physics and Materials Properties[M]. 3rd Edition. Berlin:Springer, 2008.
[21] 张永刚,顾溢,马英杰. 半导体光谱测试方法与技术[M]. 北京:科学出版社,2016.
[22] 王海晏. 红外辐射及应用[M]. 西安:西安电子科技大学出版社,2014.
[23] 余怀之. 红外光学材料[M]. 2 版. 北京:国防工业出版社,2015.
[24] 石晓光,宦克为,高兰兰. 红外物理[M]. 杭州:浙江大学出版社,2013.